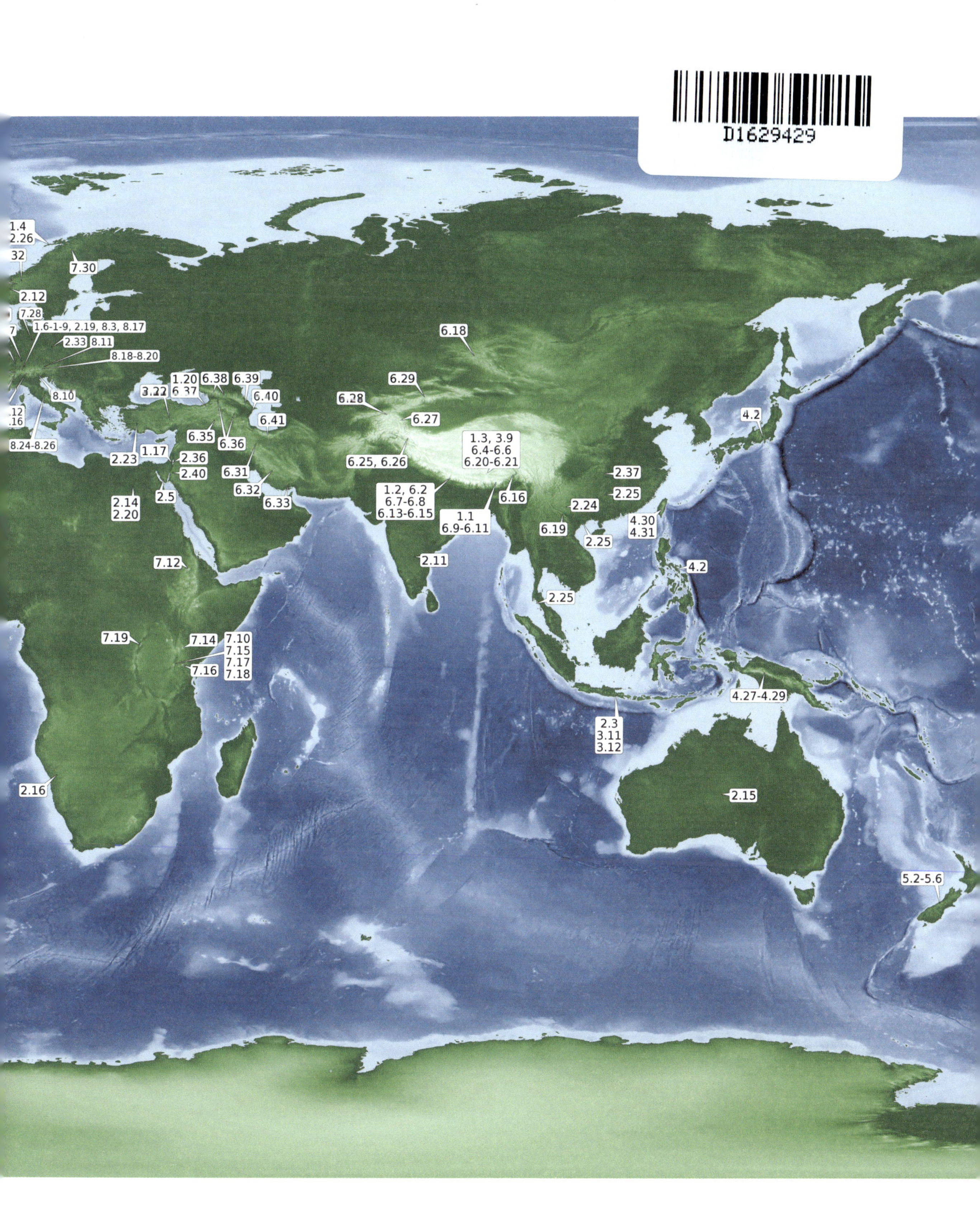

1.4
2.26
7.30
2.12
7.28
1.6-1-9, 2.19, 8.3, 8.17
2.33
8.11
8.18-8.20
8.10
8.24-8.26
1.20
6.38
6.39
6.40
6.41
6.35
6.36
2.23
1.17
2.36
2.40
6.31
6.32
6.33
2.5
2.14
2.20
7.12
6.18
6.29
6.28
6.27
6.25, 6.26
1.3, 3.9
6.4-6.6
6.20-6.21
1.2, 6.2
6.7-6.8
6.13-6.15
1.1
6.9-6.11
6.16
2.11
2.37
2.25
2.24
6.19
4.30
4.31
4.2
7.19
7.14
7.10
7.15
7.17
7.18
7.16
2.3
3.11
3.12
4.27-4.29
2.16
2.15
5.2-5.6

Bewegte Bergwelt

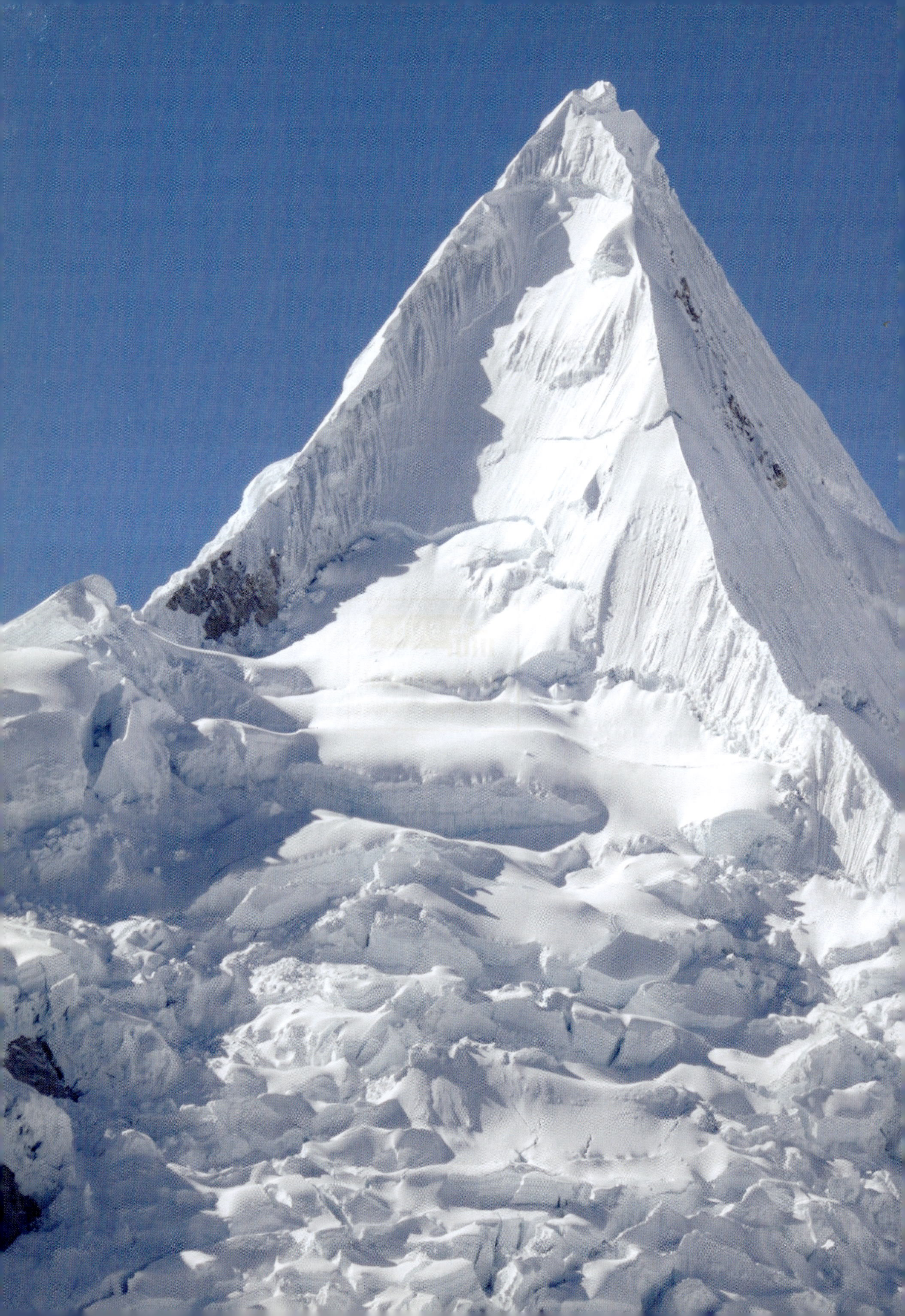

Florian Neukirchen

Bewegte Bergwelt

Gebirge und wie sie entstehen

Autor
Florian Neukirchen

mail@riannek.de
www.riannek.de

Wichtiger Hinweis für den Benutzer
Der Verlag und der Autor haben alle Sorgfalt walten lassen, um vollständige und akkurate Informationen in diesem Buch zu publizieren. Der Verlag übernimmt weder Garantie noch die juristische Verantwortung oder irgendeine Haftung für die Nutzung dieser Informationen, für deren Wirtschaftlichkeit oder fehlerfreie Funktion für einen bestimmten Zweck. Der Verlag übernimmt keine Gewähr dafür, dass die beschriebenen Verfahren, Programme usw. frei von Schutzrechten Dritter sind. Die Wiedergabe von Gebrauchsnamen, Handelsnamen, Warenbezeichnungen usw. in diesem Buch berechtigt auch ohne besondere Kennzeichnung nicht zu der Annahme, dass solche Namen im Sinne der Warenzeichen- und Markenschutz-Gesetzgebung als frei zu betrachten wären und daher von jedermann benutzt werden dürften. Der Verlag hat sich bemüht, sämtliche Rechteinhaber von Abbildungen zu ermitteln. Sollte dem Verlag gegenüber dennoch der Nachweis der Rechtsinhaberschaft geführt werden, wird das branchenübliche Honorar gezahlt.

Bibliografische Information der Deutschen Nationalbibliothek
Die Deutsche Nationalbibliothek verzeichnet diese Publikation in der Deutschen Nationalbibliografie; detaillierte bibliografische Daten sind im Internet über http://dnb.d-nb.de abrufbar.

Springer ist ein Unternehmen von Springer Science+Business Media
springer.de

Spektrum Akademischer Verlag ist ein Imprint von Springer

11 12 13 14 15 5 4 3 2 1

Planung und Lektorat: Merlet Behncke-Braunbeck, Dr. Meike Barth
Redaktion: Dr. Peter Wittmann
Satz: klartext, Heidelberg
Umschlaggestaltung: wsp design Werbeagentur GmbH, Heidelberg
Umschlagfotografien: Bromo, Batok und Semeru (Indonesien). Kleine Bilder: Alpamayo (Peru), Oldoinyo Lengai (Tansania), Weiße Kordillere vom Nevado Pisco (Peru), Kappadokien (Türkei), Monte Rosa und Breithorn (Schweiz).
Titelfotografie: Schneewittchen: Der Alpamayo (5947 m) in der Weißen Kordillere in Peru (Abschnitt 4.3) wird oft als schönster Berg der Welt bezeichnet.

ISBN 978-3-8274-2753-3

Vorwort

Die Bergdörfer auf der Nordseite des Annapurna-Massivs in Nepal haben ein tibetisches Flair: Bunte Gebetsfahnen flattern im Wind, Gebetsmühlen und weiß getünchte Chörten säumen den Weg, und durch den Regenschatten der Berge herrscht Trockenheit. Als ich mich bei der Umwanderung des Annapurna-Gebietes Manang näherte, dem angeblich trockensten Ort der Gegend, begann es allerdings zu regnen. Aus dem Regen wurde gegen Abend Schnee, und der starke Schneefall hielt ohne Unterbrechung die folgenden drei Tage an, was den Aufstieg zum 5416 m hohen Thorung-La-Pass vorerst unmöglich machte. Unter den Wanderern in Manang kursierten wilde Gerüchte über die Situation weiter oben, und viele machten sich frustriert auf den Rückweg. Andere blieben wie ich am warmen Ofen sitzen, warteten auf besseres Wetter und fragten mich, den Geowissenschaftler, über Gebirgsbildung im Allgemeinen und den Himalaja im Besonderen aus. Nicht alle Fragen konnte ich beantworten, zu Hause begann ich daher, in wissenschaftlichen Zeitschriften weitere Details nachzuschlagen.

Ähnliche Situationen wiederholten sich bei anderen Trekkingtouren in aller Welt. Verwundert stellte ich bald fest, dass es kein leicht verständliches Buch gibt, das all die erstaunlichen Phänomene und geologischen Besonderheiten der Gebirge der Welt zusammenträgt und das ich all den interessierten Bergsteigern, Wanderern und Naturfreunden empfehlen könnte: Ich fand nur Bücher, die entweder zu allgemein gehalten waren, um regionale Besonderheiten zu verstehen, oder sie beschränkten sich auf eine einzige Region wie etwa die Alpen. Dabei sind es gerade die Gemeinsamkeiten, die auch ein kompliziertes Gebirge wie die Alpen verständlicher machen. Die Prozesse, die dort nacheinander und nebeneinander abliefen, können wir uns zunächst an einfacheren Beispielen vor Augen führen. Die Idee, dieses Buch zu schreiben, nahm so immer konkretere Gestalt an. Hinzu kam, dass ich mein Hobby der Reisefotografie immer ernsthafter betrieb. Mit jeder Reise sammelten sich weitere Fotos aus aller Welt an, die nun die Mehrzahl der Abbildungen dieses Buches ausmachen.

Spannender als jede Bestandsaufnahme von Gesteinsformationen finde ich, wenn man sich die Vorgänge, die zur Entstehung eines Gebirges beigetragen haben, bildlich vorstellen kann. Da ich in erster Linie erklären will, wie etwas passiert und warum, habe ich

Der Autor beim Aufstieg zum Thorung-La-Pass in Nepal, im Hintergrund Annapurna III.

mich entschlossen, das Buch nach den wichtigsten Prozessen und nicht regional zu gliedern. Das ist nicht immer einfach, da in jedem Gebirge verschiedene Prozesse neben- und nacheinander ablaufen. Ganz ohne Sprünge und Rückgriffe komme ich daher nicht aus. Die Reihenfolge des Buches ist jedoch so angelegt, dass die Kapitel logisch aufeinander aufbauen. Gleichzeitig habe ich aber auch auf beliebte Reiseziele besonders Wert gelegt, was das Buch zugleich zu einer Art Reiseführer für Naturfreunde macht.

Während ich die Idee zu diesem Buch den zahlreichen interessierten Wanderern verdanke, wäre das Buch kaum ohne das spannende Studium und meine anschließende Forschung bei Herrn Prof. Dr. Gregor Markl (Universität Tübingen), Herrn Prof. Dr. Jörg Keller (Universität Freiburg) und Herrn Prof. Dr. Kurt Bucher (Universität Freiburg) entstanden.

Herzlich danke ich allen, die zu diesem Buch beigetragen haben. Sehr hilfreich waren Kommentare und Anregungen von Herrn Prof. Dr. Wolfgang Frisch (Universität Tübingen), Herrn Prof. Dr. Thomas Glade (Universität Wien), Herrn Dr. Felix Keller (Academia Engiadina) und Herrn Prof. Dr. Stefan M. Schmid (Universität Basel).

Für die kritische Durchsicht des Manuskripts danke ich Herrn Dipl.-Geol. Jurgis Klaudius, Herrn Dipl.-Geol. Michael Neubauer sowie Carola, Hans und Randi Neukirchen.

Für die engagierte Umsetzung des Buches danke ich Frau Merlet Behncke-Braunbeck und Frau Dr. Meike Barth (Spektrum Akademischer Verlag) sowie für das sorgfältige Lektorat Herrn Dr. Peter Wittmann (Leibniz-Institut für Länderkunde, Leipzig).

Des Weiteren danke ich Frau Dipl.-Min. Wibke Kowalski für die Unterstützung bei der Literaturrecherche und allen Fotografen, die ihre hervorragenden Bilder aus Regionen, die ich nicht selbst besucht habe, zur Verfügung gestellt haben.

Leipzig, November 2010

Inhalt

Die Tschingelhörner (2849 m) mit dem Martinsloch. Hier wurde der Deckenbau der Alpen zuerst erkannt: Entlang der Glarner Hauptüberschiebung wurden ältere Sedimente als Gesteinsdecke über den mehr oder weniger unbewegten Rand Europas geschoben.

1 Der Bau der Berge

„Weil er da ist." Das war die Antwort von George Mallory auf die Frage, warum er den höchsten Berg der Welt besteigen wolle. Der Pionier unter den Everestbergsteigern verunglückte 1924 bei seiner dritten Expedition ein paar Hundert Meter unterhalb des Gipfels. Auch wenn er den Gipfel nicht bezwang, sein legendarer Ausspruch machte ihn unsterblich.

Seit jeher üben Berge eine Faszination auf den Menschen aus: groß und mächtig, schon von Weitem zu sehen und dennoch unnahbar, eine andere Welt, vor der man sich klein und unbedeutend und dennoch dem Himmel nah fühlt. Kein Wunder, dass sich unzählige Mythen um sie ranken, dass sich auf den Gipfeln die Götter tummeln, dass dort Riesen und Trolle wohnen oder Hexen tanzen. Keine Religion kommt ohne ihre heiligen Berge aus. Die Gipfel üben aber auch eine magische Anziehungskraft auf den Menschen aus, der in diese mythische Welt eindringen und die Götter herausfordern will. Die Mythen wurden dadurch nicht weniger. Im Gegenteil, mit jeder Erstbesteigung und jedem Unglück kamen neue hinzu.

Weil er da ist. Warum gibt es sie überhaupt, die Berge? Auch um ihre Entstehung ranken sich Mythen, und selbst heute sind trotz intensiver Forschung längst nicht alle Fragen beantwortet. Dennoch haben wir ein relativ gutes Bild der Prozesse, die bei der Gebirgsbildung ablaufen. Es ist das Bild einer dynamischen Erde, die sich ständig verändert. Eine Erde, deren Kontinente „wandern", deren Berge sich heben und wieder abgetragen werden, deren Ozeane immer breiter werden und auch wieder verschwinden.

Ein Gebirge wie der Himalaja oder die Alpen wird aufgefaltet, wenn zwei Kontinente zusammenstoßen. Das klingt in unseren Ohren fast banal und selbstverständlich. Aber wir müssen uns in Erinnerung rufen, dass sich vor gerade einmal einem halben Jahrhundert die Kontinente noch gar nicht bewegt haben, zumindest in der Vorstellung der meisten Menschen.

Berge entstehen auch dann, wenn ozeanische Kruste unter einem Kontinentalrand versenkt wird. Unter den Anden mit ihren rauchenden Vulkanen taucht die pazifische Krustenplatte ab, der Ozean wird langsam immer kleiner (Kapitel 4). Berge entstehen aber nicht nur durch Kollision und Einengung, sondern auch durch das Gegenteil, durch Dehnung (Abschnitt 7.2). Wieder andere ragen ausgerechnet dort in den Himmel, wo selbst nach geologischen Maßstäben über lange Zeiträume tektonische Ruhe herrschte. Bei den Tafelbergen in Venezuela (Abschnitt 2.7) liegt die letzte Gebirgsbildung schon länger zurück als die Entwicklung von komplexeren Lebensformen als Seeanemonen.

Manche Berge sind Teil einer aus unzähligen Gipfeln zusammengesetzten Bergkette, andere ragen einsam aus einer Ebene heraus. Sie können sehr hoch sein und dennoch wie ein Hügel aussehen, andere sind zwar niedrig, beeindrucken aber durch ihre steilen Felsen. Es gibt Rücken und Tafeln, Kegel und Kuppen, Zinnen, Nadeln, Spitzen und Grate, dann wieder Türme, Hörner und Pyramiden. Berge sind so unterschiedlich, dass es gar nicht einfach ist, einen Berg allgemeingültig zu definieren. Die Einträge in den Lexika sagen weniger aus als das, was jeder von uns bereits als Vorstellung im Kopf hat. So unterschiedlich wie die Bergformen sind auch die Prozesse, bei denen Berge entstehen und in ihre Form gebracht werden.

Eine hohe Topografie hängt nicht immer mit einer Gebirgsbildung zusammen, und nicht immer führt eine Gebirgsbildung zu einer hohen Topografie. Das klingt verwirrend, aber für Geologen ist Gebirgsbildung (Orogenese) nicht die Entstehung der Bergketten selbst, sondern die Entstehung der Strukturen, die den Bau des

Abb. 1.1 Die Nordwand des Mount Everest (8848 m).

Abb. 1.2 Sonnenaufgang mit Annapurna I (8091 m), Annapurna South, Hiunchuli und Machapuchare (Nepal).

Gebirges ausmachen: tektonische Bewegungen zum Beispiel, die Gesteinseinheiten gegeneinander versetzen; geschmolzenes Gestein, das aus großer Tiefe aufsteigt und als Lava aus einem Vulkankrater spritzt oder im Inneren des Gebirges zu Granit erstarrt; Sedimente, die in der Tiefe zu metamorphen Gesteinen umgewandelt werden. Der Aufstieg setzt erst mit einer Verzögerung ein, und nur, wenn dieser schneller ist als die gleichzeitige Abtragung, macht sich die Gebirgsbildung auch in der Form von Bergen bemerkbar.

Geologen lesen in den Gesteinen wie in einem Buch und versuchen dabei, die Geheimnisse der Erde zu entschlüsseln. Wenn sie an einem Felsen Fossilien wie Korallen, Muscheln und Ammoniten finden, dann ermöglicht das nicht nur Aussagen über zum Teil längst ausgestorbene Lebensformen, sondern auch über das Meer, in dem das betreffende Sedimentgestein abgelagert wurde. Die Temperatur, bei der ein matter Tonstein zu einem glitzernden Glimmerschiefer umgewandelt wurde, lässt sich aus der chemischen Zusammensetzung der Minerale berechnen. Die Zusammensetzungen eines Basalts oder eines Granits geben Hinweise darauf, wo diese Schmelzen entstanden und was mit ihnen auf dem Weg nach oben passiert ist. Die Wellen eines Erdbebens können Einblicke in das unerreichbare Innere der Erde geben, ähnlich wie ein Arzt mit Ultraschall in einen Körper hineinschauen kann. Aus all diesen Bausteinen ergibt sich ein Bild, das die Entwicklung eines Gebirges nachzeichnet. So einfach, wie es der Satz mit dem Auffalten suggeriert, ist es natürlich nicht. Wie können zum

Abb. 1.3 Ein großes abflussloses Becken auf dem Tibetplateau in über 4700 m Höhe mit dem Nam-Tso-See.

Abb. 1.4 Die von Gletschern geformten Berge auf den Lofoten (Norwegen) ragen wie die Zähne einer Säge direkt aus dem Meer auf. Blick vom Hermansdalstind (1029 m) auf den Reinefjord und Bergseen, im Hintergrund das Festland.

Beispiel Hochdruckgesteine aus 100 km Tiefe nach oben gelangen (Abschnitt 6.4) und schließlich neben Sedimenten liegen, die immer an der Oberfläche geblieben sind? Hat das Klima Auswirkungen (Abschnitt 6.1) auf die Gebirgsbildung? Warum gibt es im sogenannten Feuergürtel der Anden riesige Lücken (Abschnitt 4.3) ohne einen einzigen Vulkan? Und was ist mit dem Wort „aufgefaltet" überhaupt gemeint?

Tatsächlich ist dieses Wort eher irreführend. Wenn wir eine Tischdecke von zwei Seiten her zur Tischmitte schieben, wird sie in Falten gelegt. So einfach hat man sich die Entstehung von Gebirgen vor langer Zeit vorgestellt. Es braucht aber nicht viel, um einzusehen, dass dieses Modell nicht ohne Weiteres auf die Erdkruste zu übertragen ist. Ein durchschnittlicher Kontinent ist nämlich 30 km dick. Wer dasselbe Experiment mit einer Matratze versucht, wird ahnen, dass bei einem Kontinent gigantische Falten entstehen müssten, mit einer Wellenlänge von Hunderten von Kilometern. Solche Verformungen wird man in den Alpen vergeblich suchen. Überhaupt sehen dort die Bergzüge gar nicht so sehr nach Falten aus, von kleineren Strukturen einmal abgesehen. Das Wort „aufgefaltet" weckt also falsche Vorstellungen. Die Geologen rätselten ziemlich lange daran. In den Glarner Alpen fanden sie schon früh eine Struktur, an der sich die Lösung geradezu aufdrängte, aber sie wehrten sich lange dagegen, weil sie ihnen zu abwegig erschien.

Abb. 1.5 Der Vulkan Parinacota (6348 m) ist einer der unzähligen Vulkane der Anden. Lago Chungará im Lauca-Nationalpark, Chile.

1.1 Das Rätsel der Glarner Hauptüberschiebung

In den Schweizer Bergen, im Glarnerland zwischen dem Vorderrheintal bei Chur und dem Walensee, fällt eine markante Linie auf, die messerscharf die Berge in zwei Stockwerke aus offensichtlich völlig unterschiedlichen Gesteinen teilt (Abb. 1.6). Besonders bekannt sind die Tschingelhörner, deren Spitzen aus dunklen Sandsteinen und Konglomeraten bestehen, die über hellem Kalkstein und grauem Flysch liegen. Flysch ist eine Wechsellagerung aus Sandstein und Tonstein, die im Meer abgelagert wurde, als die Alpen im Tertiär sich gerade zu heben begannen. Lange Zeit war diese Linie ein großes Rätsel der Geologie, denn die Sandsteine und Konglomerate sind wesentlich älter als der Flysch: Sie wurden schon im Perm in einer Wüstenlandschaft abgelagert. Das Material der Sandsteine, Konglomerate und Grauwacken im Gipfelbereich stammt von der Abtragung des älteren Variszischen Gebirges, das sich einst durch ganz Europa zog, aber schon damals fast vollständig wieder abgetragen war: Grauwacke ist eine Art Sandstein, der viele Gesteinsbruchstücke und Tonpartikel enthält, Konglomerat ist zu einem Gestein verfestigtes Geröll. Vom Perm bis zum Tertiär ist ziemlich viel Zeit vergangen, nämlich etwa 200 Millionen Jahre. Das ganze Zeitalter der Dinosaurier liegt dazwischen: Aus diesem Zeitabschnitt, aus der späten Jurazeit, stammt der helle Kalkstein, der an den Tschingelhörnern zwischen Flysch und Sandstein liegt.

Es ist selbstverständlich, dass jüngere Gesteine nicht unter älteren abgelagert werden können. Vielmehr müssen die älteren nachträglich über die jüngeren geschoben worden sein. Sie haben dabei eine Strecke von 40 bis 50 km zurückgelegt (Abb. 1.7). Glarner Hauptüberschiebung wird diese Verwerfung genannt, und sie ist nur eine von vielen Überschiebungen der Alpen, die aus einem ganzen Stapel von übereinandergeschobenen Gesteinsdecken bestehen.

Doch so eindeutig diese Überschiebung auch im Gelände zu sehen ist, es dauerte ziemlich lange, bis die Geologen sich mit der Idee anfreundeten, dass so etwas überhaupt möglich sein kann. Das war zu einer Zeit, in der die Theorie der Plattentektonik noch lange nicht erfunden war. Horizontale Bewegungen von solchen Ausmaßen waren noch unvorstellbar, man dachte nur an vertikale Hebungen und Senkungen. Man glaubte früher zum Beispiel, dass die Gebirge durch aus dem Erdinneren aufsteigendes Magma angehoben wurden. Dazu passte, dass man entlang der Zentralachse der Gebirge oft Granite antrifft, also in der Tiefe erstarrtes Magma. Mitte des 19. Jahrhunderts kam dann eine alternative Erklärung auf. Man glaubte, dass die Erde durch Abkühlung schrumpft, und stellte sich die Entstehung der Gebirge ungefähr so vor wie die Runzeln eines verschrumpelten Apfels. Die Ozeane sollen durch diese Kontraktion eingebrochene Becken sein.

Hans Conrad Escher von der Linth (1767–1823).

Schon vor 200 Jahren malte der Schweizer Universalgelehrte Hans Conrad Escher von der Linth die Tschingelhörner. Wie viele seiner Zeitgenossen beschäftigte sich Escher mit ganz unterschiedlichen Dingen, er arbeitete als Bauingenieur in der Flussbegradigung, war

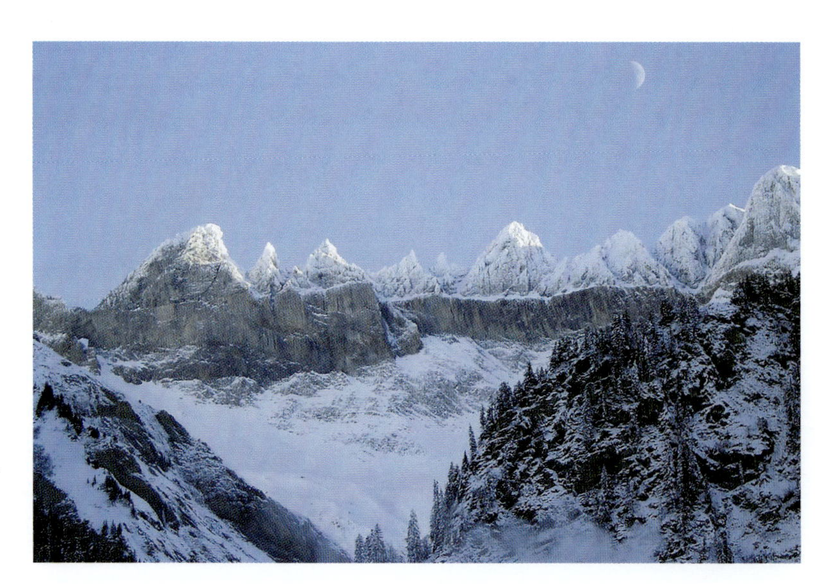

Abb. 1.6 Der Schnee auf den Spitzen der Tschingelhörner lässt die Glarner Hauptüberschiebung auf diesem Bild deutlich hervortreten. Foto: einsiedlerin°aecreative.

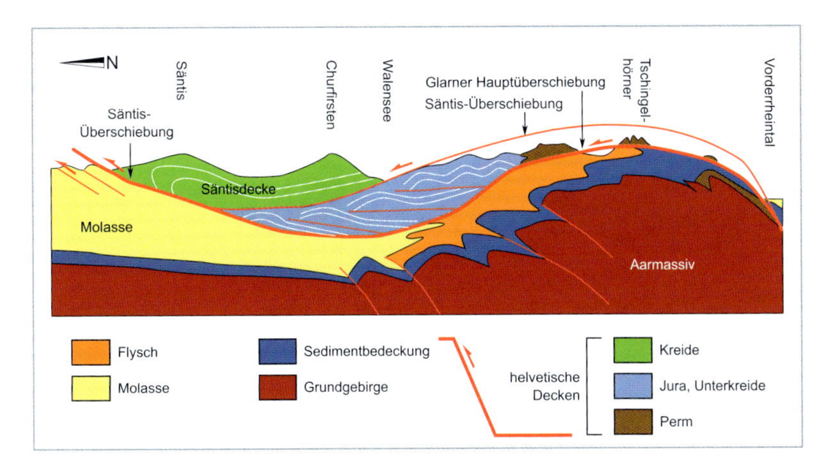

Abb. 1.7 In einer späten Phase der Alpenbildung wurden die Sedimente des europäischen Kontinentalrandes von ihrer Basis abgeschert und entlang der Glarner Hauptüberschiebung nach Norden geschoben. Dabei überfuhren sie tertiären Flysch (der erst während der Gebirgsbildung in der verschwindenden Meeresrinne abgelagert wurde) und die Molasse (den Abtragungsschutt der Alpen). Die Überschiebung wurde durch den anschließenden Aufstieg des Aarmassivs zu einem liegenden S verformt.

Seidenfabrikant, Kartograf und Maler, Politiker und Geologe in einer Person. Als guter Beobachter wunderte er sich darüber, dass die Grauwacke auch entgegen der damaligen Theorie über Kalkstein liegt. Nach dieser hoben und senkten sich ganze Regionen regelmäßig und wechselten zwischen Meer und Gebirge. Sandsteine, Grauwacken und Konglomerate sind der Abtragungsschutt eines älteren Gebirges, denn aus dem Vorbecken der Alpen können sie schlecht auf die Berggipfel gelangt sein. Escher von der Linth folgerte daraus, dass sie älter sein müssen als die in einem Meer abgelagerten Kalksteine.

Arnold Escher von der Linth (1807–1872).

Hans Conrad Eschers Sohn, Arnold Escher, wurde zum ersten Professor für Geologie in Zürich. Anhand von Fossilien konnte dieser die relativen Alter der Gesteine ermitteln, mit dem eindeutigen Ergebnis, dass an den Tschingelhörnern tatsächlich die älteren Sedimente über den jüngeren liegen. Er ahnte bereits, dass sich die älteren Gesteine über die jüngeren geschoben haben. Er führte seinen britischen Kollegen Sir Roderick Impey Murchison dort hin, und auch dieser war sofort überzeugt, dass es sich um eine enorme Überschiebung handeln musste. Das war 1849. Doch Escher verwarf den revolutionären Gedanken wieder, er hatte Angst, nicht ernst genommen zu werden. Niemand würde ihm abnehmen, dass regelrecht Berge versetzt worden waren, und zwar über enorme Distanzen. Um das Dilemma der verkehrten Altersabfolge zu erklären, dachte er sich eine merkwürdig geformte Doppelfalte aus, die sich jeder Vorstellung und Mechanik widersetzte. Sein Nachfolger Albert Heim übernahm diese Vorstellung und fertigte hervorragende Zeichnungen davon an (Abb. 1.9).

Albert Heim (1849–1937).

Erst ein halbes Jahrhundert später konnte sich die Idee der Deckenüberschiebungen durchsetzen, die Lorbeeren haben sich jedoch andere als die Schweizer verdient. Neben Österreichern, die das Tauernfenster entdeckten, war das vor allem der Franzose Marcel Bertrand, der die Puzzleteile zusammensetzte, den Österreichern ihr Tauernfenster erklärte und die „unerhörte

Abb. 1.8 Das Aquarell mit dem Titel „Das Martinsloch“ von Hans Conrad Escher von der Linth aus dem Jahr 1812 zeigt die Glarner Hauptüberschiebung an den Tschingelhörnern.

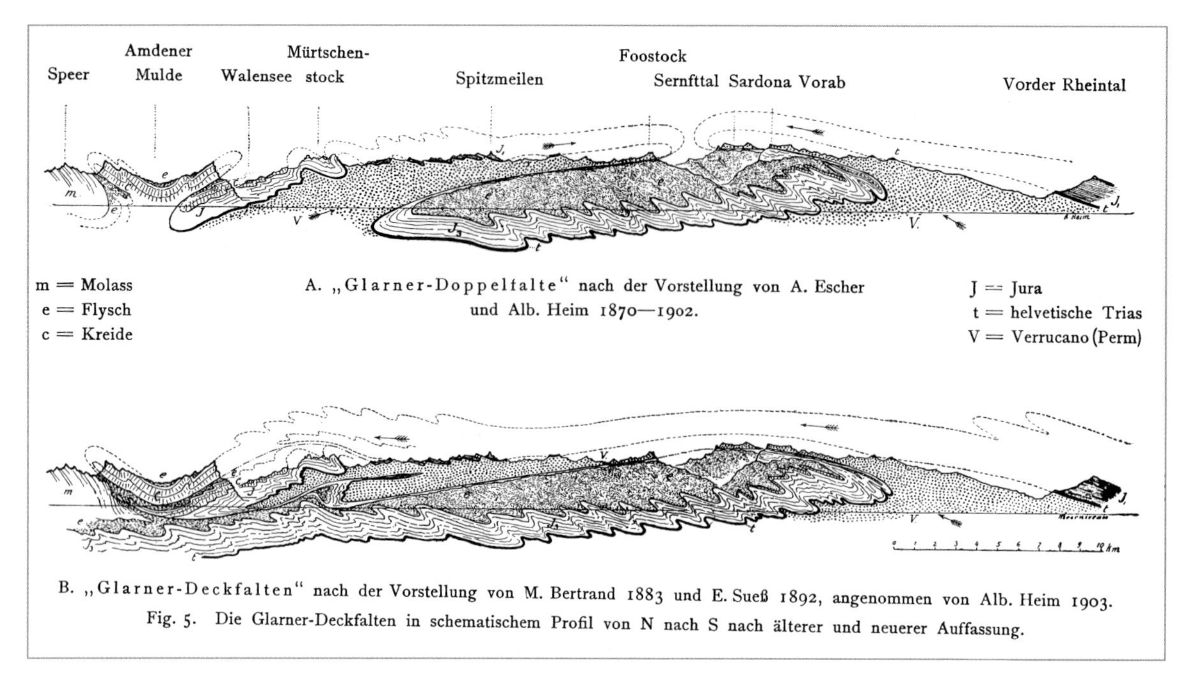

Abb. 1.9 Zeichnung von Albert Heim: Oben die „Glarner Doppelfalte", wie sie von Arnold Escher vorgeschlagen wurde. Sie sollte das Rätsel der verkehrten Altersabfolge ohne Überschiebung lösen. Unten: Die Neuinterpretation von Marcel Bertrand als Glarner Hauptüberschiebung. Aus Heim (1921).

Träumerei" entwickelte, dass die Alpen durch übereinandergeschobene Decken aufgebaut sind.

Eduard Suess (1831–1914).

Als geologisches Fenster wird ein Gebiet bezeichnet, in dem in die obere Gesteinsdecke sozusagen ein Loch erodiert worden ist, in dem die tiefer gelegenen Decken an der Oberfläche zutage treten. Die Hohen Tauern und die Zillertaler Alpen bilden zusammen ein derartiges Fenster. Aufgrund seiner rechteckigen Form erinnert es tatsächlich an einen Fensterrahmen, durch den man in die tieferen Decken hineinschauen kann. Diese tieferen Decken bestehen im Tauernfenster aus Gesteinen, die einst im Tiefseebecken des durch die Gebirgsbildung verschwundenen Penninischen Ozeans lagen, während die oberen, darüber geschobenen Decken einmal den Rand des Kontinents südlich des Ozeans gebildet hatten.

Eine Klippe ist in der Geologie das Gegenstück zu einem Fenster. Hier sind die oberen Decken weitgehend weg erodiert, sodass von ihr nur noch einzelne, frei stehende Reste übrig sind. Die ersten Klippen, die als solche erkannt wurden, sind in den Westschweizer Préalpes. Dort liegen Gesteine aus dem Tiefseebecken über dem ehemaligen Rand der europäischen Kontinentalkruste. Gefunden hat diese Klippen der Schweizer Geologe Hans Schardt, dem auffiel, dass diese Gesteine zu heute nur viel weiter südlich vorkommenden Gesteinen passen. Der Name Klippe rührt daher, dass der Luzerner Geologe Franz Joseph Kaufmann 1876 noch glaubte, dass solche Gesteinsmassen als felsige Inseln, also Klippen, aus dem Meer ragten, in welchem die umliegenden Gesteine abgelagert wurden.

Marcel Bertrand (1847–1907).

Marcel Bertrand schließlich war durch ein wegweisendes Buch des österreichischen Geologen Eduard Suess auf die richtige Spur gekommen. Suess stellte in seinem 1875 erschienenen Werk „Die Entstehung der Alpen" fest, dass horizontale Bewegungen durch eine seitliche Einengung einen größeren Einfluss bei der Bildung von Gebirgsketten hatten als vertikale Hebungen durch eine aus dem Erdinneren wirkende Kraft. Die Kontraktionstheorie mit dem verschrumpelten Apfel war gerade erst aufgekommen, und sie sollte den Mechanismus dafür liefern.

Suess dachte dabei zunächst eher an Falten. Wenn es horizontale Bewegungen gibt, führte Bertrand den Gedanken weiter, dann sind auch Überschiebungen möglich.

In einem Artikel aus dem Jahr 1884 übertrug Bertrand diese Vorstellung zunächst auf die Glarner Hauptüberschiebung. Ohne jemals im Glarner Land gewesen zu sein, zeigte er, dass eine Überschiebung die dortigen Strukturen viel besser erklärt als die wirre Idee der Doppelfalte, an der Albert Heim, der „Papst" der Schweizer Geologie, jedoch weiterhin stur festhielt. Bertrand und mehrere Franzosen und Österreicher, unter ihnen Eduard Suess, entwickelten daraus die Theorie, dass die Alpen aus übereinander liegenden Decken aufgebaut sind, aus mächtigen Gesteinspaketen, die sich übereinandergeschoben hatten. Wenig später wurden auch in Schottland und Skandinavien ähnliche Decken des uralten kaledonischen Gebirges beschrieben. Dieselbe Struktur fand man darauf hin auch in anderen Gebirgen immer wieder – Bertrand war dem Aufbau fast aller Hochgebirge auf der Spur.

Stoßen zwei Kontinente zusammen, versucht der eine den anderen zu überfahren. Da aber nicht einfach zwei Kontinente übereinandergeschoben werden können, bildet sich ein ganzes System von Überschiebungen, an denen einzelne Decken abgeschert werden und sich über die unter ihnen liegenden Gesteine bewegen. Die einzelnen Decken können enorme Strecken zurückgelegt haben. Typisch sind Dutzende von Kilometern, manche sind aber sogar um weit über hundert Kilometer verschoben worden. Durch das Übereinanderstapeln wird eine deutliche Verkürzung der betroffenen Kruste erreicht, was natürlich mit einer gleichzeitigen Verdickung einhergeht. Ganz oben liegt nun der in Decken zerlegte Rand des einen Kontinents, in der Mitte die in Decken zerlegten Reste des zwischen beiden Kontinenten verschwundenen Ozeans und darunter die in Decken zerlegten Sedimente des anderen Kontinents. Unter dem Deckenstapel liegt, was vom Rand dieses Kontinents noch mehr oder weniger an Ort und Stelle ist. Die Überschiebungen dieser Decken fanden tief unter der Erdoberfläche statt. Der Aufstieg zu einem Gebirge folgt erst später, er ist ein Effekt des ausgleichenden Auftriebs, den die verdickte Kruste erfährt (Abschnitt 3.3).

Da nicht Falten, sondern der Deckenbau die entscheidende Struktur sind, sprechen viele Geologen heute lieber von „Deckengebirge" als von „Faltengebirge". Beim Wort „aufgedeckt" würde natürlich jeder mit dem Kopf schütteln, anstatt an Deckenüberschiebungen zu denken. Um nicht ausgelacht zu werden, bleiben die Geologen also weiterhin bei der Formulierung, dass ein Gebirge „aufgefaltet" wurde.

Auch wenn ein Franzose auf die Idee mit dem Deckenstapel gekommen ist, etwas später haben auch Schweizer wie Hans Schardt und Emile Argand zum Verständnis des Deckenbaus der Alpen beigetragen. Nachträglich hat die Schweiz ihre Lorbeeren noch auf eine ganz andere Art bekommen: Die Glarner Hauptüberschiebung wurde von der UNESCO in den Rang eines Weltnaturerbes erhoben. Nicht nur, weil sich hier Generationen von Geologen die Köpfe zerbrachen, sondern auch, weil hier eine Überschiebung so gut zu sehen ist wie kaum an einem anderen Ort: von der „Wurzelzone" der Decke bis zu ihrer „Stirn". Grund genug, noch einmal genauer hinzuschauen.

Der junge Flysch liegt noch immer dort, wo er auf dem nahezu unbewegten Teil Europas abgelagert worden ist. Der helle Kalkstein direkt unter der Hauptüberschiebung war vermutlich schon etwas früher von seiner Basis abgeschert worden. Während der Überschiebung wurde dieses Gesteinspaket mitgerissen und rutschte ein Stück weit über den Flysch. Etwas nördlich der Tschingelhörner hört dieses Gesteinspaket aber schon wieder auf, den Kalkstein gibt es dort nur noch als ein bis zwei Meter dünnes, stark deformiertes Band, das die Hauptverwerfung markiert. Auch an den Tschingelhörnern ist der an die Überschiebung grenzende oberste Meter des Kalksteins stark deformiert.

Die permischen Grauwacken über der Verwerfung sind Teil einer Decke von Sedimenten, die einmal als dicker Stapel auf dem europäischen Schelf lagen, dem von einem flachen Meer überfluteten Rand des Kontinents. Sie kommen aus einem Gebiet, das einmal südlich des Vorderrheintales lag und durch die Gebirgsbildung in der Tiefe verschwunden ist. Dort wurden sie von ihrem Untergrund abgeschert und nach Norden überschoben. Über den permischen Sedimenten lagen natürlich auch einmal jüngere Sedimente, ein mächtiger Stapel mit Kalksteinen aus dem Mesozoikum, die wiederum abgeschert und als weitere Decken verschoben wurden. Stellenweise liegen diese Decken noch heute über der Glarner Decke, sie sind vor allem nördlich des Walensees bis zum Alpenrand zu finden. Die Decken aus Sedimenten, die einmal auf dem europäischen Schelf lagen, sind in den Alpen die unterste Einheit des Deckenstapels, sie werden als helvetische Decken zusammengefasst. Über den helvetischen Decken liegen noch andere Deckensysteme, auf die ich später eingehen werde (Kapitel 8).

Die Glarner Hauptüberschiebung trennt also den unbewegten Rand Europas vom helvetischen Deckenstapel. Im Profil sieht sie aus wie ein liegendes S. Sie taucht steil aus dem Vorderrheintal auf, steigt bis auf über 3000 m Höhe an und senkt sich dann wieder, bis sie unter der Erdoberfläche verschwindet. Sie taucht tief unter dem Walensee hindurch, und kommt erst am Nordrand der Alpen unter dem Säntis noch einmal unter den anderen helvetischen Decken hervor. Die S-Form ist erst eine spätere Struktur, ursprünglich war die Überschiebung eine leicht aufwärts führende Rampe. Während des Transports wird so eine Decke natürlich auch inneren Spannungen ausgesetzt, vor allem ganz vorne, an ihrer Stirn. Dort finden wir die meisten Falten, die es in einem Deckengebirge durchaus auch gibt.

Aber wie können überhaupt diese Decken über solche Entfernungen bewegt werden, entlang einer messerscharfen Linie, ohne dabei zu zerbrechen? Hier spielt der stark deformierte Kalkstein an der Basis der Glarner Hauptüberschiebung eine Rolle. Die gesamte Bewegung war auf diesen Kalkstein beschränkt, der als eine Art Schmiermittel wirkte. Untersuchungen an diesem Kalkstein ergaben, dass dieser unter Temperaturen um 350 °C verformt wurde (Ebert et al. 2007), unter Bedingungen, bei denen er sich plastisch verhielt, also fast wie Knetmasse verformt werden konnte. In der entsprechenden Tiefe von etwas über 10 km bildete sich somit auch die Verwerfung, die wir heute an der Oberfläche sehen können.

Mit den Alpen haben wir uns gleich an ein besonders kompliziert aufgebautes Gebirge gewagt. Wir sollten uns jetzt lieber erst einfachere Beispiele anschauen, bevor wir in Kapitel 8 hierher zurückkommen. Als Erstes brauchen wir aber noch die wichtigsten Grundlagen. Zunächst wollen wir die heiße Spur aufnehmen, dass Gesteine plastisch verformbar sein können. Schließlich widerspricht das unserer alltäglichen Erfahrung.

1.2 Gestein und Knete

Wenn es etwas gibt, das fest und steinhart ist, dann doch wohl ein Stein. Wenn wir einen in die Hand nehmen, können wir uns kaum vorstellen, dass dieser verformbar sein soll oder gar als Schmiermittel dienen könnte. Es ist kein Problem, einen Stein mit einem Hammer in zwei Teile zu zerschlagen. Aber verformen, wie ein Stück Knetmasse?

Ganz so weich wie Knetmasse sind sie natürlich nicht, aber der Vergleich ist gar nicht so falsch, wenn es nur heiß genug ist. Wir müssen uns jedenfalls von der Vorstellung von harten und unverformbaren Steinen verabschieden.

Nicht alle Gesteine sind gleich gut verformbar, prinzipiell sind sie jedoch bei höherer Temperatur und damit in größerer Tiefe „weicher“ als an der kühlen Oberfläche. Daher führen oberflächennahe Bewegungen eher zum Bruch als Bewegungen in der Tiefe. Beispielsweise reicht bei quarzreichen Gesteinen, die typisch für die Erdkruste sind, eine Temperatur von etwa 300 °C aus. Die Gesteine des Erdmantels sind bei Temperaturen über 600 °C immer noch steinhart. Salz ist schon bei niedriger Temperatur so leicht verformbar, dass es zu fließen beginnt und allein wegen des Dichteunterschiedes zum überlagernden Gestein als Salzstock aufsteigt. Wenn dieser Salzstock oder auch ein flüssiger Granit aufsteigt, dann schiebt er mühelos die Gesteine der Umgebung zur Seite. Das bedeutet, dass auch diese elastisch genug sein müssen, um auszuweichen.

Ein weiterer Faktor ist die Geschwindigkeit, mit der die Verformung stattfindet. Eine schnelle Verformung führt eher zum Bruch als eine sehr langsame. Schnelle Verformungen können sehr dramatisch sein, wie es von Erdbeben eindrucksvoll gezeigt wird. Erdbeben beschränken sich weitgehend auf den kühlen und daher starren Teil der Erde. Vor einem Erdbeben haben sich Spannungen aufgebaut, indem die Gesteine elastisch verbogen wurden, soweit dies eben bei Gesteinen möglich ist. Elastisch bedeutet, dass sie sich folgenlos wieder zurückbiegen würden, wenn die Spannung verschwinden sollte: wie bei Gummi. Sobald die Spannung zu groß wird, bilden sich in Sekundenbruchteilen Risse. Plötzlich wird die elastische Verformungsenergie in Bewegung umgesetzt. Bei großen Erdbeben kann es auf einen Schlag zu Versetzungen um einige Meter kommen. Die ausgelösten Schockwellen breiten sich in alle Richtungen aus und können noch weit vom Epizentrum entfernt Häuser einstürzen lassen.

Ob ein Gestein unter einer bestimmten Spannung zerbricht, hängt von seinen mechanischen Eigenschaften ab. Diese ergeben sich zunächst aus den Eigenschaften der Minerale, aus denen es zusammengesetzt ist, aber auch daraus, wie diese Minerale im Gestein angeordnet sind und ob bereits kleine Risse vorhanden sind. Auch der Druck und eventuell in den Gesteinsporen enthaltenes Wasser spielen eine Rolle. All diese Faktoren bestimmen die Scherfestigkeit des Gesteins. Das Gestein hält eine Spannung aus, solange die Scherfestigkeit größer ist als die auf das Gestein wirkende Spannung. Ist die Spannung zu groß, zerbricht das Gestein.

Um zu beobachten, was beim Zerbrechen eines Gesteins passiert, haben Forscher einen Zylinder aus möglichst perfektem, homogenem Gestein in eine hydraulische Presse eingeklemmt. Zunächst wird das Gestein elastisch zusammengedrückt, allerdings so wenig, dass wir es gar nicht sehen können. Sobald der Druck der Presse zu groß ist, zerbricht das Gestein. Mit diesem Experiment lässt sich die Scherfestigkeit eines Gesteins ermitteln. Dabei können wir auch den Einfluss testen, den in den Poren des Gesteins vorhandenes Was-

Abb. 1.10 Die 1773 von einem Erdbeben zerstörte Barockkirche El Carmen in Antigua (Guatemala). Bis zum Erdbeben war Antigua eine der wichtigsten spanischen Kolonialstädte.

ser hat. Ein wassergesättigter Tonstein hält nur einen winzigen Bruchteil der Spannung aus, den ein trockener Tonstein erträgt. Das liegt daran, dass der Wasserdruck in den Poren gegen das Gestein wirkt und die Bildung von Rissen begünstigt. Aus diesem Grund haben wir Menschen schon versehentlich Erdbeben ausgelöst, wenn wir mit dem Bau eines Staudamms oder bei einer Bohrung den Wasserdruck im Gestein so stark erhöht haben, dass das Gestein die bereits vorhandene Spannung nicht mehr aushalten konnte.

Ob trocken oder nass, das Zerbrechen beginnt mit mikroskopisch kleinen, im Gestein verteilten Rissen, die sich ausdehnen und mit anderen zu durchgehenden Brüchen verbinden. Entlang der Brüche kommt es zu einer Bewegung, sodass der obere und untere Bereich des Zylinders zusammengeschoben werden, während die Seiten nach links und rechts ausweichen. Das Ergebnis sind zwei Bruchsysteme, die sich wie ein X in einem Winkel von ungefähr 60° kreuzen, wobei die Spannung entlang der senkrechten Linie zwischen den beiden Schenkeln gewirkt hat. Es ist erstaunlich, wie oft man in der Natur Brüche findet, die sich in einem Winkel von etwa 60° schneiden (Abb. 1.11). Da die Brüche fast immer als Paar auftreten, spricht man von konjugierten Brüchen.

Bei unserem ersten Experiment haben wir ein Gestein in die Presse gestellt, dessen mechanische Eigenschaften in alle Richtungen gleich waren. Wenn wir stattdessen einen Schiefer oder einen Gneis nehmen, in denen die Minerale in eine bestimmte Richtung eingeregelt sind, dann zerbricht der Steinzylinder entlang der vorhandenen Schieferung oder (wie man bei einem Gneis sagt) Foliation. Die Spannungsrichtungen kann man dann nicht mehr so einfach aus den Bruchstücken rekonstruieren, wie das im homogenen Gestein der Fall war.

Eine Verwerfung ist nichts anderes, als ein solcher Bruch in einem größeren Maßstab. Die Gleitflächen einer Verwerfung sind oft regelrecht poliert, manchmal fühlen sie sich in die Bewegungsrichtung glatter an. Geologen streicheln gerne einmal eine Verwerfung, da sie dabei mit etwas Glück die Bewegungsrichtung herausfinden können. Manchmal wachsen auf der Gleitfläche auch in Bewegungsrichtung orientierte faserige Minerale. Wenn es bei einem besonders großen Erdbeben zu einer plötzlichen, schnellen Bewegung kommt, kann das Gestein entlang der Verwerfung sogar aufgeschmolzen werden. Es erstarrt dann als ein dünner Streifen aus schwarzem Gesteinsglas. Nahe der Erdoberfläche wird das Gestein auf der Bewegungsbahn mit der Zeit zu Mehl zermahlen. Das zerbrochene Material wird Stö-

Abb. 1.11 Kluftnetz innerhalb einer aufgebrochenen Falte. Die beiden Kluftscharen schließen einen Winkel von etwa 60° ein. Makhtesh Ramon, Israel.

rungsbrekzie oder Kataklasit genannt, es wirkt in der Verwerfung fast wie ein Kugellager. Je leichter eine vorhandene Verwerfung bewegt werden kann, desto seltener und unbedeutender sind die ausgelösten Erdbeben.

Da heiße Gesteine plastisch verformt werden können, ist der Bewegungsmechanismus in der Tiefe ein anderer als nahe der Erdoberfläche. Manche Geologen beschäftigen sich mit der Rheologie, also dem Fließverhalten von Gesteinen, und behandeln diese wie eine besonders zähe Flüssigkeit. Die Verformbarkeit von Gesteinen geht sogar so weit, dass ganze Gebirge auseinanderfließen können wie eine Sahnetorte in der Sonne. Ob beim Zerfließen eines ganzen Gebirges oder beim Aufstieg eines Salzstocks, ob in der Kalksteinschicht der Glarner Verwerfung oder bei den Konvektionen im Erdmantel, bei all diesen Prozessen passiert im kleinen Maßstab in etwa dasselbe.

Als Erstes wird man vermuten, dass die plastische Verformung entlang der Korngrenzen der gesteinsbildenden Minerale erfolgt. In feinkörnigen Gesteinen funktioniert dies bei hoher Temperatur tatsächlich so gut, dass von Superplastizität gesprochen wird. Aber auch in diesem Fall müssen die Mineralkörner selbst verformt werden können, da sich ihre Ecken und Kanten während des Gleitens gegenseitig in die Quere kommen. In einem grobkörnigen Gestein hat das Korngrenzengleiten nur eine geringe Bedeutung. Blättchenförmige und nadelige Minerale sind eine Ausnahme, sobald sie im Gestein optimal orientiert sind, nämlich parallel zur Bewegungsrichtung liegen. Dabei hilft, dass jede Scherbewegung im Gestein diese Kristalle langsam in die optimale Lage rotiert. In der Regel spielen Verformungen innerhalb der Kristalle die größte Rolle. Zoomen wir also in den atomaren Maßstab hinein.

Kristalle können nicht in beliebige Richtungen zerbrochen oder verformt werden, da sie anisotrop sind: Ihre physikalischen Eigenschaften sind von der Richtung abhängig. Das liegt daran, dass ihre Atome nicht chaotisch verteilt sind, sondern in einem Kristallgitter, das aus verschiedenen Richtungen betrachtet ganz unterschiedlich aussieht. Im Kristallgitter sind die Atome an fixen Positionen angeordnet, an denen nicht zu rütteln ist. Da das Gitter so gut wie unverformbar ist, muss es auf die eine oder andere Weise auf die kleinste Deformation reagieren. Bei Salz ist die Bindungsenergie zwischen den Ionen (Na^+ und Cl^-) vergleichsweise gering. Innerhalb eines Salzkristalls ist daher ein Gleiten entlang der vom Kristallgitter vorgegebenen Flächen möglich. Für einen Moment muss die Energie aufgebracht werden, die Bindungen auf dieser Ebene zu überwinden, aber im nächsten Moment sieht das Gitter wieder aus wie vorher. Während es im Salzkristall drei Ebenen gibt, auf denen ein solches Gleiten schon mit geringem Energieaufwand möglich ist, gibt es beispielsweise bei Glimmer nur eine. Dabei handelt es sich um die dunklen oder hellen blättchenförmigen Minerale in einem Granit, Gneis oder Glimmerschiefer. Die Bindungsenergie zwischen den einzelnen Schichten innerhalb der Blättchen ist relativ gering, und sie können gegeneinander verschoben werden. Ein anderer Winkel ist nicht möglich, da die Bindung innerhalb der Schichten sehr stark ist.

Bei anderen Kristallen ist die Bindungsenergie innerhalb des Kristallgitters für eine komplette Verschiebung entlang einer Gitterebene zu groß. Allerdings ist kein Kristall wirklich perfekt, er enthält Fehler wie Fehlstellen (ein Punkt im Gitter ist einfach nicht besetzt), Versetzungen (das Gitter ist verbogen, weil es an einer Stelle mit einem falschen Punkt verbunden ist) und Verunreinigungen. Diese Fehler können durch den Kristall wandern, wenn die Temperatur für diese Festkörperdiffusion hoch genug ist. Dies ist möglich, da die Energie nur dafür ausreichen muss, die Bindungen an einem einzigen Punkt zu überwinden. Dieses Wandern von Fehlern führt ebenfalls zu einem langsamen Gleiten entlang von Gitterebenen, nur dass dies nicht mehr gleichzeitig auf der gesamten Ebene passiert, sondern sich langsam Punkt für Punkt fortpflanzt. Je höher die Temperatur, desto schneller können die Fehler durch das Kristallgitter wandern und damit den Kristall verformen.

Eine weitere Möglichkeit, einen Kristall zu verformen, ist die Bildung von Zwillingen. So werden Bereiche in einem Kristall genannt, in dem das Kristallgitter gedreht oder gespiegelt ist, beispielsweise zeigt eine Kristallachse im einen Bereich schräg nach links, im anderen Bereich schräg nach rechts. Nicht alle Minerale können Zwillinge bilden. Bei Kalzit und Plagioklas passiert das unter Spannung schnell, unter dem Mikroskop sind die Zwillinge als dünne Lamellen sichtbar. Diese können durch den Kristall wandern und diesen dadurch verformen, was als Zwillingsgleiten bezeichnet wird. Kalzit und Plagioklas sind wichtige gesteinsbildende Minerale, Kalkstein besteht fast nur aus Kalzit, während Plagioklas (ein Feldspat) ein Bestandteil vieler magmatischer und metamorpher Gesteine ist.

Grenzen zwei Körner desselben Minerals aneinander, gibt es eine weitere Möglichkeit: Das energetisch günstiger gelegene Korn wächst auf Kosten seines Nachbarn. Kristalle, deren Kristallgitter ungünstig im Spannungsfeld orientiert ist, können dadurch verschwinden, während günstig orientierte Kristalle bevorzugt werden. Bilden sich durch chemische Reaktionen neue Minerale, so wachsen diese von Anfang an in der energetisch günstigsten Orientierung. Sowohl die Verformung eines Gesteins als auch die metamorphe Umwandlung zu einem anderen Gestein (Abschnitt 2.2) führen also zu

Abb. 1.12 Ein Faltensattel in weichen Schichten aus Salz und Tonstein bei San Pedro de Atacama, Chile. Die Falte taucht in Blickrichtung ab.

einer bevorzugten Anordnung von Mineralen, die der einwirkenden Spannung angepasst ist. In einem Glimmerschiefer sind die Glimmer parallel angeordnet. Ein solches Gestein ist natürlich leichter zu verformen als eines, bei dem die Minerale regellos angeordnet sind, weil die parallel liegenden Glimmer unzählig viele Gleitebenen bilden. Nicht alle Minerale müssen bei der Verformung mitmachen. Dem harten Granat in einem Glimmerschiefer passiert relativ wenig, weil die Verformung der Glimmer ausreicht. Er wird höchstens durch die Bewegung rotiert.

Die Prozesse innerhalb der Kristalle laufen relativ langsam ab. Viel schneller wird die Verformung, wenn Wasser in den Ritzen zwischen den Kristallen vorhanden ist, das die Kristalle anlösen kann. Die Seiten des Kristalls, auf die unter Spannung gedrückt wird, sind energetisch ungünstig gelegen und werden bevorzugt gelöst. Die gelösten Ionen diffundieren durch das Wasser und werden an den energetisch günstigen Seiten wieder in den Kristall eingebaut. Durch Drucklösung können beispielsweise Quarzkörnchen zu dünnen Scheiben verformt werden, wie in manchen besonders stark beanspruchten Gesteinen zu sehen ist. Ungünstig orientierte Kristalle können auf diese Weise auch schnell verschwinden. Auch dieser Prozess ist abhängig von der Temperatur, da diese einen Einfluss auf die Löslichkeit und die Diffusionsgeschwindigkeit hat.

All diese Prozesse laufen bei der Verformung gleichzeitig ab, je nach den Bedingungen hat der eine oder der andere einen größeren Anteil.

Die Verformung kann in einem großen Gesteinskörper stattfinden oder sich auf eine schmale Zone konzentrieren. Sie kann auch in kleinem Maßstab ihre Richtung ändern, beispielsweise sind Schieferungsflächen innerhalb einer Falte oft fächerförmig angeordnet, weil in den Faltenschenkeln eine andere Spannung herrscht als am Faltenscheitel. Verteilt sich die Verformung auf einen großen Gesteinskörper, muss jedes einzelne Mineralkorn weniger stark reagieren, als es in einer Verwerfung der Fall ist. Da sich ein Gestein durch Verformung den Spannungen anpasst und stark verformte Gesteine leichter zu bewegen sind, konzentriert sich die Bewegung in der Regel trotzdem auf eine schmale Scherzone. Bei einer starken Verformung wird zusätzlich Wärme produziert, was wiederum die Bewegung erleichtert.

Ein Gestein, das in einer Verwerfung unter plastischen Bedingungen extrem zerschert wurde, wird Mylonit genannt. Wir können den Kalkstein der Glarner Hauptüberschiebung so nennen. Ein Mylonit ist ein extrem feinkörniges Gestein mit optimal ausgerichteten Mineralkörnern. Oft sind darin Minerale, die normalerweise gar nicht optimale Formen haben, linsenförmig verformt. In diesem Gestein laufen alle Prozesse gleichzeitig ab: das Gleiten entlang der Korngrenzen, Zwillingsbildung, Diffusion von Gitterfehlern und Drucklösung. Mylonite sind bei niedriger Temperatur oft erstaunlich fest und lassen sich nur schwer erodieren. Sie können ganz verschieden aussehen, je nachdem, aus welchem Ausgangsgestein sie hervorgegangen sind. Manchmal sind sie hell und fein gestreift, manchmal dunkel.

Die Temperatur, ab der sich ein Gestein plastisch verhält, ist von Gestein zu Gestein verschieden. Oder anders herum, bei einer bestimmten Temperatur sind verschiedene Gesteine unterschiedlich plastisch oder unterschiedlich kompetent (wie ihre Festigkeit gegenüber der

Abb. 1.13 Eine Wechsellagerung unterschiedlich kompetenter Schichten wird unter Einengung verfaltet. Diese schönen Falten in Flysch (Wechsellagerung von Sand- und Tonstein) finden sich im Engadiner Fenster in Österreich, die Orangefärbung kommt durch auf dem Gestein wachsende Flechten.

Verformung genannt wird). Wenn eine Wechsellagerung unterschiedlicher Sedimente einer Spannung ausgesetzt wird, macht sich dies besonders bemerkbar. Oft ist zu sehen, wie die Schichten eines festeren, kompetenten Gesteins in wilde Falten gelegt wurden (Abb. 1.12, 1.13), während das weniger kompetente Gestein um diese Falten herumgeflossen ist.

Wird dieselbe Abfolge stattdessen gedehnt, zerbricht das kompetente Gestein, das plastische fließt in die entstandenen Lücken und wird ansonsten einfach wie Gummi auseinandergezogen. Das Ergebnis sieht im Anschnitt aus wie eine Kette aneinanderhängender Würstchen. Kreative Geologen haben das Zerreißen der kompetenten Schicht daher Boudinage getauft, was frei übersetzt „verwurstet“ heißt (Abb. 1.14).

1.3 Verwerfungen und Klüfte

Wir haben ohne weitere Erklärung Druck und Spannung unterschieden, obwohl beide natürlich miteinander zu tun haben. Der mit der Tiefe zunehmende Druck des umgebenen Gesteins wirkt von allen Richtungen gleich stark, so wie der Wasserdruck von allen Richtungen auf einen Taucher einwirkt. Dieser Druck führt daher auch nicht zu einer Verformung des Gesteins. Die Spannung ist eine zusätzliche Komponente, die gerichtet ist und zu dem gleichförmig wirkenden Umgebungsdruck hinzukommt.

Was auf einen Punkt im Gestein an Druck und Spannung einwirkt, kann durch drei senkrecht aufeinander stehende Vektoren beschrieben werden, die wir

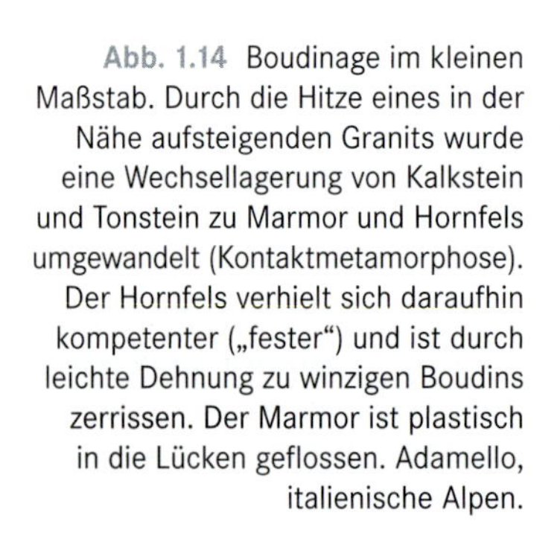

Abb. 1.14 Boudinage im kleinen Maßstab. Durch die Hitze eines in der Nähe aufsteigenden Granits wurde eine Wechsellagerung von Kalkstein und Tonstein zu Marmor und Hornfels umgewandelt (Kontaktmetamorphose). Der Hornfels verhielt sich daraufhin kompetenter („fester“) und ist durch leichte Dehnung zu winzigen Boudins zerrissen. Der Marmor ist plastisch in die Lücken geflossen. Adamello, italienische Alpen.

die drei Hauptspannungsrichtungen nennen (Abb. 1.16). In eine Richtung wird das Gestein besonders stark zusammengedrückt, in eine Richtung senkrecht dazu am wenigsten. Der Betrag des dritten Vektors liegt irgendwo dazwischen. Falls alle Vektoren denselben Betrag haben, wirkt nur der Umgebungsdruck, es gibt keine Spannung und daher auch keine Verformung. Je größer der Unterschied zwischen dem größten und dem kleinsten Vektor, desto größer die Spannung, die ein Gestein verformt. Diese Spannung wirkt sich je nach Orientierung und den Vektorbeträgen als Kompression oder Dehnung aus.

Wie unterschiedlich die Beträge sind und in welche Richtung der größte Vektor zeigt, ob er senkrecht zur Erdoberflache steht, waagrecht liegt, oder einen schrägen Winkel hat, hängt von den Umständen ab – von kollidierenden Platten, in der Tiefe aufsteigendem Magma oder einem aus der Ferne drückenden Gebirge. Ja sogar die Geometrie mehr oder weniger starrer Gesteinsschichten, die Beweglichkeit bereits vorhandener Verwerfungen und selbst die Form der Berghänge wirken sich im kleineren Maßstab darauf aus. Wir können von einem durch all diese Faktoren hervorgerufenen Spannungsfeld sprechen und uns dies so ähnlich wie ein Magnetfeld vorstellen. Dieses Spannungsfeld kann zur Bildung von Verwerfungen führen, wenn die Spannung die Festigkeit der Gesteine überwindet. Je nachdem, welcher der drei Vektoren senkrecht zur Erdoberfläche steht, ist das Ergebnis eine Abschiebung, eine Aufschiebung oder eine Seitenverschiebung.

Abb. 1.15 Verwerfungen mit kleinem Versatz in einem Tuff in einem Straßenanschnitt in Arizona.

So wie sich im Experiment im vorherigen Kapitel ein System konjugierter Brüche bildet, bilden sich oft auch konjugierte Verwerfungen. Doch auch wenn sie nicht als Paar auftreten, sobald wir die Bewegungsrichtung der Verwerfung ermitteln konnten, lässt sich leicht ablesen, wie die drei Vektoren zueinanderstanden.

Dazu müssen wir nur das X im Kopf behalten, das sich in dem zusammengepressten Steinzylinder gebildet hat. Der größte Vektor drückte dabei genau wie die Presse von oben bzw. unten, also entlang einer genau zwischen den Schenkeln des X liegenden senkrechten Linie. Entsprechend wurden die oberen und unteren Bereiche des Zylinders zusammengepresst. Der kleinste Vektor wirkte von rechts bzw. links, der Druck von diesen Seiten war so gering, dass die Seiten des Zylinders in diese Richtung ausweichen konnten. Wir könnten auch sagen, das Gestein wurde in diese Richtung gedehnt. Der dritte Vektor mit mittlerer Länge zeigt senkrecht aus dem X hervor, im Falle des Zylinders hatte dieser etwa denselben Betrag wie der kleinste Vektor.

Die Geometrie eines Grabenbruchs ist ganz ähnlich (vgl. Abschnitt 7.2). Ein Grabenbruch entsteht, wenn die Erdkruste gedehnt wird. Der Graben wird auf beiden Seiten von relativ steilen Abschiebungen begrenzt, entlang derer der mittlere Block absinkt. Diese konjugierten Verwerfungen schließen auch in diesem Fall einen Winkel von etwa 60° ein. Dehnung der Erdkruste bedeutet nichts anderes, als dass der kleinste der drei Vektoren waagrecht liegt und so klein ist, dass die Blöcke zu beiden Seiten gegen diesen ausweichen können. Der größte Vektor wirkt wie bei der Presse senkrecht nach unten. In einem Graben kann es auch zwischen zwei Abschiebungen angehobene Blöcke geben, die als Horst bezeichnet werden (Abb. 1.17).

Bei der Kollision zweier Kontinente (Kapitel 6 und 8) kommt die Einengung von den Seiten, wir müssen das Bild also nur drehen. Diesmal zeigt der kleinste Vektor nach unten. Entsprechend einem um 90° gedrehten X entsteht eine flache Aufschiebung, entlang welcher der obere Block über den unteren Block verschoben wird. Mehrere solche Aufschiebungen können zu einem Deckengebirge wie den Alpen führen. In diesem Fall spricht man häufig von Überschiebungen. Eine in die andere Richtung zeigende konjugierte Verwerfung gibt

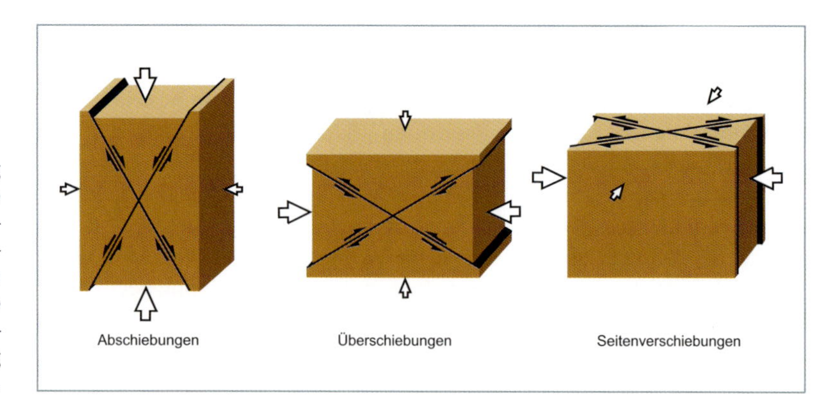

Abb. 1.16 Schematische Darstellung konjugierter Verwerfungen, die je nach Lage der Hauptspannungsrichtungen als Abschiebungen, Aufschiebungen oder Seitenverschiebungen ausgebildet sind. Es ist jeweils die Richtung der größten und der kleinsten Hauptspannungsrichtung gezeigt.

es bei Überschiebungen manchmal auch, sie wird dann Rücküberschiebung genannt.

Als dritte Möglichkeit bleibt nur, dass der mittlere Vektor nach unten zeigt. Diesmal liegt das X flach auf der Erdoberfläche, wir haben es mit einer Seitenverschiebung (auch Blattverschiebung oder Transformstörung genannt; Kapitel 5) wie der San-Andreas-Verwerfung in Kalifornien zu tun. Die Türkei wäre ein Beispiel für ein Paar von konjugierten Seitenverschiebungen: Die zwischen Arabien und Eurasien eingeklemmte Türkei weicht nach Westen hin aus, wie ein Melonenkern, der zwischen zwei Fingern hervorflutscht, wenn wir ihn dazwischen einklemmen. Eine dieser konjugierten Seitenverschiebungen ist die rechtssinnige Nordanatolische Störung, die sich parallel zur Schwarzmeerküste in einem Bogen durch den Norden der Türkei schwingt. Die andere ist die linkssinnige Ostanatolische Störung.

Konjugierte Verwerfungen müssen nicht zwangsläufig den typischen 60°-Winkel einschließen. Ganz ähnlich wie ein Schiefer, der entlang seiner Schieferung zerbricht, folgen Verwerfungen oft bereits vorhandenen Schwächezonen wie Schichtfugen, Schieferungen oder Faltenachsen. Es können auch ältere Verwerfungen reaktiviert werden. Da diese in der Regel in der Vergangenheit unter einem anderen Spannungsfeld entstanden, erfolgt die Bewegung nicht mehr in der ursprünglichen Richtung. Auf- oder Abschiebungen werden dann gleichzeitig seitlich versetzt. Die Bewegung kann auch in die entgegengesetzte Richtung erfolgen, eine unter Dehnung entstandene Abschiebung kann unter Einengung in eine steile Überschiebung umgekehrt werden.

Die Dehnung oder Kompression entlang von Verwerfungen geht mit plastischer Verformung in der unteren Kruste einher, das Gestein wird dort einfach wie ein Kaugummi auseinandergezogen oder zusammengedrückt. In der Regel biegen Verwerfungen in der entsprechenden Tiefe in eine horizontale Scherzone ein, sobald das Gestein plastisch verformt werden kann.

Die Glarner Hauptüberschiebung war zunächst ein flacher Scherhorizont, der durch die plastische Verfor-

Abb. 1.17 Die antike Felsenfestung Masada in Israel ist ein geologischer Horst, eine gehobene Scholle am Rand des Jordangrabens. Dieser wiederum entstand durch eine große Seitenverschiebung, die durch ihre gebogene Form in diesem Abschnitt eine gleichzeitige Dehnung erfährt, wodurch das Tote Meer (im Hintergrund) absank.

Abb. 1.18 Abschalung am Halfdome (Yosemite-Nationalpark, USA): An einem Granitpluton entstehen oft Klüfte parallel zur Oberfläche, sodass große schalenförmige Platten abplatzen.

Abb. 1.19 Verfaltete Quarzader (auf Kvaløya, Norwegen). Aus heißen, in einem älteren Kluftnetz zirkulierenden Lösungen wurde Quarz ausgefällt. Bei der späteren Deformation verhielt sich die Ader kompetenter („fester“) als das umgebende metamorphe Gestein, sie wurde verfaltet, während das Gestein plastisch verformt wurde. Später stieg das Gestein wieder auf, es entstand ein neues Kluftnetz.

mung innerhalb des Kalkstein-Mylonits bewegt wurde. Der abgescherte Sedimentstapel rutschte eine Rampe hinauf und schob sich flach über den unbewegten Teil des Kontinentalrandes.

Klüfte sind ähnlich wie Verwerfungen Brüche im Gestein, nur dass an ihnen keine nennenswerte Bewegung stattfand. Fast jedes Gestein ist von einem System von Klüften, oft mehrerer Generationen, durchzogen. Eine Kluft entsteht durch eine kleinräumige Dehnung. Die meisten Klüfte entstanden durch Druckentlastung, während die Gesteine aus großer Tiefe aufstiegen und freilegt wurden. Mit der Entlastung nimmt der Umgebungsdruck ab und die Gesteine zerbrechen entlang von Klüften. Diese können einer Schieferung folgen oder systematisch zum lokalen Spannungsfeld angeordnet sein. An der Oberfläche eines freigelegten Granitplutons verlaufen sie meist parallel zur Oberfläche, darum platzen von diesem oft schalenförmige Platten ab (Abb. 1.18). Auch innerhalb einer Falte können Klüfte entstehen, wenn das Gestein sich nicht schnell genug verbiegen lässt.

Durch das Kluftsystem zirkuliert Wasser. Aus heißen Lösungen können schöne Kristalle ausgefällt werden. Manchmal sind darunter Bergkristalle oder Hämatitrosetten, in anderen Fällen wurde die Kluft vollständig durch Quarz oder Kalzit ausgefüllt und zieht sich als weiße Ader durch das Gestein (Abb. 1.19). Wer an einem Bach oder Strand nach schönen Kieselsteinen sucht, findet zahllose Exemplare, die von feinen Äderchen durchzogen sind.

Unter Umständen kann das durch Klüfte zirkulierende Wasser auch an einer Quelle als Mineral- oder Thermalwasser austreten. Da die Erosion an vorhandenen Klüften ansetzt (Abb. 1.20), bestimmt das Kluftnetz auch die Bergformen (Abschnitt 2.3).

Abb. 1.20 Stark zerklüfteter Granit am Katschkar (Pontisches Gebirge, Türkei). Da die Erosion an den Klüften ansetzt, hat die Dichte und Orientierung des Kluftnetzes großen Einfluss auf die späteren Bergformen.

Abb. 1.21 Basaltsäulen am Svartifoss im Skaftafell-Nationalpark, Island.

Eine Volumenänderung durch Abkühlen oder durch eine chemische Reaktion kann ebenfalls zu Klüften führen. Die charakteristischen Basaltsäulen (Abb. 1.21) entstehen zum Beispiel durch die Volumenabnahme beim Abkühlen eines Lavastromes. Ganz ähnlich wie die Trockenrisse, die im Schlamm einer austrocknenden Pfütze einreißen, reißt zunächst die Oberfläche, da sie am schnellsten abkühlt. Diese Risse setzen sich dann beim weiteren Abkühlen immer weiter ins Innere fort.

1.4 Der Faltenjura

Im Faltenjura gibt es sie doch, die aufgefaltete Tischdecke, über die wir uns lustig gemacht haben. Jeder einzelne Höhenzug des Hohen Juras (1600 bis 1700 m hoch) ist ein Faltensattel, die parallel verlaufenden Täler (in ca. 1000 m Höhe) sind die dazugehörigen Faltenmulden (Abb. 1.22, 1.23). Wie regelmäßige Wellen liegt hier eine große Falte neben der anderen. Freilich sind hier nicht wie in den Alpen zwei Kontinente zusammengestoßen. Vielmehr waren es die Alpen, die wie ein Schneepflug den Sedimentstapel im Vorland vor sich hergeschoben haben. Die Falten des Juras entstanden durch den Fernschub der Alpen.

Die untersten Sedimente stammen aus der Trias, einer Zeit, in der immer wieder das Meer anstieg und das Flachland überflutete. Daher wechseln sich von Flüssen abgelagerte Sandsteine und Konglomerate mit in einem flachen Meer abgelagerten Kalk- und Tonsteinen ab. Einige Male wurde ein flaches Meerbecken abgeschnürt. Es herrschte ein heißes Klima mit hoher Verdunstung, sodass Evaporite wie Salz und Gips zurückblieben. Die Sedimente aus der Trias befinden sich unter dem Juragebirge in 1,5 bis 3 km Tiefe versteckt, sie spielen aber bei der Faltung eine entscheidende Rolle.

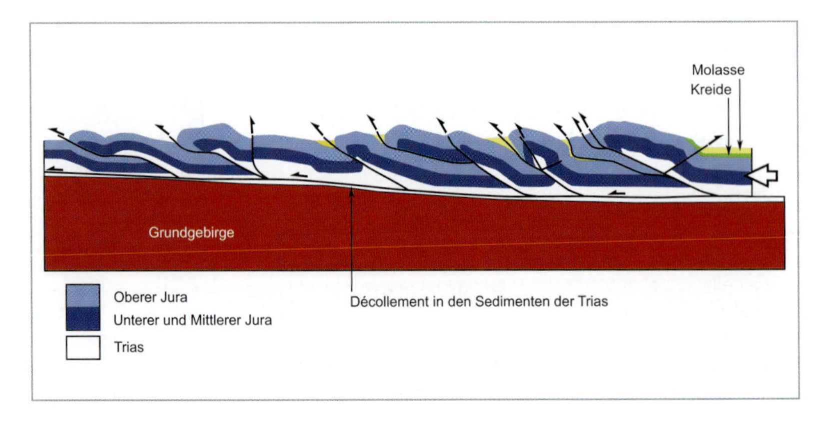

Abb. 1.22 Profil des Hohen Juras. Durch den Schub der Alpen wurde der Sedimentstapel in den Salzschichten der Trias abgeschert (Décollement) und bis zu 30 km nach Nordwesten bewegt. Die Faltensättel befinden sich über rampenförmigen Überschiebungen, die vom Décollement abzweigen. Die Sedimentsequenz ist daher unter jeder Falte verdoppelt. Ähnliche dünnhäutige Falten- und Überschiebungsgürtel gibt es auch vor anderen Hochgebirgen. Nach Sommaruga (1999)

In der Jurazeit, deren Name sich vom Juragebirge ableitet, wurden erst Tonsteine und dann mächtige Kalksteine in einem tropischen Schelfmeer abgelagert. Man kann Fossilien wie Ammoniten, Muscheln und Seelilien finden, es gibt sogar Kalksteine, die fast ausschließlich aus Bruchstücken von Seelilien bestehen. Nach dem Aufreißen des Penninischen Ozeans, an dessen Stelle sich heute die Alpen erheben, gab es am damaligen Südrand Europas eine Art Großes Barriereriff wie heute vor Australien, mit Korallen, die massige Korallenkalke ablagerten, umwimmelt von allerlei Lebewesen. Neben den Riffen sammelte sich Riffschutt an, der zu einem brüchigen Riffschutt-Kalkstein wurde. Weitere kleinere Riffe gab es in der flachen Lagune nördlich des Barriereriffs. In flachen Lagunen wurden winzige Schalenbruchstücke von den Wellen hin und her bewegt, um die sich langsam eine Kruste bildete, weil aus dem übersättigten Wasser Kalk ausgefällt wurde. Daraus wurden Oolithkalke, die aus millimetergroßen weißen Kügelchen bestehen. Andere Kalksteine wurden von Algen abgelagert: die südlich der Riffe im offenen Meer abgelagerten Kalksteine. Wenn von Flüssen tonreiches Material geliefert wurde, mischten sich Kalk und Ton zu einem Mergel. Zeitweise war der Jura eine Karbonatplattform wie heute die Bahamas (Abb. 1.24), mit einer unglaublich schnellen Karbonatproduktion. Im selben Tempo sank die ganze Plattform langsam durch die Sedimentlast ab, sodass die Region trotzdem ein Flachmeer blieb. Zum Ende der Jurazeit fiel die Region trocken, während der Penninische Ozean sich weitete. Nur ganz im Westen setzte sich die Sedimentation bis in die frühe Kreidezeit fort.

Erst als der Penninische Ozean durch die Wanderung der Kontinente wieder verschwunden war und an dessen Stelle die Alpen entstanden, kam wieder Bewegung in das Geschehen. Vor dem nördlichen Alpenrand lagert sich seit Beginn der Gebirgsbildung der Erosionsschutt der Alpen in einem Becken ab, das durch die Sedimentlast langsam absinkt und als Molassebecken bezeichnet wird. Hin und wieder drang sogar das Meer in das Becken ein. Die Molassesedimente werden nach Norden hin immer dünner, im Juragebirge sind sie stellenweise in den Faltenmulden zu finden.

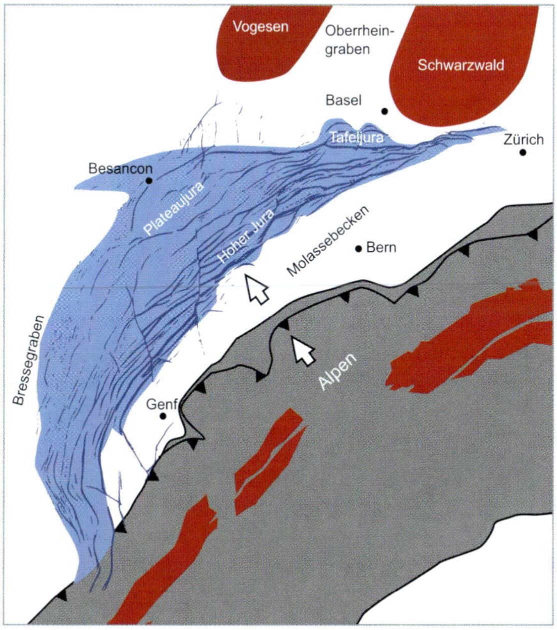

Abb. 1.23 Das Juragebirge entstand durch den Schub der Alpen, der den Sedimentstapel in Bewegung setzte. Der Hohe Jura ist ein typischer Falten- und Überschiebungsgürtel mit großen Faltenzügen. Im Plateaujura wechseln sich größere, leicht gewellte Hochplateaus mit schmalen, stärker verfalteten und verschuppten Zonen ab. Der Tafeljura besteht aus Bruchschollen im Zusammenhang mit dem Oberrheingraben.

Abb. 1.24 Satellitenbild der Bahamas (mit Florida links und Kuba unten). Die Bahamas sind eine Karbonatplattform, ähnlich wie es der heutige Faltenjura während der späten Jurazeit war. Die Produktion von Kalkstein durch Organismen und chemische Ausfällung ist so schnell, dass sie mit dem langsamen Absinken unter dem Eigengewicht der Sedimente Schritt halten kann. Foto: Nasa.

Abb. 1.25 Die Schlucht Creux du Van bei Neuchâtel. Hier ist das Dach eines Faltensattels, das aus festem Kalkstein besteht, aufgebrochen. Das Innere aus weichem Mergel konnte daraufhin leicht abgetragen werden. Dabei spielte wahrscheinlich ein eiszeitlicher Gletscher eine Rolle, der von den Alpen bis hierher reichte. Foto: Martin Abegglen, Twicepix.

Die Faltung des Jura wurde durch späte tektonische Bewegungen innerhalb der Alpen ausgelöst. Es ist umstritten, ob es sich dabei um die letzte alpine Deckenüberschiebung, nämlich die Überschiebung der helvetischen Decken handelte oder um die noch spätere Verschiebung des alpinen Grundgebirges unter das Aarmassiv. Bei einem der beiden Vorgänge wurde jedenfalls von den Alpen der gesamte Sedimentstapel des Vorlandes an den leicht verformbaren Trias-Sedimenten abgeschert und um bis zu 20–30 km nach Nordwesten verschoben. Ein solches flaches Abscheren an Evaporiten wird Décollement genannt. Das Grundgebirge und der unter den Evaporiten gelegene Buntsandstein wurden dabei nicht angetastet. Es handelt sich somit um einen „dünnhäutigen Falten- und Überschiebungsgürtel", im Gegensatz zu dickhäutigen, in denen auch das Grundgebirge involviert ist.

Im Norden war der Sedimentstapel vorher schon durch die Entstehung des Oberrheingrabens in Bruchschollen zerlegt worden, die den Tafeljura bei Basel bilden, im Westen war der Bressegraben eingebrochen. Beide unterbrechen den Décollement-Horizont. Für unsere von den Alpen bewegten Sedimente waren beide daher ein Hindernis, gegen das sie gedrückt wurden. An diesen Rändern wurden sie über die Füllung des Bressegrabens beziehungsweise über den Tafeljura geschoben. Die Falten bildeten sich vor diesen Hindernissen, während das Schweizer Mittelland nicht verformt wurde. Da die Bewegung in der Mitte am stärksten war, entstand die halbmondförmige Gestalt des Faltenbogens. An seinem Südende berührt dieser Faltenbogen die Alpen, weiter nördlich liegt zwischen beiden das flache Molassebecken des Schweizer Mittellandes. Dass im Süden, also nahe den Alpen, nur geringe Bewegungen stattfanden, ist auf den ersten Blick erstaunlich. Der Grund ist, dass nach Süden hin der Salzhorizont verschwindet. Statt Salz, Anhydrit und Gips gibt es Dolomit und Mergel.

Der Faltenjura wird in den Plateaujura (vor allem in Frankreich) und den Hohen Jura (in der Schweiz) unterteilt. Der Plateaujura besteht aus hohen, nur leicht gewellten Plateaus, die durch schmale, stärker gefaltete und verschuppte Zonen voneinander getrennt sind. Das Regenwasser verschwindet auf diesen verkarsteten Plateaus schnell in Höhlen und tritt zum Teil in den Tälern an großen Karstquellen wieder hervor. Auf seismischen Profilen sind unter diesen Plateaus Falten mit großer Wellenlänge und geringer Amplitude zu erkennen, in deren Kern sich Trias-Evaporite befinden (Sommaruga 1999). Das Salz wurde unter den Faltenmulden weggequetscht und sammelte sich in dickeren Kissen unter den Sätteln. Ganz ähnliche breite und sanfte Falten wurden auch auf der anderen Seite des Hohen Juras am Rand des Molassebeckens gefunden.

Die Bilderbuchfalten befinden sich im Hohen Jura, der sich in einem Bogen im Südostteil des Gebirges spannt. Die Sättel sind lange, parallel verlaufende Bergrücken, die Mulden dazwischen parallel verlaufende Flusstäler oder auch einmal weite Becken. Auf den ersten Blick sehen die Falten wie sinusförmige Wellen aus, und als solche wurden sie auch von frühen Geologen gezeichnet. In Wirklichkeit gehört zu jeder Falte eine rampenförmige Überschiebung, die im Décollement in den Trias-Sedimenten wurzelt. Ursprünglich gab es eine leichte Faltung wie heute unter dem Plateaujura, mit zunehmender Deformation brachen die Falten durch

Abb. 1.26 Blick vom Südschwarzwald über die Faltenzüge des Juragebirges hinweg bis zu den Alpen. Das Molassebecken liegt unter dichten Wolken.

und der gesamte Sedimentstapel schob sich um einige Kilometer über eine Rampe aufwärts, klappte oben um und blieb als Faltensattel liegen. Auf diese Weise wurde in jeder einzelnen Falte die gesamte Jurasequenz verdoppelt. Es gibt auch einzelne Überschiebungen in die entgegengesetzte Richtung (Rücküberschiebung), mit Bewegungen um maximal ein paar Hundert Meter. Die Größe der Falten und damit die Höhe der Berge hängt vor allem davon ab, wie dick die Sedimente an der betreffenden Stelle sind.

Die entstandenen Faltenzüge lassen sich zwischen 10 und 30 km weit verfolgen, sie werden durch senkrecht dazu verlaufende, bis ins Décollement reichende Seitenverschiebungen abgeschnitten, die den Faltenjura in einzelne Abschnitte unterteilen.

Die Falten haben oft sehr steile Schenkel und ein flaches Dach, weshalb sie als Kofferfalten bezeichnet werden. An manchen brach das Gewölbe der Sättel auf, und Bäche gruben sich in die darunter liegenden Sedimente, die zum Teil leichter zu erodieren sind. So entstanden Täler, die auf den Faltensätteln verlaufen. Das Innere der Falten besteht aus einem Wechsel von besser und schlechter verformbaren Gesteinen. Die kompetenten, also schwer verformbaren Kalksteine geben den Falten ihre Form, während inkompetente, leicht verformbare Mergel und Tone dazwischenfließen und die Lücken füllen. Aus der Geometrie ergibt sich, dass kompetente Schichten im Inneren einer Falte aus Platzgründen mehrere kleine Falten ausbilden müssen.

Die Flüsse folgen im Juragebirge den Mulden, sie verlaufen also alle parallel zu den Faltenachsen. Manche Falten werden jedoch durch eine Klus genannte Schlucht durchbrochen. An diesen Stellen gab es schon vor der Faltung einen Fluss, der sich später während der Faltung in die entstehenden Sättel einschneiden konnte. Flüsse, deren Erosion nicht mit der Faltung mithalten konnte, wurden hingegen umgeleitet.

1.5 Feldspat, Quarz und Glimmer

Feldspat, Quarz und Glimmer … Aus diesen drei Mineralen sind Gesteine wie Granit und Gneis aufgebaut. Wir werden dem Mantra der Erdkundelehrer noch wenige andere Minerale hinzufügen. Die Bildung von Bergen kann zwar auch ohne eine tiefere Kenntnis dieser gesteinsbildenden Minerale verstanden werden, aber hin und wieder hilft es, schon davon gehört zu haben. Die einfache Struktur von Kochsalz kennt ja jeder aus dem Chemieunterricht. Andere Minerale sind etwas komplizierter aufgebaut. Die meisten der gesteinsbildenden Mineralien sind Silikate, was bedeutet, dass Siliziumoxid-Tetraeder in der Struktur eine wichtige Rolle spielen. Abgesehen von Sauerstoff ist Silizium mit Abstand das häufigste Element der Erdkruste. An den vier Ecken des Tetraeders sitzt Sauerstoff, in der Mitte das kleine Siliziumatom. Wenn wir die Tetraeder an jeder Ecke mit einem weiteren Tetraeder verbinden, sodass jedes Sauerstoffatom zu zwei Tetraedern gehört, bekommen wir ein Gerüst mit der Zusammensetzung SiO_2: Quarz. In einem Gestein sieht er aus wie Körnchen aus Fensterglas. Manchmal bildet er auch schöne Kristalle mit einem sechsseitigen Querschnitt, die von einer Pyra-

Abb. 1.27 Rauchquarz aus dem Binntal (Schweiz).

Abb. 1.28 Glimmer (dunkel und stark glänzend) und Feldspat. Solche großen Kristalle entstehen, wenn die letzten, sehr wasserreichen Reste einer Granitschmelze zu einem Pegmatit auskristallisieren. Das Wasser hemmt dabei die Bildung kleiner Nukleus-Kristalle und ermöglicht gleichzeitig ein schnelles Kristallwachstum.

mide abgeschlossen werden (Abb. 1.27): Je nach Farbe bevölkern sie unter den Namen Bergkristall, Amethyst oder Rauchquarz die Regale der Mineralienläden. Der sechsseitige Querschnitt ist kein Zufall: Wenn wir ein Modell der Struktur von oben anschauen, sehen wir zwischen den Tetraedern sechsseitige Hohlräume.

Auch Feldspat besteht aus einem Gerüst von Tetraedern, aber in einigen Tetraedern ist das Si^{4+} durch Al^{3+} ersetzt. Um den Unterschied der Ladung auszugleichen, werden weitere Ionen eingebaut: K^{+}, Na^{+} oder Ca^{2+}. Je nachdem heißen sie Kalifeldspat ($K[AlSi_3O_8]$), Albit ($Na[AlSi_3O_8]$) und Anorthit ($Ca[Al_2Si_2O_8]$). Die eckigen Klammern in den Formeln sollen andeuten, dass es sich um die Tetraeder handelt. Die Namen können wir aber gleich wieder vergessen, da diese Endglieder so nur selten vorkommen: Kalifeldspat und Anorthit sind mischbar, ein Feldspat mit Na und K wird Alkalifeldspat genannt. Dasselbe gilt für Albit und Anorthit, die Mischung heißt dann Plagioklas. Die beiden können in der Regel mit etwas Übung mit bloßem Auge anhand ihrer Zwillinge unterschieden werden. In einem normalen Granit sind beide vorhanden. Es handelt sich um die weißen, grünlichen oder rötlichen Körnchen.

Glimmer (Abb. 1.28) sind in Graniten und in Gneis oft das dritte Mineral, sie blinken in der Sonne wie ein Spiegel. Es handelt sich um Schichtsilikate: Die Tetraeder sind miteinander zu einer flachen Schicht verbunden, alle freien Spitzen schauen nach oben. Wie bei einem Sandwich liegt darüber eine zweite Schicht, diesmal mit den Spitzen nach unten. Die beiden Schichten werden durch Mg^{2+} und Fe^{2+} (im dunklen Biotit) oder Al^{3+} (im hellen Muskovit) zusammengehalten. Zwischen jeder dieser Doppel-Sandwich-Schichten liegen noch K^{+}-Ionen. Bei all den Schichten ist es kein Wunder, dass Glimmer kleine Blättchen bilden, bei denen man sogar dünne Lagen mit dem Fingernagel ablösen kann.

Pyroxene (Abb. 1.29) sind beispielsweise in Basalten und Mantelgesteinen von Bedeutung. Diese Mineralgruppe gehört zu den Kettensilikaten, in denen die Tetraeder zu endlosen Ketten verbunden sind. Je nachdem, welche Ionen zwischen diesen Ketten liegen, bekommt das Mineral einen anderen Namen. Zwei Pyroxene wollen wir uns merken: Diopsid, $CaMg(Si_2O_6)$, und Enstatit, $Mg_2(Si_2O_6)$. Die Kristallgitter der beiden haben eine unterschiedliche Symmetrie, der Erste gehört zu den „Klinopyroxenen", der andere zu den „Orthopyroxenen". Da Mg^{2+} und Fe^{2+} sehr ähnliche Eigenschaften haben, kann das eine mit dem anderen ausgetauscht werden. Pyroxene bilden unscheinbare schwarze Stängel.

Ein weiteres Kettensilikat sind die Amphibole. Anders als bei den Pyroxenen sind in diesen jeweils zwei Tetraederketten zu einer Doppelkette verbunden. Amphibole können sehr unterschiedliche Zusammensetzungen haben und werden dann unter anderem Hornblende, Glaukophan oder Tremolit genannt. Amphibole enthalten etwas Wasser in Form von $(OH)^{-}$.

Olivin, $MgSiO_4$, besteht aus denselben Elementen wie Enstatit, aber in einem anderen Verhältnis. Dieses

Abb. 1.29 Amphibol (links) und Pyroxen (rechts) sind wichtige gesteinsbildende Minerale.

Abb. 1.30 Olivin, links aus einem Peridotit aus Norwegen, rechts ein schöner Kristall vom Vulkan Oldoinyo Lengai, Tansania.

schöne grüne Mineral (Abb. 1.30) wird unter dem Namen Peridot auch als Schmuckstein verkauft. In ihm sind die Tetraeder nicht mit anderen Tetraedern verbunden. Zwischen den einzelnen Tetraedern liegt jeweils ein Mg^{2+}, das auch hier wieder durch Fe^{2+} ersetzt werden kann.

Als letztes Mineral können wir uns einen weiteren Schmuckstein vornehmen, den Granat. Bei diesem sind die Tetraeder ebenfalls nicht mit anderen Tetraedern verbunden, zwischen den Tetraedern gibt es zwei Gitterplätze unterschiedlicher Größe. Die Struktur ist so flexibel, dass es eine Vielzahl von Zusammensetzungen gibt. Die hellroten Granate sind Pyrope. Sie enthalten Mg und Al und kommen typischerweise in Hochdruckgesteinen und im Erdmantel vor. Die dunkelrote Fe-Al-Version findet man zum Beispiel in Granatglimmerschiefern, sie heißt Almadin.

1.6 Die Schalen der Erde

Bevor wir uns der alles erklärenden Plattentektonik (Kapitel 3) nähern, sollten wir wissen, worauf die Kontinente überhaupt „schwimmen". Es wird viele überraschen, dass der Erdmantel, um den es sich dabei handelt, gar nicht flüssig ist, sondern fest. Vielleicht wurden Kontinente zu oft mit Eisbergen verglichen, die Konvektion im Erdmantel mit kochendem Brei, und auch Vulkane können leicht einen falschen Eindruck von der Beschaffenheit des Erdmantels erwecken. Werfen wir also einen Blick in die Tiefe der Erde. Die Frage, warum aus Vulkanen trotzdem flüssiges Gestein spritzt, werden wir dabei nicht vergessen.

Die Erde ist aus mehreren Schalen aufgebaut (Abb. 1.31, 1.32), von denen wir nur die äußerste, die dünne

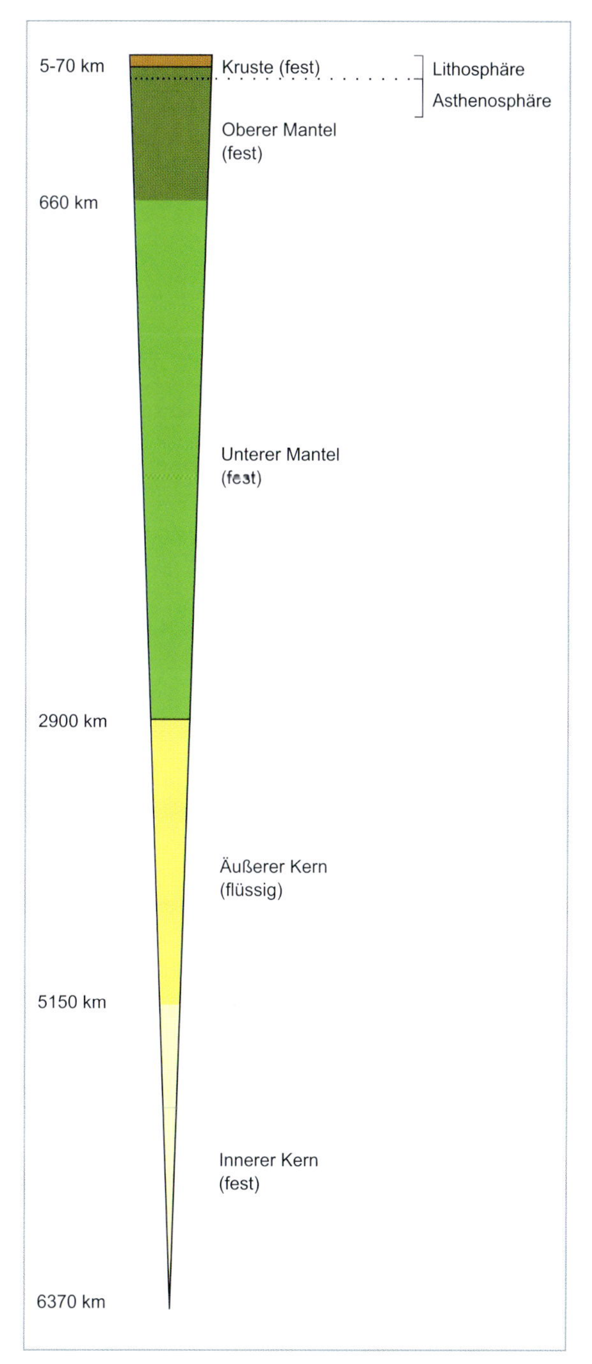

Abb. 1.31 Der Schalenbau der Erde. Ozeanische Kruste ist nur etwa 5 km dick, kontinentale Kruste typischerweise etwa 35 km. Die Kruste und der oberste, starre Teil des Erdmantels werden zusammen als Lithosphäre bezeichnet. Die Platten, die samt den Kontinenten über die Erdoberfläche wandern, bestehen aus der Erdkruste und dem lithosphärischen Mantel. Darunter befindet sich die Asthenosphäre, die leicht verformbar ist und geringe Anteile an Schmelze enthalten kann. Der Untere Mantel hat dieselbe Zusammensetzung wie der Obere Mantel, aber in dichter gepackten Mineralen. Der Erdkern besteht aus einer Legierung aus Eisen und Nickel.

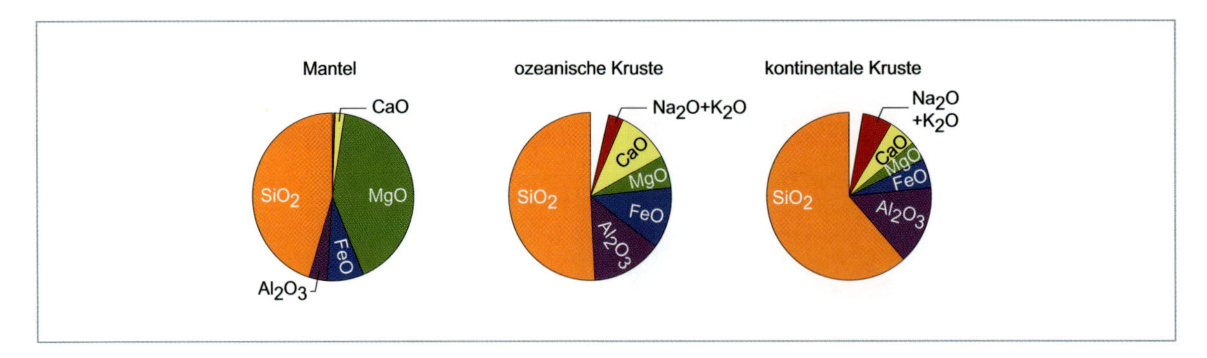

Abb. 1.32 Chemische Zusammensetzung von Erdmantel, ozeanischer Kruste und kontinentaler Kruste (alles Eisen als FeO). Der Mantel besteht fast nur aus SiO_2 und MgO, dazu etwas FeO, Al_2O_3 und CaO. Die durch Aufschmelzen des Mantels entstandene ozeanische Kruste (Basalt) enthält deutlich weniger MgO, alle anderen Elemente (insbesondere CaO und Al_2O_3) nehmen zu. TiO_2 ist hier das wichtigste Element in der weißen Lücke. Kontinentale Kruste enthält am meisten SiO_2 und auch deutliche Mengen an Na_2O und Ka_2O.

Erdkruste, direkt beobachten können. Dieser Schalenbau kann gut mit einem weich gekochten Ei verglichen werden, sogar die Größenverhältnisse stimmen ganz gut. Die hauchdünne Eierschale entspricht der uns so gut bekannten Erdkruste, die doch nur einen winzigen Teil des gesamten Volumens ausmacht. Der Erdmantel ist, ähnlich wie das Eiweiß, zwar nicht flüssig, aber weich. Der Erdkern im Zentrum, sozusagen das Eigelb, ist wiederum in einen äußeren, flüssigen und einen inneren, festen Teil zu unterteilen. Er besteht aus einer Legierung aus Eisen und Nickel und hat (abgesehen vom Magnetfeld der Erde) so gut wie keine Auswirkungen auf den Rest. Wir können ihn also getrost außer Acht lassen.

An Dichtesprüngen wie den Schalengrenzen werden Erdbebenwellen teilweise reflektiert, daher konnte der Schalenbau von Seismologen entdeckt werden. Die Untergrenze der Kruste ist die Mohorovičić-Diskontinuität, benannt nach einem jugoslawischen Seismologen, der diese 1909 entdeckte. Die wenigsten Geologen versuchen, diesen Namen richtig auszusprechen, und sagen einfach „Moho".

Ozeanische Kruste ist etwa 5 km dick, durchschnittliche kontinentale Kruste etwa 35 oder 40 km. Die flachen Schelfmeere wie die Nordsee und die in die Tiefsee abfallenden Kontinentalhänge gehören im geologischen Sinn genauso zu den Kontinenten wie das Festland. Ozeanische und kontinentale Kruste haben eine vollkommen unterschiedliche Zusammensetzung. Die ozeanische besteht überwiegend aus Basalt und aus Gabbro. Beide Gesteine haben dieselbe Zusammensetzung, nur dass Basalt an der Erdoberfläche ausgeflossen und zu einem feinkörnigen Vulkangestein erstarrt ist, während Gabbro als Pluton in der Tiefe langsam auskristallisiert und daher grobkörnig ist.

Kontinentale Kruste ist eine wilde Mischung unterschiedlicher Gesteine. Sie besteht aus Sedimenten wie Kalkstein und Sandstein, aus metamorphen Gesteinen wie Schiefer und Gneis und aus magmatischen Gesteinen wie Granit und Gabbro. Im Durchschnitt entspricht die Zusammensetzung etwa einem Tonalit, einem magmatischen Gestein zwischen Granit und Gabbro.

Unter der Kruste befindet sich der Erdmantel, ein festes Gestein, das eine andere Zusammensetzung hat als die Gesteine der Erdkruste. Er ist rund 2900 km dick und macht etwa zwei Drittel der gesamten Erdmasse aus.

Dass der Mantel zwar fest, aber trotzdem plastisch verformbar ist, sollte uns nach den vorangegangenen Kapiteln nicht mehr überraschen. Allerdings ist der oberste Teil des Mantels nicht plastisch verformbar, da er nicht heiß genug ist. Dieser lithosphärische Mantel klebt starr an der Kruste und bildet mit dieser zusammen die Platten, die sich über die Erdoberfläche bewegen. Da seine Dicke nur vom Temperaturgradienten abhängig ist, ist er unter den Kratonen, den uralten Kernen der Kontinente, besonders dick. Unter den heißen mittelozeanischen Rücken, an denen neue ozeanische Kruste entsteht, ist der lithosphärische Mantel gar nicht vorhanden.

Die Asthenosphäre ist der weiche Teil des Mantels unterhalb der starren Lithosphäre, sie ist so gut verformbar, dass die Kontinente regelrecht darauf schwimmen. Wie wir in Kapitel 2.1 sehen, ist die Asthenosphäre regional etwas angeschmolzen, dann gibt es zwischen den gesteinsbildenden Mineralen kleine Schmelztröpfchen.

Der Unterschied zwischen Mantel und Kruste ist die Zusammensetzung: Elemente wie Magnesium sind im Mantel mit sehr viel größerem Anteil vorhanden als in der Kruste, in der hingegen Aluminium und Silizium häufiger sind. Besonders große Ionen wie Kalium und Natrium und Ionen mit großer Feldstärke wie Zirkonium und Uran kommen fast nur in der Kruste vor. Warum das so ist (und letztlich, warum es diesen Schalenbau überhaupt gibt), liegt daran, dass unter dem in der Tiefe herrschenden extremen Druck nur bestimmte Minerale vorkommen können, in deren dicht gepackte Struktur manche Elemente sehr gut, andere Elemente so gut wie gar nicht hineinpassen. In eine dicht gepackte Struktur passen am besten die Elemente hinein, die nicht viel Platz benötigen.

Die Natur hat uns den Gefallen getan, hin und wieder Stücke aus dem Erdmantel an die Oberfläche zu bringen (Abb. 1.33): Manche Vulkane haben Bruchstücke aus der Quellregion ihrer Magmen mitgebracht, die als Mantel- oder Olivinknollen in einem Basalt stecken. In manchen Gebirgen wurden mitunter sogar Späne in der Größe eines Berges eingebaut. Mit der Frage, wie das überhaupt möglich ist, werden wir uns noch beschäftigen.

Das entsprechende Gestein wird Peridotit genannt (weiter unterteilt in Lherzolith, Harzburgit, Dunit usw.). Es besteht überwiegend aus drei uns bereits bekannten Mineralen, deren Zusammensetzung recht ähnlich ist: Olivin, $MgSiO_4$; Diopsid (Klinopyroxen), $(CaMg)Si_2O_6$; Enstatit (Orthopyroxen), $Mg_2Si_2O_6$.

Bei allen Dreien kann Mg gegen Fe^{2+} ausgetauscht werden, da diese beiden Ionen sehr ähnliche Eigenschaften haben. Das System besteht also bisher nur aus MgO, FeO, CaO und SiO_2. Dazu kommt noch eine aluminiumhaltige Phase. Dies ist je nach Druck Plagioklas (nur bei sehr niedrigem Druck), Spinell oder bei hohem Druck Granat. Alle anderen Elemente können wir vernachlässigen. Tatsächlich gilt diese mineralogische Zusammensetzung nur für den Oberen Erdmantel: In der Tiefe ist die chemische Zusammensetzung zwar dieselbe, aber die Minerale wandeln sich in noch dichter gepackte Strukturen um, wie wir aus Experimenten wissen.

Peridotit ist sehr anfällig gegenüber Wasser: Durch die Aufnahme von Wasser bildet sich das grünlichschwarze Mineral Serpentin. Dieses Mineral gibt es in drei verschiedenen Varianten mit unterschiedlichem Kristallgitter, eine davon bildet dünne Nädelchen, die so fein und biegsam sein können, dass man sie zu Asbest verspinnen kann. Einatmen sollte man diese Nadeln allerdings besser nicht, in der Lunge können sie großen Schaden anrichten. Ein Gestein, das überwiegend aus Serpentin besteht, wird Serpentinit genannt. Sind bei der Umwandlung neben Wasser auch noch große Mengen CO_2 vorhanden, bildet sich hingegen Speckstein: ein leicht zu bearbeitendes Gestein, das überwiegend aus den weichen Mineralen Talk und Magnesit ($MgCO_3$) aufgebaut ist.

Abb. 1.33 Stücke aus dem Erdmantel: links ein Spinell-Lherzolith, der von einem Vulkan der Eifel an die Oberfläche gebracht wurde („Olivinknolle"), und rechts ein Granat-Peridotit aus Norwegen, wo dieser als großer Span entlang von Deckenüberschiebungen in das kaledonische Gebirge eingebaut wurde.

Woher weiß man, dass der Erdmantel aus Peridotit besteht? Zum einen ist klar, dass nur Gesteine mit einer hohen Dichte infrage kommen – aber das könnte auch ein Eklogit sein, den wir bald kennenlernen. Außerdem geht man davon aus, dass die durchschnittliche Zusammensetzung der Erde (abzüglich des Erdkerns und der Atmosphäre) einer bestimmten Sorte von Meteoriten entspricht. Diese stammen noch aus dem Urnebel des Sonnensystems, in dem sich die Erde vor 4,6 Milliarden Jahren gebildet hat. Hin und wieder stürzt so ein kosmischer Körper aus dem Weltraum auf die Erde. Wenn man von einem solchen Chondrit-Meteoriten die gut bekannten Bestandteile der Erdkruste wegrechnet, bleibt die Zusammensetzung eines Peridotits übrig. Ein weiteres Argument sind Experimente, die mit Peridotit und Basalt gemacht wurden: Schmilzt man einen Peridotit ein wenig an, entsteht zwischen den Mineralkörnern etwas Basalt. Die Mantelknollen, die Basalte manchmal von dort unten mitgebracht haben, lassen schließlich keinen anderen Schluss mehr zu. Dass Peridotit auch auf den Ozeanböden eine Rolle spielt, sehen wir in Abschnitt 3.6.

Blick vom Skierffe auf das Delta des Rapaätno, am Rand des Sarek-Nationalparks in Schweden. Die metamorphen und magmatischen Gesteine des alten kaledonischen Gebirges werden von Gletschern und Flüssen abgetragen. An der Mündung in einen See wird die Sedimentfracht wieder abgelagert, ein Delta entsteht. Unterhalb des Skierffe haben sich riesige in die Tiefe gestürzte Felsblöcke angesammelt.

2 Der Kreislauf der Gesteine

Gesteine bestehen aus Kristallen unterschiedlicher Minerale. Ein Kalkstein etwa besteht fast ausschließlich aus Kalzit, kann aber zum Beispiel auch etwas Quarz oder Tonminerale enthalten. Granit und Gneis bestehen überwiegend aus Quarz, Feldspat (Kalifeldspat und Plagioklas) und Glimmer. Bei Basalt und Gabbro sind es vor allem Plagioklas und Pyroxen.

Generell werden Gesteine in drei große Gruppen aufgeteilt. Sedimente wurden an der Oberfläche abgelagert. Dazu gehört Kalkstein, der von Lebewesen wie Korallen, aber auch bestimmten Algen oder zum Beispiel Seelilien und Muscheln abgeschieden wird. Sie nehmen die Ionen aus dem Meerwasser auf und bauen sie in ihr Skelett ein. Ein Kalkstein kann aber auch ohne Hilfe von Lebewesen direkt aus dem Wasser ausgefällt werden, wenn dieses übersättigt ist. Kalksteine werden wir in diesem Kapitel nur streifen, mehr ist in den Abschnitten 1.4 und 8.2 zu finden. Andere Sedimente sind die Folge von Verwitterung und Erosion. Das in einem Gebirge abgetragene Material wird an anderer Stelle von Flüssen, in Seen oder im Meer als Geröll, Sand oder Ton wieder abgelagert. Das lockere Material verfestigt sich mit der Zeit zu einem Konglomerat, Sandstein oder Tonstein.

Magmatische Gesteine wie Basalt, Gabbro oder Granit entstanden aus einer Gesteinsschmelze, die entweder aus einem Vulkan austrat oder in der Tiefe zu einem großen Gesteinskörper, einem Pluton, erstarrt ist. Wir werden uns genauer ansehen, wie diese Gesteinsschmelze überhaupt entstehen kann und wie sie sich zu anderen Zusammensetzungen weiterentwickelt.

Metamorphe Gesteine wie Marmor, Gneis oder Schiefer entstanden durch die Umwandlung von anderen Gesteinen unter hoher Temperatur beziehungsweise großem Druck. Die chemischen Reaktionen, die dabei im Gestein ablaufen, sind nicht nur von der Zusammensetzung des Ausgangsmaterials abhängig, sondern auch von Druck und Temperatur. Je nach den physikalischen Bedingungen können also aus ein und demselben Gestein unterschiedliche neue Gesteine entstehen.

Sedimente, magmatische und metamorphe Gesteine sind durch tektonische Bewegungen, metamorphe Umwandlung und Aufschmelzen, Hebung und Abtragung zu einer Art Kreislauf verbunden, der durch die Plattentektonik angetrieben wird. Verwitterung und Abtragung bekommen in diesem Kapitel einen besonderen Stellenwert, denn beide Prozesse sind weitgehend für den Formenreichtum der Berge verantwortlich.

2.1 Magma und Magma

Wir wissen nun, dass der Erdmantel nicht flüssig ist. Viel fehlt ihm zwar nicht, um wenigstens anzuschmelzen, aber die Temperatur reicht eben im Normalfall gerade nicht aus. Diese nimmt zum Erdinneren hin zwar immer mehr zu, aber unter einem höheren Druck ist auch eine höhere Temperatur notwendig, um eine Schmelze zu bilden. Trotzdem gibt es solche Mantelschmelzen, schließlich gäbe es sonst keine Vulkane.

Geschmolzenes Gestein wird als Magma bezeichnet. In einem Magma sind auch Wasser und Gase gelöst und es treiben bereits unzählige Kristalle darin. Zur Lava wird dieses Magma erst, wenn es an einem Vulkan (Abschnitt 3.4) an der Oberfläche ausfließt. Vulkangesteine haben eine feinkörnige Grundmasse, in der manchmal größere Kristalle als Einsprenglinge treiben, die bereits vor dem Ausbruch in einer Magmakammer langsam gewachsen sind. Das Magma kann aber auch in der Tiefe stecken bleiben und als großer Körper, als Pluton, abkühlen. Das passiert so langsam, dass sich ein grobkörniges Gestein bildet, etwa ein Granit oder Gabbro. Solche in der Tiefe erstarrten grobkörnigen Gesteine nennen wir Plutonit. Daher gibt es zu jedem Vulkangestein auch einen Plutonit mit derselben Zusammensetzung.

Um das durchschnittliche Mantelgestein anzuschmelzen, muss entweder die Temperatur ungewöhnlich hoch sein oder aber die Schmelztemperatur durch einen Trick gesenkt werden (Abb. 2.1a). Das Erstere ist überall dort der Fall, wo im Mantel heißes Material aus der Tiefe aufsteigt, und zwar schneller als es abkühlt. Genau das passiert unter den Mittelozeanischen Rücken (Abschnitt 3.5) und den sogenannten Hotspots (Ab-

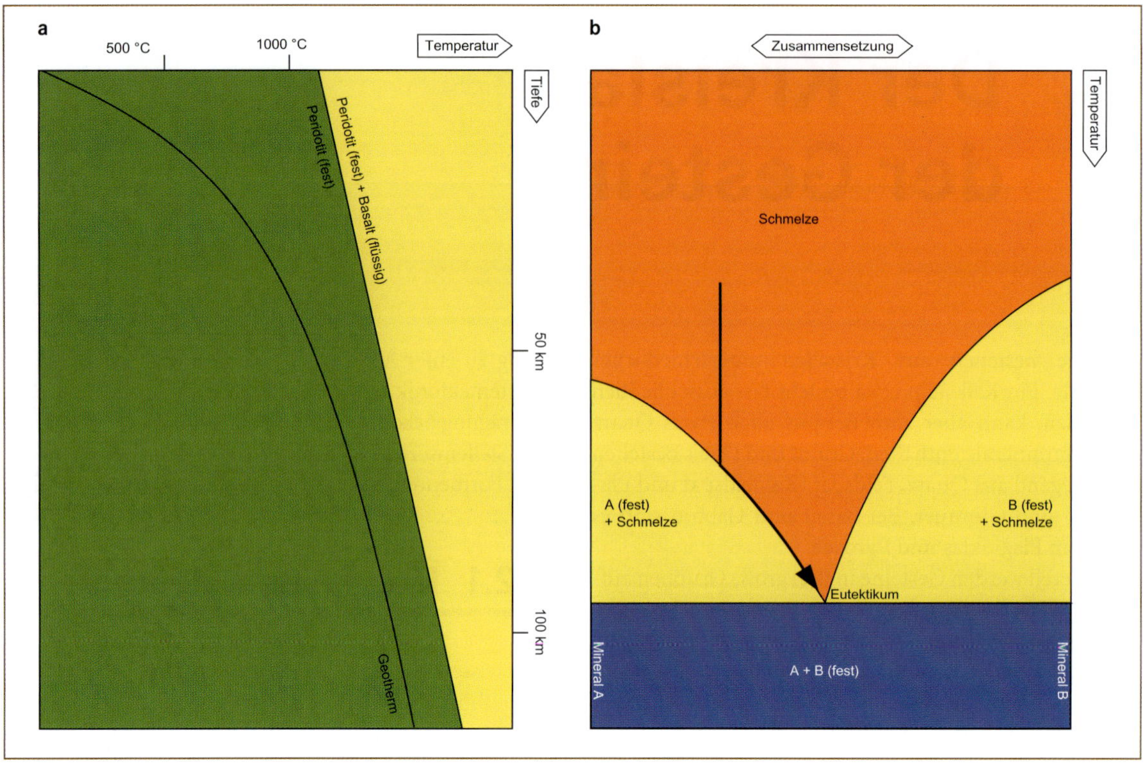

Abb. 2.1 Entstehung und Fraktionierung von Magma. a) Der Solidus („Schmelzpunkt") von Mantelgestein ist abhängig von Druck und Temperatur. Die typische Temperatur bei entsprechender Tiefe (Geotherm) ist zu niedrig, um trockenen Peridotit zu schmelzen. Steigt hingegen heißes Mantelgestein aus der Tiefe auf, kühlt es nur langsam ab und der Solidus kann überschritten werden. Sind größere Mengen Wasser vorhanden, verschiebt sich der Solidus zu deutlich niedrigeren Temperaturen. b) Abkühlen einer Schmelze aus zwei Mineralphasen. Sobald die abkühlende Schmelze (Pfeil) eine bestimmte Temperatur unterschreitet (und auf das gelbe Feld trifft), bilden sich die ersten Kristalle (Mineral A). Beim weiteren Abkühlen wachsen diese Kristalle, die Zusammensetzung der Schmelze entwickelt sich zur eutektischen Zusammensetzung. Bei der eutektischen Temperatur erstarrt die Restschmelze schlagartig zu einem feinkörnigen Gemisch aus den Mineralen A und B.

schnitt 7.1). Einen Trick, um die Schmelztemperatur zu senken, gibt es auch: Wenn größere Mengen Wasser vorhanden sind, reichen schon deutlich niedrigere Temperaturen. Dieser Mechanismus treibt die Vulkane der Subduktionszonen (Kapitel 4) an.

In beiden Fällen wird das Mantelgestein nur ein wenig angeschmolzen. Es bildet sich dann etwas Magma zwischen den noch festen Mineralkörnern. Da bestimmte Elemente bevorzugt in die Schmelze gehen, hat diese eine andere Zusammensetzung als der Peridotit, es entsteht Basalt. Er enthält viel weniger MgO, dafür deutlich mehr CaO, Al_2O_3 und SiO_2. Im Gegenzug verändert sich natürlich auch die Zusammensetzung des zurückbleibenden Peridotits, er verarmt an dieser Basaltkomponente. Das geht vor allem auf Kosten derjenigen Minerale, die diese Elemente enthalten, auf Kosten von Diopsid und der jeweiligen Aluminiumphase.

Eine solche Fraktionierung der Elemente zwischen Schmelze und den verbliebenen festen Phasen ist keine Besonderheit des Erdmantels. Der Peridotit besteht aus Mineralen, die jedes für sich einen viel höheren Schmelzpunkt haben als deren Mischung im Gestein. Diesen Effekt gibt es immer, wenn zwei oder mehr feste Phasen zusammengemischt werden. Aus demselben Grund streuen wir im Winter Salz auf die Straßen, weil Salzwasser bei deutlich tieferen Temperaturen gefriert als reines Wasser. Die Temperatur, bei der aus einer festen Mischung aus Salz und Eis (bzw. mindestens zwei verschiedenen Mineralen) das erste Schmelztröpfchen entsteht, ist die eutektische Temperatur (Abb. 2.1b). Dieses Tröpfchen Salzwasser (oder Basalt beim Schmelzen des Erdmantels) hat immer dieselbe Zusammensetzung, die eutektische Zusammensetzung, egal in welchem Verhältnis Salz und Eis (oder Olivin und Pyroxene) zusammengemischt waren. Aber je ähnlicher die Gesamtzusammensetzung der eutektischen Zusammensetzung ist, desto mehr Schmelze entsteht schon bei dieser Temperatur. Falls mehr Eis als Salz vorhanden war, haben wir nun Salzwasser mit Eis, das feste Salz ist verschwunden. Ein einzelnes Mineral oder reines Eis schmilzt bei einer bestimmten Temperatur (bei Eis eben 0 °C) vollständig, ein Gemisch schmilzt jedoch über ein Temperaturintervall hinweg (mit der einzigen Ausnahme, dass zufällig die eutektische Zusammensetzung geschmolzen wird). Wird die Temperatur weiter erhöht, steigt der Schmelzgrad, vom verbliebenen Eis oder den Kristallen bleibt immer weniger übrig und die Zusammensetzung der Schmelze nähert sich immer mehr der Gesamtzusammensetzung an.

Beim Abkühlen passiert genau dasselbe in die entgegengesetzte Richtung. In Salzwasser bildet sich bei deutlich unter 0 °C das erste Eiskörnchen, das natürlich kein Salz enthält. Kühlt das Ganze noch weiter ab, bildet sich immer mehr Eis und das restliche Salzwasser wird immer salziger. Sobald die eutektische Temperatur erreicht ist, hat das Salzwasser die eutektische Zusammensetzung und erstarrt zu einer feinkörnigen Masse aus Salz und Eis. Ganz ähnlich kristallisiert in einem abkühlenden Basalt als erstes Olivin, während sich die Zusammensetzung der Restschmelze immer mehr von Olivin entfernt. Später kristallisiert auch Pyroxen, also wieder dieselben Minerale, die auch im Erdmantel vorkommen. Sobald die eutektische Temperatur unterschritten wird, kristallisiert alles andere, das Ergebnis ist ein Gestein mit Einsprenglingen von Olivin und Pyroxen in einer feinen Grundmasse.

Da haben wir auch schon das Grundprinzip, wie ein Basalt weiter fraktioniert, also sich zu anders zusammengesetzten Schmelzen weiterentwickelt (Abb. 2.2). Wenn die Kristalle aus dem System entfernt werden, steigt die Restschmelze mit ihrer neuen Zusammensetzung weiter auf. Die Kristalle sind in der Regel schwerer als ein Magma und sinken langsam auf den Boden einer Magmakammer ab. Oder sie bleiben beim weiteren Aufstieg als Matsch zurück, während die Flüssigkeit nach oben gepresst wird.

Da basaltische Schmelze eine wesentlich geringere Dichte als der Mantel hat, steigt sie zunächst auf. An einem Mittelozeanischen Rücken kann der geschmolzene Basalt problemlos bis an die Oberfläche kommen. Wenn er jedoch auf eine dicke und leichte kontinentale Kruste trifft, kommt er möglicherweise nicht weiter. So können sich große Basaltkörper unter der Kruste oder innerhalb der unteren Kruste bilden. Wenn so ein großer Körper aus Basaltmagma, eine Magmakammer, komplett erstarrt, entsteht wegen der langsamen Abkühlung der entsprechende Plutonit, ein Gabbro. Das Magma kann aber auch eine Weile vor sich hin kristallisieren, dabei seine Zusammensetzung und Dichte verändern, den Bodensatz aus Kristallen zurücklassen und weiter aufsteigen, sich immer wieder in Magmakammern

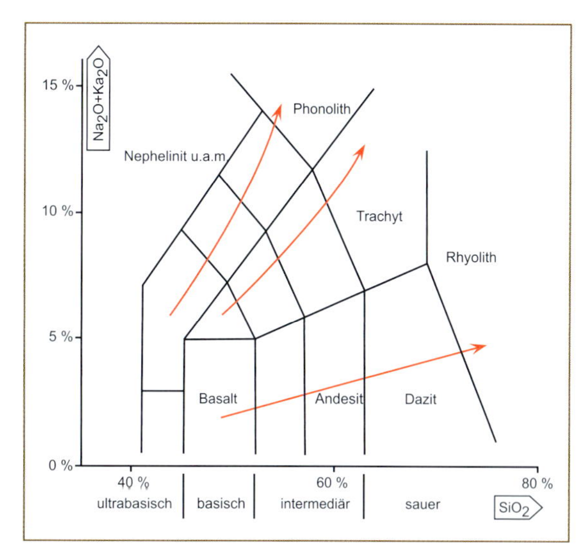

Abb. 2.2 Das Total-Alkali-Silika-Diagramm wird zur Klassifizierung vulkanischer Gesteine verwendet. Typische Fraktionierungstrends sind schematisch eingezeichnet.

ansammeln, etwas abkühlen und weiter kristallisieren, weiter aufsteigen, bis ein völlig anderes Magma daraus geworden ist. Die Restschmelze wird immer kühler, verliert an Dichte und ändert ihre Zusammensetzung: Während zum Beispiel der Anteil an MgO rasch sinkt, steigt bei diesem Prozess der Gehalt an SiO_2. Somit wird aus einer basaltischen Schmelze eine andesitische, eine dazitische und weiter eine rhyolitische. Rhyolith ist das vulkanische Äquivalent zu Granit. Der Basalt bestand vor allem aus Pyroxen und Plagioklas, der Granit besteht vor allem aus Kalifeldspat, Quarz und Plagioklas. Die Schmelzen mit hohem SiO_2 wie Granit werden als „sauer", solche mit niedrigem SiO_2 wie Basalt hingegen als „basisch" bezeichnet. Das sind etwas altmodische Begriffe, die auf die „Kieselsäure" anspielen, aber sie sind sehr einprägsam und haben sich daher gehalten. Die leicht sauren Andesite (abgeleitet von den Anden) sind die durchschnittlichen Produkte der Vulkane entlang von Subduktionszonen an Kontinentalrändern.

Basische und saure Magmen haben sehr unterschiedliche physikalische Eigenschaften: Saure Magmen sind kühler (700–900 °C gegenüber rund 1200 °C) und haben eine geringere Dichte. Da die SiO_4-Tetraeder Polymere bilden, haben sie eine höhere Viskosität, das heißt, sie fließen nicht so leicht. Die Viskosität hängt natürlich zusätzlich vom Gasgehalt und der Temperatur ab, beziehungsweise davon, wie viele Kristalle schon darin herumschwimmen. In saurem Magma können wesentlich mehr Wasser, CO_2 und andere Fluide gelöst sein. Das kommt daher, dass diese Fluide während der

Abb. 2.3 Ein explosiver Vulkanausbruch: Ascheeruption am Semeru (Indonesien).

Fraktionierung immer mehr in der Restschmelze angereichert werden. Alle diese Eigenschaften haben große Auswirkungen darauf, wie ein Vulkanausbruch abläuft.

Andere Faktoren können zum Prozess der Fraktionierung hinzukommen. Ein Teil der Kruste kann aufgeschmolzen und von unserem Magma assimiliert werden oder es können sich verschiedene Magmen vermischen. Tatsächlich wird eine Vulkaneruption oft dadurch ausgelöst, dass in die Magmakammer mit hochentwickelter Schmelze ein Stoß frisches Basaltmagma eindringt.

Die Fraktionierung von Basalt führt zu Rhyolith beziehungsweise dem plutonischen Äquivalent Granit, weil Granit die eutektische Zusammensetzung im Basaltsystem ist, so wie es Basalt für den Peridotit war. Das bedeutet aber auch, dass ein Granit entsteht, wenn ein Basalt oder Gabbro ein wenig angeschmolzen wird. Da die durchschnittliche kontinentale Kruste eine Zusammensetzung hat, die ungefähr zwischen Gabbro und Granit liegt, gilt dasselbe sogar für fast alle Gesteine der Erdkruste. Es reicht schon, wenn sich in der unteren Kruste ein großer, mehr als 1200 °C heißer Gabbrokörper ansammelt, um die Gesteine der Kruste teilweise aufzuschmelzen (das Eutektikum in wassergesättigten Krustengesteinen kann unter 700 °C liegen). Granite können also auf unterschiedliche Weise entstehen: durch Fraktionierung aus Basalt oder durch Aufschmelzen der Kruste. Durch Fraktionierung entwickelte Schmelzen enthalten typischerweise mehr Wasser, eben weil sich dieses bei der Kristallisation immer mehr in der Schmelze anreichert. Dadurch kommt es mit größerer Wahrscheinlichkeit zu einem Vulkanausbruch, bei dem das gelöste Wasser eine wichtige Rolle spielt. Durch Anschmelzen der Kruste gebildete Granite enthalten gerade genug Wasser, um geschmolzen zu sein. Sie kommen nur dann bis an die Oberfläche, wenn es bereits einen einfachen Aufstiegsweg gibt.

Unter normalen Bedingungen ist eine Mantelschmelze immer ein Basalt, dessen Zusammensetzung nur leicht variieren kann. Tholeiitischer Basalt oder Alkaliolivinbasalt unterscheiden sich nur wenig. In einem Alkaliolivinbasalt ist der Gehalt von Alkalien etwas höher, gerade über einer kritischen Grenze, sodass die Fraktionierung zu quarzfreien Gesteinen führt, die reich an Alkalifeldspat sind, nämlich Syenit oder Trachyt.

Es gibt aber auch Bedingungen, unter denen ein Schmelzen des Mantels gleich zu exotischen Zusammensetzungen führt, die sich vor allem durch einen hohen Gehalt von Alkalien auszeichnen. Dabei spielen mehrere Faktoren eine Rolle, wie extrem geringe Schmelzgrade in großer Tiefe, ein hoher Gehalt an CO_2 und nicht zuletzt ein Mantel, der zuvor angereichert

Abb. 2.4 Basalt stieg entlang von Spalten auf, wo er zu Gängen erstarrte. Kjós im Skaftafell-Nationalpark, Island.

Abb. 2.5 Granit entsteht entweder durch Fraktionierung aus Basalt oder durch ein Aufschmelzen der Erdkruste. Granitberge haben oft noch die rundliche Form der Plutone. Diese Granite auf dem Sinai stammen aus dem Präkambrium. Lange Zeit waren sie durch Sedimentgesteine vor Erosion geschützt. Sie wurden freigelegt, seit die Arabische Platte sich von Afrika löste und das Rote Meer entstand. Blick vom Mosesberg bei Sonnenaufgang.

wurde. So ein Mantel kann dann Minerale wie Amphibol, Glimmer und Karbonat enthalten.

In diesem Fall entstehen alkaline Schmelzen, wie Basanit oder Nephelinit. Auch die Kimberlite, in denen Diamanten gefunden werden, gehören dazu. In diesen Magmen ist der Gehalt von Alkalien gegenüber SiO_2 so groß, dass sich die üblichen Minerale nicht bilden können, sie sind an SiO_2 untersättigt. In Nephelinit reicht das SiO_2 nicht einmal für Feldspat aus, Quarz kann natürlich erst recht nicht vorkommen. Nephelin gehört zu den Feldspatvertretern, das sind Silikate, die zwar einem Feldspat ähneln, aber weniger SiO_2 enthalten. Basanit enthält neben einem Feldspatvertreter immerhin noch Plagioklas. Bei der Fraktionierung dieser alkalinen Gesteine nimmt zwar der Gehalt an SiO_2 zu, aber erst recht der Gehalt von Alkalien. Das Ergebnis sind Nephelinsyenit (ein Plutonit) oder Phonolit (ein Vulkanit). Bei der Fraktionierung alkaliner Gesteine spielen weitere Faktoren wie Fluide, die durch das System strömen oder im Nebengestein verschwinden, der Oxidationsgrad, die Kristallisation von seltenen Mineralen und so weiter eine große Rolle. Es gibt darum einen ganzen Katalog von exotisch zusammengesetzten Gesteinen, von denen viele nur an einem einzigen Ort zu finden sind.

Fast alle magmatischen Gesteine bestehen aus Silikaten. Eine merkwürdige Ausnahme ist Karbonatit, ein magmatisches Gestein aus Karbonatmineralen, meistens Kalzit oder Dolomit. Sie kommen mit alkalinen

Abb. 2.6 Magmatische Gesteine. a) Ein Nephelinit mit großen Nephelin-Einsprenglingen in einer feinkörnigen, teils glasigen Grundmasse. b) Obsidian ist zu Glas abgeschreckte Lava mit saurer, meist rhyolitischer Zusammensetzung.

Magmatiten vor, zum Beispiel am Kaiserstuhl. Diese Karbonatschmelzen setzen einen entsprechend zusammengesetzten angereicherten Erdmantel voraus, können dann aber auf drei verschiedene Arten entstehen. Manche stammen als Schmelze direkt aus dem Erdmantel. Andere entwickelten sich aus einem karbonathaltigen alkalinen Silikatmagma. Entweder bleibt dabei der Karbonatit bei der Fraktionierung des Silikatmagmas als letzte Restschmelze übrig, oder es kommt während der Fraktionierung zu einer Entmischung zwischen Karbonatit- und Silikatschmelze, wie bei Wasser und Öl. Noch in den 1950er-Jahren glaubte man nicht, dass es sich bei diesen tatsächlich um magmatische Gesteine handelt. Man hielt sie für einen Marmor, einen durch die Hitze der anderen magmatischen Gesteine umgewandelten Kalkstein.

2.2 Metamorphose

Wenn Gesteine Bedingungen ausgesetzt werden, die sie nicht gewohnt sind, wandeln sie sich in andere Gesteine um. Diese Metamorphose betrifft am stärksten jene Gesteine, die an der Oberfläche abgelagert und später in die Tiefe versenkt wurden. Sedimente werden zwar grundsätzlich an der Oberfläche abgelagert, aber wenn sie von immer weiteren Sedimenten überdeckt werden, verschwinden sie von selbst in immer größerer Tiefe. Allein durch die Überlagerung wird eine Schicht höheren Temperaturen und einem höheren Druck ausgesetzt. Ganz ähnlich ist es, wenn Sedimente von der Dynamik einer Gebirgsbildung erfasst werden und sich beispielsweise mächtige Gesteinsdecken darüberschieben. Die Minerale des Sediments sind unter diesen neuen Bedingungen nicht mehr stabil. Es laufen chemische Reaktionen ab, in denen die ursprünglichen Minerale in andere Minerale umgewandelt werden. Das Ergebnis dieser Umwandlung im festen Zustand ist ein metamorphes Gestein. Neben Druck und Temperatur ist auch die Deformation (Abschnitt 1.2) ein weiterer wichtiger Aspekt der Metamorphose. Der Bewegung entsprechend werden die Minerale eingeregelt und es entsteht die typische Textur eines Schiefers oder Gneises, beides Gesteine, die unter den Schlägen eines Hammers zu Platten zerspringen.

Während der Druck nur von der Tiefe (und der Dichte des überlagernden Gesteins) abhängig ist, passt sich die Temperatur nur langsam an: Ein abtauchendes Gestein wird nur langsam aufgeheizt, ein aufsteigendes Gestein muss erstmal abkühlen. Prinzipiell können daher drei Arten von Metamorphose unterschieden werden (Abb. 2.7). Bei der Hochdruck-Metamorphose, wie

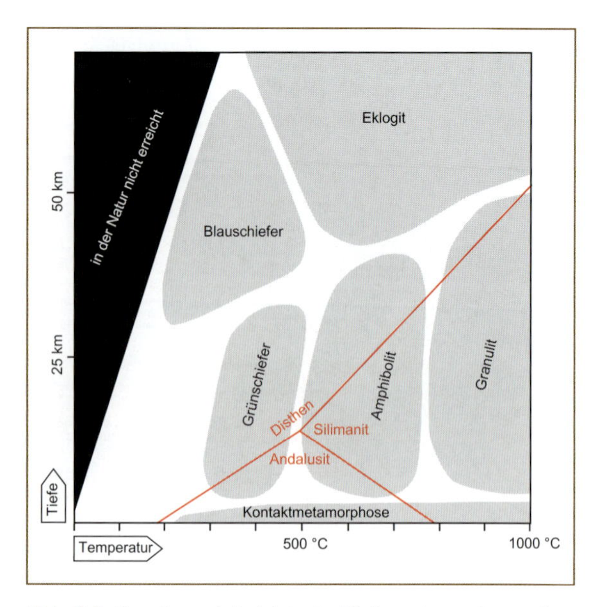

Abb. 2.7 Basalt wandelt sich in der Tiefe zu den metamorphen Gesteinen Grünschiefer, Amphibolit und unter extremen Bedingungen schließlich zu einem Granulit um. Eine Hochdruckmetamorphose in einer Subduktionszone führt hingegen zu Blauschliefer und schließlich zu Eklogit. Die Kontaktmetamorphose (hohe Temperatur, niederer Druck) ist hingegen eher bei Sedimenten von Bedeutung. Die Umwandlungsprodukte von Basalt werden für die Klassifizierung des Metamorphosegrades verwandt, der entsprechend als Grünschieferfazies, Amphibolitfazies usw. bezeichnet wird. Eingezeichnet sind auch die Reaktionen zwischen den Mineralen Andalusit, Silimanit und Disthen.

sie an den Subduktionszonen (Abschnitt 4) stattfindet, wird ein kühles Gestein schnell in große Tiefe versenkt, die neu gebildeten Minerale müssen vor allem den hohen Druck ertragen können. Das andere Extrem ist die sogenannte Kontaktmetamorphose (Abb. 2.8), bei der ein heißer aufsteigender Granit oder Gabbro die umgebenen Sedimente „anbrät“, ohne dass diese besonders tief liegen müssen. Die normale Metamorphose, wie sie bei Deckenüberschiebungen in einem Gebirge oder durch Überlagerung während der Sedimentation stattfindet, liegt irgendwo dazwischen.

Ein gutes Beispiel für metamorphe Reaktionen sind die Minerale Andalusit, Sillimanit und Disthen. Alle drei haben dieselbe Zusammensetzung, Al_2SiO_5, aber ein unterschiedliches Kristallgitter und sehen völlig unterschiedlich aus. Welches der drei Minerale gebildet wird, ist allein von Druck und Temperatur abhängig: Andalusit ist bei niedrigem Druck und hoher Temperatur stabil und damit typisch für eine Kontaktmetamorphose; Sillimanit bei sehr hoher Temperatur und mittlerem Druck, typisch für Kollisionen zweier Kontinente, im tiefen Bereich des Deckenstapels; Disthen bei hohem

Abb. 2.8 Kontaktmetamorphose im Adamello (italienische Alpen). Der Kalkstein wurde durch die Hitze von in der Nähe aufsteigenden Plutonen zu Marmor. Entlang von Rissen drang dabei heißes SiO_2-haltiges Wasser in den Marmor ein, das mit diesem reagierte und Grossular (rot) und Diopsid (grün) bildete.

Druck, etwa in einer Subduktionszone. In einem Druck-Temperatur-Diagramm werden die Stabilitätsfelder der Drei durch gerade Linien getrennt, die sich wie ein Mercedesstern in einem Punkt treffen. Sobald eines der Minerale über eine der Linien in ein anderes Stabilitätsfeld wandert, wandelt es sich in das entsprechende Mineral um, das in diesem Feld stabil ist. Bei anderen metamorphen Reaktionen sind mehrere Minerale beteiligt, beispielsweise wird die Kombination zweier Minerale instabil und reagiert zu einer Kombination von anderen Mineralen. Die Reaktionen beginnen zwischen zwei Mineralkörnern, die langsam aufgezehrt werden. Langfristig sorgt der Transport von Ionen dafür, dass nicht nur benachbarte Körner reagieren.

Welche Reaktionen stattfinden, ist natürlich nicht nur von den Druck- und Temperaturbedingungen abhängig, sondern vor allem von der Zusammensetzung des Ausgangsgesteins. Ein Tonstein reagiert ganz anders als ein Basalt oder ein Kalkstein. Mit einem Sandstein passiert zum Beispiel so gut wie nichts, schließlich besteht er fast nur aus Quarz. Er wird einfach zu einem sehr festen Gestein umgewandelt, das ebenfalls fast nur aus Quarz besteht und Quarzit genannt wird. Auch in einem reinen Kalkstein kann nichts mit dem Kalzit reagieren. Das Einzige, was die Metamorphose in diesem Fall verursacht, ist eine Vergrößerung der Korngröße: Die Wärme ermöglicht ein Wachstum von energetisch günstig gelegenen Kristallflächen auf Kosten der Nachbarn. Das Ergebnis ist ein Marmor. Oft ist ein Kalkstein jedoch nicht ganz so rein, manchmal enthält er zum Beispiel etwas Sand. In diesem Fall wird es interessanter, die Quarzkörnchen des Sandes reagieren mit dem Karbonat zu einem kalziumhaltigen Silikatmineral. Um welches es sich dabei handelt, ist abhängig von der Temperatur und von der Zusammensetzung des beteiligten Fluids, das vor allem aus Wasser und CO_2 besteht. Zur Auswahl stehen Olivin, Diopsid, ein weißer Amphibol namens Tremolit sowie Talk.

Ein Granit ist natürlich selbst schon bei hoher Temperatur und einem gewissen Druck entstanden. Bei der Umwandlung eines Granits in einen Gneis bilden sich keine neuen Minerale, es werden lediglich die Glimmer eingeregelt, wenn das Gestein deformiert und geschert wird. Da eine Grauwacke etwa dieselbe chemische Zusammensetzung wie ein Granit hat, sieht der daraus entstandene Gneis auch entsprechend ähnlich aus. Unter extremen Bedingungen kann dieser Gneis zu einem Granulit umgewandelt werden, einem Gestein, das nur aus wasserfreien Mineralen besteht. Das passiert bei Temperaturen von über 800 °C. Manchmal halten Granulite sogar mehr als 1000 °C stand. Das ist jedoch nur unter vollkommen trockenen Bedingungen möglich, weil das Gestein bei Anwesenheit von Wasser einfach zu einem Granit aufgeschmolzen wird. Solche hohen Temperaturen sind in einer durchschnittlichen Kruste gar nicht zu finden. Viele Granulite sind Stücke kontinentaler Kruste, die sich in eine Subduktionszone verirrt haben, andere stammen aus dem untersten Teil einer dicken Krustenwurzel eines Gebirges. Der Name leitet sich vom sächsischen Granulitgebirge ab, in dem solche Gesteine an die Oberfläche gekommen sind.

In einem Basalt passiert schon mehr als in den bisherigen Beispielen. Die Hitze einer Kontaktmetamorphose kann ihm natürlich nicht viel anhaben, da er selbst unter noch größerer Hitze entstand. Aber von einer Gebirgsbildung erfasst, verwandelt auch er sich mit zunehmendem Druck und zunehmender Temperatur. Zunächst bilden sich in dem schwarzen Gestein viele weiße Zeolithe, eine große Familie innerhalb der Silikate. Bei einem mittleren Metamorphosegrad wandelt er sich in einen Grünschiefer um. Neben Plagioklas besteht das Gestein nun überwiegend aus grünen Mineralen (Epidot, Chlorit und Aktinolith), die ihm seine charakteristische Farbe geben. Steigt der Metamorphosegrad weiter an, werden die grünen Minerale durch Hornblende ersetzt. Das Gestein ist wieder schwarz, besteht aber aus stängeligen Kristallen und heißt Amphibolit. Unter noch extremeren Bedingungen, die den Granuliten entsprechen, geht die wasserhaltige Hornblende kaputt und wird durch zwei verschiedene Pyroxene ersetzt.

Auf dem Weg durch die Hochdruckmetamorphose einer Subduktionszone läuft die Entwicklung anders ab. Diese Hochdruckgesteine sehen oft besonders schön aus. Zunächst entsteht Blauschiefer, ein dunkelblaues

Abb. 2.9 Eklogit aus Norwegen. Das Gestein entsteht durch Umwandlung unter hohem Druck aus einem Basalt.

Abb. 2.10 Staurolith-Disthen-Glimmerschiefer aus dem Tessin (Schweiz). Disthen (blau) ist nur bei relativ hohem Druck stabil.

Gestein, dessen bläuliches Schillern von einem bestimmten Amphibol namens Glaukophan herrührt. Nimmt der Druck weiter zu, wandelt sich das Gestein in Eklogit um (Abb. 2.9). Bei diesem wunderschönen Gestein stecken rote Granate in einer hellgrünen Masse, die aus einem Pyroxen namens Omphacit besteht.

All diese aus der Metamorphose von Basalt entstandenen Gesteine werden als Grundlage genommen, um verschiedene Metamorphosegrade zu klassifizieren. Man spricht dann von „Grünschieferfazies", „Amphibolithfazies" und so weiter, auch wenn es sich um ein anderes Ausgangsmaterial handelt.

Die häufigsten Umwandlungen erfährt ein Tonstein. Die Tonminerale wandeln sich vor allem in Glimmer um, aber ein Glimmerschiefer (Abb. 2.10) enthält in der Regel noch weitere Minerale wie Granat, Staurolith, Disthen oder Andalusit, Cordierit und wie sie alle heißen, die vom Druck und der Temperatur abhängig sind. Die unzähligen Reaktionen bilden in einem Druck-Temperatur-Diagramm ein regelrechtes Netz, sodass allein durch den Mineralbestand die ungefähren Bildungsbedingungen abgelesen werden können. Bei einer noch höheren Metamorphose wandelt sich der Glimmerschiefer zu einem dunklen Gneis um.

Die Wissenschaftler gehen bei der Ermittlung der Bildungsbedingungen sogar noch weiter. Manche Mineralpaare können als regelrechte Thermometer oder Barometer benutzt werden, da sie je nach Druck und Temperatur bestimmte Elemente austauschen. Zum Beispiel kann aus der Verteilung von Magnesium und Eisen zwischen benachbartem Granat und Glimmer (Biotit) direkt auf die Temperatur geschlossen werden, bei der das Paar stabil war.

Natürlich drängt sich die Frage auf, warum wir diese metamorphen Gesteine an der Oberfläche finden können: Müssten dieselben Reaktionen nicht auf dem Rückweg nach oben in die entgegengesetzte Richtung ablaufen? Das scheint jedoch nicht der Fall zu sein, denn sonst könnten wir an der Oberfläche keine metamorphen Gesteine finden. Der Grund liegt darin, dass die Reaktionen doch nicht so spontan ablaufen. Es braucht etwas Wärme, um sie in Gang zu setzen (diese ist in der Regel vorhanden) und vor allem Wasser, das die Poren zwischen den Mineralkörnern auffüllt. Ohne Wasser laufen die Reaktionen in einem Gestein extrem langsam ab, da die Ionen im Trockenen nur sehr langsam von einer „Baustelle" zur anderen kommen. Tatsächlich ist in einem metamorphen Gestein nicht zwangsläufig der bei höchstem Druck oder bei höchster Temperatur erreichte Zustand erhalten, sondern der trockenste Zustand. Viele metamorphe Reaktionen sind Entwässerungen, und das abgegebene Wasser verschwindet zu einem großen Teil aus dem System. Daher entspricht in der Regel das „eingefrorene" Gestein trotzdem ungefähr dem höchsten erreichten Metamorphosegrad. Manche Gesteine werden jedoch tatsächlich auf dem Rückweg wieder umgewandelt, mit etwas Glück kann darin das eine oder andere erhaltene Mineralkörnchen gefunden werden, das als Relikt einen Hinweis darauf gibt, dass einmal höhere Temperaturen und Drücke geherrscht haben.

Durch Metamorphose gebildete Minerale sind oft perfekte Kristalle, die manchmal erstaunlich groß werden können. In manchen Museen finden sich Glimmerschiefer mit faustdickem Granat, dunkelrot und mit perfekten Kristallflächen, die fast wie geschliffen aussehen. Andere Glimmerschiefer enthalten tiefblaue Disthene, die aussehen wie Lineale, wieder andere strahlenförmig verteilte Nadeln von dunkelgrünem Aktinolith. Die berühmten Rubine aus Pakistan und Burma stecken in einem weißen Marmor. Dass solche schönen Kristalle in einem festen Gestein wachsen können, wird natürlich auch erst durch Wasser ermöglicht, das während der Reaktion für eine Umverteilung von Ionen sorgt. Die von Wasser transportierten Ionen bleiben nicht zwangsläufig im selben Gestein. Es kommt durchaus vor, dass diese auf dem weiteren Weg mit einem benachbarten Gestein anderer Zusammensetzung reagieren. Dabei können sich merkwürdige Zusammensetzungen ergeben.

Ein metamorphes Gestein hat sich in der Regel so oft umgewandelt, dass es ein völlig anderes Gefüge hat als das Ausgangsgestein. Trotzdem kann manchmal noch die ursprüngliche Anordnung der Kristalle erhalten bleiben. In einem unter Hochdruckbedingungen umgewandelten Gabbro zum Beispiel können die neuen Eklogit-Minerale noch die Anordnung der längst verschwundenen magmatischen Pyroxene und Plagioklase nachzeichnen. Fast noch erstaunlicher ist es, dass selbst in hochmetamorphen Gneisen noch Mikrofossilien gefunden wurden, die trotz Metamorphose so gut erhalten sind, dass man sie bestimmen konnte (Hanel et al. 1999).

2.3 Verwitterung und Erosion

Sobald tektonische Kräfte und der Auftrieb ein Relief geschaffen haben, beginnt die Erosion bereits daran zu nagen. Das Relief eines Gebirges entstand durch ein Zusammenspiel von Aufstieg und Erosion. Erosion sorgt nicht nur dafür, dass Berge langsamer wachsen als die Gesteine aufsteigen und dass sie mit der Zeit auch wieder verschwinden, sie ist auch die Bildhauerin, die Berge in ihre Form bringt. Ohne sie wären die Berge (von Vulkanen abgesehen) nur lange Bergrücken, ohne deutliche Gipfel oder Pässe. Die Kombination aus dem vorgefundenen Relief, den von der Erosion eingesetzten Werkzeugen und den unterschiedlichen Eigenschaften der angegriffenen Gesteine schafft den Formenreichtum der Berge.

Der wichtigste Ansatzpunkt sind bereits vorhandene Strukturen innerhalb des Gesteins, wie Schieferflächen, die Schichtfugen zwischen Sedimentlagen und vor allem Verwerfungen und Klüfte. An diesen Flächen setzt die Verwitterung an, bricht große Blöcke aus einer Felswand oder zerteilt einen solchen Block in kleine Stücke. Nicht nur die Risse in einer Felswand sind Kluftflächen oder Verwerfungen, sondern auch die Felswand selbst, da sie ja durch das Wegbrechen von Steinen entlang dieser Risse entstand. Die Orientierung und Dichte des Kluftnetzes hat somit große Auswirkungen auf die späteren Bergformen. Entlang großer Verwerfungen ist das Gestein durch die Bewegung oft regelrecht zu Mehl zermahlen und kann entsprechend leicht von Flüssen weggespült werden. Viele Täler folgen daher Verwerfungen, anstatt quer durch frisches Gestein zu brechen. Daher ist es auch kein Wunder, dass Täler oft schnurgerade durch ein Gebirge ziehen.

Die Abtragung wird von der Verwitterung der Gesteine vorbereitet. Diese wird in chemische und physikalische Verwitterung, also in Lösungsprozesse und mechanische Gesteinszertrümmerung unterteilt. Dabei finden immer mehrere Prozesse gleichzeitig statt, jedoch in unterschiedlicher Intensität. Wie resistent ein bestimmtes Gestein gegenüber der Verwitterung ist, liegt nicht nur an dem Gestein selbst, sondern vor allem auch an den vorherrschenden Prozessen. Da diese stark vom Klima abhängen, kann dasselbe Gestein je nach Klima auf ganz unterschiedliche Weise angegriffen werden und dabei mal mehr, mal weniger resistent sein.

Chemische Verwitterung sind Lösungsprozesse. Sobald Wasser vorhanden ist, werden bestimmte Kristalle innerhalb eines Gesteins angeätzt, die gelösten Ionen werden vom Wasser wegtransportiert. Völlig reines Wasser wäre nicht sehr effektiv dabei, aber da es mit der Atmosphäre im Gleichgewicht steht, ist immer auch CO_2 darin gelöst. Das in Wasser gelöste CO_2 bildet eine schwache Säure, die Kohlensäure. In der Humusschicht eines Bodens kommen noch organische Säuren hinzu, die vor allem durch Bakterien und die Zersetzung abgestorbener Pflanzen entstehen. Dieses saure Wasser kann manche Mineralien vollständig auflösen, während andere bestehen bleiben.

Das Mineral Kalzit ist leicht und vollständig löslich. Das reicht zwar nicht aus, um einen Kalkstein in einem Wasserglas verschwinden zu lassen, da das Wasser schon gesättigt ist, bevor etwas zu sehen ist. Aber mit genug Wasser und etwas Zeit entstehen große Höhlen und andere Karsterscheinungen, die einen eigenen Abschnitt wert sind. Der Feldspat in einem Gneis oder Granit verwittert wesentlich langsamer. Nur ein Teil seiner Ionen kann vom Wasser abtransportiert werden, vor allem das Aluminium bleibt zurück, es entstehen Tonminerale. Glimmer werden durch ihre Schichtstruktur schnell angelöst und ebenfalls in Tonminerale umgewandelt. Tonminerale enthalten vor allem unlösbare Elemente wie Aluminium, aber auch als $(OH)^-$ eingebautes Wasser. Bei der Verwitterung von Pyroxen bleibt vor allem Eisenoxid oder Eisenhydroxid, das Eisen wird dabei gleich noch oxidiert. Quarz ist deutlich schlechter zu lösen als die meisten anderen gesteinsbildenden Minerale, zumindest wenn das Wasser nicht brühheiß ist. Deshalb bleibt Quarzsand als letztes zurück, wenn die anderen Minerale vollständig abgebaut wurden. Noch

Abb. 2.11 Intensive chemische Verwitterung unter Bodenbedeckung zersetzt in feucht-warmem Klima auch einen Granit zu einem weichen Saprolith („verfaultes Gestein"). Die Verwitterungsfront ist dabei eine scharfe Grenze. Aggressives Wasser dringt in Klüfte ein und erweitert diese, während das Gestein dazwischen als Kernstein erhalten bleibt. Hier in Hampi (Indien) wurde der Saprolith weggespült, die Kernsteine blieben als Felsblöcke liegen.

haltbarer ist Zirkon, der in vielen Graniten in Form winziger Kristalle vorkommt und so gut wie gar nicht gelöst werden kann.

Chemische Verwitterung ist in den Tropen extrem effektiv. Im feucht-heißen Klima gibt es nicht nur ausreichend Wasser, sondern auch große Mengen an organischen Säuren: Pflanzen wachsen schnell, und die im Boden lebenden Bakterien gedeihen. Unter einem tropischen Boden wird das Gestein dadurch bis in große Tiefe zersetzt. Das Ergebnis wird Saprolith genannt, was nichts anderes als „verfaultes Gestein" bedeutet. Es besteht fast nur aus Tonmineralen und Quarz und lässt sich zwischen den Fingern zerbröseln. Chemische Verwitterung greift die Oberfläche des unverwitterten Gesteins an, die Verwitterungsfront zwischen dem „verfaulten" und dem frischen Gestein ist daher eine messerscharfe Grenze, die im Untergrund immer weiter nach unten fortschreitet. Da das saure Wasser durch Klüfte in das frische Gestein eindringt, werden diese zunächst erweitert und die Kanten werden abgerundet. Die als Wollsackverwitterung bekannte Form in einem Granit entsteht durch eine solche Verwitterungsfront unter einer Bodendecke. Von den Klüften aus wandert die Verwitterungsfront in den von ihnen umgebenen frischen Kern hinein. Oft kann der Kern selbst in vollkommen frischem Zustand bestehen bleiben, da die Säuren durch das bereits zersetzte Gestein an ihm vorbeifließen und ihre Arbeit weiter unten verrichten. Wenn später der Saprolith weggespült wird, bleiben die Kernsteine als große, runde Blöcke liegen (Abb. 2.11).

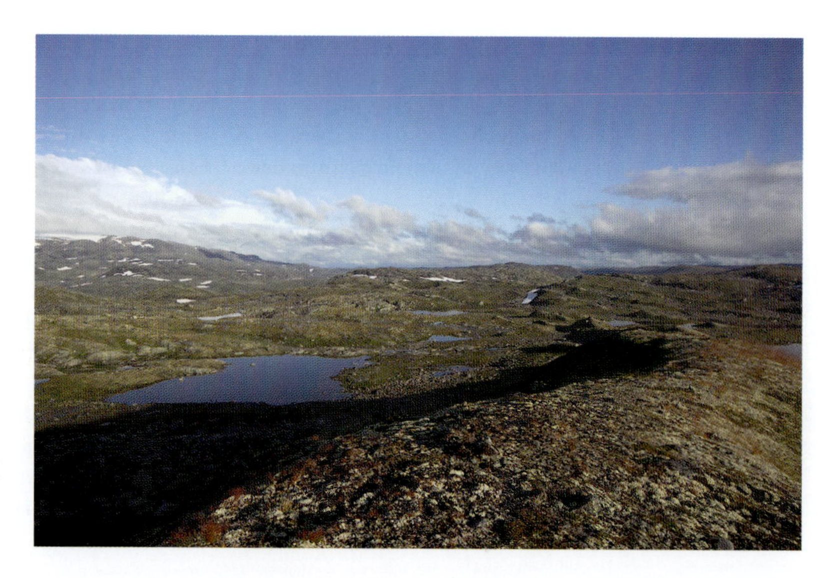

Abb. 2.12 Das Hochplateau Hardangervidda in Norwegen ist eine auf über 1200 m Höhe angehobene Rumpffläche.

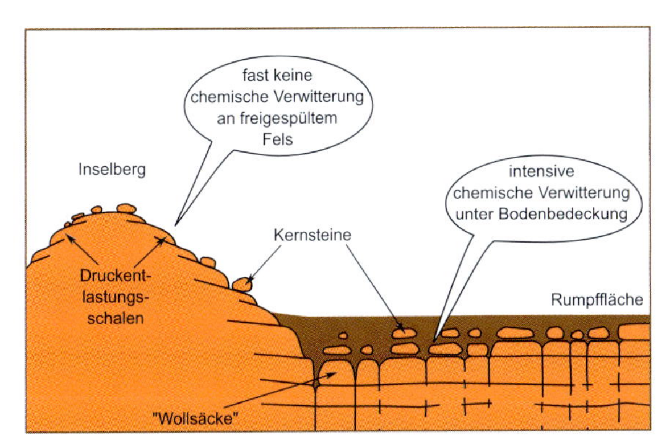

Abb. 2.13 In feucht-warmem Klima findet unter Bodenbedeckung eine intensive chemische Verwitterung statt. Klüfte werden durch Lösung erweitert, der Fels zu „Wollsäcken" und Kernsteinen aufgelöst. Das Ergebnis ist eine flächenhafte Tieferlegung einer Rumpffläche. An einem freigespülten Felsen gibt es hingegen nahezu keine chemische Verwitterung, da er nicht dauerhaft durchfeuchtet ist und die organischen Säuren aus dem Boden fehlen. Bei fortgesetzter Tieferlegung der Rumpffläche bleibt der Felsen als Inselberg erhalten. Das von ihm ablaufende Wasser verstärkt sogar die Verwitterung an seinem Rand. Umgezeichnet nach Busche et al. (2005)

Der weiche Saprolith kann durch Wasser leicht ausgespült werden. Durch das Wechselspiel von Ausspülen und intensiver chemischer Verwitterung entstehen Rumpfflächen, weite Ebenen, die unterschiedliche Gesteine und Strukturen flach abschneiden. Sie sind typisch für die alten Kratone, die Festlandskerne der Kontinentalplatten, auf denen seit Ewigkeiten keine tektonischen Bewegungen stattgefunden haben. Die weiten Savannen Afrikas sind das klassische Beispiel. Wie tief sich diese flächenhafte Tieferlegung in den Kontinent schneiden kann, hängt davon ab, auf welchem Niveau die Flüsse von der Ebene abfließen oder in der Vergangenheit einmal abgeflossen sind, also vom Relief am Rand der Ebene.

Alte Rumpfflächen können angehoben werden und bilden dann ein Hochplateau, zum Beispiel die wie flache Tafeln gehobenen Mittelgebirge in Deutschland oder die Hardangervidda in Norwegen (Abb. 2.12). Oft finden sich auch mehrere Generationen von Flächenresten in unterschiedlichen Niveaus.

In Hochgebirgen wie den Alpen haben benachbarte Gipfel in der Regel eine ähnliche Höhe. Die gedachte Fläche, die diese Gipfel verbindet, wird als Gipfelflur bezeichnet. Auch diese entspricht oft ehemaligen Rumpfflächen, die zu Beginn der Gebirgsbildung entstanden, als die Erosion noch mehr oder weniger mit der Hebung mithalten konnte. Auf manchen Alpengipfeln gibt es sogar Flächenreste, auf denen Überreste tropischer Böden gefunden wurden.

Oft ragen aus den Rumpfflächen einzelne Inselberge hervor, die mehr oder weniger zufällig der Tieferlegung entkommen sind (Abb. 2.13–2.16). Sie sind Zeugen davon, dass es einmal anstelle der Ebene ein höheres Plateau gegeben hat. So gut wie alle einsam oder in Gruppen aus einer Ebene ragenden Berge sind Inselberge, von Vulkanen einmal abgesehen. Manche befinden sich in Wüsten, aber auch dort hat einmal ein feuchteres Klima geherrscht. Bekannte Inselberge aus Sandstein sind der Uluru in Australien (besser bekannt als Ayers Rock), die Tepui in Venezuela (Abschnitt 2.7) oder die Säulen und tafelförmigen Mesas im Monument Valley in den USA. In Afrika gibt es viele Inselberge aus Granit. Die Spitzkoppe in Namibia ist ein Beispiel, der Granitfelsen ragt 700 m über der Rumpffläche auf. Sie ist von kleineren Inselbergen umgeben, die aus demselben Granit bestehen. In Namibia gibt es sogar noch uralte Inselberge aus

Abb. 2.14 Inselberge in der Schwarzen Wüste in Ägypten. a) Tafelförmiger Inselberg bei Bahariyya, mit einer harten Basaltschicht über weichen Sedimenten. b) Dieselben Schichten stehen weiter südlich als kleinere kegelförmige Inselberge an.

Abb. 2.15 Uluru (Ayers Rock, 863 m) ist ein Inselberg aus Sandstein in Australien, der sich 350 m über der Rumpffläche erhebt. Foto: Huntster.

Abb. 2.17 Durch Frostsprengung zu Scherben zerfallenes Gestein im Skaftafell-Nationalpark, Island.

dem Präkambrium, die lange Zeit unter dicken Sedimenten begraben waren. Nachdem der Großkontinent Gondwana auseinanderbrach und der Atlantik entstand, setzte hier eine intensive Flächentieferlegung ein. Die jüngeren Sedimente wurden abgetragen, die alten Inselberge erneut freigelegt.

Manchmal bestehen Inselberge aus Gesteinen, die widerstandsfähiger waren als das Gestein der Umgebung und darum stehen blieben. Oft bestehen sie aber aus dem gleichen Gestein wie die angrenzende Ebene. Das liegt daran, dass die Tiefenverwitterung selbst unter einer Ebene in ein und demselben Gestein unterschiedlich tief greift. Abhängig von den Wegen, die sich das Wasser im Saprolith und in den Klüften sucht, liegt die scharfe Verwitterungsfront mal höher und mal tiefer. Sobald an einer Stelle durch das Wegspülen des Saproliths ein noch frischer Fels an die Oberfläche kommt, bleibt er erhalten. Je tiefer die Fläche später abgetragen wird, desto höher ragt dieser Fels als Inselberg darüber auf. Ein Felsen wird nämlich nur dann angelöst, wenn er immer wieder gut durchfeuchtet wird. Regenwasser reicht dafür nicht aus, weil es zu schnell abfließt. Da die Verwitterung in den Tropen vor allem auf organischen Säuren beruht, also im Untergrund unter einem Boden mit Pflanzenbewuchs vor sich geht, wird eine bereits freigelegte Felswand kaum angegriffen.

In den kühleren Breiten ist das Gegenteil der Fall, hier dominiert die mechanische Gesteinszertrümmerung, die gerade an der Erdoberfläche angreift. Frostsprengung ist der effektivste physikalische Verwitterungsprozess (Abb. 2.17). Da Eis ein deutlich größeres Volumen hat als Wasser, wird ein Gestein zersprengt, sobald das Wasser in seinen Rissen und Poren gefriert. Ein Ge-

Abb. 2.16 Die Spitzkoppe (1728 m) in Namibia ist ein Inselberg aus Granit, der die Umgebung um 700 m überragt. Da chemische Verwitterung einen freigelegten Fels kaum angreift, entkommt dieser der Flächentieferlegung, wie sie die bodenbeckte Rumpffläche (im Mittelgrund) erfährt. Kleine Granitfelsen in der Umgebung (im Vordergrund) zeigen, dass sich der Granit auch unter der Rumpffläche fortsetzt. Foto: Daniela Ziegler, www.zwergli33.com.

steinsblock wird dadurch in Scherben zerlegt. Durch wiederholtes Frieren und Auftauen werden die Scherben selbst zerlegt, bis das Material so fein ist, dass es wegbewegt werden kann. Auch Pflanzenwurzeln können vorhandene Risse erweitern und selbst große Blöcke aufsprengen.

Das durch Verwitterung aufgelockerte Material ist für den Abtransport bereit. An Steilhängen und Felswänden kann es zu plötzlichen Massenbewegungen kommen, wenn das Material einfach der Schwerkraft folgt (Abb. 2.18). Unter Felswänden sammeln sich ganze Schutthalden aus heruntergefallenen Steinen. Manche Schutthalden setzen sich in gefrorenem Zustand in Bewegung und fließen als Blockgletscher langsam abwärts. Bei einem großen Bergsturz bricht innerhalb von Sekunden eine ganze Bergflanke ins Tal, wo sie, zu Blöcken zerbrochen, einen regelrechten Staudamm bildet. Aber schon bei einer Steinlawine sollte man sich in Deckung bringen. Rutschungen sind langsamer, aber ebenso unaufhaltbar. Manche Massenbewegungen werden durch Erdbeben ausgelöst, andere durch starke Regenfälle, wieder andere, weil ein Hang von einem Fluss angeschnitten wurde, bis er zu steil war. Ein Tonschiefer, möglicherweise durch starke Niederschläge aufgequollen, kann einen perfekten Abscherhorizont bilden, der so rutschig ist, dass sich alles darüber von selbst in Bewegung setzt.

Abb. 2.18 Ein Felssturz in der Cordillera Blanca, Peru.

Geröll und das Feinmaterial wird von den Flüssen aufgenommen und abwärts transportiert. Je schneller der Fluss fließt, desto größere Brocken kann er befördern. An einem reißenden Bergbach hört man bei Hochwasser das ständige Klacken von mitbewegten Gesteinsbrocken. Sie werden von der Strömung gleitend und rollend vorwärts geschoben, zerbrechen hin und wieder und werden außerdem zu Kieselsteinen abgerundet. Kleineres Material macht in der Strömung große Sprünge, während ganz feine Partikel in der Schwebe bleiben.

Ein Fluss kann selbst in festem Gestein eine tiefe Schlucht einschneiden. Der Sand in der Strömung wirkt wie ein Sandstrahlgebläse und schmirgelt die Felsen ab. Strudel können Kiesel zum Kreiseln bringen, die sich dadurch in das Gestein hineinfräsen. Besonders stark ist die Erosion unter einem Wasserfall. Ein Flusstal, in dem aktive Erosion stattfindet, ist eng und steilwandig. In den Kurven schneidet der Fluss in den Hang hinein, bis dieser so steil wird, dass ein Teil abrutscht. Natürlich folgt Wasser dem einfachsten Weg und schneidet sich vor allem dort schnell ein, wo es leicht erodierbare Lockergesteine vorfindet.

Ein Vulkankegel ist ein Sonderfall, da dieser zu einem guten Teil aus lockerer Vulkanasche besteht. Schon ein starker Regen kann diese Asche wegspülen und Schlammströme bilden. Wenn der Vulkan schon länger nicht ausgebrochen ist, schneiden sich steile Rinnen in den Kegel ein, die strahlenförmig den Kegel hinunterlaufen. Bei einem erloschenen Vulkan dauert es nicht lange, bis nur noch eine klägliche Ruine übrig ist.

Abb. 2.19 Vor etwa 10 000 Jahren stürzten unvorstellbare Gesteinsmassen ins Vorderrheintal und füllten es mit bis zu 750 m mächtigen Bergsturzmassen auf. Der Flimser Bergsturz (Schweiz) wurde vermutlich ausgelöst, als nach der Kaltzeit der Permafrost auftaute. Der Rhein wurde zeitweise aufgestaut, bis er die heutige Rheinschlucht eingrub.

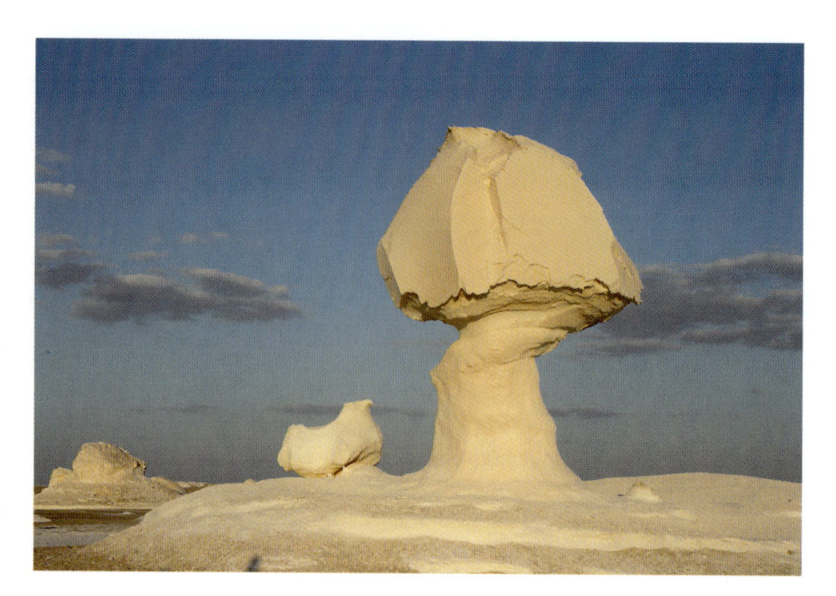

Abb. 2.20 Sandstürme entfalten knapp über dem Boden die stärkste Erosionskraft, was zu pilzförmigen Gebilden führen kann. Dieser knapp 10 m hohe Pilz aus kreidezeitlichem Kalkstein steht in der Weißen Wüste in Ägypten. Das Gestein seines Stiels ist etwas weicher als das seines Kopfes.

Bei allen beschriebenen Prozessen spielt Wasser eine bedeutende Rolle. Das gilt auch für Gletscher, die im Abschnitt 2.5 besprochen werden. In Wüsten findet hingegen so gut wie keine Verwitterung und Abtragung statt. Tatsächlich stammen die meisten Landschaftsformen der Sahara aus der Zeit, als dort noch tropisch-feuchtes Klima herrschte. Immerhin reicht auch in Wüsten das wenige in den Poren vorhandene Wasser zur langsamen Gesteinszerkleinerung aus. Durch Kapillarkräfte steigt Porenwasser an die Oberfläche auf und verdunstet, dabei bleiben die gelösten Stoffe zurück. Die auskristallisierten Krusten, vor allem Kalk, Gips und Salz, können Risse im Gestein weiter aufreißen lassen. Auch die als Wüstenlack bezeichneten schwarzen Überzüge auf Sandstein entstanden auf diese Weise, sie bestehen vor allem aus Manganoxid. Sandstürme können ebenfalls effektiv erodieren. Der Windschliff wirkt vor allem in einer Höhe von wenigen Metern, wo besonders viele Sandkörner durch den Wind fliegen. So können beispielsweise die merkwürdigen pilzförmigen Felsen entstehen, die in manchen Wüsten zu finden sind (Abb. 2.20). Geringe Unterschiede in der Verwitterungsresistenz können den Effekt verstärken und skurrile Formen schaffen.

2.4 Karst

Kalksteine sind für chemische Verwitterung besonders anfällig. Allein durch Regenwasser wird ein Kalkstein schon aufgelöst. Auf den Felsen und Blöcken kann man oft Karren sehen (Abb. 2.21), kleine, von scharfen Graten getrennte Rillen, die durch ablaufendes Regenwasser in den Fels gelöst werden. Es gibt auch größere Karren, in Dezimeter- oder sogar Metergröße. Im Extremfall sieht der vollkommen durchlöcherte Fels wie ein Schwamm aus, allerdings mit scharfkantigen Graten zwischen den Löchern. Nur mit Mühe und auf wackeligen Füßen kommt man darauf vorwärts. Das Wasser dringt durch Klüfte in das Gestein ein und erweitert diese. Mit der Zeit entstehen im Fels ganze Höhlensysteme mit unterirdischen Flüssen, großen Hallen voller Tropfsteinen und engen Durchgängen.

Die durch Lösungsprozesse hervorgerufenen Formen werden als Karstformen bezeichnet. Der Begriff leitet sich vom gleichnamigen Gebirge in Slowenien und Kroatien ab, dem Nordende der Dinariden. Zum Teil bestehen dort selbst flache Bergrücken aus nackten Felsoberflächen. Seine Vegetation hat das Gebirge allerdings erst durch die Römer verloren, die überall im Mittelmeerraum ganze Wälder abholzten. Im Karst und den übrigen Dinariden können viele der typischen Karstformen beobachtet werden. Die Oberfläche des Gebirges ist nicht deshalb so trocken, weil wenig Niederschläge fallen, sondern weil das Regenwasser sofort in den unzähligen Ritzen verschwindet und unterirdisch durch Höhlen abfließt. An Karstquellen tritt das Wasser wieder aus. Das kann ein kreisrunder See sein, aus dem ein ganzer Fluss hervorsprudelt. Bei anderen tritt ein unterirdischer Fluss aus einem großen Höhlentor hervor. Der Wasserspiegel im Höhlensystem ist abhängig von den Niederschlägen, nach heftigen Regenfällen kann er so weit ansteigen, dass das Wasser an sogenannten Speilöchern an die Oberfläche sprudelt. Das Gegenteil der Quellen sind die Schlucklöcher, an denen ganze Bäche

Abb. 2.21 Ablaufendes Regenwasser löst Rillen unterschiedlicher Größe in einen Kalkstein, die als Karren bezeichnet werden.

plötzlich im Untergrund verschwinden. Es gibt auch Flüsse, die in einer Höhle verschwinden und Kilometer weiter wieder auftauchen. Manchmal versickert ein Fluss auch nur teilweise, der Donau ergeht es so auf ihrem Weg durch die Schwäbische Alb (vgl. Abschnitt 7.5).

Dolinen sind schüsselförmige Senken, die einige Meter oder sogar wenige Kilometer groß sind. Manche davon sind Einsturzdolinen, bei denen das Dach einer Höhle plötzlich einstürzte und an der Oberfläche ein kleiner, steiler Krater einbrach. Eine Sonderform sind die Cenotes in Mexiko, die wie riesige Burgbrunnen aussehen, weil die Höhlen darunter vollständig mit Wasser gefüllt sind. Viele Dolinen entstanden jedoch direkt durch Lösung an der Oberfläche, an einer Stelle, an der das Wasser im Untergrund verschwinden kann. Ähnlich können auch große Becken entstehen, aus denen Wasser nur unterirdisch abfließt. Sie haben oft einen völlig ebenen Boden, aber steile Ränder, und werden als Polje bezeichnet.

Abb. 2.22 Tropfsteine in einer Höhle in Laos.

Bei der Lösung von Kalkstein spielt CO_2 eine wichtige Rolle, das in Wasser gelöst eine schwache Säure bildet, die Kohlensäure. Durch diese wird der Kalzit zu Kalzium- und Hydrogenkarbonationen, die im Wasser gelöst sind. Regenwasser enthält bereits CO_2, da es mit der Atmosphäre in einem entsprechenden Gleichgewicht steht. Im Untergrund kann noch Gas dazu kommen, das aus einem Magma stammt oder von metamorphen Reaktionen. Wie viel Kalk vom Wasser gelöst werden kann, ist direkt davon abhängig, wie viel CO_2 es enthält.

Die Reaktion kann natürlich auch rückwärts ablaufen, dann wird Kalkstein abgelagert. Das passiert immer dann, wenn ein bereits an Kalk gesättigtes Wasser etwas CO_2 verliert. Die Druckentlastung in aufsteigendem Wasser spielt dabei eine große Rolle, je größer der Druck ist, desto mehr CO_2 kann im Wasser enthalten sein. Aus der Tiefe aufsteigendes Mineralwasser kann so viel CO_2 enthalten, dass es an der Quelle aufperlt. Aber es muss nicht gleich ein Sprudel sein, schon bei einer kaum merklichen Entgasung kann an einer Quelle Kalk ausgefällt werden.

Von Mineralwasser abgelagerter Sinterkalk (Abb. 2.23) ist oft schneeweiß. Besonders schön sind die Sinterterrassen im türkischen Pamukkale und die Mammoth Hot Springs im Yellowstone-Nationalpark in den USA. Beide sehen so aus, als ob jemand eine Kaskade aus lauter großen Waschbecken gebaut hat. Über kleine Dämme fällt das Wasser von einem Becken in das nächste. Die Dämme wachsen langsam weiter, weil das Wasser vor allem dort entgast, wo es schnell fließt und durchgewirbelt wird.

Schon winzige Druckänderungen können zur Ablagerung von Kalkstein führen. Eindrucksvoll zeigt sich

Abb. 2.23 a) Becken aus schneeweißem Travertin in Pamukkale (Türkei). An den kleinen Dämmen fällt aus dem Wasser verstärkt Kalk aus, da es hier schneller fließt und dabei mehr CO_2 entgast. b) Die türkisgrünen Becken in Semuc Champay (Guatemala) werden von kleinen Dämmen aus Travertin getrennt, an denen Kalk aus dem übersättigten Wasser ausfällt. Das Wasser kommt aus Quellen an den Seitenwänden der Schlucht, während der Fluss in einem Tunnel unter dem Travertin hindurchfließt.

dies in Höhlen an den Tropfsteinen, die als Stalaktiten von der Decke hängen oder als Stalagmiten vom Boden emporwachsen.

Auch Algen, Moose und Wasserpflanzen entziehen dem Wasser CO_2. Die Plitwicer Seen in Kroatien sind sozusagen natürliche Stauseen. Über einen Damm aus Kalkstein fällt das Wasser von einem See in den nächsten. Die Wasserfälle sind bis zu 20 m hoch und von Moospolstern und Algen bewachsen. Das beschleunigt die Abscheidung von Kalk, die Dämme werden immer höher. Ganz ähnlich wird Kalkstein auch an vielen Karstquellen abgelagert. Dabei werden oft Wurzeln oder ganze Pflanzen eingeschlossen, die sich später zersetzen und unzählige Löcher hinterlassen. Das Gestein wird Travertin genannt. Noch feucht ist es leicht zu bearbeiten, härtet aber an der Luft aus. Das machte ihn früher zu einem beliebten Baustein. In Europa findet man Travertin daher häufiger in den Mauern alter Gebäude als an Quellen, weil er an diesen bereits abgebaut wurde.

In den Tropen ist die Lösung erheblich stärker als in unseren Breiten. Das liegt nicht direkt an der Temperatur, im Gegenteil nimmt die Löslichkeit von CO_2 in Wasser bei zunehmender Temperatur ab. Das Entscheidende ist der üppige Pflanzenwuchs, der zusammen mit lebhaften Mikrolebewesen den Boden mit Huminsäuren und zusätzlichem CO_2 anreichert.

Im Steinwald bei Kunming in der südchinesischen Provinz Yunnan hat das dazu geführt, dass aus den üblichen Karren ein regelrechter Wald aus merkwürdigen Felsformationen wurde (Abb. 2.24). Die baumho-

Abb. 2.24 Die Felsen im Steinwald bei Kunming (China) sind eine tropische Extremform der Karren. Foto: Kent Wang.

hen Säulen erinnern manchmal an Tiere, Menschen oder Pilze. Die Beulen und Nischen dieser Säulen entstanden durch kleine Unterschiede in der Zusammensetzung des Kalksteins und die dadurch erzeugten Schwankungen in der Löslichkeit.

Eine andere chinesische Landschaft ist die Extremform von tropischem Karst. Bei Guilin fließt der Fluss Li Jiang für 80 km durch eine skurrile Landschaft aus hohen Türmen und Kegeln. Am Ufer wiegen sich Bündel von Bambus, Wasserbüffel stehen in der Ebene zwischen den Bergen in einem Reisfeld. Die Kegel sind durchlöchert und voller großer Höhlen. Manche dieser Berge stehen frei auf der Ebene, sodass man bequem auf einem alten chinesischen Fahrrad dazwischen hindurchradeln kann. Andere stehen dicht nebeneinander und berühren sich.

Die Kegel sind nichts anderes als ein Spezialfall von Inselbergen. Dieser tropische Kegel- oder Turmkarst entsteht, weil die Lösung durch den Pflanzenbewuchs extrem verstärkt wird (Abb. 2.25). Die Pflanzen wachsen natürlich vor allem unten in der Ebene, also dort, wo die Lösung sowieso schon am weitesten fortgeschritten ist. An den steilen und kahlen Felsen läuft das Wasser hingegen relativ folgenlos ab oder verschwindet in einer Höhle, die Felsen bleiben daher stehen. Die flache Ebene, über die sich der Fluss schlängelt, entspricht dem Grundwasserspiegel. Hier sammelt sich der Lehm an, der bei der Lösung von großen Mengen Kalkstein zu-

Abb. 2.25 Kegelkarst (bzw. Turmkarst) ist die tropische Extremform einer Karstlandschaft. Der üppige Pflanzenwuchs sorgt im Boden für organische Säuren und zusätzliches CO_2, was eine verstärkte Lösung von Kalkstein bewirkt. An den Felsen findet hingegen nur geringe Lösung statt. a) und b) Kegelkarst am Fluss Li Jiang in der weiteren Umgebung von Guilin (China). c) Vom Meer gefluteter Kegelkarst: Halong-Bucht in Vietnam und d) bei Krabi in Thailand. e) In der Karibik werden die Karstkegel Mogotes genannt: Viñales-Tal auf Kuba.

rückbleibt. Unter der Ebene schreitet die Lösung weiter fort. Die Gipfel der Berge sind alle etwa gleich hoch, sie entsprechen einer Rumpffläche, dem ursprünglichen Kalksteinplateau, das durch die extreme Verkarstung tiefer gelegt wurde.

Kegelkarst gibt es in mehr oder weniger stark ausgeprägter Form auch in anderen tropischen Regionen. In Südostasien sind vor allem die Halong-Bucht in Vietnam sowie die Westküste von Südthailand (Phuket und Krabi) berühmte Beispiele – mit der Besonderheit, dass die Karstbildungen dort zum Teil durch den angestiegenen Meeresspiegel „ertrunken“ sind. In der Karibik heißen die hohen Karstkegel Mogotes, man findet sie etwa auf Kuba.

Mit der nördlichen Frankenalb gibt es auch in Deutschland eine Kegelkarstlandschaft. Hier entstanden die Türme und Kegel im tropischen Klima der frühen Kreidezeit. In der späten Kreidezeit wurden sie unter Sand verschüttet, der seit dem Tertiär wieder abgetragen wird: Die Erosion präpariert die alten Karsttürme wieder heraus, die unter der Sedimentbedeckung die Zeit überdauerten.

Eine andere Form von tropischem Karst wird als Cockpitkarst bezeichnet. Dabei ist die Landschaft mit so vielen Lösungsdolinen übersät, dass sie eine Oberfläche wie ein Eierkarton bilden. Das ist eine Art Embryostadium, aus dem sich einmal ein richtiger Kegelkarst entwickeln könnte.

Karsterscheinungen gibt es nicht nur in Kalkstein, sondern in allen leicht zu lösenden Gesteinen, zum Beispiel Salz und Gips. Am Südrand des Harzes gibt es Höhlen, Dolinen und Karren in Gips. Auch in schwer löslichen Gesteinen wie Sandstein können Höhlen entstehen, aber das ist ein anderes Kapitel.

2.5 Die Kraft des Eises

Gletscher sind ein besonders effektives Werkzeug, um einem Gebirge eine neue Form zu geben. Vor allem während der Eiszeiten wurden viele Gebirge so stark überprägt, dass die ursprünglichen Formen nur noch zu ahnen sind. Gletscher haben nicht nur die Kraft, um aus einem V-förmigen Flusstal ein U-fömiges Trogtal zu machen, sie sind auch für Bergformen wie scharfe Grate, Hörner oder Pyramiden verantwortlich (Abb. 2.26).

Sie bilden sich überall dort, wo es kalt genug ist und gleichzeitig ausreichende Niederschläge gibt. Der hochgelegene Teil des Gletschers, in dem sich der Schnee sammelt und langsam unter Druck zu Eis verwandelt, ist sein Nährgebiet. Das ist typischerweise ein schüsselförmiges Kar an der Flanke eines Berges oder ein Plateaugletscher auf dem Gipfel selbst, oder das riesige Inlandeis der Polarregionen. Von einem Berg fließt das Eis der Schwerkraft folgend ins Tal, bei großen Plateaugletschern und im Inlandeis der Polargebiete fließt es wie ein misslungener Pudding seitlich auseinander.

Im Tal ist die Eisschmelze im Sommer natürlich größer als der Schneefall im Winter, trotzdem ist durch den Nachschub von oben das Eis eines Talgletschers oft wesentlich dicker als in seinem Nährgebiet, vor allem wenn mehrere Gletscherströme ineinandermünden. Wo das Schmelzen stärker wird als der Nachschub, ist das Zehrgebiet und schließlich das untere Ende der Gletscherzunge erreicht.

Die Geschwindigkeit, mit der ein Gletscher sich bewegt, hängt von der Stärke der Akkumulation im Nährgebiet, dem Abschmelzen im Zehrgebiet, der Hangneigung und von der Art und Weise der Bewegung ab.

Abb. 2.26 Die Seitenarme des Reinefjords auf den Lofoten schneiden sich in Granit aus dem Präkambrium ein. Die Gipfel wurden zu spitzen Hörnern zurechtgefeilt.

Abb. 2.27 Ein mächtiger Talgletscher: Der Große Aletschgletscher, der längste Gletscher der Alpen, fließt 180 m pro Jahr. Foto: Pick83.

Manche Gletscher bewegen sich so gut wie gar nicht. Der Große Aletschgletscher (Abb. 2.27) fließt andererseits immerhin 180 m pro Jahr. Die schnellsten Gletscher der Welt findet man in Grönland (Abb. 2.28), wo manche vom Inlandeis kommende Ströme sich bis zu einen Meter pro Stunde vorwärtsbewegen.

Die Gletscher können fließen, weil das Eis sich unter leichtem Druck plastisch verformen lässt. Der Druck in 20 bis 30 m Tiefe reicht schon aus. Das ist auch die maximale Tiefe der Gletscherspalten, die ja nur in der starren Oberfläche aufreißen. In den Polargebieten ist das Eis so kalt, dass es erst unter größerem Druck zu fließen beginnt; die Spalten können in der Antarktis bis zu 100 m tief sein. Durch die Reibung am Untergrund und an den Seiten ist die Geschwindigkeit mittig an der Oberfläche eines Gletscherstromes am größten.

Noch schneller als die Bewegung innerhalb des Eises ist der Transport an der Gletschersohle, also das Rutschen über das Gestein. Im Gegensatz zu fast allen anderen Stoffen hat Wasser die merkwürdige Eigenheit, im festen Zustand leichter zu sein als im flüssigen. Sonst würden die Eiswürfel ja im Glas untergehen und ein See würde von unten her zufrieren statt an der Oberfläche. Der Grund ist das sperrige Kristallgitter von Eis, das fast nur aus großen Hohlräumen besteht. Das Wassermolekül ist ein Dipol, die elektrische Ladung ist nicht gleichmäßig verteilt. Solche Dipol-Moleküle lassen sich nicht zu einem dicht gepackten Kristallgitter zusammensetzen.

Diese ungewöhnliche Eigenheit bewirkt aber auch, dass Eis unter Druck geschmolzen wird, selbst wenn die Temperatur knapp unter dem Gefrierpunkt liegt. Wir

Abb. 2.28 Die in Grönland vom Inlandeis zum Meer fließenden Gletscher sind die schnellsten der Welt. a) Hier kalbt einer in einen von Eisschollen bedeckten Fjord. b) Von Eisschollen bedeckter Fjord im südlichen Grönland.

machen uns das beim Schlittschuhlaufen zunutze: Anstatt anzufrieren, entsteht durch unser Gewicht ein dünner Wasserfilm unter den Kufen, durch den wir auf dem Eis gleiten können. Dasselbe passiert an der Basis eines Gletschers. Das Eis rutscht dadurch nicht nur über den Untergrund, es kann dadurch sogar ein Hindernis umgehen: Oberhalb des Hindernisses ist der Druck durch den Eisschub am größten, das Eis schmilzt und fließt als Wasser am Hindernis vorbei. Auf der anderen Seite ist der Druck geringer und das Wasser gefriert wieder zu Eis. Ein Teil des Wassers sammelt sich zu Flüssen, die in Kanälen unter dem Eis fließen und an der Gletscherfront aus einem Gletschertor austreten. Diese Flüsse im Untergrund sind oft sehr reißend und unterstützen die Erosion.

In den Nährgebieten frieren Gletscher bei Kälte fest und rutschen nur, wenn es warm genug ist. Es gibt auch kalte Gletscher, die immer an der Basis festgefroren sind. Das ist vor allem in den Polargebieten der Fall, aber auch in sehr großer Höhe, etwa im Himalaja. Kalte Gletscher fließen extrem langsam und sind wesentlich weniger effektiv, was die Erosion angeht.

Wenn das Eis so schnell bewegt wird, dass es mit dem Fließen schier nicht mitkommt, zerbricht das Eis in Bruchschollen. Solche in Schollen zerlegten Gletscher gibt es zum Beispiel in Grönland und im Karakorum (Abschnitt 6.5), aber auch überall, wo ein Gletscher einen besonders steilen Hang hinunterkommt.

Aber wie schafft es ein Gletscher, hartes Gestein abzutragen? Mit einem Eiswürfel wird man niemals einen Stein ankratzen können, entsprechend ist die oft beschriebene Erosionskraft der Gletscher weniger eine Kraft des Eises. Sie liegt vielmehr an der Eigenschaft, lockere Steine aufzunehmen und sich damit in eine regelrechte Raspel zu verwandeln. Ein Plateaugletscher auf einem flachen Gipfel bewegt sich nur sehr langsam und findet kaum Material, das er zur Erosion benutzen könnte. Im Gegenteil schützt er das Gestein sogar vor Frostsprengung. Ein Gipfel mit einer Eiskappe wird daher kaum angegriffen.

Im kalten Nährgebiet friert das Eis immer wieder an der Felswand an und kann große Blöcke wegreißen. Dabei wird vor allem die steile Rückwand unterhalb der Gipfel angegriffen, die dadurch immer steiler und immer weiter zurückverlegt wird. So entstehen die schüsselförmigen Kare (Abb. 2.29). Die Form vieler Berggipfel ist eine Kombination mehrerer benachbarter Kare. Ein Grat ist ein schmaler Fels zwischen zwei Karen. Manche flachen Berge haben auf ihrem Gipfel einen flachen Plateaugletscher, fallen aber in steilen Felsen zu tiefer liegenden Karen ab. Bei anderen Bergen sind diese Kare auf allen Seiten so groß, dass vom Berg nur noch ein spitzes Horn übrig ist.

Unterhalb der Kare erodieren Gletscher selektiver. Ein stark zerklüftetes oder verwittertes Gestein, eine große Verwerfung oder gar alte Moränen, Schwemmfächer und andere Sedimente werden schnell ausgeräumt. An einem festen Fels beißt sich auch ein Gletscher die Zähne aus. Daher hat ein Gletscher oft Stufen mit flachen und sehr steilen Abschnitten. Notfalls fließt er sogar ein Stück aufwärts, wenn genug von hinten geschoben wird. Falls der Gletscher abschmilzt, bleibt an dieser Stelle ein See zurück. Mit der Zeit fällt einem Gletscher aber auch der feste Fels zum Opfer. Die im Gletschereis eingeschlossenen Gesteinsbrocken kratzen über den Felsen hinweg und zerschmirgeln ihn zu feinem Gesteinsmehl. Das Mehl sorgt für die grüne milchige Farbe, die so typisch für Gletscherflüsse und -seen ist.

Abb. 2.29 Gletscher am Hurrungane (2405 m) im Jotunheimen-Nationalpark, Norwegen. Unter der steilen Felswand erkennt man zwei schüsselförmige Kare, von denen kleine Talgletscher abwärtsfließen.

Abb. 2.30 Sobald das Eis geschmolzen ist und nicht mehr gegen die Seitenwände drückt, werden die extrem steilen Flanken eines Fjords instabil und stürzen ab. Hier blieb zufällig ein Stück erhalten: Die Felskanzel Preikestolen schwebt 600 m über dem Lysfjord, Norwegen.

Die Gletschererosion findet vor allem an der Gletscherbasis statt, da an den Rändern weniger Gesteinsschutt aufgenommen wird. Dadurch bilden sich die Trogtäler, mit einem relativ flachen Grund, aber sehr steilen Hängen. In den Kaltzeiten waren selbst die größten Trogtäler bis zum Rand mit Eis gefüllt. Oft sind die Hänge nur stabil, solange das Eis stützend dagegen drückt. Die übersteilten Hänge neigen zu Bergstürzen, sobald das Eis abgeschmolzen ist.

Auch in einem völlig vergletscherten Gebiet ragen manche Felsgipfel aus dem Eis auf. Diese Felsinseln im Eis werden Nunatakker genannt. An ihnen herrscht eine besonders starke Frostverwitterung, sie werden daher oft zu Felspyramiden mit einer regelmäßigen Hangneigung. Die großen Felspyramiden der Alpen sind die eiszeitlichen Geschwister der Nunatakker in Spitzbergen.

Fjorde gehören sicherlich zu den beeindruckendsten von Gletschern geschaffenen Landschaften (Abb. 2.30). Die Täler wirkten für das von den Plateaus abfließende Eis wie ein Kanal, in dem sich der Strom zu einem dicken Talgletscher sammelte. Damit verstärkte sich wiederum die Erosion, die sich auf die immer mächtigeren Kanäle konzentrierte. Der Sognefjord in Norwegen zum Beispiel (Nesje & Whillans 1994) ist 220 km lang und – unter dem Meeresspiegel – fast durchgehend zwischen 800 und 1300 m tief, also um ein Vielfaches tiefer als die Nordsee. So tief konnte er nur werden, weil das vom damaligen Inlandeis zur Nordsee fließende Eis sich zu einem vielleicht 2 km dicken Strom sammelte. Die Mündung zur Nordsee ist weniger als 200 m tief, vermutlich, weil sich das Eis hier seitlich ausbreiten konnte. Natürlich war schon vor den Eiszeiten ein Flusstal vorhanden, das den im Gestein vorhandenen Schwächezonen folgte. Eiszeit um Eiszeit schob sich ein Gletscher durch dieses Tal abwärts und grub es immer tiefer ein. Viele Fjorde haben am Ende einen flachen Talboden und dahinter sehr steile Talabschlüsse. Der flache Talboden ist ein Delta, das von in den Fjord mündenden Flüssen aufgeschüttet wurde. Der steile Talabschluss ist vermutlich dadurch zustande gekommen, dass der nach einer Zwischenwarmzeit vorstoßende Gletscher ein solches Delta ausräumte und durch den aufgenommenen Schutt wesentlich stärker erodieren konnte als talaufwärts. Die heutigen Plateaugletscher Norwegens enthalten so wenig Geröll, dass sie so gut wie gar nicht erodieren. Das war vermutlich beim eiszeitlichen Inlandeis auch der Fall, das kaum Spuren auf den Hochplateaus hinterlassen hat.

Generell bleibt eine flache Landschaft unter dem Einfluss von Gletschern flach, Hügel werden verstärkt und Berge zu steilen Felsgipfeln. Es ist vor allem ein vorhandenes Relief mit großen Höhendifferenzen, das eine starke Umformung durch Gletscher erfährt.

2.6 Berge und der Klimawandel

Das drastische Abschmelzen der Gletscher ist im Gebirge die auffälligste Folge der globalen Klimaerwärmung. Gletscher reagieren sehr schnell auf Klimaschwankungen. Fast alle Gletscher, ob in gemäßigten Breiten, den Polarregionen oder den Tropen, haben in den letzten Jahrzehnten deutlich an Fläche und Volu-

Abb. 2.31 Von Moränen aufgestaute Seen wie die Laguna Juraucocha in der Cordillera Huayhuash (Peru) können gefährlich werden: Bricht der Damm, wird eine Flutwelle ausgelöst. Durch die Klimaerwärmung steigt das Risiko weiter an.

men verloren. Neben der Temperatur ist für das Wachsen oder Abschmelzen eines Gletschers vor allem die Menge der Schneefälle von Bedeutung. Während die Temperatur weltweit langsam ansteigt, sind die Veränderungen der Niederschläge lokal sehr unterschiedlich. So können einzelne Gletscher durch erhöhte Schneefälle sogar trotz steigender Temperatur noch wachsen.

In den Alpen haben die Gletscher seit Beginn der Industrialisierung etwa ein Drittel ihrer Fläche und die Hälfte ihres Volumens verloren, der Rückgang ist in den letzten Jahrzehnten immer schneller geworden.

In anderen Regionen sieht es nicht besser aus. Die riesigen Eismassen in Patagonien schwinden besonders schnell, sie verloren in den letzten Jahrzehnten Hunderte Quadratkilometer. Der Kilimanjaro hat in den letzten hundert Jahren sogar drei Viertel seiner Eisbedeckung eingebüßt. Bleibt diese Rate erhalten, sind die letzten Reste seiner Eiskappe spätestens bis 2020 verschwunden. In den tropischen Anden, etwa in der Weißen Kordillere, gibt es vor allem unzählige kleine Gletscher in hohen Lagen. Auch hier wird ein starker Gletscherschwund beobachtet. In den Tropen findet die Akkumulation von Eis generell in den Regenzeiten statt, in denen es in hohen Lagen zu Schneefällen kommt. Die Gletscher sind ein wichtiger Wasserspeicher, da sie in der Regenzeit Wasser aufnehmen und über das ganze Jahr verteilt abgeben. An tropischen Gletschern wirken sich Veränderungen der Niederschlagsmengen besonders stark aus. In den Anden verändern sich diese insbesondere während der azyklisch alle paar Jahre auftretenden Klimaanomalien El Niño und La Niña, die sich durch plötzliche Vorstöße oder Rückzüge der Gletscher bemerkbar machen.

Insbesondere in Asien und Südamerika hätte ein Verschwinden der Gletscher schwere Auswirkungen für die Bevölkerung, für die sie eine wichtige Süßwasserquelle sind. Aber auch die in Moränen zurückgelassenen lockeren Schuttmassen bergen ein Gefahrenpotenzial. Oft staut die Endmoräne das Schmelzwasser zu einem See auf (Abb. 2.31). Dieser Damm kann plötzlich brechen und eine verheerende Flutwelle aus Wasser, Geröll und Schlamm auslösen. Diese Fluten sind in Regionen wie dem Himalaja oder der Weißen Kordillere schon immer ein Problem, aber ihre Häufigkeit nimmt durch den beschleunigten Gletscherrückgang noch zu. Allein in Nepal gibt es mehr als 2000 solcher Seen, von denen 20 als gefährlich eingestuft werden.

Nicht so augenfällig wie der Gletscherrückgang, aber nicht minder gefährlich ist das Auftauen des Permafrostes. In hohen Lagen ist der Untergrund das ganze Jahr über gefroren, lockere Gesteinsmassen werden von Eis zusammengehalten und vor Abtragung geschützt. Durch die Erderwärmung schiebt sich die Grenze des Permafrostes in immer höhere Lagen. Da beim Auftauen das im Untergrund verbliebene Eis das Schmelzwasser aufstaut, steigt der Wasserdruck in den Poren an, was sich wiederum auf die Scherfestigkeit auswirkt. An Berghängen, deren Permafrost auftaut, besteht ein hohes Risiko von Bergstürzen, Steinschlag und durch Regen ausgelöste Schlammlawinen. In den Alpen kam es zum Beispiel im ungewöhnlich heißen Sommer 2003, der auch deutlich an den Gletschern nagte, zu einem sprunghaften Anstieg von Steinschlag und Bergstürzen.

In der Ostwand des Eiger stürzten im Juli 2006 mehr als 500 000 Kubikmeter Gestein ab. Zuvor hatte sich im Fels eine 7 m breite Spalte gebildet. Das Gestein war durch das Auftauen des Permafrostes in Bewegung gekommen. Hinzu kam das Abschmelzen des Grindelwaldgletschers, dessen Masse einmal den Fels stabilisiert hatte. Ähnliche Massenbewegungen werden durch die Erwärmung des Klimas zunehmen.

2.7 Sandstein, Tonstein und Geröll

„Inseln im Himmel" (Arthur Conan Doyle), an deren Füßen dichte Wolken vorbei treiben. Gigantische Tafelberge aus Quarzit (Abb. 2.32) ragen im Südosten von Venezuela über der Gran Sabana, der großen Savanne auf (Briceño & Schubert 1990, Piccini & Mecchia 2009). Die Tepuis sind rundherum von vollkommen senkrechten Felswänden umgeben, die tausend Meter in die Tiefe stürzen. Manche dieser Tafelberge dehnen sich über eine große Fläche aus, andere sehen aus wie ein riesiger versteinerter Baumstumpf. Von manchen fallen hohe Wasserfälle, darunter der höchste Wasserfall der Welt, Angel Fall, der 980 m im freien Fall vom Auyan-Tepui hinunterstürzt. Benannt wurde der Wasserfall nach einem Goldsucher, der mit seinem Flugzeug an der Felswand zerschellte.

Die Landschaft auf den Hochplateaus selbst ist nicht minder unwirklich. Beinahe 3000 m über dem Meeresspiegel, eine karge Felslandschaft voller skurriler Formen, Säulen und Burgen. Dazwischen gibt es Moore und kristallklare Tümpel, Bäche plätschern vorbei und verschwinden in tiefen Schluchten, in denen ein üppiger Wald wächst. In den kleinen Senken klammern sich kleine Pflanzenpolster an den Felsen. Merkwürdige Pflanzen, die wie aus einer anderen Zeit aussehen. Ob Pflanzen, knallbunt gefärbte Frösche oder Schnecken, die Flora und Fauna besteht fast nur aus endemischen Arten, die zum Teil nicht einmal auf dem Nachbarberg vorkommen und von denen unzählige noch gar nicht entdeckt sind. Nirgendwo sonst gibt es so viele fleischfressende Pflanzenarten, da der Fels kaum Nährstoffe enthält. Die Plateaus sind schon seit der späten Kreidezeit voneinander isoliert, seither ist die Evolution auf diesen aus den Wolken ragenden Inseln ihren eigenen Weg gegangen.

Insbesondere die Ränder der Plateaus sind stark verkarstet. Es gibt große Höhlensysteme, durch die das Wasser abfließt. Oft treten die Höhlenflüsse aus einem Loch irgendwo in der Felswand wieder aus und stürzen als hohe Wasserfälle nach unten. Die Löslichkeit von Quarz ist in kaltem Wasser zwar sehr gering, wenn aber ein Quarzit oder Sandstein lange genug der Erosion ausgesetzt ist, kann es dennoch Höhlen geben. An Rissen, die ständig durchfeuchtet sind, reicht die Lösbarkeit aus, um den Zement zwischen den einzelnen Körnern zu entfernen. Das Gestein zerfällt dabei zu Sand, der vom Wasser weggespült wird. Andere Felspartien, die regelmäßig austrocknen, werden hingegen zusätzlich zementiert und dadurch sogar widerstandsfähiger.

Abb. 2.32 Die Tepui in Venezuela. a) Rund 1000 m ragen riesige Tafelberge wie der Kukenán-Tepui über der Gran Sabana in Venezuela auf. Es handelt sich um große Inselberge aus Quarzit, die der über Jahrmillionen hinweg wirkenden Flächentieferlegung entkamen. b) Auf den Hochplateaus der Tepuis, wie hier auf dem Roraima-Tepui (2810 m), gibt es eine surreal wirkende Felslandschaft, auf der merkwürdige Pflanzen und bunte Frösche leben. Die Arten sind oft endemisch auf einen einzigen Tafelberg beschränkt, da diese seit der späten Kreidezeit voneinander isoliert waren. Foto: Gunther Wegner, www.gwegner.de.

Die Tepuis sind stattliche Berge in einer Region, die seit dem Präkambrium tektonisch ruhig ist. Berge dürfte es hier gar nicht geben, vielmehr sollte man eine Rumpffläche erwarten, wie die der umliegenden Savanne. Tatsächlich sind die Tafelberge riesige Inselberge (Abschnitt 2.3), die der über Jahrmillionen wirkenden Flächentieferlegung entkommen sind. Das Gestein wurde im Präkambrium als Sandstein abgelagert und von weiteren Sedimenten überdeckt, sodass es zu einem etwas festeren Quarzit umgewandelt wurde. Später wurde die obere Sedimentschicht wieder abgetragen. Die Plateaus auf den Tepuis sind die Überreste einer durchgehenden

Abb. 2.33 In der Sächsischen Schweiz griff die intensive chemische Tiefenverwitterung im warmen Tertiär ein gleichmäßiges Kluftnetz an und ließ dazwischen Türme aus Sandstein stehen. a) Die Schrammsteine, im Hintergrund einige Tafelberge. b) Felstürme bei der Bastei.

Rumpffläche der Jurazeit, in der Südamerika und Afrika noch im Großkontinent Gondwana vereint waren. Als dieser zerbrach und der Südatlantik aufriss, gab es plötzlich einen großen Höhenunterschied zwischen der Rumpffläche und der Küste. Die Flächentieferlegung setzte sich mit hohem Tempo fort, gewaltige Mengen Gestein wurden abgetragen, was durch die Entlastung wiederum eine ausgleichende Hebung mit sich brachte. Die Savanne zwischen den Tepuis entspricht bereits dem Flächenniveau der Kreidezeit. Die Erosion war so sehr beschäftigt, dass sie die Tafelberge einfach vergaß. Zum Teil entsprechen sie den Gebieten, die im Präkambrium eine Faltenmulde waren. Die Felswände der Tepuis werden durch rückschreitende Verwitterung langsam nach hinten verlagert. Das passiert vor allem durch die intensive chemische Verwitterung an den Vorhügeln unterhalb der Felswände, die aufgrund der erhöhten Niederschläge von dichtem Wald bewachsen sind. Die chemische Verwitterung frisst sich unter der Felswand ein, bis große Blöcke abstürzen und sie wieder stabilisieren. Dabei spielt auch das senkrechte, aber weitmaschige Netz von Klüften eine Rolle. Die Tepuis gehen auf eine lange Geschichte von selektiver Flächentieferlegung und rückschreitender Verwitterung der Felsstufe zurück, die in einem wechselnden, mal tropischen, dann wieder trockenen Klima ablief.

Doch warum in die Ferne schweifen? Das Elbsandsteingebirge (Abb. 2.33) gehört trotz seiner geringen Höhe zu den abwechslungsreichsten Mittelgebirgen Europas. Keine andere deutsche Landschaft zog die romantischen Maler des 19. Jahrhunderts so sehr an wie die sogenannte Sächsische Schweiz. In Scharen schleppten sie ihre Staffeleien und Leinwände über schmale Pfade und suchten nach neuen Ansichten. In weiten Schlingen fließt die Elbe um die Tafelberge herum, das Tal und einige abzweigende Schluchten haben sich tief in das Plateau eingeschnitten. Die Ränder mancher Tafelberge sind zu Felstürmen zerlegt, die aus dem Wald aufragen. Sie waren durch das Kluftnetz bereits angelegt. Noch von einem Boden überdeckt, wurden die Klüfte durch chemische Tiefenverwitterung erweitert. Sobald die Türmchen freigespült worden waren, setzte sich die chemische Verwitterung nun dazwischen fort, weil dort ein Boden mit Vegetation erhalten blieb. Die Türme wurden dadurch immer höher. Es gibt auch eine leichte Verkarstung, am häufigsten sind kleinere Grotten und Felstore. Das größte Felstor Europas befindet sich im böhmischen Teil des Elbsandsteingebirges. Viele Felstore waren einmal eine Mauer aus Sandstein, zwischen zwei parallelen, stark erweiterten Klüften. Da sich die Feuchtigkeit im Schatten ganz gut hält und dort die Verwitterung fördert, wurde die Mauer an der schattigsten Stelle immer dünner, bis sie durchbrach und zu einem Tor wurde.

Der Sandstein ist in der Kreidezeit abgelagert worden, in einem Flachmeer, in das Flüsse aus Böhmen große Mengen von Sand einbrachten, der durch Meeresströmungen auf dem Grund verteilt wurde. Das Meer zog sich wieder zurück, noch später stieg das Gebirge zusammen mit dem Erzgebirge als Plateau auf und wurde von der Elbe und ihren Nebenflüssen eingeschnitten. Das geschah im Tertiär, als in Mitteleuropa ein tropisches Klima herrschte und die chemische Verwitterung sehr stark war.

Es ist kein Zufall, dass die Sächsische Schweiz als Kulisse für die Abenteuer von Winnetou und Old Shatterhand dient. Ein großer Teil des Colorado-Plateaus im „Wilden Westen“ der USA ist ebenfalls eine Sandstein-

Abb. 2.34 Tafelberge und Felstürme im Monument Valley, USA. Foto: Moritz Zimmermann.

landschaft, nur eben etwas wilder, größer und trockener. Es gibt Tafelberge und Felstürme, tiefe Schluchten und Felstore. Einige der bekanntesten Wildwestlandschaften sind hier: das Monument Valley, der Arches-Nationalpark, Canyonlands und Zion (Abb. 2.34, 2.35). Es gibt auch mehrere „Slot Canyons" (Abb. 2.36), schlitzförmige Schluchten, die so tief und eng sind, dass man stellenweise den Himmel nicht mehr sehen kann. Die Felswände sind merkwürdig geformt, springen vor und zurück. Sie entstanden durch die Strömung der meist nur nach Regenfällen hindurchrauschenden Bäche, die sich entlang von Klüften tief in das Plateau eingeschnitten haben.

Die gigantischsten Felstürme stehen im chinesischen Wulingyuan (Abb. 2.37), eine ins Unvorstellbare gesteigerte Version der sächsischen Schweiz. Wie Wolkenkratzer stehen sie dicht an dicht in den Schluchten zwischen großen Tafelbergen. Es sind Tausende, von denen einige mehr als 400 m hoch sind. In den Tälern wächst eine üppige Vegetation und selbst an den Türmen krallen sich Bäume in den Felsritzen, sodass sie bis zur Spitze grün gepunktet sind.

Klastische Sedimente wie Konglomerate und Sandsteine werden von Flüssen dort abgelagert, wo die Strömungsgeschwindigkeit geringer wird. Das ist zum einen in der Ebene zu Füßen eines Gebirges der Fall, zum anderen an der Mündung in einen See oder in das Meer, wo sich ein Delta aufbaut. Dabei kommt es zu einer guten Sortierung nach der Korngröße, weil es von der Strömungsgeschwindigkeit abhängig ist, was noch transportiert werden kann.

Aus den Bergen kommende Flüsse bauen am Rand des Flachlandes große Schwemmfächer aus Schotter auf, und auch die Ebene selbst wird von großen Strömen mit

Abb. 2.35 Das Delicate Arch im Arches-Nationalpark, USA. Foto: Palacemusic.

Abb. 2.36 Der Slot-Canyon im Wadi-Mujib-Reservat, Jordanien. Slot-Canyon werden die tiefen Schluchten genannt, die sich mit senkrechten Felswänden durch Sandstein schneiden. Weitere bekannte Beispiele gibt es auf dem Colorado-Plateau in den USA.

Schotter und Sand verfüllt. Dieses Vorbecken beginnt durch die immer schwerere Sedimentlast, die ja nicht wie unter dem Gebirge durch eine dicke Krustenwurzel ausgeglichen ist, langsam abzusinken (vgl. Abschnitt 3.3). Solche Becken vor einem Gebirge werden als Molassebecken bezeichnet. Das Wort leitet sich aus dem Schweizerdeutschen ab, wo es einen im Molassebecken der Alpen abgebauten Sandstein bezeichnet, der sich gut für Mühlsteine eignet. Die Alpen haben gleich zwei: Im nördlichen liegen unter anderem Bern und München, das andere ist die Poebene im Süden. Diese Becken können sogar so weit absinken, dass das Meer eindringen kann. Der Persische Golf ist ein Beispiel eines gefluteten Molassebeckens. Es können auch große Seen entstehen, die mit der Zeit durch Seesedimente wieder gefüllt werden.

An der Mündung in einen See oder ein Meer geht die starke Strömung des Flusses plötzlich in ruhigeres Wasser über, die gröbere Fracht lagert sich sofort ab, während die feineren Tonpartikel noch eine Zeit lang in Schwebe bleiben und etwas weiter von der Mündung entfernt absinken und zu einem Tonstein werden. So kommt es zu einer guten Sortierung der Korngröße.

Ein weiches, feinkörniges Seesediment verwittert ganz anders als ein fester Sandstein. Aber auch hier können völlig gegensätzliche Formen entstehen. Die unzähligen rötlichen Säulen im Bryce-Canyon in Utah (Abb. 2.38) entstanden in einem stark zerklüfteten Seesediment. Schon kleine Unterschiede in der Festigkeit können bei selektiver Erosion darüber entscheiden, ob ein Stück am Fels bleibt oder weggeschwemmt wird. Häufi-

Abb. 2.37 Wie Wolkenkratzer wirken die Sandsteintürme im chinesischen Wulingyuan.

Abb. 2.38 Das Kluftnetz in diesen weichen Seesedimenten wurde durch selektive Erosion so stark erweitert, dass nur noch einzelne Felstürme übrig blieben. Geringe Unterschiede in der Festigkeit bestimmen, welche Teile der Säulen stehen bleiben oder weggeschwemmt werden. Bryce-Canyon-Nationalpark, USA.

ger erodieren feinkörnige und weiche Sedimente jedoch zu sanften Wellen mit eher flachen Hängen.

Besonders große Mengen Sand werden vor großen Gletscherzungen abgelagert. Die Sanderflächen in Norddeutschland wurden von Flüssen abgelagert, die aus dem eiszeitlichen Inlandeis strömten. Ganz ähnlich entsteht eine weite Sanderfläche im Südosten von Island, an der Küste zu Füßen des riesigen Plateaugletschers Vatnajökull (Abb. 2.39).

Der Prozess, der aus einem Sand oder Geröll einen Sandstein oder ein Konglomerat macht, wird Diagenese genannt. Das durch die Poren zirkulierende Wasser fällt Karbonat, Eisenoxid oder Quarz aus, der als Zement die Körner zusammenhält.

Die Zusammensetzung eines Sandsteins ist davon abhängig, wie weit der Transportweg bereits war. In der Nähe eines Gebirges ist noch der eine oder andere Feldspat erhalten, das Gestein heißt dann Arkose. Steht ein Gebirge in Meeresnähe, wird vor der Küste ein Gemisch aus Sand, Gesteinsbruchstücken und Ton abgelagert, es entsteht eine Grauwacke.

In vielen Gebirgen ist eine charakteristische Wechsellagerung von Sandstein und Tonstein zu sehen, die als Flysch bezeichnet wird. Genau betrachtet gibt es immer einen scharfen Wechsel von Tonstein zum Sandstein, der nach oben hin immer feiner wird und langsam in den Tonstein übergeht, bis erneut ein scharfer Wechsel zu Sandstein folgt. Diese Abfolge entsteht, wenn unter

Abb. 2.39 Unterhalb der Gletscherzungen, die vom Plateaugletscher Vatnajökull hinunterfließen, breitet sich eine weite Sanderfläche bis zur Küste hin aus. Die Gletscherflüsse verändern darauf ständig ihren Lauf und lagern weiteren Sand und Geröll ab. Die schwarzen Streifen auf dem Gletscher sind vulkanische Asche. Skaftafell-Nationalpark, Island.

Abb. 2.40 Der in kleinen Dünen angesammelte Sand im Wadi Rum (Jordanien) stammt von der Erosion der großen Sandsteinberge. Deren Sand wurde im Paläozoikum jedoch nicht in einer Wüste abgelagert, sondern von großen Flüssen, die ihn aus dem Arabisch-Nubischen Massiv, einem der alten präkambrischen Kontinentkerne, lieferten. Unter dem Sandstein ist im Bild noch das dunkle Grundgebirge zu sehen.

Wasser ein Steilhang instabil wird und wie eine untermeerische Lawine als Trübestrom (Turbidit) in die Tiefe rauscht. Dabei können sogar hausgroße Gesteinsblöcke in die Tiefe rutschen, sie bleiben als Fremdkörper im Flysch liegen. Unten angekommen, lagert sich der grobe Sand schnell ab, während die feineren Partikel sich nur langsam absetzen. Jede einzelne Lage war ein solcher Trübestrom. Die Sedimentation von Flysch ist direkt mit der Gebirgsbildung verknüpft. Hin und wieder gibt es solche Rutschungen am Hang der Tiefseerinne vor einer Subduktionszone. Aber so richtig setzt die Sedimentation von Flysch erst in der Frühphase einer Kollision zweier Kontinente ein. Wenn die Hebung gerade einsetzt, der größte Teil des Gebirges aber noch immer unter dem Meeresspiegel liegt, werden die Steilhänge immer häufiger instabil und kommen ins Rutschen. Flysch ist sozusagen das letzte Wort eines Ozeans, der während der Kollision zwischen zwei Kontinenten verschwindet. Da Sandstein und Tonstein sehr unterschiedlich auf Verformung reagieren, wird Flysch oft in wildeste Falten gelegt.

Bei einem Sandstein denken viele Menschen an Wüsten und Sanddünen. Dabei wurden die wenigsten Sandsteine in einer Wüste abgelagert. In der Wüstenlandschaft Wadi Rum in Jordanien (Abb. 2.40) zum Beispiel stehen riesige Tafelberge aus Sandstein auf einer Ebene,

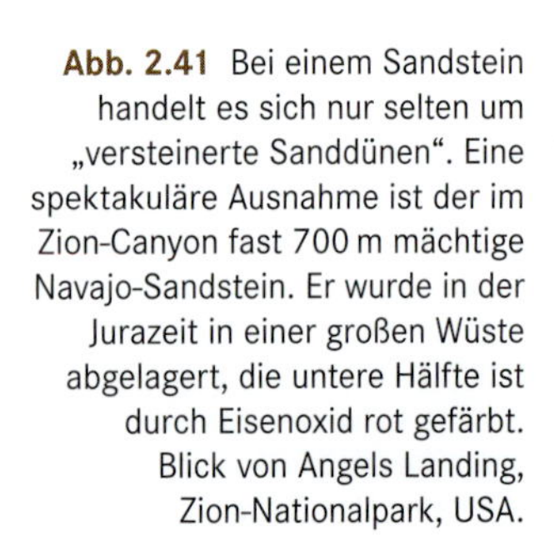

Abb. 2.41 Bei einem Sandstein handelt es sich nur selten um „versteinerte Sanddünen". Eine spektakuläre Ausnahme ist der im Zion-Canyon fast 700 m mächtige Navajo-Sandstein. Er wurde in der Jurazeit in einer großen Wüste abgelagert, die untere Hälfte ist durch Eisenoxid rot gefärbt. Blick von Angels Landing, Zion-Nationalpark, USA.

in der es hier und da eine Sanddüne gibt. Der Dünensand stammt von der Verwitterung der Felsen. Der Sandstein selbst wurde jedoch bereits im frühen Paläozoikum von Flüssen abgelagert. Das Gebiet war damals ein Becken vor den damaligen Granitbergen des Arabo-Nubischen Massivs. Es gibt natürlich auch Ausnahmen, bei denen es sich tatsächlich um versteinerte Sandwüsten handelt. Der Navajo-Sandstein auf dem Colorado-Plateau gehört dazu (Abb. 2.41). In den Felsen sind die Strukturen der vom Wind zusammengewehten Wanderdünen gut zu sehen – schräge Schichten, die immer wieder abgeschnitten sind.

Durch Dehnung aufgerissene Spalten im Thingvellir-Nationalpark, Island. Hier bewegen sich die Nordamerikanische und die Eurasische Platte voneinander weg. Die Plattengrenze ist in Island keine scharfe Linie, sondern ein Streifen mit unzähligen Gräben, aktiven Vulkanen und heißen Quellen.

3 Bewegte Platten

Dass Gebirge durch Einengung entstehen, hatte sich in der zweiten Hälfte des 19. Jahrhunderts mit der Kontraktionstheorie durchgesetzt (vgl. Abschnitt 1.1). Die Bewegung ganzer Kontinente schien aber noch immer so verrückt, dass sie lange Zeit als Unfug abgetan wurde. Erst in den 1960er-Jahren trat die Plattentektonik ihren Siegeszug an. Mit einem Schlag veränderte sich damit die gesamte geologische Theorie, plötzlich erklärten sich viele unlösbare Probleme wie von selbst. Es war die größte Umwälzung in der Geschichte der Geowissenschaften. Der Vergleich mit Galilei und der um die Sonne kreisenden Erde wird gerne immer wieder gezogen. Und sie bewegen sich doch: Alfred Wegener wurde für seine „Kontinentaldrift" immerhin nur ausgelacht, während Galilei der Prozess gemacht wurde. Aber diesmal spielt die Geschichte auch nicht in der Renaissance, sondern quasi gestern.

Aus der modernen Geologie ist die Plattentektonik nicht mehr wegzudenken. Sie ist der Antrieb, durch den Gebirge aufgefaltet, Gesteine geschmolzen und umgewandelt werden und Kontinente zerbrechen. Wie wir sehen werden, hat sich die moderne Theorie ziemlich weit von Alfred Wegeners „Kontinentaldrift" entfernt.

Vulkane und Erdbeben machen die Plattengrenzen geradezu spürbar. Daher werden wir die Gelegenheit benutzen, uns mit Vulkanausbrüchen zu beschäftigen, die auf verschiedene Art und Weise ablaufen können.

Neben der Plattentektonik, bei der es um horizontale Bewegungen geht, werden wir in diesem Kapitel auch den Auftrieb behandeln, der letztlich zum Aufstieg eines Gebirges führt. Schließlich werden wir in die Tiefsee abtauchen, um mit den Mittelozeanischen Rücken jene Plattengrenze zu besuchen, an der neue ozeanische Kruste gebildet wird. Diese ozeanische Kruste wird später auch in Hochgebirgen eine Rolle spielen.

3.1 Alfred Wegener und seine Kontinentalverschiebung

Heute wissen wir natürlich, dass die Erde nicht schrumpft, wie man zu Wegeners Zeiten noch glaubte. Schon in der Frühzeit der Erde ist diese soweit abgekühlt, dass sie bereits sehr der heutigen Erde ähnelte. Der Zerfall radioaktiver Elemente wirkt der weiteren Abkühlung entgegen.

Doch auch mit dem damaligen Wissen hatte die Kontraktionstheorie einige entscheidende Nachteile. Wie bei einem alten Apfel müsste man mit relativ gleichmäßig über die Kugel verteilten Gebirgen rechnen. Stattdessen sind die Gebirgsketten relativ schmal, und die jungen Hochgebirge liegen entlang nur zweier Gebirgsgürtel. Der „alpidische Gebirgsgürtel" reicht vom Hohen Atlas über die Alpen, den Kaukasus bis zum Himalaja. Der andere zieht sich entlang des amerikanischen Westens von Alaska bis Feuerland. Der Rest der Welt ist erstaunlich flach, eben nicht wie bei einem verschrumpelten Apfel. Auch durch Dehnung entstandene Grabenbrüche wollten nicht so recht mit der Kontraktion zusammenpassen.

Ein weiteres Problem war die Deutung von Fossilien, die über mehrere Kontinente hinweg zu finden sind. Ob Afrika, Indien, Australien oder Südamerika (in der Antarktis hatte man nur noch nicht gesucht), man fand in den Sedimenten über fast die gesamte Erdgeschichte hinweg die Versteinerungen derselben Tiere und Pflanzen. Man schlug vor, dass es einmal Landbrücken gab, die aus dem Meer aufstiegen, die südlichen Kontinente miteinander verbanden und später wieder absanken. Eduard Suess prägte für diesen Großkontinent den Namen Gondwanaland. Die auf- und absteigenden Landbrücken waren jedoch ein theoretischer Notbehelf, mit dem viele Geologen unzufrieden waren. Warum sollte die Kontraktion der Erde an der einen Stelle ein Gebirge auffalten, aber an der anderen zum Einbrechen eines Meeresbeckens führen? Man hatte auch schon festgestellt, dass die kontinentale Kruste leichter ist als die der Ozeane, und es machte wenig Sinn, warum die völlig anders zusammengesetzte Kruste eines Ozeans einmal eine Landbrücke gewesen sein soll. Manche Geologen glaubten daher an die Permanenz der Ozeane, die wiederum nicht zu den Fossilien passte. Die kontinentale Kruste nannte man damals „Sial" (Silizium Aluminium), die ozeanische Kruste „Sima" (Silizium Magnesium). Den Erdmantel kannte man noch nicht, man hielt ihn ebenfalls für „Sima".

Ein Auseinanderdriften von Bruchstücken eines ehemaligen Großkontinents könnte dies alles natürlich viel einfacher erklären. Die Forschung war in eine Sackgasse geraten, wollte sich aber nicht durch das Nahe liegende herausführen lassen. Wer die Küsten von Amerika und Afrika vergleicht, wird sich darüber wundern. Vielleicht waren die Geologen zu sehr damit beschäftigt, ihre Steine mit der Lupe zu betrachten, um sich mit der Form der Kontinente abzugeben. Schon als sich der britische Philosoph Francis Bacon gegen Ende des 16. Jahrhunderts über die ersten brauchbaren Weltkarten beugte, fiel ihm auf, wie gut die Küstenformen auf beiden Seiten des Atlantiks zusammenpassen.

Auch Alfred Wegener stach die Küstenform ins Auge. Im Januar 1911 schrieb er an seine Verlobte Else Köppen: „Mein Zimmernachbar Dr. Take hat zu Weihnachten den großen Handatlas von Andree bekommen. Wir haben stundenlang die prachtvollen Karten bewundert. Dabei ist mir ein Gedanke gekommen. Sehen Sie sich doch bitte mal die Weltkarte an: Passt nicht die Ostküste Südamerikas genau an die Westküste Afrikas, als ob sie früher zusammengehangen hätten? Noch besser stimmt es, wenn man die Tiefenkarte des Atlantischen Ozeans ansieht und nicht die jetzigen Kontinentalränder, sondern die Ränder des Absturzes in die Tiefsee vergleicht. Dem Gedanken muss ich nachgehen."

Abb. 3.1 Der Meteorologe und Polarforscher Alfred Wegener (1880–1930) löste mit seiner Theorie der Kontinentalverschiebung die größte Umwälzung in der Geschichte der Geologie aus. Foto: Alfred-Wegener-Institut.

Wegener hatte Mathematik und Naturwissenschaften studiert und sich zunächst vor allem für die Astronomie interessiert. In dieser schrieb er auch seine Dissertation: „Die alfonsinischen Tafeln für den Gebrauch eines modernen Rechners". Die Begeisterung für die Astronomie hatte sich mit diesem Thema gelegt, er hatte das Gefühl, dass in diesem Fach kaum noch neue Erkenntnisse zu machen seien. Er folgte seinem Bruder als technischer Assistent an ein aeronautisches Observatorium, an dem er mit Ballonflügen die Physik der Atmosphäre untersuchte. Sowohl in der Meteorologie als auch in der Ballonfahrt betraten die Brüder Neuland: Sie stellten sogar einen neuen Weltrekord im Ballonfahren auf.

Im gleichen Jahr wurde er als Meteorologe für eine Expedition nach Grönland angeheuert, die ein unbekanntes Küstenstück erkunden sollte. Während er seine Wetterforschung im arktischen Klima weiterführte, verunglückte der dänische Expeditionsleiter mit zwei Begleitern auf einer Erkundungsfahrt mit Hundeschlitten. Trotz des Unglücks wird Grönland den „schweigsamen Mann mit liebenswürdigem Lächeln" nicht mehr loslassen.

Wegener kehrte wohlbehalten zurück und wurde in Marburg Privatdozent für Meteorologie und Astronomie. Hier machte er eines Tages im Atlas seines Nachbarn seine folgenschwere Entdeckung, die er im zitierten Brief an seine Verlobte mitteilte. Genau ein Jahr später, am 6. Januar 1912, stellte er im Senckenberg-Museum in Frankfurt am Main auf einer Tagung der Geologischen Vereinigung seine Hypothese der Kontinentalverschiebung vor. Seit er von den Problemen um Gondwanaland gehört hatte, war er sich sicher, auf dem richtigen Weg zu sein.

„Überall wo wir bisher alte Landverbindungen in die Tiefen des Weltmeeres versinken ließen, wollen wir jetzt ein Abspalten und Abtreiben der Kontinentalschollen annehmen. (...) Das Bild (...) ist ein neues und paradoxes. (...) Und andererseits enthüllt sich uns schon bei der hier versuchten vorläufigen Prüfung eine so große Zahl überraschender Vereinfachungen und Wechselbeziehungen, dass es mir (...) geradezu notwendig erscheint, die neue, leistungsfähigere Arbeitshypothese anstelle der Hypothese

der versunkenen Kontinente zu setzen, deren Unzulänglichkeit ja bereits (...) erwiesen ist.“

Der Vortrag kam so schlecht an, dass „wegen fortgeschrittener Zeit“, wie es im Protokoll heißt, gar nicht erst darüber diskutiert wurde. Die Idee dieses Wetterforschers, der ja nicht einmal ein richtiger Geologe war, wurde als „völliger Blödsinn“ abgetan.

Es ist relativ unbekannt, dass unabhängig von Wegener, aber kurz vor ihm, bereits ein Amerikaner namens Taylor auf dieselbe Idee gekommen war und diese 1910 in einem weitgehend unbeachteten Artikel veröffentlichte. Taylor stützte sich vor allem auf die Vorarbeiten von Eduard Suess und argumentierte mit der Form und Ausdehnung der Gebirgsgürtel. Er stellte aber auch völlig richtig fest, dass der gerade erst entdeckte Mittelatlantische Rücken „ein versunkenes Gebirge ganz anderer Art und Herkunft als jedes andere auf der Erde“ sei und den Riss markiert, an dem die Kontinente „voneinander weggekrochen waren“. Zu diesem Zeitpunkt wusste man kaum etwas über den Verlauf dieses mysteriösen Gebirges inmitten des Ozeans. Sonarmessungen wurden in der Seefahrt erst ein paar Jahre später üblich, nachdem die Titanic versunken war. Auch die deutschen Forschungsschiffe begannen erst kurz danach damit, den Ozeanboden zu kartieren.

Wegeners Vortrag wurde genauso ignoriert wie Taylors Artikel. Der Unterschied zwischen beiden war, dass Wegener nicht aufgab: In den folgenden Jahren trug er alle Argumente zusammen, die er finden konnte.

Doch zunächst zog es ihn wieder nach Grönland: Er hatte sich zusammen mit einem dänischen Glaziologen in den Kopf gesetzt, den vollkommen unbekannten Teil des Inlandeises in Nordgrönland zu durchqueren. Selbst die Hochzeit sollte solange noch warten. Den nächsten Winter verbrachte die Expedition in Nordostgrönland, um weitere meteorologische Forschungen zu betreiben und die ersten Eisbohrungen durchzuführen. Im Frühling machten sie sich zu viert mit einem Pferdeschlitten auf den Weg. Drei Monate später kamen sie an der anderen Seite an, beinahe verhungert und ohne die Pferde, die sie unterwegs schlachten mussten. Kurz vor dem Ziel verirrten sie sich hoffnungslos in den Spaltenzonen am Rand des Inlandeises, nur zufällig wurden sie von einem Inuit gerettet, einem Pfarrer, der auf dem Weg zu einer anderen Siedlung war.

Zu Hause konnte Wegener sich endlich wieder der Verschiebung von Kontinenten widmen, doch diesmal kam der Erste Weltkrieg dazwischen, er wurde sofort eingezogen. Mehrfach an der Front verwundet, versetzte man ihn in den Heereswetterdienst. Dort konnte er endlich an seinem ersten Buch arbeiten, das er 1915, also noch während des Krieges herausbrachte.

Abb. 3.2 Der Superkontinent Pangäa, der fast alle Landmassen umfasste, bestand vom Karbon bis zum frühen Jura. Er entstand durch die Kollision der beiden Großkontinente Gondwana und Laurussia. Wegener war der Erste, der die heutigen Kontinente als Bruchstücke eines Superkontinents erklärte. Da man davor noch nicht an bewegte Platten glaubte, waren die ähnlichen Fossilien auf allen Bruchstücken von Gondwana ein Rätsel, das man mit in den Ozeanen auf- und absinkenden Landbrücken erklären wollte.

Wegener hatte einige gute Argumente. Über die Grenzen der heutigen Kontinente hinweg können geologische Formationen und Fossilienpopulationen verfolgt werden. Klimatische Überlegungen zeigten, dass die Kontinente sich relativ zu den Polen und dem Äquator bewegt haben. Nicht nur waren die südlichen Kontinente (Südamerika, Afrika, Antarktis, Australien und Indien) einmal im Großkontinent Gondwana vereint, eine Zeit lang bildeten alle Kontinente zusammen eine riesige Landmasse, die er Pangäa nannte (Abb. 3.2). Er bemerkte auch, wie unterschiedlich die ruhigen und flachen Kontinentalränder des Atlantiks zu denen des Pazifik mit ihren Bergen und Vulkanen sind.

Seine Theorie hatte jedoch auch Schwächen. Mit der Plattentektonik, wie wir sie heute kennen, hatte sie nur die bewegten Kontinente gemeinsam (Abb. 3.3). Am schwierigsten war es, einen Mechanismus für den Antrieb zu finden. Er versuchte es mit den vom Mond verursachten Gezeiten und mit der Fliehkraft der sich dre-

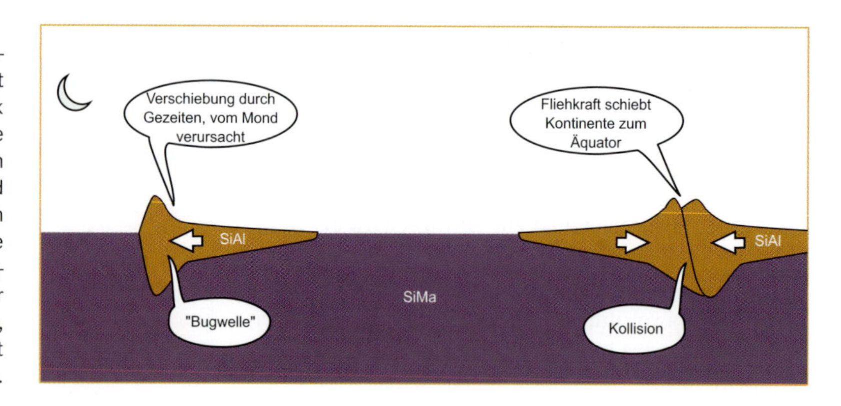

Abb. 3.3 Wegeners Theorie der Kontinentalverschiebung war noch weit von der modernen Plattentektonik entfernt. Demnach schwimmen die leichten Kontinente („SiAl") auf dem schweren „SiMa" der Ozeane und werden von der Fliehkraft und den Gezeiten bewegt. Gebirge wie die Anden stellte er sich wie eine Bugwelle vor, während die Alpen und der Himalaja durch Kollision entstünden, indem Kontinente durch die Fliehkraft Richtung Äquator geschoben werden.

henden Erde, aber Physiker rechneten vor, dass diese Kräfte bei Weitem nicht ausreichen, um Kontinente zu bewegen. Er stellte sich vor, dass die Kontinente das „Sima" der Ozeane wie Schiffe durchpflügen. Amerika wandere nach Westen, die Anden und Rocky Mountains stellte er sich wie eine Bugwelle vor einem Schiff vor. Die anderen Kontinente würden durch die Fliehkraft Richtung Äquator geschoben und dadurch die Bergketten von den Alpen bis zum Himalaja bilden. Durch diesen Prozess, so meinte er, werden die Ozeane immer größer, die Kontinente immer höher.

Wegener machte sich auch völlig falsche Vorstellungen über die Geschwindigkeit dieser Bewegung. Da er das Auseinanderbrechen von Pangäa viel zu spät ansetzte, schätzte er diese auf 14 bis 28 Meter pro Jahr. Über einen Zeitraum von ein paar Jahren hätte eine solche Geschwindigkeit mit nautischen Methoden nachgewiesen werden können. Da die Bewegung zwischen Amerika und Europa aber nicht einmal 2 cm im Jahr beträgt, brachten die Messungen nicht das gewünschte Ergebnis.

Auch wenn die meisten Geologen lieber unbeweglich bei ihrem verschrumpelten Apfel blieben, es gab auch einzelne, die sich Wegeners Theorie anschlossen. Zwei Alpengeologen, Ampferer und Schwinner, machten sich Gedanken über die Kräfte, die beim Deckentransport wirken. Der Brite Holmes machte Konvektionsströme im Erdmantel für die Bewegung der Kontinente verantwortlich, so ähnlich wie in kochendem Brei, der an manchem Stellen mit blubbernden Blasen aufsteigt, während der abgekühlte Brei dazwischen wieder absinkt. Holmes stellte sich aufsteigende Konvektion unter den Mittelozeanischen Rücken vor, absteigende Konvektion unter den Subduktionszonen. Diese Konvektionszellen schleppen in seinem Modell die Krustenplatten mit. Damit kam er der heutigen Plattentektonik schon sehr nah, aber es gab immer noch geometrische Probleme. Die riesigen Konvektionszellen im Mantel müssten über eine sehr lange Zeit stabil und ortsfest bleiben, um die Bewegungen aufrecht zu erhalten, und dasselbe sollte dann auch für die dadurch angetriebenen Plattenränder gelten. Die Subduktion vor den Anden bewegt sich aber wie ganz Südamerika nach Westen. Die subduzierten Platten werden immer kleiner und können schließlich komplett verschwinden. Wird hier auch die Konvektionszelle, die diese Platte bewegt, immer kleiner? Im Gegensatz dazu liegen die Mittelozeanischen Rücken zu beiden Seiten Afrikas immer weiter auseinander. Passen die Konvektionszellen also ihre Größe und Lage den Platten an?

Wegener blieb bis zu seinem Tod bei der Fliehkraft der Erde. Allzu lange konnte er allerdings nicht mehr darüber nachdenken. Eine Grönlandexpedition unter seiner Leitung sollte drei Stationen auf dem Inlandeis aufbauen, um über ein Jahr hinweg ein meteorologisches und glaziologisches Profil quer durch Grönland zu ermöglichen. Nach einer Vorexpedition zur Erkundung des Aufstiegsgletschers wollten die Forscher zur Station „Eismitte" aufbrechen, aber sie blieben erst einmal sechs Wochen im Packeis stecken. Endlich konnten sie an Land, wo sie zunächst in harter Arbeit einen Weg bauten, um ihre modernen Propellerschlitten auf das 1000 m hohe Gletscherplateau zu bringen – nur um dort festzustellen, dass diese im tiefen Neuschnee versagten. Also musste die Station mit Hundeschlitten versorgt werden. Dreimal legten sie die Strecke zurück, doch der Proviant war noch nicht ausreichend, um zu überwintern. Zwei Männer wollten schon aufgeben, ließen sich dann aber doch überreden, in der Eismitte zu bleiben. An seinem 50. Geburtstag verließ Wegener mit einem Gefährten bei minus 54 °C die Station, um mehr Proviant zu besorgen. Er kam nie an der Weststation an. Im Frühling konnte seine Leiche gefunden werden, sein Begleiter blieb verschollen.

3.2 Von der Kontinentalverschiebung zur Plattentektonik

Bis weit in die 1960er-Jahre blieb die Mehrheit der Geologen skeptisch. Die Wende kam in den 1950er- und 1960er-Jahren nicht etwa aus weiteren Versuchen, Wegeners Theorie zu beweisen, sondern aus neuen Erkenntnissen der Geophysik, die einfach keinen anderen Schluss zuließen.

Einen wichtigen Impuls gab die sogenannte Paläomagnetik. Magnetische Minerale wie das Eisenoxid Magnetit sind bei großer Hitze unmagnetisch. Wenn sie abkühlen, richten sie jedoch ihren Magnetismus nach den Feldlinien des Erdmagnetfeldes aus. Da deren Magnetfeld in älteren Gesteinen nicht in einer Linie mit dem heutigen Erdmagnetfeld liegt, müssen sich entweder die Pole oder die Kontinente bewegen. Man stellte fest, dass die Muster in jedem Kontinent verschieden sind, diese mussten sich also relativ zueinander bewegt haben.

Der nächste Schlag kam aus der Erforschung der Meere. Die ältesten Gesteine, die man in den Ozeanen finden konnte, stammen gerade mal aus dem Jura. Die ozeanische Kruste ist also in geologischen Maßstäben erstaunlich jung. Irgendwo muss sie neu entstehen und die alte wieder verschwinden.

Wieder kam die Paläomagnetik ins Spiel. Da sich das Magnetfeld der Erde hin und wieder umpolt, fand man parallel zum Mittelozeanischen Rücken Streifen, die einmal in die eine, dann in die andere Richtung magnetisiert waren. Hier konnte man regelrecht sehen, dass die Gesteine der Erdkruste vom Rücken weg immer älter werden. „Ozeanbodenspreizung“ sagte man dazu.

Anders als in der Theorie von Wegener bewegen sich nicht nur die Kontinente, sondern mehr oder weniger starre Lithosphärenplatten, die auch die ozeanische Kruste und den starren Teil des Mantels umfassen. Sie sind zwischen 70 und 200 km dick und schwimmen auf dem plastisch verformbaren Bereich des Mantels, der Asthenosphäre (Abb. 3.4, 3.5).

An den Mittelozeanischen Rücken, den „konstruktiven Plattengrenzen“, wird neue ozeanische Kruste gebildet, die in den Subduktionszonen, den „destruktiven Plattengrenzen“, wieder in der Tiefe verschwindet und im Mantel aufgelöst wird. Entlang von Seitenverschiebungen wie der San-Andreas-Verwerfung können zwei Platten auch aneinander vorbei bewegt werden. Diese Nähte werden von der weltweiten Verteilung von Erdbebenherden und Vulkanen nachgezeichnet. Ihre Dynamik ist natürlich auch für die Gebirgsbildung verantwortlich.

Die Geschwindigkeiten der Platten sind unterschiedlich. Die Schnellste, im Pazifik, bewegt sich mit 10 cm im Jahr. Indien schiebt sich immerhin jedes Jahr um weitere 5 cm in Asien hinein. Die meisten Kontinente schaffen es nur auf 0,5 cm bis 3,4 cm.

Doch was treibt die Plattentektonik an? Wenn die Platten, wie ursprünglich angenommen, durch Konvektion im Mantel mitgeschleppt werden, müsste sich diese Konvektion gleichzeitig an die veränderliche Geometrie der Plattengrenzen anpassen. Inzwischen gehen wir davon aus, dass es im Gegensatz dazu die Lithosphärenplatten sind, die den Mantel mitschleppen und so die Geometrie der Mantelkonvektion steuern. Der Antrieb ist in den Plattenrändern selbst zu suchen.

Der Rückenschub ist die Kraft, die von den Mittelozeanischen Rücken aus wirkt. Das riesige Gebirge wird durch den Auftrieb angehoben, da es durch die höhere Temperatur keinen oder kaum lithosphärischen Mantel gibt, der sonst als schweres Gewicht unter der Kruste hängt. Das Eigengewicht des Gebirges drückt jedoch nach beiden Seiten und schiebt so die Platten vom Rücken weg.

Die andere, in den Subduktionszonen angreifende Kraft ist wesentlich stärker und wird als wichtigster Motor der Plattentektonik angesehen. Je weiter die ozeanische Lithosphäre vom Rücken weggewandert ist, desto kälter wird sie, der lithosphärische Mantel wird

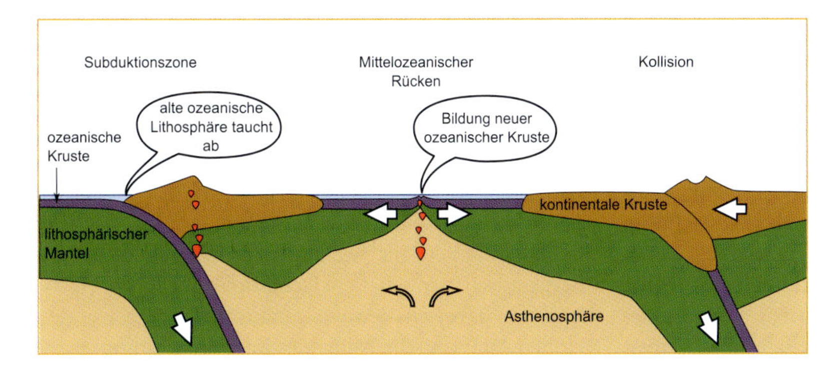

Abb. 3.4 Die Platten umfassen die gesamte Lithosphäre: ozeanische und kontinentale Kruste sowie lithosphärischer Mantel. An Mittelozeanischen Rücken entsteht neue ozeanische Kruste, während alte ozeanische Lithosphäre in Subduktionszonen abtaucht. Wurde ein Ozean vollständig subduziert, kommt es zur Kollision zweier Kontinente.

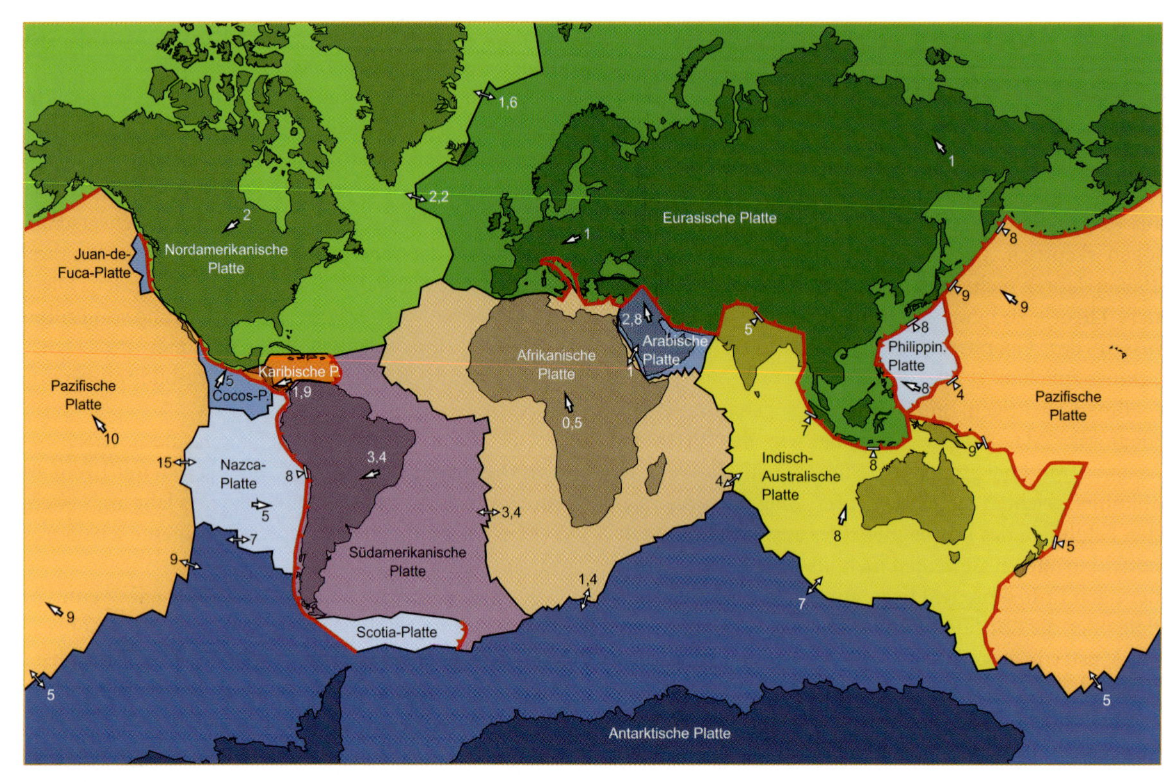

Abb. 3.5 Die Bewegungen der Lithosphärenplatten mit Geschwindigkeiten in Zentimetern pro Jahr. Die absoluten Geschwindigkeiten beziehen sich auf die Hotspots als Referenzsystem. An den Plattengrenzen sind die relativen Geschwindigkeiten zwischen zwei Platten angegeben. Plattengrenzen mit Subduktion und Kollision sind rot, Seitenverschiebungen und Mittelozeanische Rücken schwarz dargestellt.

immer dicker. Damit wird auch die Dichte der Platte größer, die irgendwann die Dichte der heißeren Asthenosphäre übersteigt. Daher taucht sie an einer Subduktionszone in die Asthenosphäre ein. Die ozeanische Kruste selbst wandelt sich dort unten in das Hochdruckgestein Eklogit um, das ebenfalls eine höhere Dichte als das umgebende Mantelgestein hat. Die abtauchende Platte zieht also kräftig nach unten, wie ein Kind, das an einer herabhängenden Tischdecke zieht.

Das Bewegungsmuster der Lithosphärenplatten ist dynamisch. Kontinente können durch Dehnung zerbrechen. In einem Ozean kann sich ein neuer Mittelozeanischer Rücken bilden. Die alte ozeanische Kruste eines passiven Kontinentalrandes kann spontan absinken und eine neue Subduktionszone bilden. In all diesen Fällen werden aus einer Platte zwei. Wenn ein Mittelozeanischer Rücken einfach mit der Spreizung aufhört oder zwei Kontinente kollidieren, wird aus zwei Platten eine. Eine rein ozeanische Platte kann auch vollständig subduziert werden und einfach verschwinden. Solche Ereignisse haben wiederum Auswirkungen auf die Bewegungsmuster aller anderen Platten. Eine Platte wird durch ein solches Ereignis plötzlich abgebremst oder beschleunigt, ein Kontinent bekommt eine leichte Drehung und schon reißt an einer anderen Stelle ein neuer Ozean auf oder ein anderer, der gerade noch am Wachsen war, wird wieder subduziert. So kommt es, dass geologische Ereignisse weltweit gekoppelt sind. Die Schließung des Tethys-Ozeans und die Bildung der Alpen hängen zum Beispiel mit der Öffnung des Atlantiks zusammen. Wir werden darauf in Kapitel 8 zurückkommen.

Manche Hochgebirge wie die Anden liegen über einer Subduktionszone. Die Anden sind ein vielfältiges Gebirge mit riesigen Vulkankegeln, der Hochebene des Altiplanos, aber auch mit Abschnitten ohne Vulkane wie die schroffen Berge der Weißen Kordillere in Nordperu.

An anderen Stellen ist der Ozean schon vollständig subduziert, zwei Kontinente sind aneinandergestoßen und ein Deckengebirge wie die Alpen ist entstanden. Auch bei der Kollision können ganz unterschiedliche Effekte ablaufen, die wiederum ganz unterschiedliche Berglandschaften schaffen. Der Himalaja und das Hochland von Tibet werden wir genauso besuchen wie den Hohen Atlas und die Falten des Zagros-Gebirges.

Da wir Teile des Ozeans in den Gebirgen wiederfinden, interessiert uns auch, was das Fließband des Ozeanbodens anliefert. Die ozeanische Kruste entstand ihrerseits an Gebirgen innerhalb der Ozeane, an den Mittelozeanischen Rücken. Wir werden also all diese Plattenränder einmal genau anschauen, um die Bildung dieser ganz unterschiedlichen Gebirge zu verstehen. Manche Berge liegen jedoch weit weg von jeder Plattengrenze. Über sogenannten Hotspots wachsen riesige Vulkane aus dem Meer, die vom Fuß gemessen die höchsten Berge der Welt sind. Ein anderes Beispiel sind die deutschen Mittelgebirge, die als Fernwirkung der Alpen wieder in Bewegung gekommen sind. Und dann gibt es wiederum Berge an Orten, an denen schon seit langer Zeit tektonische Ruhe herrscht (Abschnitt 2.3).

Wir werden bald die einzelnen Gebirgstypen behandeln. Zuerst wollen wir uns mehr Klarheit darüber schaffen, was die Gebirge aufsteigen lässt.

3.3 Hebung und Absenkung: das Spiel mit dem Auftrieb

Als die Geologie noch in den Kinderschuhen steckte, meinte man, dass Gebirge durch eine aus der Tiefe der Erde nach oben drückende Kraft aufgefaltet wurden. Später fand man immer mehr Anzeichen dafür, dass Gebirge durch eine Einengung entstehen. Die Deckenüberschiebungen ermöglichen eine erstaunliche Verkürzung der Kruste, die natürlich mit einer gleichzeitigen Verdickung einhergeht. Dies passiert jedoch erst einmal in der Tiefe und hat kaum Auswirkungen auf die Oberfläche. Der Aufstieg zu einem Gebirge ist der Effekt des Auftriebs, den der durch Einengung verdickte Krustenklumpen erfährt. Die Hebung ist also nur ein indirekter Effekt der Einengung, und mit der aus der Tiefe nach oben drückenden Kraft lagen die frühen Geologen gar nicht so falsch.

Bei einem Eisberg sind bekanntlich 90 Prozent des Berges unter Wasser, je dicker er ist, desto höher ragt er über die Wasseroberfläche. Ganz ähnlich ist es bei einem Gebirge, das fünf bis sieben Mal tiefer nach unten in die Asthenosphäre ragt, als es oben herausschaut. Bei der Lithosphäre haben wir allerdings einen schwimmenden Körper aus zwei Schichten unterschiedlicher Dichte, nämlich die Kruste und den starren lithosphärischen Mantel. Ein einfaches Modell hilft uns, die Effekte des Auftriebs zu verstehen (Abb. 3.7). Stellen wir uns eine Gesteinssäule vor, die wie ein durchschnittliches Stück Kontinent aufgebaut ist. Die Säule besteht aus 30 km dicker kontinentaler Kruste, die relativ leicht ist (im

Abb. 3.6 Ein Eisberg vor Grönland. Nur etwa ein Zehntel des Volumens ragt bei einem Eisberg über die Wasseroberfläche.

Schnitt 2,8 g/cm^3, aber sehr variabel). Darunter klebt wie ein Gewicht der 70 km dicke lithosphärische Mantel (3,3 g/cm^3). Das Ganze treibt in der plastisch verformbaren Asthenosphäre, die aufgrund ihrer höheren Temperatur eine etwas geringere Dichte (3,25 g/cm^3) als der lithosphärische Mantel hat.

Bei der Kollision von Kontinenten werden durch die Überschiebungen Gesteinsdecken übereinandergestapelt. Das Ergebnis ist eine Kruste, die mehr als doppelt so dick sein kann wie die Kruste der beiden Kontinente. So wie ein doppelt so dicker Eisberg höher aus dem Wasser ragt, muss eine auf 60 km verdoppelte Kruste durch den Auftrieb aufsteigen. Natürlich nicht um 30 km, der größte Teil der Kollisionszone bleibt wie beim Eisberg ein nach unten in die Asthenosphäre ragender Klumpen. Aber die Gesteinssäule unseres einfachen Modells steigt um mehr als 4000 m auf, nur um die Krustenverdickung auszugleichen (Frisch & Meschede 2005).

Etwas komplizierter wird die Sache dadurch, dass die Wurzel unserer dicken Kruste in großer Tiefe auch einem großen Druck ausgesetzt ist. Die Gesteine im

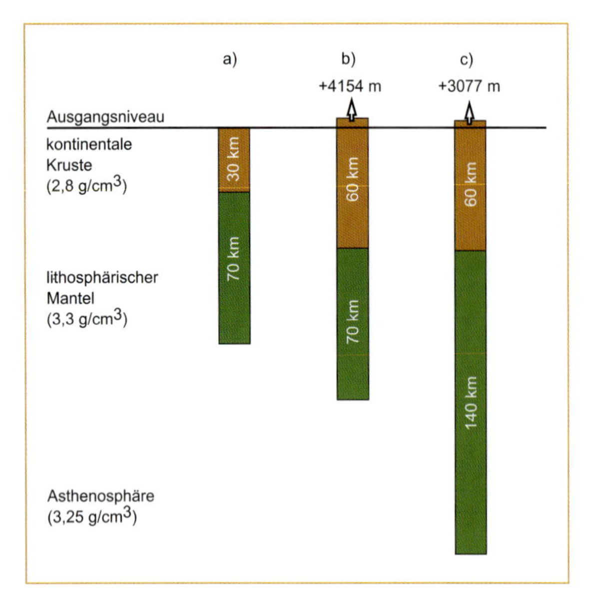

Abb. 3.7 Die Hebung eines Gebirges ist ein Effekt des stärkeren Auftriebs, den eine verdickte kontinentale Kruste erfährt. a) Die Platte besteht aus durchschnittlicher kontinentaler Lithosphäre aus 30 km dicker kontinentaler Kruste (Dichte: 2,8 g/cm³) und 70 km dickem lithosphärischem Mantel (3,3 g/cm³). Sie „schwimmt" auf der Asthenosphäre (3,25 g/cm³). b) Wird die Krustendicke durch Gebirgsbildung verdoppelt, kommt es in diesem Modell durch den Auftrieb um eine Hebung um 4154 m. c) Bei einer gleichzeitigen Verdopplung des lithosphärischen Mantels hebt sich die Oberfläche nur um 3077 m. Nach Frisch und Meschede (2005).

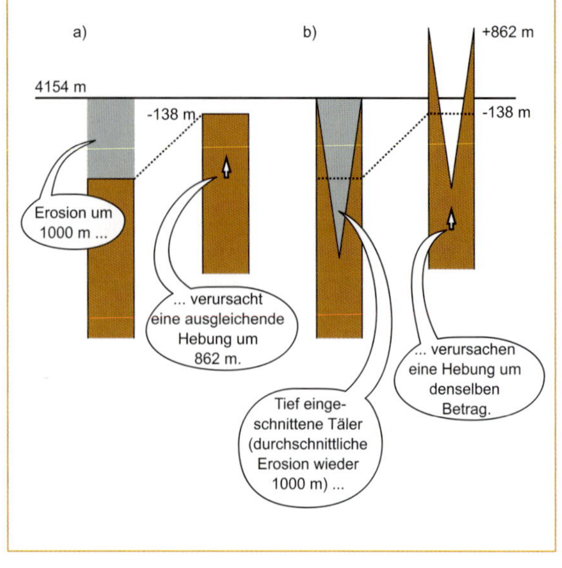

Abb. 3.8 Auswirkungen der Erosion auf den Auftrieb. Ausgangssituation ist Abb. 3.7b, ein Plateau in über 4000 m Höhe. a) Bei einer gleichmäßigen Erosion um 1000 m erfolgt eine ausgleichende Hebung um 862 m, die Oberfläche liegt nun 138 m tiefer. b) Dieselbe Hebung erfolgt, wenn eine Erosion um durchschnittlich 1000 m ein tiefes Relief eingräbt. Bleiben die Gipfel unangetastet, werden sie dadurch in entsprechend größere Höhe befördert. Nach Frisch und Meschede (2005).

untersten Teil verwandeln sich in metamorphe Hochdruckgesteine, die eine hohe Dichte haben. Eklogit zum Beispiel ist sogar schwerer als der asthenosphärische Mantel: Statt zum Auftrieb beizutragen, zieht er nach unten. Im Gegensatz kann der lithosphärische Mantel durch Wasser in Serpentinit umgewandelt sein, der deutlich leichter ist und selbst einen Auftrieb erzeugt. Doch lassen wir solche Effekte erst einmal außer Acht.

Wir haben gerade den lithosphärischen Mantel bei seinen 70 km gelassen. Wenn dieser ebenfalls dicker wird, dann wirkt sein Gewicht dem Aufstieg entgegen. Nehmen wir an, dass sowohl die Dicke der Kruste als auch die des lithosphärischen Mantels verdoppelt wurden: Diesmal steigt unser Gebirge nur auf etwa 3000 m an. Die Grenze zwischen starrem und verformbarem Mantel ist jedoch nur eine Frage der Temperatur. Mit der Zeit wird der in größere Tiefe gedrückte lithosphärische Mantel aufgeheizt und wird nun selbst plastisch verformbar, aus Lithosphäre wird Asthenosphäre. Dadurch steigt unser Gebirge wieder auf über 4000 m Höhe.

Schauen wir uns das Gegenteil der Gebirgsbildung an, die Sedimentation in einem Becken. Im flachen Meer direkt vor der Küste wird vor der Mündung eines großen Flusses Sediment abgelagert. Auch diesmal wird die Kruste durch die Sedimentation dicker. Trotzdem kommt es nicht zu einem Aufstieg, da die Verdickung von oben nicht durch einen dickeren Krustenklumpen in der Tiefe ausgeglichen ist. Diesmal sinkt die ganze Umgebung durch die Sedimentlast langsam ab. Dies passiert nicht nur an einem Delta, sondern überall, wo Sedimente abgelagert werden.

Was passiert, wenn ein Gebirge erodiert wird? Je nachdem, wie die Erosion angreift, gibt es ganz unterschiedliche Effekte (Abb. 3.8, 3.9). Gehen wir zurück zu unserem mehr als 4000 m hohen Gebirge, das wir uns ganz unrealistisch als eine um diesen Betrag gehobene Ebene vorgestellt hatten.

Im ersten Beispiel tragen wir 1000 m unseres Gebirges ab, lassen die Oberfläche aber flach, wie abgeschnitten. Das Gestein wird nun um 860 m angehoben, um die Abtragung auszugleichen, das Plateau liegt jedoch trotz der ausgleichenden Hebung 140 m tiefer als vor der Erosion, da ja die gesamte Krustendicke verringert wurde. Durch die mit Erosion einhergehende ausgleichende Hebung können Gesteine aus beträchtlicher Tiefe an die

Abb. 3.9 Blick über das auf 4500 m gelegene Becken von Tingri (Südtibet bzw. „Tethys-Himalaja") auf den Cho Oyu (8188 m) im Hohen Himalaja. Die Krustendicke ist unter Südtibet nicht geringer als unter dem Hohen Himalaja: Die stärkere Hebung im Himalaja ist eine Folge der Erosion, die tiefe Täler eingeschnitten hat.

Oberfläche kommen, während das Gipfelniveau nur um einen geringen Betrag sinkt.

Etwas anders sieht das Ergebnis aus, wenn wir tiefe Täler einschneiden. Die Gipfel tasten wir diesmal nicht an, sondern lassen sie als steile Spitzen stehen. Bei einem Relief mit 2000 m tiefen Tälern, bei dem aber die mittlere Erosion durch die unangetasteten Gipfel wieder 1000 m beträgt, steigt die ganze Säule wie im ersten Beispiel um 860 m an. Durch die tiefen Täler liegt nun zwar die mittlere Höhe wieder um 140 m tiefer als vor der Erosion, die Gipfel wurden jedoch auf beinahe 5000 m Höhe angehoben. Da für den Auftrieb allein die mittlere Höhe des Gebirges zählt, führt das Einschneiden von Tälern also zu einer zusätzlichen Hebung der Gipfel.

Kehren wir zu unserer Ausgangsposition zurück. Diesmal stellen wir uns vor, dass sich aus irgendeinem Grund ein Teil des lithosphärischen Mantels löst und in die Asthenosphäre absinkt, während warmer, verformbarer Mantel nach oben strömt. Der lithosphärische Mantel, der als Gewicht unter der Kruste hängt, ist plötzlich nur noch halb so dick. Diesmal steigt unsere Säule, ohne dass wir die Kruste angetastet haben, immerhin um beinahe 500 m. Ist der gesamte lithosphärische Mantel abgefallen, reicht es sogar für einen Aufstieg um 1000 m. Sobald der nachgeströmte Mantel wieder abgekühlt ist und seinerseits starr geworden ist, sinkt das Ganze wieder ab.

Alternativ können wir ein Ausdünnen des lithosphärischen Mantels auch durch eine Erhöhung der Temperatur (bzw. des geothermischen Gradienten) erreichen, was wiederum durch eine seitliche Dehnung ausgelöst werden kann. Diesen Effekt werden wir uns noch genauer vornehmen, wenn wir in Kapitel 7 kontinentale Grabenbrüche untersuchen.

Wenn wir die unterschiedlichen Gebirgstypen kennenlernen, wird es immer wieder helfen, dieses einfache Modell vor Augen zu haben.

3.4 Wie Vulkane funktionieren

Gefährliche Schönheiten sind sie. Meistens in tückische Ruhe gehüllt, zeugt nur etwas Dampf an der Spitze der perfekten Kegel von ihrer Kraft. Doch hin und wieder bringen sie diese in tödlichen Explosionen und einem fantastischen Feuerwerk zur Geltung. Ein Naturschauspiel sondergleichen, faszinierend und bedrohlich zugleich. Vulkanausbrüche können auf sehr unterschiedliche Weise vonstattengehen: vom relativ stillen Ausfließen eines Lavastromes bis hin zur explosiven plinianischen Eruption, bei der eine riesige Aschenwolke 10 bis 40 km in die Höhe steigt. Vulkanische Asche ist nichts anderes als von der Explosion zu feinem Staub fragmentiertes Magma (Abb. 3.12).

Was eine explosive Eruption verursacht, ist vor allem der im Magma enthaltene Gasgehalt, Wasserdampf, CO_2, H_2S, SO_2 und so weiter, der eine kritische Grenze überschreitet. Ähnlich wie beim Öffnen einer warmen, zuvor geschüttelten Flasche Limonade spritzt die Schmelze schaumförmig aus dem Schlot. Die Dynamik, mit der eine Eruption abläuft, hängt daher sehr stark von der Zusammensetzung des Magmas (basisch oder sauer) und den damit verbundenen Eigenschaften wie Viskosität und Gasgehalt ab (vgl. Abschnitt 2.1). Auch äußere Einflüsse wirken sich auf den Eruptionsstil aus,

Abb. 3.10 Der vergletscherte Parinacota (6348 m), ein Stratovulkan in den Anden, mit dem Lago Chungará. Lauca-Nationalpark, Chile.

vor allem in das System eindringendes Wasser, das durch die Hitze schlagartig verdampft und zu Explosionen führt.

Eruptionen von Basalt sind relativ ruhig, während die sauren und gasreichen Magmen der Subduktionszonen zu sehr explosiven Ausbrüchen führen. Für jede „Sorte" von Vulkanen gibt es auch die dazugehörige typische Eruptionsform, was aber nicht heißt, dass ein Vulkan sich immer daran halten müsste. Viele Vulkane wechseln beispielsweise zwischen Eruptionen von basischer Lava und hochexplosiven Eruptionen saurer Schmelzen. Das ist nicht weiter verwunderlich, wenn die sauren Schmelzen durch Fraktionierung aus den basischen entstanden sind. Daher kann oft an einem einzigen Vulkan eine Vielfalt an vulkanischen Formen beobachtet werden.

Basaltlava ist heiß und flüssig. Ein relativ ruhiger Ausfluss von Lava, oft entlang einer aufgerissenen Spalte, wird als hawaiianische Eruption bezeichnet (Abb. 3.13). Das ist typisch für die Vulkane über Hotspots (Abschnitt 7.1), wo sich große Mengen von Mantelschmelzen bilden. Bei etwas höherem Gasgehalt kann es auch einmal zu einer größeren Fontäne kommen oder zu einem Lavavorhang, der aus einer Spalte schießt. Die geförderte Lava fließt als rot glühender Strom den Berg hinunter. Dieser kann je nach Viskosität verschiedene Formen annehmen. Heiße Basaltlava ist dünnflüssig und bildet

Abb. 3.11 In der mit Nebel gefüllten Tengger-Caldera (Indonesien) dampft links der aktive Schlackenkegel Bromo. Am Batok, dem Schlackenkegel in der Bildmitte, sind besonders schöne Erosionsrinnen zu sehen. Im Hintergrund eruptiert der Stratovulkan Semeru.

Abb. 3.12 Ascheeruption am Semeru (3676 m) in Indonesien. Dieser Vulkan auf Java schleudert seit 1967 kontinuierlich mehrmals täglich Aschewolken aus. Hin und wieder gab es aber auch Lavaströme, größere Explosionen und Glutwolken.

Abb. 3.14 Heiße, dünnflüssige Lava bildet Pahoehoe-Ströme, deren Oberfläche an in Falten geworfenen Stoff erinnert. Kilauea, Hawaii. Foto: D. W. Peterson, USGS.

sogenannte Pahoehoe-Lava, auch Stricklava genannt (Abb. 3.14). Dies sind relativ dünne, schnell fließende Lavaströme mit einer abgekühlten Oberfläche, die an einen in Falten geworfenen Stoff erinnert. Kühlere Lava enthält schon viele Kristalle und ist zähflüssiger. Die bereits stärker abgekühlte Oberfläche zerbricht zu großen Blöcken, es bilden sich dicke Aa-Lavaströme (Abb. 3.15), die sich relativ langsam, aber unaufhaltsam vorwärts bewegen. Wenn die Oberfläche eines Lavastromes erstarrt ist, können sich darunter Tunnelsysteme bilden, in denen die flüssige Lava vor Abkühlung besser geschützt ist und dadurch schneller und weiter fließen kann (Abb. 3.16). Diese Tunnelsysteme bleiben manchmal nach dem Ende der Eruption erhalten. Solch ruhige Art von Eruption führt zur Bildung von Schildvulkanen, relativ flache Kegel, die aber eine beachtliche Größe erreichen können.

Strombolianische Eruptionen (Abb. 3.17) sind schon etwas explosiver. Bei diesen steht im Schlot des Vulkans eine flüssige Magmasäule, in der große Gasblasen aufsteigen. Diese platzen an der Oberfläche und es werden Lavafetzen auf ballistischen Bahnen in alle Richtungen durch die Luft geschleudert. Jeder kennt die Bilder, die aussehen wie ein Feuerwerk. Größere Lavafetzen nennt man Bomben. Sie sind oft durch ihren Flug spindelför-

Abb. 3.13 Hawaiianische Eruption am Kilauea (1970). Das relativ sanfte Ausströmen von Basaltlava ist typisch für Vulkane über Hotspots. Foto: D. W. Peterson, USGS.

Abb. 3.15 Ein dickflüssiger Aa-Lavastrom am Kilauea, Hawaii. Foto: Lipman, USGS.

Abb. 3.16 Ist die Oberfläche eines Lavastromes erstarrt, kann die flüssige Lava im entstandenen Tunnel vor Abkühlung geschützt weiter fließen. Kilauea, Hawaii (1970). Foto: J. B. Judd, USGS.

Abb. 3.17 Strombolianische Eruption am Pacaya (Guatemala): In einem mit Magma gefüllten Vulkanschlot steigen große Gasblasen auf, die an der Oberfläche zerplatzen und dadurch glühende Lavafetzen (Bomben) aus dem Krater schleudern. Durch die lange Belichtung sind die Flugbahnen der Bomben zu sehen. Foto: Rolf Cosar.

mig gedreht. Kleinere Lavafetzen werden als Schlacken bezeichnet. Die Flugbahnen sind abhängig von der Anfangsgeschwindigkeit und dem jeweiligen Winkel, sie lassen sich wie der Flug einer Kanonenkugel berechnen. Wenn die Lavafetzen beim Aufprall noch heiß genug sind, verschweißen sie zu einem festen Gestein oder fließen als Lavastrom den Berg hinunter.

Der italienische Vulkan Stromboli ist bekannt dafür, dass er relativ zuverlässig mehrmals pro Stunde eine Eruption dieser Art hat. Jeder einzelne Schuss dauert nur Sekunden, es kann jedoch bei stärkerer Aktivität einer direkt auf den anderen folgen. Strombolianische Eruptionen können am Hauptkrater von größeren Vulkanen vorkommen, typisch ist jedoch die Bildung kleiner, überwiegend aus Lockermaterial aufgebauter Schlackenkegel, die oft an den Flanken von größeren Vulkanen zu finden sind.

Wenn eine flüssige Lavasäule im Schlot eines großen Vulkans steht und der „Lavaspiegel" entsprechend hoch ist, füllt sich der Krater mit einem Lavasee. Die Vulkane Erta Ale (Äthiopien) und Nyiragongo (D. R. Kongo) sind bekannt dafür (Abschnitt 7.3).

Bei vulkanianischen Eruptionen spielt Wasserdampf eine wichtige Rolle. Sie erinnern an Kanonenschüsse, bei einer kurzen, aber heftigen Explosion werden Asche und große Bomben ausgestoßen. Oft folgen viele derartige Schüsse direkt aufeinander. Die eher kantigen Bomben werden an der Oberfläche abgeschreckt, da sich aber das Innere aufgrund des Gasgehaltes weiter ausdehnt, bricht die Kruste wieder auf. Wegen dieses Aussehens werden sie „Brotkrustenbomben" genannt. Die dazugehörigen Magmen sind sauer (meist Andesite oder Dazite) und haben an sich schon einen hohen Gasgehalt. Dazu kommt oft externes Wasser, das im Kontakt mit Magma schlagartig verdampft. Namensgebend ist die italienische Insel Vulcano, die 1888–1890 auf diese Weise aktiv war.

Sind während der Eruption größere Mengen Wasser vorhanden, verdampft dieses bei Kontakt mit der Schmelze schlagartig in heftigen, schnell aufeinanderfolgenden Dampfexplosionen. Das ist besonders häufig an Vulkanen mit einem Kratersee oder bei Vulkaninseln der Fall, oft beginnt eine große Eruption mit Dampfexplosionen. Dieses Zusammenwirken von Magma und Wasser nennt man phreatomagmatisch. Die entstehenden Surges, Druckwellen aus heißen Gasen und feiner Asche, breiten sich mit großer Geschwindigkeit aus und bauen mit der Zeit einen Tuffring auf, einen großen ringförmigen Krater aus feiner, lockerer Asche und Nebengesteinsfragmenten. Findet der Kontakt von Wasser und Magma in größerer Tiefe statt, kommt es zur Bildung von Maaren, wie man sie in der Eifel sehen kann: tiefe, oft später mit Wasser gefüllte Krater, die von einem niedrigen Aschewall umgeben sind.

Eine andere Interaktion mit Wasser findet statt, wenn der Vulkan unter dickem Gletschereis begraben ist, wie es bei manchen Vulkanen in Island der Fall ist. Die schwarzen Tafelberge, die in Island häufig zu sehen sind, entstanden während den Eiszeiten unter einem Eispanzer. Noch in unserer Zeit finden ähnliche Ausbrüche unter dem riesigen Gletscher Vatnajökull statt. Bei einem Ausbruch schmilzt das Gletschereis über dem Vulkan zu einem tiefen See, in dem die Lava sofort abgeschreckt wird. Es entstehen Brekzien aus abgeschreckten Bruchstücken und, wie an den Mittelozeanischen Rücken (Abschnitt 4.5), Kissenlaven, die unter Wasser einen tafelförmigen Basaltberg aufbauen. Erst wenn dieser über den Wasserspiegel wächst, ergießen sich normale Lavaströme über den flachen Gipfel. Wenn der Wasserdruck des Sees einen Grenzwert überschreitet, kann das Wasser das umgebende Gletschereis ein wenig anheben und darunter ausfließen. An der Gletscherzunge schießt das Wasser plötzlich als gigantische Flutwelle hervor, als Jökulhlaup. 1994, bei einer Eruption des unter dem Vatnajökull begrabenen Grimsvötn, waren das bis zu 45 000 Kubikmeter pro Sekunde. Das Wasser spülte Teile der Straße und eine Brücke weg und schwemmte hausgroße Eisberge wie Spielzeug über die Ebene.

Bei größerer Explosivität kommt es zu Ascheneruptionen, die ab einer bestimmten Stärke als plinianische Eruptionen bezeichnet werden (Abb. 3.18). Sie sind typisch für gasreichen sauren Vulkanismus der Subduktionszonen. Bei plinianischen Eruptionen steigt eine Aschenwolke 10 bis 40 km in die Höhe, dabei werden in kurzer Zeit unglaubliche Mengen gefördert. Eine solche Eruption kann einige Stunden bis zu mehreren Tagen dauern. Die Aschenwolken können in verschiedene Bereiche unterteilt werden: im unteren Bereich die Schubregion, in der durch die Düsenwirkung des Schlotes ein schneller laminarer Aufstieg erreicht wird, der sogar die Schallgeschwindigkeit überschreiten kann. Darüber die Auftriebsregion, in der es durch die Hitze zu einem konvektiven Auftrieb kommt, sowie die Schirmregion, in der die bereits abgekühlten Partikel in großer Höhe durch Winde erfasst und verfrachtet werden, bis sie wieder abregnen. Dabei kommt es zu einer guten Sortierung: Größere Partikel von „gefrorenem Schaum" regnen als Bims in der Nähe wieder ab und können Lagen von 20–30 m Mächtigkeit bilden. Diese blasenreichen Steine sind oft so leicht, dass sie schwimmen. Der eine oder die andere hat so einen Bimsstein neben der Badewanne liegen. Kleinere Partikel, Lapilli, werden weiter transportiert, und die feine Asche kann in 100 km Entfernung noch eine mehrere Zentimeter dicke Schicht bilden.

Der Name dieser Eruptionsform leitet sich von Plinius dem Jüngeren ab, der die Eruption des Vesuvs von 79 n. Chr., bei der Pompeji zerstört wurde, beobachtet und beschrieben hat. Plinianische Eruptionen sind typisch für Subduktionszonen und finden an den betreffenden Vulkanen in Abständen von Hunderten bis mehreren Tausend Jahren statt. Sie bauen die großen Stratovulkane auf, große Kegel, die nach oben hin immer steiler werden wie Mount Fuji, Mayon und Vesuv. Diese können auch andere Eruptionsformen wie strombolianische Lavafontänen und Lavaströme oder Staukuppen zeigen und sind oft von kleineren Seitenkratern umgeben.

Abb. 3.18 Plinianische Eruption am Mt. St. Helens (USA) am 22. Juli 1980, zwei Monate nach der verheerenden Eruption mit Flankenkollaps. Die Aschewolke war zwischen 10 und 18 km hoch. Foto: Mike Doukas, USGS Cascades Volcano Observatory.

Ein großer Vulkankegel ist ein ziemlich fragiles Gebilde. Das stellten Vulkanologen während der Eruption des Mount St. Helens (USA) im Jahre 1980 überrascht fest. Im Vulkankegel aufsteigendes Magma verformte den Berg so stark, dass er instabil wurde und nach einem Erdbeben die Gipfelregion in einem gewaltigen Bergsturz seitlich wegbrach, womit letztlich die plinianische Eruption begann. Durch den Flankenkollaps war ein tiefer, hufeisenförmiger Krater entstanden, dessen Boden 700 m tiefer als der ursprüngliche Gipfel liegt (Abb.

Abb. 3.19 Bei dem verheerenden Ausbruch des Mount St. Helens am 18. Mai 1980 stürzte die Spitze des Kegels als gewaltige Lawine nach Norden und hinterließ ein hufeisenförmiges „Amphitheater". Dieser Flankenkollaps reduzierte die Höhe des Berges von 2950 m auf 2550 m. Aufnahme vom Space Shuttle.

3.19). Das dort oben fehlende Gestein bildet nun eine hügelige Landschaft am Fuß des Kegels. Später fand man ähnliche Strukturen an sehr vielen anderen Vulkanen, diese waren aber zuvor übersehen oder anders interpretiert worden. Wir müssen also davon ausgehen, dass Vulkankegel hin und wieder auch kollabieren können. Mit der Zeit kann sich ein neuer Kegel aufbauen, der irgendwann die Abbruchstruktur wieder überdeckt.

Saure Schmelze kann nicht nur in hochexplosiven plinianischen Eruptionen gefördert werden, sie kann bei geringem Gasgehalt auch als äußerst zähflüssige Masse wie Zahnpasta aus der Tube gepresst werden. Dies bezeichnet man als Dom oder Staukuppe (Abb. 3.20). Ein solcher Dom kann wie ein Hügel aussehen, aber auch so groß sein wie ein ganzer Berg. Manchmal brechen von einem aktiven Dom rotglühende Brocken ab, sonst sieht man es ihm nicht unbedingt an, dass es sich um heiße Lava handelt. Die hohe Viskosität der SiO_2-reichen Schmelzen liegt daran, dass sich die Siliziumoxid-Tetraeder zu kettenförmigen Polymeren verbinden. Für manche Vulkane ist die Ausbildung eines großen Domes typisch, oft entsteht ein kleinerer Dom auch nach einer plinianischen Eruption im Krater eines Stratovulkanes. Der Hohentwiel im Hegau oder das südliche Lipari sind ältere Beispiele für große Staukuppen, aktuellere Beispiele sind die Vulkane Lassen Peak (USA), Merapi (auf Java) und Unzen (in Japan). Sehr saure Schmelzen erstarren oft zu einem dunklen Glas (das heißt, dass sich keine Kristalle gebildet haben) und werden dann als Obsidian bezeichnet. Unter Umständen

Abb. 3.20 Staukuppen am Stratovulkan Santa Maria (3772 m) in Guatemala. Bei einer katastrophalen Eruption wurde 1902 die Südwestflanke des Vulkans weggesprengt, seither wuchsen in mehreren Episoden die Santiaguito genannten Staukuppen im 1,5 km breiten Sprengkrater. Die jüngste Staukuppe wächst noch immer, dabei kommt es regelmäßig zu kleineren Explosionen. Größere Explosionen lösen gefährliche Glutwolken aus.

Abb. 3.21 Eine Glutwolke am Mt. St. Helens (USA), 1980. Foto: Lipman, USGS.

kann auch dieses Glas als zähflüssiger Strom abwärtsfließen. Die Bewegung in solchen Obsidianströmen findet entlang von dünnen Lagen statt, in denen sich kleine Gasbläschen angesammelt haben, während die Bereiche dazwischen starr bleiben. Man spricht dabei von Gleitbrettfließen. Dabei kann es zu Rampenstrukturen kommen, wenn die Bewegung durch ein Hindernis oder durch Abkühlung an der Front aufwärts gelenkt wird. Die Oberfläche von Obsidianströmen ist zu Blöcken zerbrochen, weshalb man auch von Blocklava spricht. Beispiele für Obsidianströme finden sich auf Lipari, am Teide auf Teneriffa und in Island.

Eine Staukuppe wächst typischerweise langsam bis zu einer gewissen Größe, bis sie instabil wird und die Flanke abbricht. Das im heißen Inneren gelöste Gas kann in diesem Moment schlagartig frei werden, sodass der Kollaps zusätzlich verstärkt wird. Es kommt zur Bildung von Glutwolken (pyroklastische Ströme), ein Zwischending zwischen Wolke und Lawine aus Staub, Blöcken und heißen Gasen. Ein derartiges Ereignis an der Montagne Pelée in der Karibik löschte 1902 eine ganze Stadt aus.

Glutwolken gehören zu den gefährlichsten Vulkaneruptionen, da sie völlig unvorhergesehen entstehen können und sich mit sehr großer Geschwindigkeit fortbewegen. Sie sind nicht nur von tödlicher Hitze, sie können auch ganze Städte in eine Trümmerlandschaft verwandeln.

Glutwolken (Abb. 3.21) können auch bei einer plinianischen Eruption durch den Kollaps der Eruptionssäule entstehen. Durch ein plötzliches Erweitern des Schlotes oder ein Nachlassen der Eruption wird die Düsenwirkung verringert und ein Teil der Eruptionswolke wird zu einer Glutwolke, die den Kegel hinunterrast. Auf diese Weise entstandene Glutwolken gaben damals dem bereits unter Bims begrabenen Pompeji den Rest. Bei großen Spalteneruptionen reicht die Düsenwirkung erst gar nicht aus, um eine plinianische Aschenwolke zu bilden, obwohl entlang der Spalte noch viel größere Magmenmengen gefördert werden können. Von Anfang an breitet sich dann die Asche horizontal als Glutwolke aus. Zum Glück sind solche riesigen Spalteneruptionen so selten, dass wir Menschen sie noch nicht erlebt haben.

Die durch Spalteneruptionen oder kollabierende Aschenwolken gebildeten Ströme bestehen aus Bims

Abb. 3.22 Die Tufflandschaft in Kappadokien (Türkei) geht auf Glutwolken zurück, die sich vor mehreren Jahrmillionen bei zahlreichen explosiven Eruptionen der Vulkane Hasan Dağı und Erciyes Dağı ausbreiteten und eine dicke Ascheschicht (Ignimbrit) hinterließen. Je nach Temperatur während der Ablagerung sind die einzelnen Horizonte stärker verschweißt oder relativ locker. Bei Regen graben kleine reißende Bäche tiefe Rillen ein. An den Rücken dazwischen ist die Erosion gering, da das Wasser sofort in die Rillen abfließt. b) Einige „Feenkamine" aus Ignimbrit in Kappadokien. Die unteren Tuffschichten sind relativ weich und werden leicht erodiert, während die obere Schicht (die Spitzen) heißer abgelagert wurde und stärker verschweißt ist. Kleine Risse und Unregelmäßigkeiten bestimmen, was erodiert wird und was stehen bleibt.

Abb. 3.23 Eine Caldera entsteht durch das Einstürzen einer Magmakammer nach einer großen Eruption. Quilotoa in Ecuador hat einen Durchmesser von 3 km.

und Asche, die von ihnen abgelagerten Tuffe werden Ignimbrit genannt (Abb. 3.22). Entweder sind sie eine lockere Masse oder sie verschweißen bei ausreichender Temperatur zu einem festen Gestein. In manchen verschweißten Ignimbriten sind flammenförmige Muster zu sehen: Die sogenannten „Fiamme" sind in Fließrichtung verformte Bimssteine. Eine dritte Variante von pyroklastischen Strömen sind die bereits genannten Surges, die Wasserdampfexplosionen, die von externem Wasser ausgelöst werden. Sie bestehen vor allem aus heißen Gasen und etwas Asche und führen zu dünenförmigen Ascheablagerungen.

Bei großen Eruptionen werden gewaltige Magmenmengen gefördert. Unter Umständen kann das Dach der unter dem Vulkan liegenden Magmakammer einstürzen, was zu einem kesselförmigen Einsinken des darüber liegenden Gebiets führt. Eine solche kraterähnliche Struktur anstelle eines einstigen Vulkankegels wird Caldera genannt (Abb. 3.23, 3.24). Plinianische Eruptionen können zur Bildung einer Caldera mit einigen Kilometern Durchmesser führen, in deren Zentrum oft ein neuer Vulkankegel wächst, wie bei der Somma-Caldera des Vesuvs oder das griechische Santorin.

Es gibt auch wesentlich größere Calderen, die sich bei Spalteneruptionen von gigantischen Ignimbrit-Mengen gebildet haben, was in historischer Zeit allerdings nie passiert ist. Oft sind sie in mehreren Phasen entstanden, deren Eruptionen einige 100 000 Jahre auseinanderliegen. Die in vier Phasen entstandene Toba-Caldera auf Sumatra hat beispielsweise eine Größe von 30 mal 100 km, die während der Eruptionen geförderten Magmenmengen müssen also unvorstellbar groß gewesen sein. Aus der Mitte des Tobasees hat sich inzwischen eine Insel gehoben, da neues Magma in die Magmakammer eingedrungen ist. Es kann also durchaus einmal zu einem fünften Ausbruch kommen.

Lockere Ascheablagerungen, egal ob sie als Glutwolken den Berg hinuntergerast kamen oder bei einer Ascheneruption vom Himmel geregnet sind, werden auch als Tuff bezeichnet. Mit der Zeit verfestigen sie sich zu einem Gestein. Asche besteht aus kleinen Glasscherben, in der sich mit der Zeit winzige, verfilzte Kristalle bilden, wodurch die einzelnen Partikel zusammengehalten werden. Vor allem die großen Stratovulkane bestehen zu einem guten Teil aus vulkanischem Lockermaterial. Große Wassermengen können dieses wegschwemmen und Schlammströme bilden, die wie flüssiger Beton abwärtsfließen und letztlich zu einer festen Masse trocknen. Diese Lahare können durch Eruptionen ausgelöst werden, wenn ein Gletscher auf

Abb. 3.24 Die mit einem See gefüllte Caldera Atitlán in Guatemala. Auf der gegenüberliegenden Seite haben sich zwei neue Vulkankegel, Atitlán (3535 m) und San Pedro (3018 m), aufgebaut.

dem Gipfel geschmolzen wird, aber auch durch starke Regenfälle.

Magmatische Gase spielen bei den Eruptionen eine große Rolle, sie treten aber nicht nur während einer Eruption aus. In Vulkangebieten wird oft Wasserdampf in sogenannten Fumarolen freigesetzt, der in der Luft zu kleinen Wölkchen kondensiert. Oft sind auch andere Gase wie CO_2, SO_2 und H_2S beteiligt. In manchen Fällen, wie auf der italienischen Insel Vulcano, kommt es zur Ablagerung von Schwefel, wobei sich filigrane Kristalle bilden können. Wie dicht die aus Fumarolen austretenden Wolken sind, hängt mehr vom Wetter, von der Luftfeuchtigkeit, Umgebungstemperatur und dem Wind ab, als von der Fumarole selbst. Um die Stärke der Fumarolentätigkeit zu messen, braucht man schon ein Thermometer.

Heißes Wasser, das zum Teil direkt aus der Schmelze kommt, zum Teil durch diese erhitzt wurde, zirkuliert durch das Gestein der Umgebung und bildet Hydrothermalsysteme. Daher findet man in der Nähe von Vulkanen oft heiße Quellen, kochende Schlammtöpfe, weiße oder bunt gefärbte Hügel aus weichem, stark zersetztem Gestein und manchmal sogar Geysire.

Die Vorhersage von Eruptionen ist an gut überwachten Vulkanen relativ zuverlässig. Ausbrüche kündigen sich durch Erdbeben an (das ständige Vibrieren wird vulkanischer Tremor genannt), eine Verformung des Kegels, aber auch durch Schwankungen von Temperatur und Zusammensetzung der Gase an Fumarolen. Diese Daten werden von Seismographen, Neigungsmessern, GPS-Stationen und durch Gasanalysen gesammelt. Zusätzlich werden die Ablagerungen vergangener Eruptionen studiert, um die Ausmaße eines zu erwartenden Vulkanausbruchs einschätzen zu können.

3.5 Mittelozeanische Rücken und die ozeanische Kruste

Die größten Gebirgsketten der Erde übersehen wir oft, da sie in den Tiefen der Ozeane versteckt sind. Die Mittelozeanischen Rücken sind die Plattengrenzen inmitten der Ozeane, an denen neue Kruste gebildet wird. Die Bezeichnung Rücken klingt etwas zu harmlos, es handelt sich um regelrechte Hochgebirge mit einem ganzen System von tief eingeschnittenen Grabenbrüchen (Abb. 3.25–3.27), die durch Seitenverschiebungen gegeneinander versetzt sind.

So wie die Grabenbrüche in Kontinenten (Kapitel 7) entstanden diese durch Dehnung. Entlang relativ steiler Abschiebungen brachen sie ein, während die zwischen zwei Gräben liegende Bereiche als Horst angehoben wurden.

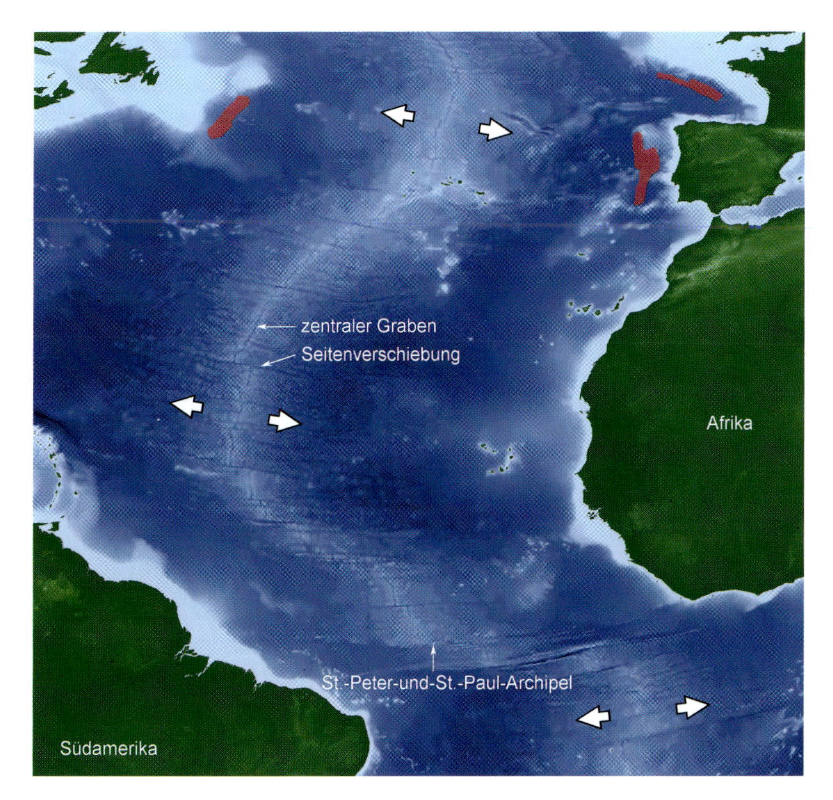

Abb. 3.25 Der Mittelozeanische Rücken im Zentralatlantik. Am zentralen Graben entsteht neue ozeanische Kruste, die sich wie ein Förderband in beide Richtungen von diesem wegbewegt. Durch unzählige Seitenverschiebungen ist der Rücken in kleine Segmente unterteilt. Der St.-Peter-und-St.-Paul-Archipel ist ein über die Wasseroberfläche aufragender Megamullion (Abschnitt 3.6). Vor Spanien und Neufundland wurde bei der Öffnung des Zentralatlantiks der Erdmantel freigelegt (rot markiert).

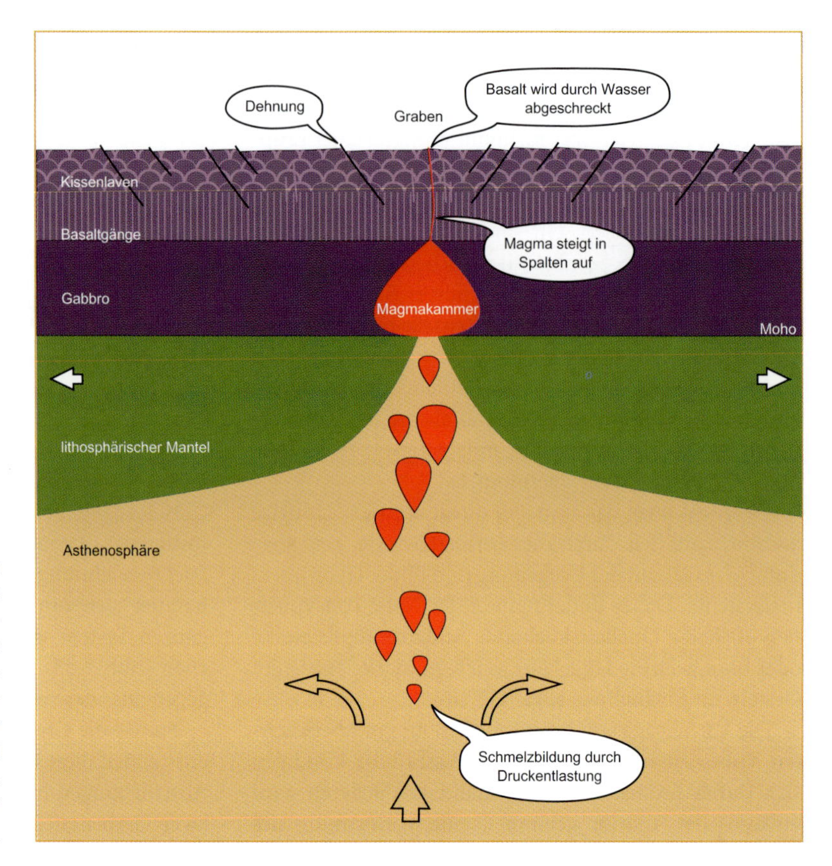

Abb. 3.26 An den Mittelozeanischen Rücken entsteht neue ozeanische Kruste. In der aufsteigenden Asthenosphäre bildet sich basaltische Schmelze, die sich in großen Magmakammern sammelt. Ein Teil der Schmelze kühlt zu Gabbro ab. Der Rest steigt durch Spalten auf und erstarrt entweder zu einem Basaltgang oder fließt als Kissenlava auf dem Meeresgrund aus.

Die neu gebildete ozeanische Kruste bewegt sich wie ein Förderband von dieser Naht weg. Da der unter der ozeanischen Kruste liegende Mantel mitgezogen wird, steigt direkt unter den Mittelozeanischen Rücken heißes Mantelmaterial auf und beginnt durch die Druckentlastung zu schmelzen. Diese Schmelze mit basaltischer Zusammensetzung steigt weiter auf, sammelt sich in Magmakammern und dringt durch aufgerissene Spalten an die Oberfläche.

Im Kontakt mit dem Meereswasser wird der Basalt an der Oberfläche zu einer glasigen Hülle abgeschreckt, während weiterhin flüssige Lava aus der Spalte fließt. Es bildet sich ein lavagefülltes Kissen, das wie ein Luftballon immer größer wird, bis es von der Spalte wegkullert und vollständig erstarrt, während an der Spalte ein neues Kissen entsteht (Abb. 3.28).

Der oberste Teil der ozeanischen Kruste besteht aus solchen Kissenlaven. Darunter befindet sich ein versteinertes Abbild der Spalten, durch die der Basalt aufgestiegen ist. Irgendwann erstarrt der Basalt in der Spalte zu einem Gang, während an einer anderen Stelle eine neue Spalte aufreißt. Man kann also die Plattengrenze nicht auf den Zentimeter genau ausmachen, weil an verschiedenen Stellen des zentralen Bereichs des Rückens immer neue Risse entstehen und wieder erstarren. Daher liegt unter den Kissenlaven ein Gangkomplex, der fast nur aus erstarrten, parallel verlaufenden Basaltgängen besteht. Der unterste Teil der ozeanischen Kruste ist ein Abbild der Magmakammern. Er besteht aus Gabbro, der dieselbe Zusammensetzung wie Basalt hat, nur dass er langsam in der Tiefe kristallisierte und daher grobkörnig ist. Diesen Aufbau der ozeanischen Kruste (Kissenlaven, Basaltgänge, Gabbro) samt dem darunter liegenden lithosphärischen Mantel fasst man unter dem Begriff Ophiolith zusammen. Stücke solcher Ophiolithe werden oft in Gebirge eingebaut. Sie sind dann in der Regel wie Perlen auf einer Kette aufgereiht und zeigen uns die Sutur, die Naht zwischen den kollidierten Kontinenten.

Etwa ein Fünftel des Mantelgesteins wird unter den Mittelozeanischen Rücken aufgeschmolzen. Wir wissen bereits aus Abschnitt 2.1, dass die basaltische Schmelze eine andere Zusammensetzung hat als der Mantel, aus dem sie entsteht. Daher muss sich auch die Zusammensetzung des zurückbleibenden Peridotits ändern. Aus einem normalen Lherzolith (Olivin, Klinopyroxen, Orthopyroxen) wird ein Harzburgit (nur Olivin und Orthopyroxen), der an Aluminium, Kalzium und den sogenannten inkompatiblen Elementen, also allem, was

Abb. 3.27 In Island befindet sich ein Manteldiapir unter dem Mittelozeanischen Rücken, was die Bildung von Basaltschmelze im Mantel derart verstärkt, dass die Insel entstand, die noch immer größer wird. Die Dehnungsspalten im Thingvellir-Nationalpark sind die Plattengrenze zwischen Nordamerika und Europa.

nicht so wirklich in die Mantelminerale passt, stark verarmt ist. Dieses verarmte Mantelgestein, aus dem kaum noch ein Tropfen Basalt herausgeschmolzen werden kann, ist daher typisch für den oberen Erdmantel unter den Ozeanen.

Durch die Ritzen der jungen, noch heißen Kruste strömt Wasser ein, löst im Gestein verschiedene Elemente und tritt an heißen Quellen wieder aus. Manche dieser Quellen, die Schwarzen Raucher, bauen röhrenförmige Gebilde, aus denen das mehr als 350 °C heißes Wasser schießt (Abb. 3.29). Solche Temperaturen kann das Wasser nur durch den Wasserdruck der Tiefsee erreichen, ohne sofort zu verdampfen. Die heiße Brühe vermischt sich mit dem eisig kalten Meereswasser der Tiefsee (etwa 4 °C). Dabei fällt die gelöste Fracht sofort als winzige Kristalle aus, die wie Rauch über den Schornsteinen aufsteigen. Man hat auch ganz ähnliche Weiße Raucher gefunden, bei denen das Wasser etwas kühler ist. Beide können in der Tiefsee riesige Lagerstätten aus Eisen-, Kupfer- und Zinksulfiden aufbauen, die uns natürlich nur nützen, wenn sie inzwischen durch Gebirgsbildung auf dem Trockenen liegen.

Die neu gebildete Kruste ist noch heiß und spezifisch leichter, außerdem klebt wegen des aufsteigenden heißen Mantels noch kein schwerer lithosphärischer Mantel darunter. Durch den Auftrieb wird dieser Bereich zu einem Gebirge angehoben. Je weiter sich die neue Kruste und der darunter liegende Mantel vom Mittelozeanischen Rücken wegbewegen, desto kühler werden sie. Folglich bildet sich nun auch ein lithosphärischer Mantel, der immer dicker wird. Die Platte wird immer schwerer und sinkt langsam auf das Niveau der Tiefseebecken ab.

Auf diese Kruste werden nun Tiefseesedimente abgelagert. Flussmündungen sind weit weg, und Lebewesen wie Korallen können nur im Flachmeer leben, daher ist die Sedimentation in der Tiefsee sehr langsam, im Bereich von einem Millimeter bis zu wenigen Zentimetern pro Jahrtausend. Was dort abgelagert wird, regnete langsam durch die Wassersäule auf den Grund ab. Das sind vor allem Reste von Algen und die Schalen von mikroskopisch kleinen Lebewesen, die entweder aus Karbonat oder aus amorphem SiO_2 bestehen (Opal, aber niemand würde sich die winzigen Lebewesen als Ring

Abb. 3.28 Kissenlaven entstehen, wenn Basalt am Meeresboden ausfließt. Die Oberfläche wird durch das Wasser sofort zu einer glasigen Haut abgeschreckt, während das Innere weiter mit flüssigem Basalt gefüllt wird, bis das Kissen vom Förderschlot wegkullert. Die Kissenlaven im Bild entstanden, als ein Lavastrom des Ätna ins Meer floss. Die Bildbreite beträgt etwa 2 m.

fassen lassen). Zum anderen sind dies winzige Tonpartikel, die durch Meeresströme erfasst von Flussmündungen auf das offene Meer hinausgetragen wurden. Je nachdem, was gerade überwiegt, lagern sich pelagische Kalksteine (pelagisch bedeutet „auf dem offenen Meer"), kieselige Sedimente (SiO_2) oder roter Tiefseeton ab. Die kieseligen Sedimente wandeln sich schon bei geringer Überdeckung von amorphem Opal zu feinkörnigem Quarz um. Kalkstein kann nur in bestimmten Bereichen abgelagert werden, da das Wasser der Tiefsee meist so sehr an Karbonat untersättigt ist, dass alles Karbonat, was dort hinunterregnet, sofort aufgelöst wird.

Alle diese pelagischen Sedimente können in den Bergen wiedergefunden werden. In den zentralen Alpen gibt es manchmal dünne Lagen eines durch etwas Eisen dunkelrot gefärbten Gesteins, das einmal aus den kieseligen Schalen von Einzellern, den Radiolarien, gebildet wurde und entweder Quarzit oder Radiolarit genannt wird. Es besteht aus winzig kleinen Quarzkörnchen, fühlt sich aber viel fester an als Sandstein. Dieses Gestein kommt oft zusammen mit Basalt, Gabbro und Serpentinit vor und gehört dann zu einem kompletten Ophiolithkomplex, der in das Gebirge eingebaut worden ist.

Auf dem Ozeanboden liegen oft schwarze, kartoffelförmige Manganknollen herum. Sie bilden sich durch Ausfällungen von Mangan- und Eisenhydroxiden aus dem Meerwasser, die eine Kruste um Mikrofossilien, einen Stein oder auch einen Haifischzahn bilden. Sie wachsen extrem langsam in einer Größenordnung von Millimetern pro Jahrmillionen. Auch sie können in einem Gebirge landen und dort kleine Manganlagerstätten bilden, allerdings nicht mehr als Knollen, sondern metamorph umgewandelt zu verschiedenen Manganmineralien, die oft die Farbe von Waldbeermarmelade haben.

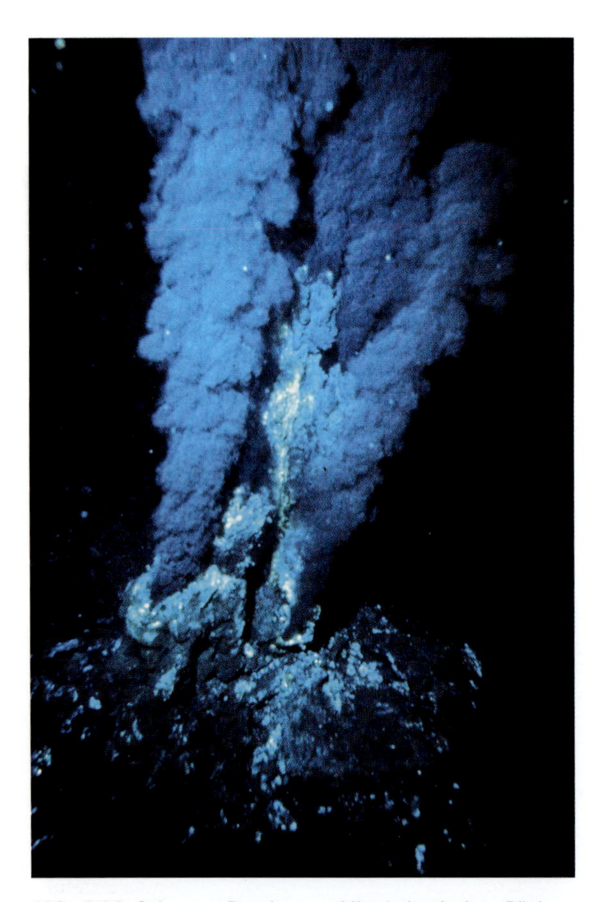

Abb. 3.29 Schwarze Raucher am Mittelatlantischen Rücken. Die im heißen Wasser gelöste Fracht fällt aus, sobald sich das heiße Wasser mit dem kalten Meerwasser mischt. Dabei entstehen röhrenförmige Gebilde aus Eisen- und Kupfersulfiden. Die Hydrothermalsysteme laugen den Basalt des Ozeanbodens aus, in diesem bilden sich wasserhaltige Minerale wie Zeolithe. Foto: US National Oceanic and Atmospheric Administration.

3.6 Nackter Mantel ohne Schale

Ende der 1960er-Jahre begann man, mit Forschungsschiffen den Meeresgrund zu beproben. Systematisch wurde in die Gesteinsschichten gebohrt, um die Bohrkerne zu untersuchen. Weil dies sehr aufwendig ist und man auch auf die Schnelle einen Eindruck haben wollte, ließ man einfach ein Schleppnetz über den Meeresboden schleifen und schaute, was man so zufällig hochzog. Dabei kamen auch immer wieder Mantelgesteine zutage. In der ersten Zeit warfen die Wissenschaftler einen Peridotit oder Serpentinit oft einfach wieder ins Meer zurück, weil sie ja den Basalt des Meeresbodens, vielleicht auch die Sedimente untersuchen wollten. Mantelgesteine passten nicht in das Konzept. Doch mit der Zeit stellten sie fest, dass diese so häufig sind, dass man sie nicht mehr ignorieren konnte. Schließlich fand man Stellen, an denen es überhaupt keine ozeanische Kruste gibt. Der Erdmantel liegt hier nackt an der Oberfläche, höchstens von einer dünnen Sedimentschicht überdeckt. Es ist, als fehle unserem Ei ein Stückchen seiner Schale. An bestimmten Bereichen der Mittelozeanischen Rücken scheint die ozeanische Kruste auseinandergezogen zu werden, ohne dass sich neue Kruste gebildet hat.

War in diesen Fällen das Auseinanderziehen etwa zu schnell, sodass die Schmelzbildung nicht mithalten konnte? Das Gegenteil ist der Fall. Je schneller die Bewegung ist, desto weniger kühlt der darunter aufsteigende Mantel ab und daher wird auch mehr Schmelze gebildet.

Abb. 3.30 Das deutsche Forschungsschiff Polarstern in der Antarktis. Foto: Hannes Grobe, Alfred-Wegener-Institut.

Wenn die Bewegung jedoch sehr langsam ist, kühlt der nur langsam aufsteigende Mantel so stark ab, dass kaum oder keine Schmelze gebildet wird, die aufreißende Spalten füllen könnte.

Ein Rücken mit besonders langsamer Spreizung ist der Gakkel-Rücken im Nordpolarmeer. Wer eine Weltkarte mit den Plattengrenzen aufmerksam anschaut, entdeckt vielleicht, dass der Mittelatlantische Rücken, der Amerika von Eurasien und Afrika trennt, nach Norden hin am Kartenrand verschwindet. Auf der anderen Seite müsste die Plattengrenze wieder auftauchen, aber wir stellen fest, dass es zwischen Sibirien und Alaska keine Plattengrenze gibt. Auf der einen Seite der Karte bewegen sich Nordamerika und Europa voneinander fort, während sie auf der anderen Seite der Kugel fest miteinander verbunden sind! Das klingt paradox, ist aber einfach zu lösen. Der Nordatlantik öffnet sich wie eine Schere. Je weiter wir am Mittelatlantischen Rücken nach Norden gehen, desto langsamer ist auch die Spreizungsrate. Mit einer sehr geringen Spreizung endet der Rücken am nördlichen Schelf von Ostsibirien. Als Grabenbruch greift die Dehnung bereits auf den Kontinent über, bis nach Alaska (Abschnitt 5.2) sind die Auswirkungen zu spüren. Wenn das so weitergeht, wird sich Ostsibirien einmal von Eurasien trennen und mit Nordamerika durchbrennen. Aber das wird noch etwas dauern, denn bisher ist die Dehnung noch gering.

Der Gakkel-Rücken ist das äußerste, besonders langsame Stück des Rückens. Da das Nordpolarmeer mit Packeis bedeckt ist, ist seine Erforschung mit großem Aufwand verbunden. Erst 2001 fand die erste Expedition statt, und sie kam mit spektakulären Ergebnissen zurück (Liu et al. 2008). Auf langen Abschnitten gibt es an diesem Rücken überhaupt keinen Vulkanismus, die Kruste wird folgenlos auseinandergezogen und der Erdmantel freigelegt. Da dieser hier kaum oder gar nicht aufgeschmolzen wird, verändert er auch nicht seine Zusammensetzung, er bleibt ein Lherzolith.

Dasselbe wurde in einem kleinräumigen Maßstab auch von anderen Bereichen des Mittelatlantischen Rückens beschrieben (Fryer 2002). Die Grabensysteme sind stark segmentiert, durch Seitenverschiebungen werden sie immer wieder seitlich versetzt. Hin und wieder kann die Spreizung an einem Abschnitt sehr langsam sein. Da diese Seitenverschiebungen durch die Schultern des Grabens schneiden und so ein steiles Relief schaffen, können sie unter Umständen sogar Mantelgestein unter den Schultern anschneiden.

Abschiebungen biegen üblicherweise in der Tiefe in flachere Verwerfungen ein, sobald das Gestein plastisch verformbar ist. Da am Mittelozeanischen Rücken Magma in Spalten aufsteigt, kann dieses auch als Gleitmittel für einen flachen Abscherhorizont dienen. Vor allem am Schnittpunkt zwischen Graben und Seitenverschiebungen kann es dadurch zu großen domartigen Aufwölbungen kommen, wenn entlang von flachen Störungen die Kruste einfach weggezogen wird. Diese haben den merkwürdigen Namen Megamullion bekommen (Tucholke et al. 2008). Sie sitzen wie ein zweites Gebirge quer auf dem Mittelozeanischen Rücken und bestehen überwiegend aus Serpentinit und Gabbro. Die Inselgruppe Sankt Peter und Sankt Paul im Atlantik ist so ein Megamullion, bei dem die 4000 m hohe Spitze sogar gerade noch aus dem Meer schaut. Diese Inseln sind die einzige Stelle der Erde, wo der Erdmantel über die Wasserfläche der Ozeane aufragt. Als erster Wissenschaftler kam Charles Darwin, der sich offensichtlich auch mit Steinen auskannte, auf seiner fünfjährigen Reise auf der HMS Beagle an dieser Inselgruppe vorbei. Völlig richtig stellte er fest, dass sich diese Insel von allen anderen Inseln unterscheidet. Andere landferne Inseln sind aus Vulkangestein und Korallen aufgebaut, hier fand er Gabbro und Serpentinit, der nur durch Hebung an die Oberfläche gekommen sein kann (Darwin 1845). Bewohnt war die Insel von Massen an Seevögeln, deren Dung eine weiße Kruste über den Felsen bildete. Sie waren so zahm und dumm, schreibt Darwin, dass er sie mit seinem Geologenhammer hätte erlegen können. Dann gab es noch Krabben und ein paar Insekten und Spinnen. Darwin konnte keine einzige Pflanze finden, nicht einmal Flechten gibt es. Es zerstöre die Poesie der Geschichte, nach der angeblich erst die stattliche Palme, dann Vögel und zuletzt der Mensch eine neu geschaffene Insel besiedeln, so notierte Darwin, wenn in Wirklich-

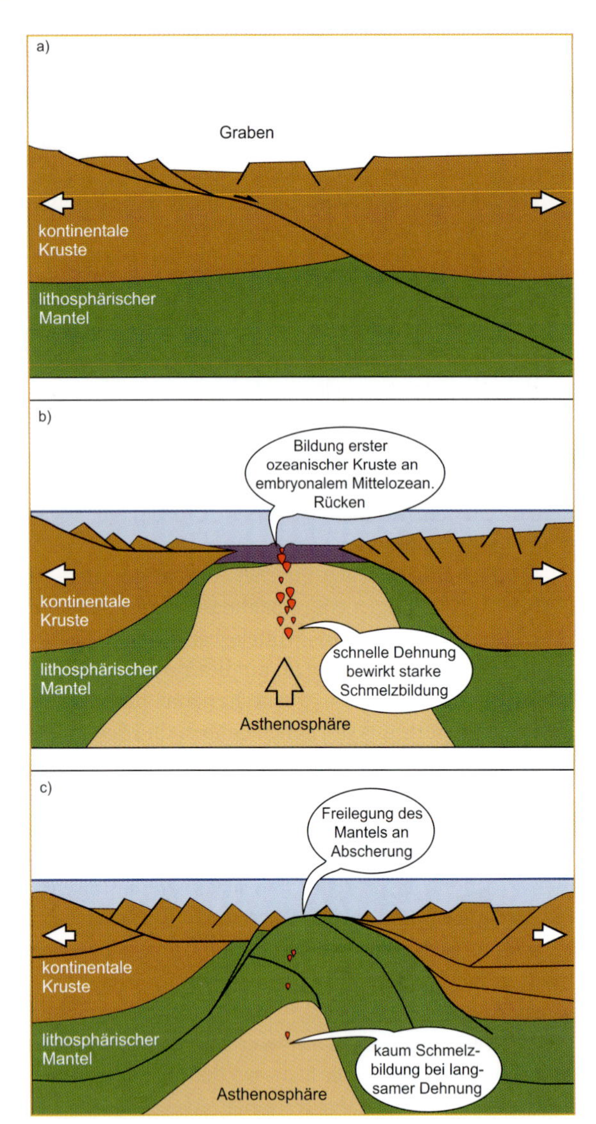

Abb. 3.31 Bei der Entstehung eines Ozeans kann der Erdmantel freigelegt werden. a) Ein Kontinent zerbricht: zunächst bildet sich ein Grabensystem. b) Bei schneller Dehnung gibt es eine starke Schmelzbildung in der aufsteigenden Asthenosphäre, die schon während dem Zerbrechen des Kontinents zu einem embryonalen Mittelozeanischen Rücken führt, an dem ozeanische Kruste entsteht. Das Ergebnis sind „normale" passive Kontinentalränder. c) Bei langsamer Dehnung gibt es kaum Schmelzbildung, die kontinentale Kruste wird an einer flachen Abscherung auseinandergezogen, der lithosphärische Mantel darunter freigelegt (nach Manatschal und Müntener 2009). Erst später entwickelt sich im Zentrum ein Mittelozeanischer Rücken, an dem sich ozeanische Kruste bildet. Solche anomalen Kontinentalränder gibt es z. B. vor Spanien und vor Neufundland.

keit parasitäre Insekten und Spinnen die ersten Bewohner sind.

Doch tauchen wir wieder zum Mittelozeanischen Rücken ab. Wenn die Absenkung des Grabens stark genug ist, kann an den Abschiebungen unter der entsprechend angehobenen Schulter ebenfalls der Mantel an die Oberfläche kommen. Durch die Volumenzunahme bei der Umwandlung von Peridotit zu Serpentinit schwillt das freigelegte Gestein an, das Relief der Region wird dadurch sogar noch verstärkt.

Wir merken langsam, dass die klassische Definition eines Ophioliths nur für einen Teil des Ozeanbodens stimmt, ozeanische Kruste ist heterogener, als man noch vor Kurzem angenommen hat.

Blankliegenden Mantel ohne Basalt und Gabbro kennt man aber auch aus Tiefseebecken in der Nähe von passiven Kontinentalrändern, allerdings unter Sedimenten versteckt. Vor der Iberischen Halbinsel und vor Neufundland wurden riesige Gebiete aus Serpentinit entdeckt, die bis zu 170 km breit sind und von der Zusammensetzung her eher an subkontinentalen als an subozeanischen Mantel erinnern (Whitmarsh et al. 2001, Sibuet et al. 2007, Robertson 2007). Im Gegensatz zu einem normalen Mittelozeanischen Rücken wurde hier nur ein winziger Bruchteil des Mantels aufgeschmolzen, was zwar für die Bildung von kleinen Gabbro- und Basaltkörpern innerhalb des Serpentinits gereicht hat, aber nicht zur Bildung ozeanischer Kruste. Diese Gebiete entstanden bereits, als der Atlantik gerade erst aufriss. Daraus ergaben sich in den letzten Jahren neue Theorien darüber, was beim Auseinanderbrechen von Kontinenten passiert (Abb. 3.31). Das beginnt immer mit einem kontinentalen Grabenbruch (Kapitel 7), in dem es bereits zu starkem Vulkanismus kommen kann. In dem Moment, in dem ein kontinentaler Grabenbruch sich zu einem Ozean weitet, wird normalerweise die kontinentale Kruste durch Abschiebungen und in der Tiefe durch plastische Verformung so lange ausgedünnt, bis der starke Magmatismus einen embryonalen Mittelozeanischen Rücken bildet, an dem die Produktion ozeanischer Kruste beginnt. In sehr langsam bewegten Abschnitten des Grabens ist der Magmatismus jedoch so gering, dass eine Zeit lang die Kruste folgenlos auseinandergezogen und der Mantel entlang von flachen Verwerfungen freigelegt wird. Durch die Verwerfungen dringt Meerwasser in diesen ein, sodass er zu Serpentinit umgewandelt wird. Erst nach einiger Zeit wird auch hier die Bewegung schnell genug, dass sich doch noch ein normaler Mittelozeanischer Rücken ausbildet. Wenn beispielsweise die Spreizung am Gakkel-Rücken eines Tages weiter auf Sibirien übergreift, wird sich das neue Ozeanbecken so langsam bilden, dass an dessen Rand der Mantel freigelegt wird. Solche „anormalen“ Kontinentalränder dürften häufiger sein, als man bisher weiß, man hat inzwischen schon weitere Beispiele gefunden. Manche Forscher schätzen sogar, dass knapp die Hälfte der Kontinentalränder in diesem Sinne nicht ganz normal sind. Das nördliche Rote Meer ist ein Beispiel, bei dem dies gerade jetzt stattfindet.

Die Entdeckung dieser blankliegenden Mantelbereiche deckt sich mit Beobachtungen an Ophiolithen in den Westalpen, auf Korsika und in den Apenninen (Lagrabrielle & Lernoirie 1997). Vor allem diejenigen Ophiolithe der Alpen, die durch die Gebirgsbildung nicht stark verformt wurden, sind perfekte Ausschnitte aus verschiedenen Bereichen einer an Magma armen Ozean-Kontinent-Übergangszone (Manatschal & Müntener 2009). Tatsächlich sind die Mantelgesteine nicht abgereichert, können also nicht die Basaltmengen produziert haben, wie dies an einem Mittelozeanischen Rücken der Fall ist. Gabbros fehlen entweder völlig, oder sie kommen als kleinere Körper innerhalb der Serpentinite vor. Stattdessen werden die Mantelgesteine nach oben hin durch eine flache Verwerfung abgeschnitten. Zum Teil wurden direkt auf dem Mantel Tiefseesedimente abgelagert, an anderen Stellen liegen noch tektonische Brekzien dazwischen. Es gibt auch Blöcke kontinentaler Kruste, die beim Abscheren der Kruste liegen blieben. In den ursprünglich etwas weiter ozeanwärts gelegenen Ophiolithen wird der Mantel statt von Gabbros und Basaltgängen direkt von Kissenlaven überlagert. Natürlich bestand nur der Rand der Tethys aus solchen anomalen Ophiolithen, die normale ozeanische Kruste ist jedoch bei der Subduktion dieses Ozeans verschwunden.

Explosive Vulkane wie hier auf Java (Indonesien) sind typisch für Subduktionszonen. Im Mittelgrund links dampft in der wolkengefüllten Tengger-Caldera der aktive Vulkan Bromo (2329 m). In der Bildmitte der von Erosionsrillen durchfurchte Batok. Im Hintergrund und außerhalb der Caldera der Stratovulkan Semeru (3676 m) mit einer Ascheeruption.

4 Berge über abtauchenden Platten: Subduktionszonen

Das Verschwinden der ozeanischen Kruste an den Subduktionszonen (Abb. 4.1, 4.2) läuft nicht so friedlich ab wie ihre Neuschaffung an den Mittelozeanischen Rücken. Über den Subduktionszonen steht eine drohende Kette hochexplosiver Vulkane, und es gibt regelmäßig Erdbeben, die sie durchschütteln. Der Pazifik ist an fast allen Seiten von Subduktionszonen umgeben, die einen regelrechten Feuerring bilden. Prinzipiell kann eine ozeanische Platte entweder unter einen Kontinent subduziert werden oder unter eine andere ozeanische Platte. Im einen Fall bildet sich am Rand des Kontinents ein Gebirge wie die Anden, im anderen Fall entsteht am Rand einer ozeanischen Platte ein Inselbogen, eine Kette von Vulkaninseln. Der Inselbogen besteht aus magmatischen Gesteinen, also aus neu gebildeter Kruste, die immer dicker wird, sodass der prinzipielle Unterschied zur Subduktion unter einen Kontinent mit der Zeit an Bedeutung verliert. Der Meeresboden vor dem Inselbogen oder vor den Anden fällt steil in eine davor liegende Tiefseerinne ab, die eigentliche Plattengrenze. Diese Tiefseerinnen sind oft doppelt so tief wie die durchschnittlichen Tiefseebecken, die Rinne vor dem Marianen-Inselbogen reicht sogar mehr als 11 km unter die Meeresoberfläche.

Zwischen der Küste und der Tiefseerinne sammeln sich Sedimente und Basaltspäne, die von der abtauchenden Platte abgeschabt werden. Sie bauen einen sogenannten Anwachskeil auf. In diesen Sedimenten entwickelt sich ein System von Überschiebungen, ganz ähnlich wie die Decken der Alpen, nur im kleineren Maßstab. Vor Sumatra ist dieser Anwachskeil schon so groß, dass er als eine Kette kleiner Inseln aus dem Meer aufsteigt. Das liegt an der großen Sedimentfracht, die der Ganges ins Meer schüttet und die als gigantischer Sedimentfächer auf der abtauchenden Platte abgelagert wird. Man könnte also sagen, dass die Erosion des Himalajas den Ganges hinunterfließt, von der Plattentektonik durch den Indischen Ozean befördert wird und südlich von Sumatra wieder als von Korallen umwachsene Inselchen aufsteigt.

Manchmal werden auf dem Förderband der abtauchenden Platte auch Vulkaninseln und Tiefseeberge, ganze Inselbögen, Unterwasserplateaus und kleine Kontinentbruchstücke (vielleicht wie Madagaskar oder die Seychellen) angeliefert. Die Geologen fassen diese unter dem Begriff „Terrane" zusammen. Wegen ihrer geringen Dichte werden sie oft nicht subduziert, sondern an den Kontinentrand angeklebt. Die Subduktionszone springt dann ozeanwärts vor die neue Küste. Wie bei der Kollision zweier Kontinente bildet sich ein kleines Gebirge, komplett mit Deckenüberschiebungen und eingeschalteten Ophiolithen, die Dynamik muss jedoch nicht immer für ein richtiges Hochgebirge reichen. Viele Terrane bilden schmale Streifen parallel zur Küste. Sie wurden zum Teil erst beim Andocken durch eine mehr oder weniger starke Seitenverschiebungskomponente der Subduktionszone zu diesem schmalen Streifen zerschert.

Nicht alle Subduktionszonen sind so konstruktiv, dass sie den Kontinent vergrößern. Wenn die abtauchende Platte kaum von Sedimenten bedeckt ist, zum Beispiel bei den Anden oder dem Marianenbogen, wird die Oberplatte sogar erodiert. Strukturen wie Gräben und Horste können dann wie Schmirgelpapier wirken. Ganze Tiefseeberge können mit subduziert werden, in manchen Tiefseerinnen hat man die Narben gefunden, die diese beim Abtauchen in die obere Platte gerissen haben. In diesem Fall fräst sich die Subduktionszone regelrecht in die obere Platte hinein.

Die abtauchende, kalte Platte wird so schnell in den heißen Mantel versenkt, dass das Aufwärmen damit nicht mithalten kann. Sie bleibt also wesentlich kälter als der umgebene Mantel und zwar deutlich unter dem Schmelzpunkt für Basalt. Daher ist die Vorstellung völlig verkehrt, sie würde dort unten aufgeschmolzen und käme durch die Vulkane wieder nach oben. Auch diesmal stammt die Schmelze aus dem Mantel. Die abtauchende Platte liefert nur das Mittel, das im darüber liegenden Mantelkeil den Schmelzpunkt erniedrigt, nämlich Wasser.

Was das Förderband der Plattentektonik hier anliefert, ist nicht gerade der frischeste Basalt. Durch heiße Quellen und Meerwasser ist das Gestein unterwegs verändert worden, es hat sich zum Teil in wasserhaltige Minerale wie Chlorit und Zeolithe umgewandelt. Dasselbe gilt für Teile des lithosphärischen Mantels, der sich

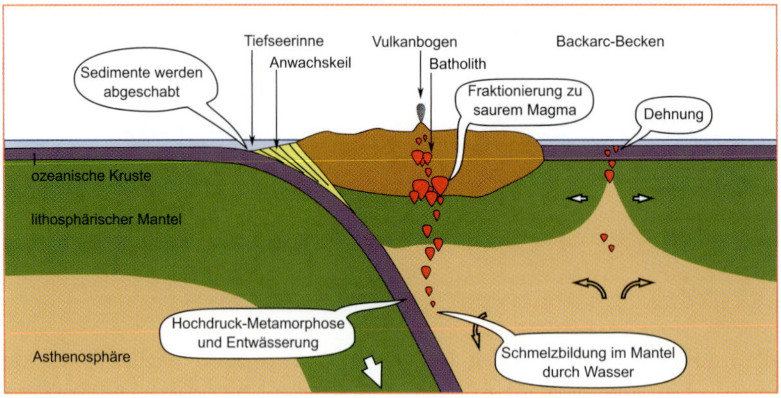

Abb. 4.1 In einer Subduktionszone taucht eine ozeanische Platte unter ozeanische oder kontinentale Kruste ab. Der Zug der schweren abtauchenden Platte ist der wichtigste Antrieb für die Plattentektonik. Von der Platte abgeschabte Sedimente sammeln sich in einem Anwachskeil an. Das von der abtauchenden Platte abgegebene Wasser ermöglicht die Schmelzbildung im darüber liegenden Mantel, die einen Vulkanbogen speist. Im Hinterland kommt es im sogenannten Backarc-Becken zu einer Dehnung, die ebenfalls Schmelzbildung auslösen kann.

dadurch teilweise zu Serpentinit umgewandelt hat. Bei hohem Druck und hoher Temperatur sind wasserhaltige Minerale jedoch nicht stabil. Auf dem Weg nach unten bilden sich etwas widerstandsfähigere Minerale, die Entwässerungsreaktionen wandeln den Basalt zu metamorphen Hochdruckgesteinen um. Zunächst entsteht ein bläulicher Amphibol namens Glaukophan, der aus dem Basalt einen Blauschiefer macht, doch auch dieser geht irgendwann kaputt und verschwindet zugunsten von wasserfreien Mineralen, es entsteht Eklogit. Dieser Eklogit ist ein besonders schweres Gestein, seine Dichte ist deutlich höher als der asthenosphärische Mantel. Er zieht also kräftig an der abtauchenden Platte nach unten und treibt die Plattentektonik mit an.

Auch der Serpentinit wird wieder zu einem Peridotit entwässert. Das bei all diesen Reaktionen frei werdende Wasser steigt in den über der Platte liegenden Mantelkeil auf, der nicht so kalt ist wie die abtauchende Platte. Im Wasser lösliche Elemente werden dabei teilweise aus dem Gestein gelöst und mittransportiert. Die Entwässerungsreaktionen sind beim Abtauchen ein kontinuierlicher Prozess, bei geringer Tiefe wird einfach nur der darüber liegende Mantel hydratisiert. Das Wasser und die mitgebrachten, mit den Mantelmineralen inkompatiblen Elemente erniedrigen den Schmelzpunkt des Mantels deutlich, und in einer Tiefe von etwa 100 km reicht die normale Temperatur aus, um einen hydratisierten Mantel zu schmelzen. Der gebildete flüssige Basalt ist sehr wasserreich, wir haben in Abschnitt 3.4 gesehen, dass gerade dieses Wasser die Vulkane der Subduktionszonen so gefährlich macht. Genau über der Linie, an der die abtauchende Platte sich in 100 km Tiefe befindet, stehen wie auf einer Kette aufgereiht die großen Vulkane. Einzelne Vulkane kann es auch noch im Hinterland geben, wenn die Schmelze aus entsprechend größerer Tiefe stammt, aber kein Vulkan steht vor dieser Linie. Wenn die Platte zum Beispiel wie in den Anden mit einem Winkel von etwa 30° abtaucht, befinden sich diese Vulkane in einem Abstand von etwa 170 km zur Tiefseerinne. Je steiler die Platte abtaucht, desto näher liegen sie an der Plattengrenze. Dem Krustenbereich zwischen Anwachskeil und der vulkanischen Front passiert durch die Subduktion so gut wie nichts, es kann dort jedoch zu tektonischen Bewegungen kommen, wenn die Kopplung zwischen Kontinent und abtauchender Platte entsprechend groß ist.

Die Schmelze hat eine wesentlich geringere Dichte als der Mantel und steigt daher schnell auf. Sobald sie auf die leichte Kruste trifft, ist der Dichtekontrast nicht mehr so groß. Ein großer Teil der Schmelze bleibt in der unteren Kruste stecken und kühlt zu einem Gabbro ab. Dort unten sind bereits so viele Plutone erstarrt, dass ein neuer Pluton sich seinen Platz zwischen seinesgleichen schafft. Der Prozess wird auf Englisch „underplating" genannt, er führt dazu, dass die Kruste über einer Subduktionszone immer dicker wird. Die Kristallisation beim Abkühlen verändert aber auch die Zusammensetzung der Restschmelze, die dadurch „saurer" wird, aber auch eine noch geringere Dichte bekommt. Diese Restschmelze, in der auch Wasser weiter angereichert wurde, kann also wieder aufsteigen, sich in weiteren Magmakammern erneut verändern und schließlich an einem explosiven Vulkan an die Oberfläche kommen. Nach den Anden wurde die typische Zusammensetzung dieser Restschmelze Andesit genannt, die Zusammensetzung liegt irgendwo zwischen einem Basalt und einem Rhyolith. Es können an diesen Vulkanen aber auch „saurere" und „basischere" Schmel-

Abb. 4.2 Typisch für Subduktionszonen sind große Stratovulkane, die zu hochexplosiven Eruptionen neigen. a) Japans bekanntester Vulkan, der 3776 m hohe Fuji. Foto: Kazuhiko Teramoto. b) Der Mayon (2462 m) ist der aktivste Vulkan auf den Philippinen. Foto: International Rice Research Institute. c) Der Osorno (2652 m) gehört zu den aktivsten Vulkanen der südchilenischen Anden. Foto: Queulat00.

zen gefördert werden. Der Bodensatz der Magmakammer bleibt zurück, ein Brei aus Pyroxen und Olivin, der fast dieselbe Zusammensetzung hat wie der Mantel. Ein weiterer Prozess, der aus dem Basalt eine „saurere" Schmelze macht, ist die Kontamination mit Krustenmaterial: Die durchschnittliche Kruste hat einen geringeren Schmelzpunkt als der heiße, in sie eindringende Basalt. Ein Teil der Kruste wird daher aufgeschmolzen und vermischt sich mit dem Magma.

Doch verlieren wir die abtauchende Platte nicht aus den Augen. Was passiert mit dieser, wenn sie nicht aufgeschmolzen wird?

Ganz reibungslos funktioniert das Abtauchen nicht. Vor allem an der Grenze beider Platten gibt es viele Erdbeben, wenn sich aufgebaute Spannungen mit einem Schlag wieder lösen. Doch auch in großer Tiefe gibt es Erdbeben, die durch Spannungen innerhalb der abtauchenden Platte ausgelöst werden. Etwa 95 Prozent aller weltweit ausgelösten Beben finden entlang einer subduzierten Platte statt. Während die Erdbeben den Bewohner dieser Gebiete berechtigte Angst einflößen, sind sie für Geologen ein Glücksfall. Sie brauchen nur die Erdbebenherde ermitteln, um ein Abbild der abtauchenden Platte zu bekommen. Dieses Abbild haben sie Wadati-Benioff-Zone getauft.

Bis in 660 km Tiefe bleibt die Platte erstaunlich unbeschadet, nur ein Bruchteil wurde von der Asthenosphäre einverleibt. Doch in dieser Tiefe trifft sie auf die Grenze zum unteren Mantel, in dem das Mantelgestein aus dichter gepackten Mineralen besteht. Nicht selten scheitert unsere Platte daran, in den unteren Mantel einzudringen, sie wird gestaucht und verfaltet oder zerfällt in einzelne Stücke. Der Mantel sieht dann aus wie ein Marmorkuchen mit Schlieren unterschiedlicher Zusammensetzung. Die durch die Plattentektonik aufrechterhaltene Konvektion verteilt diese Schlieren immer mehr. Im Unterschied zum Marmorkuchen reagieren die Schlieren miteinander, die Zusammensetzung des Mantels verändert sich dadurch. Wir erinnern uns, dass der Basalt einmal aus dem Mantel herausgeschmolzen wurde. Zurück blieb ein verarmter Mantel, der um die Zusammensetzung des Basalts abgereichert war. Hier passiert genau das Gegenteil, durch das Auflösen der Platte im Mantel wird dieser um dieselbe Komponente wieder angereichert. Die Konvektion im Mantel verteilt diese Anreicherung und schließt somit den Kreis.

Einige Bruchstücke schaffen es dennoch, in den unteren Mantel einzudringen. So ähnlich wie ein Arzt, der mit Ultraschall in einen Körper schaut, werfen Wissenschaftler einen Blick in das Innere der Erde. Sie nutzen das große Netz von Seismographen, die bereits unzählige Erdbeben registriert haben. Mit komplizierten Berechnungen ermitteln sie daraus die Ausbreitungsgeschwindigkeit von Erdbeben an Punkten innerhalb der Erde und zeichnen damit Karten und Profile. Diese Geschwindigkeiten zeichnen auch die abtauchenden Platten nach. Unter Japan, einer besonders schnellen Subduktionszone, konnte man große Bruchstücke nachweisen, die durch den unteren Erdmantel bis zur Kern-Mantel-Grenze absinken. Weiter geht es wirklich nicht mehr. Im untersten Bereich des Mantels hat sich daher eine dünne Schicht aus angereichertem Mantelgestein gebildet. Dieser Schicht hat jemand den komischen Namen D" gegeben, „D Doppelstrich". Das war ein Geologe, der für die Schalen der Erde möglichst unkreative Namen vergeben hat, eine Nomenklatur, die längst wieder vergessen ist. Die D" ist als Einzige übrig geblieben, und selbst nachdem man ihre Bedeutung erkannt hat, ist man dabei geblieben. „Wenn es auf der Erde eine Hölle gibt, ist sie hier", schreibt der amerikanische Geologe Alden darüber und schlägt vor, sie daher auch „Hölle" zu nennen. Kopfüber in die Hölle und zurück, sein Vorschlag hat sich leider nicht durchgesetzt, man ist bei D" geblieben. Diese Schicht spielt eine Rolle für die Hotspots, die wir in Abschnitt 7.1 besprechen werden. Wir lassen unsere Plattenreste erst einmal dort unten rösten und kehren an die Oberfläche zurück.

Auf den ersten Blick würden wir in einer Subduktionszone vermutlich kompressive Kräfte erwarten. Das ist direkt an der Plattengrenze durchaus der Fall, was ja auch zu Überschiebungen im Anwachskeil führt. Umso erstaunlicher ist, dass es oft direkt hinter der Vulkankette im sogenannten Backarc-Becken zu einer starken Dehnung kommt. Bei vielen Inselbögen ist diese Dehnung so stark, dass es dort eine Miniversion eines Mittelozeanischen Rückens gibt, an dem sich neue ozeanische Kruste bildet. Der Inselbogen wandert also der subduzierten Platte entgegen. Auch an einem aktiven Kontinentalrand kann es zu einer solchen Dehnung kommen. Im Fall von Japan führte die Dehnung dazu, dass sich der Kontinentalrand von Asien gelöst hat und jetzt als Inselbogen in den Ozean hineinwandert. Das entstandene Backarc-Becken, das Japanische Meer, wird immer breiter. Natürlich sind nicht alle Inselbögen durch ein Abdriften von einem Kontinent entstanden, die Marianen im Pazifik sind ein Beispiel, bei dem sich eine Subduktionszone spontan inmitten einer ozeanischen Platte ausgebildet hat.

Das Nebeneinander von Kompression und Dehnung ist gar nicht so erstaunlich, wenn wir uns erinnern, dass der Zug an der abtauchenden Platte die Plattentektonik überhaupt erst antreibt. Je stärker die Platte nach unten zieht, desto mehr wird die Kruste an der Oberfläche gedehnt. Gleichzeitig wirkt sich dieser Zug auf den Winkel aus, mit dem die Platte abtaucht. Bei den Marianen sinkt sie besonders steil ab, daher ist hier der Abstand zwischen Tiefseerinne und Vulkaninseln geringer als sonst. Manchmal ist der Zug nicht ganz so stark, der Winkel ist flacher, die Dehnung im Backarc geringer. Das kann daran liegen, dass die Platte schon so klein ist, dass sie noch heiß von einem Mittelozeanischen Rücken geliefert wird. Oder die Subduktion erfolgt nicht dank der hohen Dichte wie von selbst, sondern erzwungen, weil ein Kontinent seine Bewegungsrichtung geändert hat und einen Ozean einengt. Der Abstand zwischen Tiefseerinne und Vulkanen ist bei flacher Subduktion größer und statt zu Dehnung im Hinterland kommt es dort sogar zu Kompression.

Eine Subduktionszone an einem Kontinent muss sich immer an die Küstenform des Kontinents anpassen. Wie der Name schon sagt, spannen die Inselbögen dagegen einen Bogen. Das liegt daran, dass die Erde eine Kugel ist. Wenn man mit dem Finger in einen Ball drückt, wölbt sich die Oberfläche nach unten. So wie der Rand dieser Wölbung ein Kreis ist, sind Inselbögen immer Segmente eines Kreises, dessen Radius vom Subduktionswinkel abhängig ist.

4.1 Die Anden

Die zehn höchsten Vulkane der Erde, alle mit Gipfeln über 6000 m Höhe, befinden sich ohne Ausnahme in den Anden (Abb. 4.3). Der Ojos del Salado ist mit etwa 6890 m der höchste, sein letzter großer Ausbruch liegt aber schon mehr als 1000 Jahre zurück. Was ein aktiver Vulkan ist, ist eine Frage der Definition. Viele Vulkane schlafen einige Jahrtausende, bevor sie sich wieder lautstark melden, während ein anderer vielleicht gerade eben seinen letzten Ausbruch hatte. Am einfachsten definiert man alle im Holozän, also nach den Eiszeiten ausgebrochene Vulkane als mehr oder weniger aktiv. Der Ojos del Salado gehört sicherlich zu den aktiv schlafenden. Der höchste in historischer Zeit ausgebrochene Vulkan ist mit 6740 m der Llullaillaco. „Historische Zeit" ist allerdings ein sehr relativer Begriff, in den Anden fängt sie wesentlich später an als in Europa, weil vor der Ankunft der Spanier einfach niemand etwas aufgeschrieben hat.

Der wesentlich bekanntere Cotopaxi schafft es nicht einmal in die Top-Ten-Liste. Er ist zwar ein sehr aktiver Vulkan, aber seine letzte größere Eruption ist auch schon mehr als 100 Jahre her. Trotzdem wird er oft als der höchste aktive Vulkan bezeichnet, was vermutlich nur daran liegt, dass er in Sichtweite von Quito steht und nicht so abgelegen wie seine großen Brüder. Der deutlich höhere Chimborazo, ebenfalls in Ecuador (Abschnitt 4.6), ist übrigens auch ein aktiver Vulkan.

Ohne Unterbrechung wurde spätestens seit der Bildung des Atlantiks im frühen Mesozoikum ozeanische Kruste unter den Anden subduziert. Manchmal veränderte sich die Neigung, mit der die ozeanische Platte unter Südamerika abtaucht, und da die Tiefe der Entwässerung dadurch näher oder weiter von der Küste lag, verlagerten sich dann auch die aktiven Vulkane entsprechend. Außerdem wanderte die Küste und damit auch die Vulkane durch Subduktionserosion immer weiter ins Landesinnere. Daher finden sich in den Anden oft Ketten erloschener und stark erodierter Vulkane, die parallel zum aktiven Vulkangürtel verlaufen.

Wesentlich größer als die an die Oberfläche geförderten Magmenmengen sind jedoch die Magmen, die als Pluton in der Tiefe stecken bleiben. Unter den Vulkanketten steckt ein Pluton neben dem anderen, manche schon abgekühlt, manche sind gerade erst aufgestiegen. Es sind so viele Plutone, dass sie zusammen einen riesigen zusammengesetzten Körper aus Graniten, Gabbros und anderen Plutoniten bilden, der als Batholith bezeichnet wird. Solche Batholithe finden wir überall, wo die Hebung des Gebirges und die Erosion stark genug waren, um das tiefe Stockwerk einer älteren Vulkankette freizulegen.

Der über eine lange Zeit aktive Magmatismus hat zu einer deutlichen Verdickung der Kruste geführt. Subduktion vermehrt tatsächlich den Anteil an kontinentaler Kruste. Auf diese Weise sind nach der Entstehung der Erde überhaupt erst die Kontinente entstanden. Trotzdem geht in den Anden nur ein Bruchteil der Hebung auf Magmatismus zurück.

Tektonische Bewegungen wie Überschiebungen kommen sowohl in den Anden selbst als auch im östlichen Vorland vor und sind für den weitaus größten Teil der Krustenverdickung verantwortlich. In den zentralen Anden ist die Kruste etwa 70 km dick. Das ist mehr als doppelt so viel wie unter einem durchschnittlichen Kontinent. Die Vulkane stehen auf dieser durch Überschiebungen verdickten Kruste.

In den Anden gibt es nicht nur riesige aktive Vulkane, sondern auch ganz andere Bergriesen. Der Aconcagua in Argentinien ist immerhin der höchste Berg außerhalb Asiens, er ist ein erloschener und stark erodierter Vulkan aus dem Tertiär. Diese Ruine steht auf einer hohen Bergkette aus gefalteten und überschobenen Gesteinen, auf in einem Graben abgelagerten Sedimenten und dem alten Grundgebirge. Ihre Höhe verdanken diese Gipfel den tektonischen Bewegungen, die auch immer noch stattfinden (Giambiagi et al. 2003). Aktive Vulkane sind in dieser Gegend weit und breit nicht zu sehen. Tatsäch-

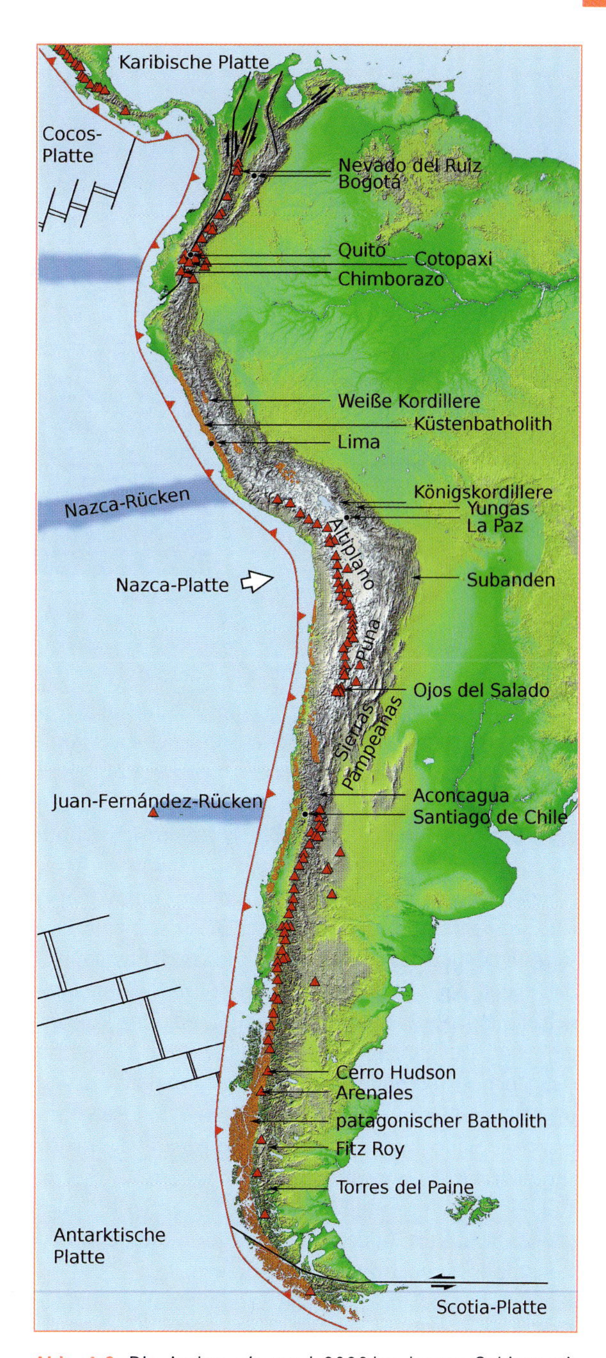

Abb. 4.3 Die Anden, ein rund 8000 km langes Gebirge mit unzähligen aktiven Vulkanen (rote Dreiecke), entstanden durch die Subduktion des Pazifiks (Nazca-Platte und Antarktische Platte) unter den südamerikanischen Kontinent. Batholithe (orange) sind große Körper aus unzähligen Plutonen, den Magmakammern eines älteren Vulkanbogens. In Peru und Nordchile hat der heutige Vulkanbogen zwei große Lücken, die durch die Subduktion von Tiefseebergen (Nazca-Rücken und Juan-Fernández-Rücken) verursacht werden. Eine kleine Lücke in Patagonien geht auf den dort subduzierten Mittelozeanischen Rücken zurück.

Abb. 4.4 Luftbild der Vulkane Villarica (2847 m), Quetrupillán (2360 m) und Lanín (3747 m) im Seengebiet im nördlichen Patagonien. Tektonische Überschiebungen tragen in diesem Abschnitt der Anden kaum zur Krustenverdickung bei, die Gipfelhöhen sind daher vergleichsweise gering. Foto: Sarah und Iain (Flickr).

lich hat der berühmte Feuergürtel des Pazifiks hier eine rund 600 km lange Lücke, in der es keinen einzigen aktiven Vulkan gibt. Eine zweite, sogar mehr als doppelt so lange Zone ohne Vulkane befindet sich in Peru. In dieser liegt unter anderem die Weiße Kordillere (Abschnitt 4.3), in der einige der bekanntesten und höchsten Berge Amerikas liegen. Nirgendwo sonst in den Anden gibt es eine so dichte Ansammlung hoher Berge wie hier. Den schroffen, stark vergletscherten Spitzen sieht man auf den ersten Blick an, dass es sich nicht um Vulkane handelt. Eine dritte, wesentlich kürzere Zone ohne Vulkane gibt es in Patagonien (Abschnitt 4.5). Diese Zone wird sich noch als besonders eigensinnig herausstellen. Aus irgendeinem Grund bildet sich in diesen drei Abschnitten keine Schmelze, obwohl auch hier ozeanische Kruste subduziert wird: Wir werden sehen, dass der Auslöser im Fall der Weißen Kordillere fast 4000 km entfernt inmitten des Pazifiks zu finden ist. Wir müssen diese Subduktionszone also noch genauer anschauen.

Tatsächlich haben entlang dieses 8000 km langen Gebirges so viele unterschiedliche Prozesse zur Gebirgsbildung beigetragen, dass es sich lohnt, den Anden gleich mehrere Abschnitte zu widmen. Fangen wir mit einem Bereich an, in dem die Subduktion wie im Lehrbuch abläuft. In der südlichen Vulkanzone, zwischen dem Tupungatito (westlich von Santiago de Chile) und dem 1400 km weiter südlich in Patagonien gelegenen Cerro Hudson läuft alles, wie es sein soll. Beide Vulkane sind sehr aktiv: Der Tupungatito hat immer wieder kleinere Explosionen, der Cerro Hudson brach 1991 mit einer der heftigsten Eruptionen des 20. Jahrhunderts aus, bei der eine Aschenwolke 18 km in die Höhe stieg.

Zwischen den beiden reiht sich ein Vulkan an den nächsten: Die Abstände von einem zum anderen sind selten größer als 40 km. Sie fördern Andesit und Dazit, im Süden vor allem Basalt und Rhyolith. Östlich des Vulkangürtels gibt es noch einzelne Basaltvulkane in einem Bereich, in dem die Kruste gedehnt wird. Es handelt sich dabei um das Backarc und entspricht der Dehnung, die einmal zur Loslösung Japans von Asien geführt hat.

Etwas komplizierter wird dieses Bild dadurch, dass sich die Küste seit Beginn der Subduktion immer weiter nach Osten verlagert hat, weil die abtauchende Nazca-Platte wie Schmirgelpapier unter dem Kontinent entlang schleift. Damit verlagerte sich auch der Vulkanbogen nach Osten und befindet sich in einem Bereich, der zuvor als Backarc-Becken gedehnt wurde. Für die Berge östlich von Santiago de Chile wurde gezeigt, dass sich die Grabenstrukturen des ehemaligen Backarc-Beckens inzwischen zu steilen Überschiebungen invertiert haben (Godoy et al. 1999). Diese tektonischen Bewegungen haben zu einer dickeren Kruste geführt, deren Auftrieb die Region als Gebirgskette angehoben hat. Die bis zu 6500 m hohen Vulkane sitzen wie die Zacken einer Krone auf diesen Bergen. Nach Süden nimmt die Krustenverkürzung deutlich ab, entsprechend ist die Hebung geringer. Im Seengebiet im nördlichen Patagonien stehen die Vulkane wie Villarrica und Lanín (Abb. 4.4) auf einem deutlich niedrigeren Plateau, folglich sind die Gipfel nur knapp 3000 bis 3700 m hoch. Ganz im Süden der Vulkankette erreichen die Gipfelhöhen gerade einmal 2000 m.

4.2 Zentrale Anden und das Altiplano

In ihrem zentralen Bereich, in Südperu, Südwestbolivien, Nordwestargentinien und Nordchile, haben die Anden ihre gewaltigsten Ausmaße und höchsten Gipfel. Sie weiten sich hier zu einem knapp 800 km breiten Gebirge aus, zwischen der Tiefseerinne im Westen und dem Amazonas- und Chacobecken im Osten (Abb. 4.5).

Am auffälligsten ist in diesem breiten Gebirgsgürtel das abflusslose Altiplano (Abb. 4.6–4.8), ein völlig flaches Hochplateau mit einer durchschnittlichen Höhe von 3600 m. Die Ausmaße dieser Ebene sind gewaltig, sie ist etwa 1000 km lang und bis zu 200 km breit. Wegen der Kälte und der Trockenheit gibt es hier oben nur eine karge Steppenvegetation mit Büschelgras und Azorella-Polstern, auf der Lamas und Alpakas weiden. Im Norden des Altiplano liegt der Titicacasee. Er ist 15-mal größer als der Bodensee und der größte Hochgebirgssee der Erde. Aus ihm fließt ein Fluss über das nach Süden immer trockenere Plateau und endet in einem Salzsee. Solche großen abflusslosen Salzseen, von denen einige in der Trockenzeit verschwinden und eine riesige Salzpfanne hinterlassen, sind typisch für das wüstenhafte südliche Altiplano. Am beeindruckendsten ist der riesige Salar de Uyuni: eine vollkommen flache Ebene aus gleißend weißem Salz so weit das Auge reicht. Er ist mehr als 20-mal größer als der Bodensee und damit die größte Salzpfanne der Welt.

Südlich des Altiplanos schließt sich das noch höhere, aber nicht ganz so flache Puna-Plateau in Nordwestargentinien an. Beide zusammen bilden das nach Tibet zweithöchste und zweitgrößte Hochplateau der Erde. Auf beiden Seiten wird dieses Plateau durch hohe Bergketten, die Westliche und die Östliche Kordillere begrenzt.

Die Westliche Kordillere ist der zur Subduktionszone gehörende aktive Vulkanbogen (Abb. 4.9–4.11). Hier stehen große Stratovulkane am Rand des Plateaus mehr oder weniger auf einer Linie. Da die Füße dieser Vulkankegel schon in 3500 bis 4500 m Höhe stehen, finden sich hier auch einige Gipfel über 6000 m. Am Rand des Altiplanos sind darunter der Parinacota und der erloschene Sajama. Am Rand des Puna-Plateaus stehen gleich einige der höchsten Vulkane der Welt, wie der Ojos del Salado, Llullaillaco, Tipas und Incahuasi.

Zwischen den Vulkankegeln ist das Gelände bis auf die Ruinen erloschener Vulkane relativ flach. Nach Westen hin fällt das Plateau über die Nordchilenische Vorkordillere (Gipfel um 4000 m) und die Küstenkordillere (2000 m) zur Küste hin ab, die wiederum in die 7000 m tiefe Tiefseerinne abfällt. Die Vorberge, die zu den trockensten Regionen der Erde gehören, bestehen neben uralten Resten des alten Gondwana und jungen Sedimenten vor allem aus älteren Gesteinen des Vulkanbogens, der sich seit dem Jura langsam immer weiter nach Westen verlagerte. Das Vorland aus mesozoischer Zeit ist durch Subduktionserosion verschwunden, ein 200 km breiter Streifen von Südamerika wurde inzwischen von der abtauchenden Platte weggeraspelt. Das abgeschliffene Material wird von der abtauchenden Platte nach unten transportiert, wo es sich an der Basis der amerikanischen Kruste ansammelt. Die Subduktionserosion trägt so zur Krustenverdickung und Gebirgsbildung bei.

In den Vorbergen gibt es nach Westen gerichtete Überschiebungen. Sie werden durch die Reibung der abtauchenden Platte bewegt, die gegen den Seitendruck

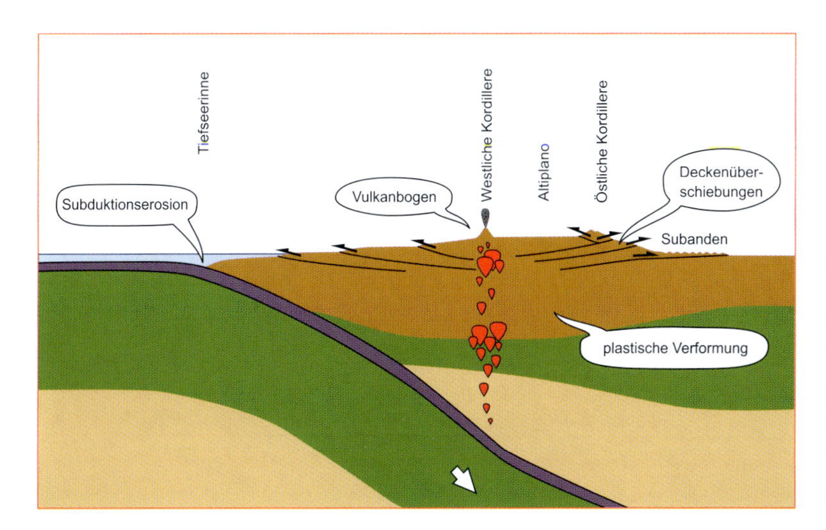

Abb. 4.5 Schnitt durch die Zentralen Anden. Die Kruste ist auf das Doppelte verdickt, was zum größten Teil auf die tektonischen Bewegungen zurückzuführen ist. Die Vulkane der Subduktionszone stehen in der Westlichen Kordillere, am Westrand des Altiplanos. Die Östliche Kordillere wird zwischen zwei konjugierten Überschiebungen angehoben.

Abb. 4.6 Blick von der Isla del Sol über den Titicacasee auf die Königskordillere mit Illampú (6368 m), Ancohuma (6425 m) und Chachacomani.

des Altiplano-Plateaus wirkt. Erstaunlicherweise gibt es gleichzeitig aber auch Bereiche mit einer leichten Dehnung, da sie von der abtauchenden Platte und der durch Subduktionserosion verdickten Kruste zu einer Ausbeulung angehoben werden (Adam & Reuther 2000).

Die rauere Östliche Kordillere besteht vor allem aus marinen Sedimenten aus dem Präkambrium und Paläozoikum, die schon vor der Bildung der Anden verformt und teilweise zu metamorphen Gesteinen umgewandelt worden waren (Jacobshagen et al. 2002), es sind aber auch jüngere Sedimente zu finden. Vor allem im späten Tertiär wurden diese Gesteine ostwärts über flach nach Westen einfallende Deckenüberschiebungen übereinander und über den brasilianischen Kraton (den alten Kern des Kontinents) geschoben. Diese Überschiebungen sind wie ein Spiegelbild zu den entgegengesetzten Überschiebungen unter der Westlichen Kordillere. Die Überschiebungen in der oberen Kruste gehen mit plastischer Verformung in der unteren Kruste einher, die wie Knetmasse zusammengedrückt wird und dadurch ebenfalls dicker wird.

Ein weiteres System von Überschiebungen begrenzt die Östliche Kordillere auf der anderen Seite zum Altiplano hin. Hier wurden die Gesteine über den Rand des Altiplanos, also in die entgegengesetzte Richtung, überschoben. Es handelt sich um Rücküberschiebungen, also die konjugierten Verwerfungen zu den ostwärts gerichteten Überschiebungen, so ähnlich wie die als X ange-

Abb. 4.7 Der Salar de Uyuni auf dem Altiplano ist die größte Salzpfanne der Welt.

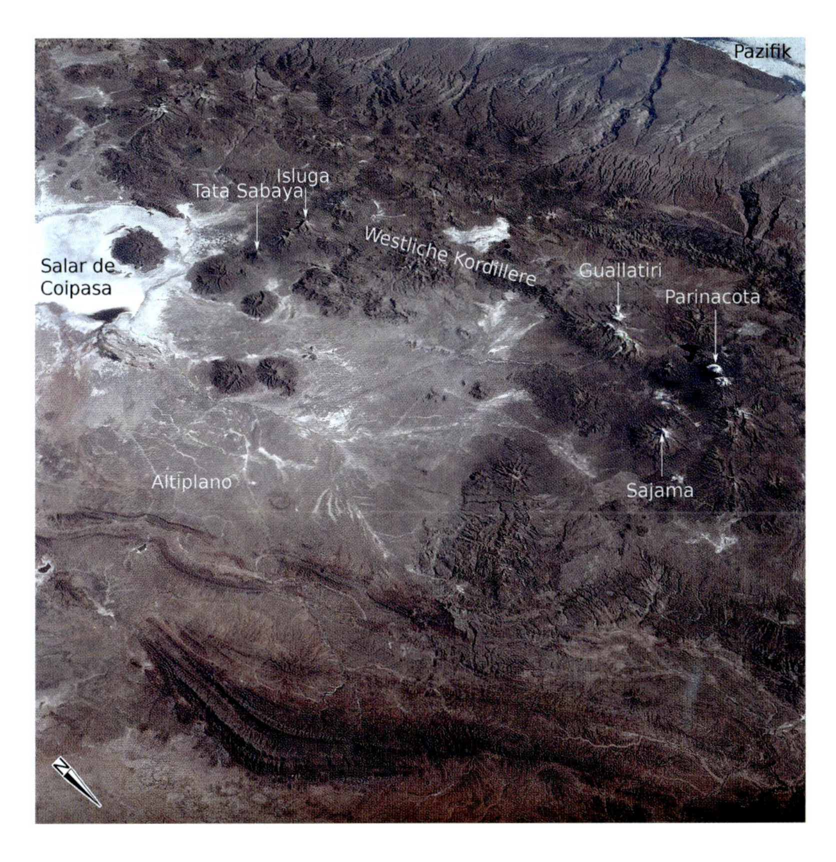

Abb. 4.8 Ein Teil des Altiplanos und der Westlichen Kordillere, vom Space Shuttle aus gesehen. Die Westliche Kordillere besteht aus aktiven (Parinacota, Guallatiri, Isluga, Tata Sabaya) und erloschenen Vulkanen (Sajama), deren Gipfel im Bildausschnitt 5500 m bis 6500 m hoch sind. Der gebogene Bergzug im unteren Teil des Bildes ist eine der wenigen Erhebungen innerhalb des Altiplanos, hier verläuft eine kleinere Überschiebung. Foto: Nasa.

ordneten konjugierten Brüche beim Zerbrechen eines Steinzylinders in einer Presse. Durch diese Anordnung wurde der zentrale Bereich der Bergkette als „pop-up" besonders stark angehoben. In der Königskordillere (Abb. 4.12, 4.13) in Nordbolivien hat die Erosion dabei einige Plutone an die Oberfläche gebracht, die im Tertiär, zum Teil auch wesentlich früher intrudiert waren und heute unter anderem die Sechstausender Illimani, Huayna Potosí und Illampú bilden, die als mächtige vergletscherte Bergstöcke über La Paz und dem Titicacasee aufragen. Die östlich dieser Bergmassive steil in das Becken des Rio Beni abfallenden Yungas sind die regen-

Abb. 4.9 Die Westliche Kordillere ist der aktive Vulkanbogen der Subduktionszone. Hier sehen wir Parinacota (6348 m) und Pomerape (6222 m), zwei der großen Stratovulkane. Die Lagunas de Cotacotani im Vordergrund wurden durch Lavaströme aufgestaut. Nationalpark Lauca (Chile).

Abb. 4.10 Zwischen den unzähligen aktiven und erloschenen Vulkanen der Westlichen Kordillere gibt es Hochebenen mit kleinen, oft abflusslosen und daher salzigen Seen wie die Laguna Verde (Bolivien). Blick vom Licancabur.

Abb. 4.11 a) Die Vulkane Licancabur (5916 m) und Juriques von San Pedro de Atacama (Chile). b) Juriques (5704 m) vom Licancabur aus gesehen.

reichste und dadurch am stärksten erodierte Region der Zentralen Anden, was wiederum den Auftrieb in der benachbarten Königskordillere verstärkt. Tiefe Schluchten schneiden sich hier in das Gebirge, an deren steile Hänge sich ein dichter Nebelwald klammert. In den tieferen Lagen mit dampfendem Regenwald gedeihen Kaffee, Bananen und Cocapflanzen.

Während es innerhalb des Altiplanos nur kleinere Störungen gibt, ist das Puna-Plateau durch Überschiebungen und Seitenverschiebungen in Becken und Bergrücken zerbrochenen (Acocella et al. 2007). Deren Bewegung ist jedoch wesentlich geringer als die gleichzeitige Bewegung innerhalb der Östlichen Kordillere.

Die tektonische Krustenverkürzung ist der wichtigste Mechanismus, der unter dem Altiplano zu einer auf mehr als 70 km verdickten Kruste geführt hat (Allmendinger et al. 1997, Giese et al. 1999, Yuan et al. 2000). Das ist ungefähr doppelt so dick wie der benachbarte Brasilianische Kraton. Die Angaben über die Krustendicke variieren allerdings stark, da die Interpretation der Geophysikalischen Daten über die Moho im Falle der Anden schwierig ist: In der Unterkruste gibt es Schmelzen neben Gesteinen mit hoher Dichte, während der Mantel zum Teil durch das Wasser der Subduktionszone in Serpentinit umgewandelt und relativ leicht ist. Die Dichtesprünge innerhalb der Kruste und des Mantels können dadurch größer sein, als dies zwischen den beiden Schalen der Fall ist. Dieser weniger serpenitisierte Mantel trägt übrigens durch seine geringere Dichte auch ein wenig zur Hebung des Gebirges bei.

Die Überschiebungen verlaufen vor allem durch die Östliche Kordillere und durch den breiten Faltengürtel der östlich anschließenden Subanden (Abschnitt 4.4), beide zusammen wurden um mehr als 200 km zusammengeschoben. Im unteren Teil der Kruste erfolgte die Verdickung durch plastische Verformung. Der Beitrag des Magmatismus an der Krustenverdickung wird nur auf 20 Prozent geschätzt. Er hat jedoch die tektonischen Bewegungen erst ermöglicht: Die Lithosphäre unter den Zentralen Anden wurde durch die Wärme des starken Magmatismus aufgeweicht.

Der Magmatismus ist nicht auf den Vulkanbogen der Westlichen Kordillere beschränkt, auch auf dem Plateau und sogar bis in die Östliche Kordillere gibt es Backarc-Vulkanismus. Obwohl hier überwiegend kompressive Kräfte herrschen, haben primitive Mantelschmelzen es

Abb. 4.12 Die Östliche Kordillere geht auf Überschiebungen zurück. Ihre höchsten Gipfel sind die Granitberge der Königskordillere (Bolivien). a) Der Illimani (6439 m) ragt als mächtiger Bergstock über La Paz auf. b) Blick vom Hochcamp des Illimani.

Abb. 4.13 Bergsteiger am Gipfelgrat des Huayna Potosí (6088 m) in der Königskordillere. Der Blick reicht über Condoriri bis zu Ancohuma und Illampú. Das Altiplano mit dem Titicacasee ist links außerhalb des Bildes, nach rechts fallen die Anden in den steilen Schluchten der Yungas ins Amazonasbecken ab.

hin und wieder durch die dicke Kruste bis an die Oberfläche geschafft und kleine Basaltvulkane gebildet. Kleinere Seitenverschiebungen scheinen für diese Aufstiegswege eine Rolle zu spielen. Diese Verwerfungen werden mit der gebogenen Form des Gebirges erklärt, denn Überschiebungen in einem gebogenen Gebirge erfordern ausgleichende seitliche Bewegungen. Wesentlich häufiger bleiben die primitiven Schmelzen jedoch in der unteren Kruste stecken, die hier überwiegend aus alten metamorphen Gesteinen besteht (Lucassen et al. 2001). Deren Schmelzpunkt liegt deutlich unter der Temperatur von geschmolzenem Basalt, sie können daher durch diesen aufgeschmolzen werden. Die meisten Vulkane auf dem Plateau (die vor allem im Tertiär aktiv waren) haben daher extrem saure Magmen gefördert, die überwiegend aus aufgeschmolzener Kruste bestanden. Im Tertiär gab es eine kurze Zeitspanne, in der auf dem südlichen Altiplano und auf dem Puna-Plateau plötzlich riesige Mengen Ignimbrit gefördert wurden. Diese Glutwolken breiteten sich von großen, über das Plateau verstreuten Calderen aus, die über den entleerten Magmakammern einbrachen, heute aber nur noch auf Satellitenfotos zu erkennen sind. Das Ergebnis ist die größte von Ignimbrit bedeckte Region der Erde. Ausgelöst wurde dieser extreme Magmenschub möglicherweise, indem die subduzierte Platte steiler wurde. Dabei kam auf einen Schlag mehr hydratisierter Mantel in heißere Regionen, sodass auch mehr Schmelze gebildet wurde.

Die mit der Krustenverdickung einhergehende Hebung des Altiplanos begann vor ca. 25 Millionen Jahren und setzte sich in mehreren Phasen fort. Das Puna-Plateau begann erst zehn Millionen Jahre später. Vor der Hebung war das Altiplano ein Vorbecken vor der Östlichen Kordillere, in das mächtige Sedimente abgelagert wurden. Noch heute geht die Sedimentation weiter, jedoch in stark vermindertem Maß. An manchen Stellen wurden insgesamt 10 km Sedimente abgelagert. Diese Sedimentation hat Konsequenzen für die Hebung der Berge: Da ein großer Teil des Abtragungsschutts nicht in einem Becken zu Füßen des Gebirges, sondern auf der abflusslosen Hochebene innerhalb des Gebirges abgelagert wird, hat die Erosion kaum Auswirkungen auf die durchschnittliche Dicke der Kruste. Auf dem

Altiplano selbst ist es so trocken und die Höhenunterschiede sind so gering, dass es so gut wie keine Erosion gibt.

Wissenschaftler versuchten in den letzten Jahren, anhand der Sedimente des Altiplanos die Hebungsgeschichte zu rekonstruieren (Garzione et al. 2008). Dazu benutzten sie vor allem die Verhältnisse der in den Gesteinen enthaltenen Sauerstoffisotopen, die von der Temperatur abhängig sind, und berechneten aus diesen klimatischen Daten die Höhe. Nach ihren Daten befand sich das Plateau vor zehn Millionen Jahren auf rund 1500 m Höhe, wurde dann aber plötzlich innerhalb weniger Millionen Jahren auf das heutige Niveau angehoben. Die einfachste Möglichkeit, einen solchen sprunghaften Aufstieg zu erklären, ist das Abfallen des schweren Gewichts unter der Krustenwurzel: Der lithosphärische Mantel und Eklogite der unteren Kruste lösten sich ab und sanken in die Asthenosphäre. Das Plateau hob sich, um das fehlende Gewicht auszugleichen (Abb. 4.14).

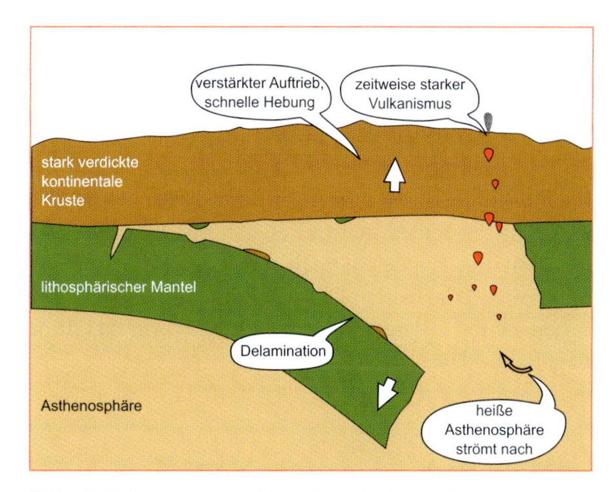

Abb. 4.14 Der schwere lithosphärische Mantel kann sich unter einer stark verdickten kontinentalen Kruste ablösen (Delamination), da die untere kontinentale Kruste durch die Hitze sehr weich wird. Die Delamination löst eine schnelle Hebung und eine Episode mit starkem Magmatismus aus.

Ein solches Abpellen des lithosphärischen Mantels wird Delamination genannt. Dieser Prozess wurde zuvor bereits für das Puna-Plateau vorgeschlagen (Kay & Kay 1993, Gerbault et al. 2005). Obwohl die Kruste des Puna-Plateaus dünner ist als die des Altiplanos, ist es etwas höher. Nach seismischen Daten hängt unter dem Altiplano lithosphärischer Mantel, der noch oder wieder 50 km dick ist. Unter dem Puna-Plateau fehlt dieser. Daher wurde der Unterschied zwischen beiden durch das Abpellen des lithosphärischen Mantels unter dem Puna-Plateau erklärt, was vermutlich vor zwei bis drei Millionen Jahren passierte. Heiße Asthenosphäre strömte im Gegenzug nach oben, wo sie durch Druckentlastung teilweise aufgeschmolzen wurde. Für kurze Zeit waren auf dem Puna-Plateau kleine Basaltvulkane aktiv.

Eine Delamination der unteren Lithosphäre ist in geologischen Zeiträumen ein schneller Prozess, der zu einer plötzlichen starken Hebung und zu kurzen Episoden mit starkem Magmatismus führt. Das ist natürlich eine tolle Sache, um ansonsten unerklärliche Hebungen zu erklären, allerdings müssen erst einmal die Bedingungen stimmen, dass so etwas überhaupt möglich ist. Die starre Mantellithosphäre ist so stabil, dass sie eher eine Platte zusammenhält, als sich abzulösen. Erst durch eine stark verdickte Kruste werden die Temperaturen so hoch, dass das Ganze instabil wird und sich ein großer Klumpen ablösen kann.

Die plötzliche Hebung der Anden durch Delamination wird allerdings schon wieder angezweifelt. Andere Wissenschaftler simulierten, wie sich der Aufstieg der Anden auf das Klima und auf die Sauerstoffisotopen der Sedimente auswirkt und argumentieren für einen langsameren, gleichmäßigen Aufstieg (Poulsen et al. 2010). Als die Anden dabei eine kritische Höhe erreichten, änderten sich die Windsysteme des Kontinents. An der Ostseite des Gebirges nahmen die Niederschläge massiv zu, was wiederum die Sauerstoffisotopen in Niederschlägen auf dem Altiplano veränderte. Demnach ist der Sprung in den Isotopendaten mit einer plötzlichen Klimaänderung zu erklären, die durch einen langsamen Aufstieg des Gebirges ausgelöst wurde.

Ein weiterer schwer zu beweisender Prozess wurde für die Zentralen Anden vorgeschlagen (Gerbault et al. 2005). Der unterste Teil der Kruste ist durch ihre Tiefe und durch die Hitze der aufsteigenden Magmen so heiß, dass er angeschmolzen ist. Schon ein dünner Schmelzfilm zwischen den Kristallen des Gesteins erhöht die plastische Verformbarkeit so sehr, dass die untere Kruste möglicherweise zu fließen beginnt. Dieser weiche Teil steckt zwischen starren Bereichen der oberen Kruste und dem lithosphärischen Mantel, wie Marmelade zwischen zwei Brotscheiben. Es ist denkbar, dass unter dem Altiplano sozusagen diese Brotscheiben auseinandergezogen werden, da der lithosphärische Mantel von unten zieht. Unter dem Puna-Plateau ist das nicht der Fall, weil sich der lithosphärische Mantel vollständig abgelöst hat. Die weiche Unterkruste unter dem Puna-Plateau wurde durch den entstandenen Unterdruck unter das Altiplano gesaugt. Leider ist ein solches Fließen kaum zu beweisen, da es abgesehen von der Hebung keine Auswirkungen auf die Oberfläche hat. Das Modell erklärt aber sehr gut, warum die Kruste unter dem Puna-Plateau so viel dünner ist als unter dem Altiplano. Gleichzeitig erklärt sie einen Teil der stark verdickten Kruste des Altiplanos, denn die Addition der tektonischen Bewegungen und des Magmatismus reichen dort nicht für die gesamte Krustenverdickung aus. Das Fließen von Kruste vom Puna-Plateau unter das Altiplano würde auch erklären, warum die Anden im Bereich des Altiplanos wesentlich breiter sind und eine stärkere Krustenverkürzung erlebt haben als im Süden, obwohl es sich um dieselbe Subduktionszone handelt: Durch das Ansaugen ist mehr Krustenmaterial vorhanden, das nun um einen ähnlichen Betrag zusammengeschoben wird wie das dünnere Puna-Plateau.

4.3 Schneewittchen hinter den 30 Bergriesen

Unter den Lücken des Feuergürtels in Peru und dem nördlichen Chile wird dieselbe ozeanische Platte subduziert wie unter dem Rest der Anden. Trotzdem gibt es hier keine aktiven Vulkane. Das liegt daran, dass die ozeanische Nazca-Platte in diesen Abschnitten mit einem ungewöhnlich flachen Winkel abtaucht. Zunächst schiebt sie sich mit normalen 30° bis in knapp 100 km Tiefe hinunter, schwenkt dann aber für mehrere Hundert Kilometer fast in die Horizontale, bevor sie abermals abknickt und endgültig steil in der Tiefe verschwindet (Gutscher 2002). Die Geometrie der abtauchenden Platte ist also entlang der Anden sehr kompliziert, mit einem Wechsel zwischen flacher Subduktion und normal abtauchenden Bereichen. Sowohl in Peru als auch in Chile wird diese flache Subduktion von jeweils einer Kette von Tiefseebergen verursacht, die mit versenkt werden. Diese ungewöhnlich dicke ozeanische Kruste erfährt einen starken Auftrieb. Bei beiden handelt es sich um die Spuren von Hotspots (Abschnitt 7.1). Unter Peru ist dies der Nazca-Rücken, der durch den unter der Osterinsel aktiven Hotspot entstand. Unter Chile ist es der Juan-Fernández-Rücken, der zu den gleichnamigen Inseln gehört.

In den flachen Bereichen gibt es keinen Mantelkeil, also keine Asthenosphäre zwischen der Kruste und der abtauchenden Platte. Im Gegenteil wirkt diese auf die Kruste wie ein Kühlschrank. Sie ist noch kalt und schirmt effektiv von der Wärme des tieferen Mantels ab. Daher kann es auch nicht zur Bildung von Schmelze kommen. Andererseits erhöht sich die Kopplung der beiden Platten, was eine stärkere Verformung innerhalb der kontinentalen Lithosphäre verursacht. Die durch Überschiebung innerhalb der kontinentalen Kruste verursachten Erdbeben sind in diesen Bereichen entsprechend häufiger und stärker. Das Ergebnis können Berge sein, die eher an die Alpen oder den Himalaja erinnern als an ein Andentyp-Gebirge aus dem Lehrbuch.

Die Weiße Kordillere (Abb. 4.15–4.18) ist die höchste Bergkette in Peru und zugleich die höchste und am stärksten vergletscherte Region in den Tropen. Hier steht ein weißer Riese aus Eis und Granit neben dem anderen, mehr als 30 Gipfel liegen über 6000 m, darunter Huascarán und Huandoy. Der bekannteste Berg ist der 5947 m hohe Alpamayo. Vom Norden erscheint dieses Schneewittchen als eine perfekte Pyramide aus Eis, die als steiler Zacken aufragt. Er wird oft als schönster Berg der Welt bezeichnet, was etwas unfair gegenüber all den anderen Schönheiten ist, an denen es allein in dieser

Abb. 4.15 Von Vulkanen keine Spur: In der stark vergletscherten Weißen Kordillere in Peru befinden sich einige der höchsten Berge der Anden. Blick vom Nevado Pisco auf Quitáraju, Alpamayo, Artesonraju, Pucajirca, Rinríjirca, Pirámide und Pisco-Ostgipfel.

Bergkette wirklich nicht mangelt. Die ebenfalls perfekte Eispyramide Artesonraju steht dem Alpamayo in nichts nach.

Als die Subduktion noch normal ablief, gab es auch hier eine Kette von Vulkanen, unter denen sich große Magmakammern befanden. Nur ein Bruchteil der Magmen wurde in Eruptionen an die Oberfläche befördert, der Rest kühlte als Pluton in der Tiefe ab. Dieser Vulkanbogen war lange genug aktiv, um in etwa 10 km Tiefe einen Batholith zu bilden, eine riesige Masse aus Granitplutonen, die sich gegenseitig intrudiert haben.

Im Westen fällt die Weiße Kordillere wie mit einem Messer geschnitten in einer steilen Kante in das Tal Callejón de Huaylas ab. Diese Kante ist eine gigantische Abschiebung (McNulty & Farber 2002), entlang der das Tal und die westlich davon gelegene Schwarze Kordillere nach Westen weggezogen wurde und absank, während der untere Block, die Weiße Kordillere, mit einer Geschwindigkeit von 4 mm im Jahr extrem gehoben wurde.

Wenn der Alpamayo unser Schneewittchen ist, dann ist die Schwarze Kordillere unser Aschenputtel: Diese Bergkette auf der anderen Seite des Tales besteht aus den Vulkangesteinen, die sich ursprünglich über der Weißen Kordillere befanden. Das ist freilich so lange her, dass man nicht nach einem Vulkankegel suchen braucht. Diese sind längst der Erosion zum Opfer gefallen.

Die Abschiebung entstand in dem Moment, als mit der abtauchenden Platte der Nazca-Rücken ankam und die ersten Tiefseeberge subduziert wurden. Vor fünf Millionen Jahren war das eine Ende des Rückens im asthenosphärischen Mantel angekommen, und sein Auftrieb führte zu einer flachen Subduktion. Die ozeanische Platte befindet sich seither horizontal direkt unter der kontinentalen Lithosphäre. Damit hörte der Magmatismus auf, gleichzeitig drückte der Auftrieb die gesamte Region nach oben, was wiederum zu Dehnung in der Kruste führte. Die Abschiebung bildete sich, weil der Batholith noch immer heiß war und sich daher das Gestein unmittelbar darüber plastisch verformen konnte. Die Mylonitzone, in der die Bewegung stattfand, ist mehr als einen Kilometer dick, sie ist im steilen Westrand der Weißen Kordillere aufgeschlossen. Der darüber liegende Gesteinsstapel rutschte nach Westen

Abb. 4.16 Granitberge in der Weißen Kordillere. a) Die drei Gipfel der Huandoy (6395 m) vom Nevado Pisco. b) Santa Cruz (6241 m) vom Nordwesten. c) Wie eine Festung wirkt Chacraraju (6112 m) vom Alto de Pucaraju. d) Blick von der Schwarzen Kordillere über das Tal Callejón de Huaylas auf die Weiße Kordillere mit Huandoy, Huascaran (6768 m) und Nevado Hualcán.

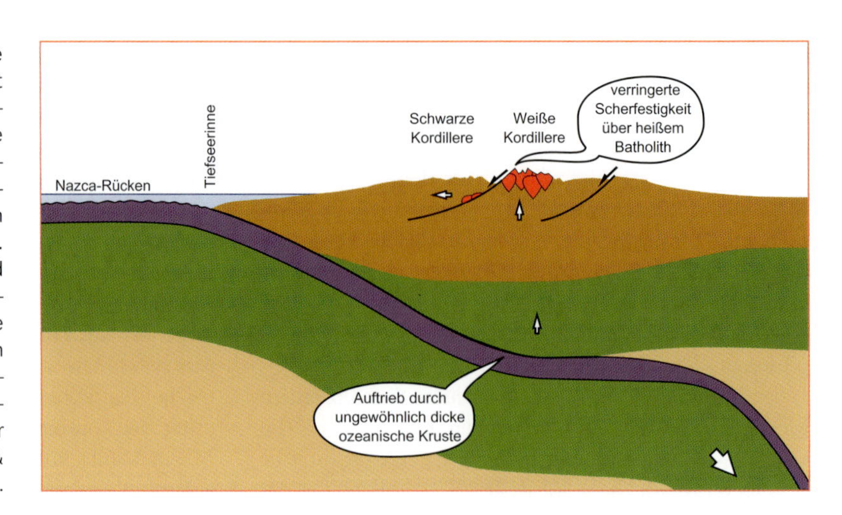

Abb. 4.17 In der Weißen Kordillere gibt es keine Vulkane, stattdessen ist der Batholith eines alten Vulkanbogens freigelegt: Da unter Peru die Tiefseeberge des Nazca-Rückens subduziert werden, erfährt die abtauchende Platte einen ungewöhnlichen Auftrieb und wird flach subduziert. Die kontinentale Kruste darüber wird angehoben, der Vulkanismus ist erloschen. Entlang einer Scherzone, die sich über dem noch heißen Batholith ausbildete, wurde der ehemalige Vulkanbogen (die heutige Schwarze Kordillere) darüber weggezogen und der Batholith freigelegt. Nach McNulty & Farber (2002).

weg, während der Batholith nach oben schoss. Ähnliche Abschiebungen, aber mit weniger spektakulären Resultaten, befinden sich übrigens auch östlich der Weißen Kordillere.

Der Nazca-Rücken verläuft nicht parallel zur Bewegungsrichtung der ozeanischen Platte, sondern schräg. Der Effekt mit flacher Subduktion wanderte daher vom Nordrand der Weißen Kordillere, unter dem sich der Rücken zu Beginn befand, immer weiter nach Süden. Wie ein Reißverschluss wanderte damit auch die Hebung entlang unserer Abschiebung nach Süden, solange der Batholith die nötige Wärme lieferte. Inzwischen wird der Rücken in Südperu in der Gegend von Nazca subduziert. Noch etwas weiter südlich beginnt dann der Bereich normaler Subduktion mit den ersten Vulkanen.

Riesige Batholithe gibt es in den Anden einige. Sie sind überall dort zu finden, wo ein Vulkanbogen inaktiv wurde, ob dies nun durch flache Subduktion passierte, oder weil sich der Vulkanbogen durch Subduktionserosion weiter ins Landesinnere verlagert hat. Auf einem kleineren Exemplar thront die berühmte Inkastadt Machu Picchu. Die größten verlaufen direkt an der Küste, wie der Küstenbatholith in Peru, der Küstenkordillerenbatholith in Nordchile und im Süden der gigantische Patagonische Batholith.

Der Küstenbatholith in Peru ist 1600 km lang, 65 km breit und aus etwa 1000 einzelnen Plutonen zusammengesetzt. Granite sind dabei in der Minderheit, genauso wie Granodiorit und Gabbro. Die absolute Mehrzahl sind Tonalite, also Gesteine, deren Zusammensetzung irgendwo zwischen Granit und Gabbro liegt. Bis in die Spurenelemente hinein entsprechen die Zusammensetzungen den vulkanischen Äquivalenten, die in der Nähe zu finden sind. Der einzige Unterschied ist die

Abb. 4.18 Ein Ausschnitt der stark vergletscherten Weißen Kordillere in Nordperu, vom Space Shuttle aufgenommen. Die Schwarze Kordillere (der ehemalige Vulkanbogen) wurde entlang einer deutlich sichtbaren Abscherung von den ursprünglich darunter gelegenen Granitplutonen der Weißen Kordillere weggezogen, während die Weiße Kordillere stark gehoben wurde. Foto: Nasa.

Häufigkeit, mit denen die einzelnen Zusammensetzungen vorkommen. Bei den Plutonen überwiegen etwas saurere Zusammensetzungen, Tonalit entspricht dem vulkanischen Dazit, der etwas saurer ist als die typischen Andesite.

Es gibt zwei Möglichkeiten, diese Zusammensetzungen zu erreichen. Entweder entwickelten sich Mantelschmelzen durch fraktionierte Kristallisation oder sie kühlten in einem ersten Schritt in der unteren Kruste zu einem Gabbro ab, der später teilweise wieder aufgeschmolzen wurde. Beide Prozesse führen zu denselben Zusammensetzungen. Die Häufigkeit des saureren Tonalits könnte jedoch ein Hinweis darauf sein, dass der zweistufige Prozess zumindest eine Rolle spielt. Möglicherweise fand die erste Stufe mit primitiven Schmelzen in einem Backarc-Becken statt, während die frühen Gabbros durch eine Verlagerung der Subduktionszone wieder aufgeschmolzen wurden.

Viele Batholithe befinden sich entlang von Seitenverschiebungen oder Verwerfungen mit einer starken seitlichen Verschiebungskomponente. Dass es so etwas in den Anden gibt, ist leicht verständlich: Die Küste verläuft nicht zwangsläufig im rechten Winkel zur Plattenbewegung. An Seitenverschiebungen kann es immer wieder Abschnitte geben, an denen die Kruste kleinräumig gedehnt oder geradezu auseinandergerissen wird, sodass sich ein Pluton sogar in einem ansonsten durch Kompression dominierten Regime Platz schaffen kann.

Die Vulkanlücke im nördlichen Chile entstand ganz ähnlich (Cristallini & Ramos 2000, Ramos et al. 2002, Giambiagi et al. 2003) wie die in Peru. Im Mesozoikum gab es einen ganz normalen Vulkanbogen, der sich im Tertiär um 50 km nach Osten verlagerte. Die mesozoische Subduktion ist für die Batholithe an der Küste verantwortlich. Zum tertiären Vulkanbogen gehören unter anderen die Vulkanruinen Aconcagua (Abb. 4.19) und Cerro Mercedario (beide in Argentinien). Sie bauten sich auf mesozoischen Sedimenten auf, die in einem Grabensystem abgelagert worden waren. Ähnlich wie dies etwas weiter südlich noch immer der Fall ist, fanden im Vulkanbogen zugleich Überschiebungen statt. Zunächst erfassten diese nur die mesozoischen Sedimente, griffen mit der Zeit aber auf das Grundgebirge über. Die Überschiebungsfront wanderte immer weiter nach Osten.

Als der Juan-Fernández-Rücken in der Subduktionszone ankam, klappte die abtauchende Platte durch den Auftrieb nach oben. Der Vulkanbogen wurde dadurch inaktiv, dafür setzte im östlichen Andenvorland eine Zeit lang Vulkanismus ein, der immer weiter nach Osten wanderte. Die tektonischen Bewegungen in den Anden nahmen schlagartig zu, die Überschiebungen griffen immer weiter auf das östliche Vorland über.

Abb. 4.19 Der Aconcagua (6962 m), der höchste Berg außerhalb Asiens, befindet sich in einer großen Lücke des Feuergürtels: Er ist die Ruine eines erloschenen Vulkans aus dem Tertiär. Seine Höhe verdankt er tektonischen Bewegungen, durch welche die Kruste verdickt und die ganze Region gehoben wurde. Foto: Mario Roberto Duran Ortiz.

Das ganze Gebirge wurde nun an mehreren großen, tief in die Kruste reichenden Überschiebungen mit einer Geschwindigkeit von 13 mm pro Jahr zusammengeschoben.

4.4 Vorberge der Anden

Ganz ähnlich wie der Jura (Abschnitt 1.4) aufgefaltet wurde, weil die Überschiebungen der Alpen den Sedimentstapel im Vorland in Bewegung setzten, griff auch in den Anden die Deformation auf das östliche Vorland über (Kley et al. 1999). Die Geometrie dieser Falten- und Überschiebungsgürtel ist vor allem von älteren Strukturen in diesem Vorland abhängig und wechselt entlang der Länge des Gebirges immer wieder. Wo es mächtige Sedimente über einem starren Grundgebirge gibt, wurden diese an Décollements abgeschert und es bildete sich wie im Faltenjura ein dünnhäutiger Falten- und Überschiebungsgürtel. Bei diesen liegen Faltensättel über Rampenstrukturen, die Faltenzüge werden als regelmäßige Wellen vor den Anden hergeschoben. Das beste Beispiel sind die Subanden in Bolivien (Abb. 4.20). Touristen kennen diese Region vor allem, weil Che Guevara hier versuchte, eine Guerilla aufzubauen und sein Leben verlor. Die Sedimente wurden hier um 135 km zusammengeschoben, ein Vielfaches mehr als beim Faltenjura. Entsprechend riesig sind die Ausmaße dieser Vorberge. Östlich schließt sich das Chaco-Becken an, in dem sich der Abtragungsschutt der Anden ansammelt.

Abb. 4.20 In Bolivien wurde durch die tektonischen Bewegungen der Anden der Sedimentstapel am Rand des östlich anschließenden Beckens zu einem Falten- und Überschiebungsgürtel zusammengeschoben, der als Subanden bezeichnet wird. Hier ein Wasserfall im Amboró-Nationalpark, Bolivien.

In anderen Gegenden wurden die Verwerfungen von alten, mesozoischen Gräben reaktiviert, durch die Kompression allerdings invers, also als steile Überschiebungen. Das Ergebnis ist ein dickhäutiger Überschiebungsgürtel, dessen Verwerfungen bis in das Grundgebirge reichen. Erst in 10 bis 20 km Tiefe biegen sie in flache Scherzonen um, da sich dort das Grundgebirge plastisch verformen kann. Die an der Oberfläche sichtbaren Falten und Bruchschollen sind nicht ganz so regelmäßig und haben eine größere Wellenlänge.

Einen dritten Typ gibt es in Argentinien, östlich der vulkanfreien Anden um den Aconcagua. Die Sierras Pampeanas (Ramos et al. 2002) sind mehrere leicht schräg zu den Anden verlaufende Gebirgszüge, die durch weite Becken voneinander getrennt sind. Die Sierra de Famatina (Abb. 4.21) ist sogar mehr als 6000 m hoch, die Sierra de Aconquija bis zu 5500 m, die höchsten Gipfel der anderen Ketten liegen zwischen 2000 und 4000 m. Alles in allem sind das ganz ordentliche Höhen für ein Vorgebirge!

Die großen Verwerfungen dieser Bergketten folgen zum Teil uralten Nähten, an denen Terrane an das damalige Gondwana andockten. Später, im Mesozoikum, wurde dieser Bereich mehrfach gedehnt. Vor allem im Zusammenhang mit dem Aufbrechen des Südatlantiks entstanden große Gräben, die sich mehr oder weniger an den vorhandenen Nähten orientierten. Viele dieser Gräben bildeten sich als Halbgraben aus, sie hatten eine dominante Abschiebung auf der Westseite und nur wenig Versatz an der Ostseite.

Diese alten Grabensysteme wurden natürlich mit der Zeit aufgefüllt und eingeebnet, aber nachdem die Subduktionszone der angrenzenden Anden von normaler Subduktion zur flachen Subduktion wechselte, konnten die alten Verwerfungen als inverse Störungen, als steile Aufschiebungen reaktiviert werden. Wegen der Asymmetrie der Gräben waren die größten Überschiebungen nach Westen gerichtet, also den Überschiebungen der Anden entgegengesetzt.

Wie bereits erwähnt, versiegte vor acht Millionen Jahren der Aconcagua-Vulkanbogen durch die flache Subduktion, während im Andenvorland verstreuter Vulkanismus einsetzte, der vor sechs Millionen Jahren seinen Höhepunkt erreichte. Je flacher die Subduktion wurde, desto weiter wanderte der Vulkanismus nach Osten. Der letzte Vulkan im Gebiet der Sierras Pampeanas erlosch vor zwei Millionen Jahren, 750 km von der Tiefseerinne entfernt.

Die Hebung der Sierras Pampeanas entlang der alten Grabenstrukturen erfolgte nicht durch eine verstärkte Spannung, sondern durch die Wärme des Vulkanismus, welche die Gesteine leichter verformbar machte. Daher folgte die tektonische Bewegung mit leichter Verzögerung dem nach Osten wandernden Vulkanismus. Ähnlich wie in Peru begann die Kollision des Juan-Fernández-Rückens im Norden und wanderte nach Süden, entsprechend verlagerten sich die beschriebenen Prozesse immer weiter nach Süden.

4.5 Am Ende der Anden: Patagonien

Eine dritte Lücke im Feuergürtel gibt es in Patagonien, im tiefen Süden von Chile und Argentinien. Im nördlichen Patagonien ist die Subduktion so normal, wie sie nur sein kann: es gibt nicht einmal nennenswerte Tektonik und Hebung, sodass die Gipfel der Vulkane kaum höher als 2000 m sind. Im zentralen Patagonien ändert

Abb. 4.21 Die Sierra de Famatina ist der höchste Gebirgszug der Sierras Pampeanas: mit 6250 m Höhe ein beeindruckendes „Vorgebirge“ der Anden. Foto: Roberto Fiadone.

sich dies schlagartig. Nur etwas südlich des letzten Vulkans, Cerro Hudson, steht der mehr als doppelt so hohe Viertausender San Valentin am Nordrand des nördlichen patagonischen Inlandeises. Dieser Granitberg ist der höchste Berg Patagoniens. Im zentralen Patagonien fehlen die Vulkane, aber die durchschnittliche Topografie ist plötzlich doppelt so hoch und von den dicken Eispanzern des patagonischen Inlandeises bedeckt. Diese Kordillere wird von einer ganzen Reihe von Seitenverschiebungen in einzelne Abschnitte zerlegt.

Dass auch hier lange Zeit normale Subduktion stattfand, belegt der patagonische Batholith (Hervé et al. 2007), der selbst im Vergleich zu anderen großen Batholithen ein Gigant ist. 150 Millionen Jahre lang intrudierte ein Granit nach dem anderen entlang derselben Achse. Genau genommen verlagerte sich die Achse mit der Zeit innerhalb des Batholiths hin und her. Die unzähligen Plutone bilden einen durchgehenden Gürtel vom nordpatagonischen Seedistrikt bis Feuerland: 1800 km nichts als Granit. Oder genau genommen nichts als Granit, Granodiorit, Tonalit, Gabbro und so weiter. Der mehr als 100 km breite Streifen verläuft in Nordpatagonien zu Füßen der Vulkane, in Zentral- und Südpatagonien nahe der Küste. Auch San Valentin und die Berge des nördlichen Inlandeises sind ein Teil dieses riesigen Batholiths. Unter dem südlichen Inlandeis liegen vor allem metamorphe Gesteine, der Batholith verläuft hier nahe der Küste.

Das zentrale Patagonien, vom nördlichen Inlandeis bis zum Nordzipfel des südlichen Inlandeises, ist eine weitere Lücke im Feuergürtel, allerdings mit einer Ausnahme in ihrer Mitte. Der unter dem nördlichen Inlandeis versteckte Arenales wurde erst vor wenigen Jahrzehnten als Vulkan erkannt, als plötzlich seine Asche auf dem Gletscher lag.

Statt eines normalen Vulkanbogens gibt es in dieser Lücke merkwürdigen Magmatismus im Tiefseegraben. Auf der anderen Seite der Anden, im östlichen Vorland eruptierten sogar Flutbasalte: riesige Lavaströme, die an Spalten austraten und heute als Basaltplateaus in der patagonischen Steppe herumstehen. Eines dieser Plateaus, die Mesa del Lago Buenos Aires, hat einen Durchmesser von 80 km.

Im südlichen Patagonien gibt es wieder normale Subduktionszonenvulkane, allerdings sind es nur fünf große Stratovulkane, die große Abstände voneinander haben. Vier von ihnen stecken unter dem südlichen patagonischen Inlandeis.

Diesmal muss die Lücke im Vulkanbogen einen anderen Grund haben. Im Gegensatz zu den abgekühlten Abschnitten in Chile und Peru wurde hier zum Beispiel ein ungewöhnlich starker Wärmestrom gemessen. Wer auf einer geeigneten Karte nach Gründen sucht, findet einen Mittelozeanischen Rücken, der unter Patagonien subduziert wird. An der Taitao-Halbinsel am Golf von Peñas befindet sich der Tripelpunkt zwischen Südamerika, der Nazca-Platte und der Antarktischen Platte. Der Chile-Rücken verläuft von hier in einem Winkel nach Nordwesten. Er ist durch lange Seitenverschiebungen in 100 bis 200 km lange Grabensegmente zerlegt, die beinahe parallel zur Küste verlaufen.

Südlich des Tripelpunkts subduziert die Antarktische Platte, jedoch wesentlich langsamer und entsprechend der Spreizung am Rücken in eine andere Richtung. Der Vulkanismus über dieser langsamen Subduktion ist deutlich geringer als in den restlichen Anden.

Patagonien ist neben Zentralamerika der einzige Ort der Erde, an dem aktuell ein Mittelozeanischer Rücken subduziert wird. In der Vergangenheit hat dieser Prozess immer wieder dramatische Effekte gehabt. Wenn wir in Abschnitt 7.7 den Westen der USA und namentlich die San-Andreas-Störung besuchen, werden wir darauf zurückkommen. Die frisch gebildete Kruste des Mittelozeanischen Rückens ist noch heiß und hat so gut wie keinen lithosphärischen Mantel, der sie nach unten ziehen könnte. Gleichzeitig können in der abtauchenden Platte Fenster aufreißen, da diese durch Seitenverschiebungen und Gräben segmentiert ist.

Man geht davon aus, dass der Rücken vor 14 Millionen Jahren bei Feuerland zum ersten Mal unter den Kontinent tauchte. Seither kollidierte ein Grabensegment nach dem anderen, jedes Segment ein wenig weiter im Norden (Abb. 4.22). Jedes Mal begann dies mit starker Kompression, die zu Überschiebungen in der Kordillere und deren Vorland führte. Gleichzeitig fräste sich die extrem verstärkte Subduktionserosion regelrecht in die Küste hinein. Sobald der Graben unter Amerika verschwunden war, entspannte sich die Tektonik. In dieser Phase herrschten Seitenverschiebungen vor. Anstelle des Grabens riss innerhalb der abtauchenden Platte ein Fenster auf, durch das heißer Mantel aufsteigen konnte und Magmatismus abseits der normalen Achse auslöste. Langsam kehrten schließlich die Vulkane durch die Subduktion der antarktischen Platte wieder zurück. In Südpatagonien gibt es statt Subduktionserosion einen Anwachskeil, der so schnell wächst, dass die zuvor weggeraspelte Küste wieder ins Meer hineinwandert und regelrecht repariert wird.

Gegenwärtig befindet sich ein 200 km langes Grabensegment des Mittelozeanischen Rückens unter Patagonien, unter dem Golf von Peñas und den von unzähligen Fjorden durchschnittenen Inseln südlich davon (Scalabrino et al. 2009). Als der fast parallel zum Kontinent verlaufende Graben mit diesem kollidierte, wurde sogar ein kleines Stück der ozeanischen Lithosphäre auf die Taitao-Halbinsel geschoben, wo sie jetzt als Ophiolith-Komplex an der Oberfläche liegt. Die antarktische Platte überlegte es sich dann aber doch anders und ließ sich brav subduzieren.

Allerdings hatte schon das Heranrücken des Grabensegmentes große Auswirkungen auf die bis dahin normale Subduktion der Nazca-Platte. Zunächst nahm die Kompression zu und die Kordillere wuchs durch Überschiebungen an. Auch innerhalb der abtauchenden Platte gab es Spannungen, die junge Lithosphäre ist nicht so schwer wie der ältere nach unten ziehende Teil der Platte. Die Platte wurde gedehnt, bis sie irgendwo unter dem östlichen Andenvorland einriss. An diesem Riss konnte heißer asthenosphärischer Mantel aufsteigen, sodass dort Basalte gefördert wurden. Der Riss wurde immer größer, bis sich schließlich fast gleichzeitig mit der Kollision des Grabensegmentes das schwere

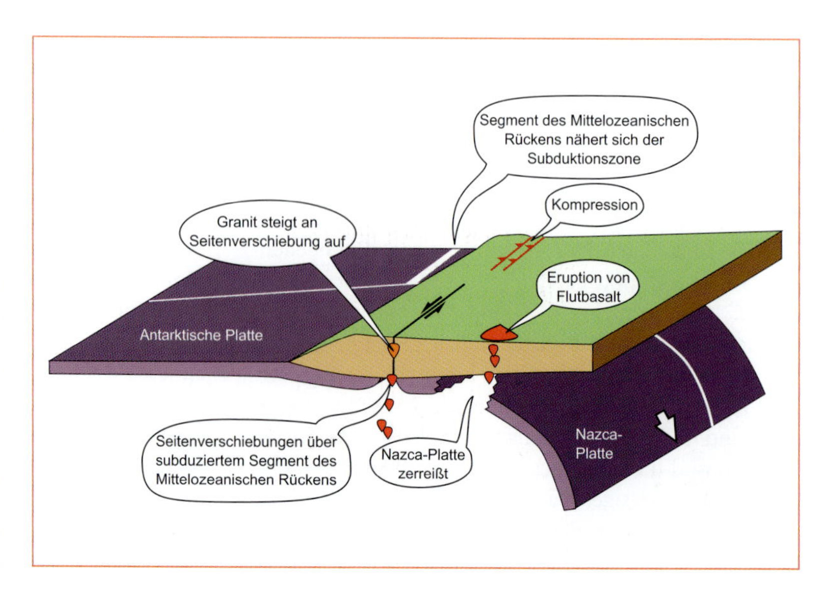

Abb. 4.22 In Patagonien kollidiert ein Mittelozeanischer Rücken mit der Subduktionszone, der die Nazca-Platte von der Antarktischen Platte trennt. Nähert sich ein Segment des Rückens, kommt es in der Kordillere zunächst zu verstärkter Kompression. Über einem bereits subduzierten Segment entstehen Seitenverschiebungen. An dieser steigen Granite auf (z. B. Fitz Roy, Torres del Paine). Die Nazca-Platte kann zerreißen, heiße Asthenosphäre steigt im entstehenden Fenster auf und führt zur Eruption von Flutbasalten. Nach einiger Zeit findet normale Subduktion der Antarktischen Platte statt. Mit jedem Segment des Rückens wandert dieser Prozess weiter nach Norden. Nach Scalabrino et al. (2009).

Anhängsel endgültig von der Nazca-Platte löste und seither langsam in den Mantel absinkt. Durch das immer größere Fenster innerhalb der abtauchenden Platte verstärkte sich der Basalt-Vulkanismus im Osten, in diesem Moment ergossen sich die großen Flutbasalte über die ostpatagonische Steppe. Der verbliebene Rest der Nazca-Platte liegt seither unter der Kordillere und sorgt für zusätzliche Hebung.

Sobald das Grabensegment in der Subduktionszone angekommen war, wechselte die Tektonik der Kordillere zeitweise von Kompression zu Seitenüberschiebungen, manchmal sogar mit leichter Dehnung. In dieser Phase konnten stellenweise Granite aufsteigen, die durch die andauernd starke Hebung gleich wieder freigelegt wurden. Der Cerro San Lorenzo, der zweithöchste Berg Patagoniens, ist einer davon.

Unter der südlichen Hälfte des südlichen patagonischen Inlandeises subduziert inzwischen die antarktische Platte. Hier passierte ungefähr dasselbe, nur etwa sechs Millionen Jahre früher, durch die Subduktion eines anderen Grabensegmentes.

Ganz ähnlich wie der Cerro San Lorenzo intrudierten auch in diesem Abschnitt mehrere Granitplutone (Abb. 4.23) in den Falten- und Überschiebungsgürtel östlich der Kordillere, als es an Seitenverschiebungen zu einer leichten Dehnung kam. Zwei davon sind jedem Bergfreund ein Begriff: Zum einen gehören die Dreitausender Fitz Roy und Cerro Torre, zwei riesige Granitpfeiler am Rand des patagonischen Inlandeises. Der wie ein Finger aufragende Cerro Torre ist von einer pilzförmigen Eiskappe gekrönt. Für Bergsteiger ist er vermutlich der schwierigste Berg der Welt, was nicht nur an den steilen und glatten Felswänden und dem überhängenden Gletscher liegt, sondern auch an unberechenbaren Wetterumschwüngen.

Die zweite Berühmtheit unter den Granitplutonen ist der Torres del Paine (Altenberger et al. 2003). Er intrudierte in kreidezeitliche Sedimente, vor allem Sandsteine (im Westen) und Schiefer (im Osten). Eine Seitenverschiebung, die später vom Gletschereis zum Lago Grey ausgehobelt wurde, diente dem Granit als Aufstiegsweg. In geringer Tiefe presste er sich zwischen die gefalteten Sedimente und bildet dort nun einen flachen Körper, einen Lakkolith. Flach ist der bis zu 2000 m dicke Pluton allerdings nur im Verhältnis zu seiner Fläche, die Granitfelsen ragen im Gegenteil in beeindruckende Höhe über der patagonischen Steppe auf. Die schwarzen Zipfel der wie Stierhörner geformten Cuernos del Paine sind die Schiefer auf dem Dach des Plutons. Dass seither etwa 3–4 km Sedimente wegerodiert wurden, die ursprünglich darüber lagen, zeugt von der starken Hebung seit dem Tertiär. Die Hebung wiederum ist nicht nur eine Folge der Kompression, sie wird durch das von der Erosion geschaffene Relief noch verstärkt.

Abb. 4.23 Berühmte Granitberge in Patagonien: a) Fitz Roy (3406 m), b) Cerro Torre (3133 m), c) Cuernos del Paine (im Nationalpark Torres del Paine). Die Granite stiegen entlang von Seitenverschiebungen auf, während ein Segment des Mittelozeanischen Rückens darunter subduziert wurde. Fotos: Geoff Livingston.

Monte Burney ist der südlichste Stratovulkan der Anden. Ab hier geht die Subduktionszone in eine Seitenverschiebung über: Ausgerechnet in Feuerland gibt es keine Feuerberge, abgesehen von einer Gruppe kleiner Staukuppen auf einer vorgelagerten Insel.

4.6 Ecuador und Kolumbien

In der nördlichen Vulkanzone in Ecuador und Südkolumbien sieht es auf den ersten Blick nach ganz normaler Subduktion aus. Allerdings ist der aktive Vulkanbogen in Ecuador nicht wie üblich auf einen schmalen Streifen beschränkt, stattdessen gibt es gleich eine 100 km breite Zone mit drei parallel verlaufenden Vulkanketten. Die West- und die Ostkordillere sind zwei durch ein breites Hochtal getrennte Ketten sehr aktiver Vulkane, die Alexander von Humboldt treffend als „Avenue der Vulkane" bezeichnete (Abb. 4.24–4.26). Einige Vulkane im östlichen Andenvorland bilden die dritte Kette.

In der Östlichen Kordillere stehen zum Beispiel Cotopaxi, Tungurahua und der direkt auf dem Äquator gelegene Cayambe. In der Westlichen Kordillere sind insbesondere Illiniza und Chimborazo zu nennen. Die Form des Chimborazo ist nicht ganz so perfekt wie die des Cotopaxi: Man kann drei neben- und übereinandergebaute Kegel sehen und die tiefe Narbe eines lange zurückliegenden Flankenkollapses. Der aktive Kegel sitzt wie auf einem Sessel oben auf den beiden älteren auf. Der Chimborazo ist die Nummer acht unter den höchsten aktiven Vulkanen. Jahrhundertelang galt er sogar als höchster Berg der Welt. Deshalb versuchte Alexander von Humboldt, den Berg zu besteigen. Er musste ein paar Hundert Meter unterhalb des Gipfels aufgeben. Trotzdem war es eine erstaunliche Leistung, schlecht ausgerüstet und trotz Höhenkrankheit (deren Symptome er als Erster beschrieb) bis in eine solche Höhe aufzusteigen. Vielleicht tröstete ihn später, dass ihm ein britischer Colonel versicherte, es gäbe in Tibet sogar 7000 m hohe Berge. „In den Augen des wahren Geologen, der sich mit dem Studium der Gesteinsformationen beschäftigt und daran gewöhnt ist, die Natur in großem Maßstab zu sehen, ist die absolute Höhe der Berge ein Phänomen von geringer Bedeutung: Es wird ihn kaum überraschen, wenn man in der Folgezeit in irgendeinem Teil der Welt einen Berg entdeckt, dessen Höhe selbst die des Chimborazo übertrifft, so wie die höchsten Gipfel der Alpen den Kamm der Pyrenäen übersteigen", schrieb er in einem seiner Bücher (Humboldt 1810). Mit einem Trick ist der Chimborazo noch immer der höchste Berg der Welt: Da die Erde keine Kugel, sondern zu den Polen hin abgeflacht ist, liegt der Gipfel weiter vom Erdmittelpunkt entfernt als jeder andere, den Everest eingeschlossen.

Das Hochtal, in dem unter anderem Quito liegt, ist von jungen Vulkangesteinen aufgefüllt. Durch das Tal verläuft eine große Seitenverschiebung, an der sich der nordwestliche Zipfel Südamerikas jedes Jahr um rund einen Zentimeter nach Nordosten bewegt. Eine solche Seitenverschiebung mit leichter Kompression führt auch

Abb. 4.24 a) Cotopaxi (5897 m) ist einer der aktivsten Vulkane in Ecuador. Im 18. und 19. Jahrhundert gab es drei große plinianische Eruptionen, bei denen auch verheerende Schlammströme ausgelöst wurden. Seither hatte er nur kleinere Ausbrüche. b) Blick in den Krater des Cotopaxi.

Abb. 4.25 Lange Zeit galt der Chimborazo (6310 m) als höchster Berg der Welt.

zu einer dicken Kruste, wie wir später an mehreren Beispielen genauer anschauen werden (Kapitel 5). Diese Verwerfung ist zugleich eine Sutur zwischen zwei Terranen. Der Westrand von Ecuador und Kolumbien ist nämlich aus einer Vielzahl von kleinen Terranen zusammengesetzt, die erst im Tertiär an der Subduktionszone ankamen und an den Kontinent angeklebt wurden. Manche davon (Westkordillere und Küstenebene) sind ozeanische Inselbögen oder ozeanische Basaltplateaus, während andere (Ostkordillere und östliches Andenvorland) einmal kleine Minikontinente waren.

Auf der Suche nach dem Grund für den breiten Vulkanbogen ist man auf Galapagos gestoßen. Diese von Seelöwen und Robben, Meeresechsen und Leguanen, Riesenschildkröten und unzähligen Vögeln bewohnten Inseln sind Hotspot-Vulkane, die wie andere Hotspots eine Spur von Tiefseebergen hinterlassen (Abschnitt 7.1). Diese Tiefseeberge sind erst vor Kurzem in der Subduktionszone angekommen. Die abtauchende Platte fängt daher gerade an, zu einer flachen Geometrie (vgl. Abschnitt 4.3) aufzusteigen. Der breite Vulkanismus ist wahrscheinlich nur ein vorübergehendes Phänomen, bis die Vulkane eines Tages wegen der flachen Subduktion versiegen, so wie es etwas weiter südlich, in Südecuador und Peru, durch die Spur der Osterinsel bereits der Fall ist.

Eine weitere Besonderheit sind die Vulkangesteine, unter denen man Adakite findet. Das sind saure Vulkangesteine, die jedoch eine andere chemische Zusammensetzung haben als die normalen Andesite. Adakite sind keine entwickelten Mantelschmelzen, sondern aufgeschmolzener Basalt oder Gabbro. Es könnte hier also doch einmal der Fall sein, dass die abtauchende Platte aufgeschmolzen wird, was allerdings umstritten ist. Ein erneutes Aufschmelzen von Gabbro in der Unterkruste unter dem Vulkanbogen hätte zum Beispiel denselben Effekt. Vermutlich spielt eine Mischung verschiedener Prozesse eine Rolle. Falls die Adakite wirklich durch das Anschmelzen der abtauchenden Platte entstehen, reichern sie den darüber liegenden Mantel an. Nur ein Teil der Schmelze schafft es bis an die Oberfläche. Der angereicherte Mantel wird in größere Tiefe gezogen und dort ebenfalls teilweise aufgeschmolzen (Bourdon et al. 2003), wobei die angereicherten Elemente bevorzugt in die Schmelze gehen.

Nach einem anderen Modell können Adakite aber auch aus normalen Mantelschmelzen entstehen. Aus der abtauchenden Platte aufsteigende Fluide reichern demnach den Mantel in einigen Elementen an, die Schmelze entsteht dann wie üblich im Mantel. Weil die flacher werdende Subduktion durch verstärkte Reibung zwischen den Platten den Aufstieg behindert, bleibt die Schmelze in ungewöhnlicher Tiefe stecken, wo sie fraktioniert und sich Teile der Kruste einverleibt. In dieser Tiefe ist Plagioklas nicht stabil, durch die Kristallisation von Pyroxen und Amphibol entwickelt sich die Schmelze in eine andere Richtung (Chiaradia et al. 2009). Wie auch immer die ecuadorianischen Adakite entstehen, die Forscher sind sich einig, dass nach Osten hin immer geringere Schmelzgrade und eine geringere Beeinflussung durch Fluide zu beobachten ist.

In Kolumbien verzweigen sich die Anden in drei Gebirgsketten, die nach Norden hin immer weiter auseinanderliegen. Wie in Ecuador gibt es angeschweißte Terrane und große Seitenverschiebungen, die einen guten Teil der Bewegung zwischen Südamerika und Pazifik aufnehmen. In der Östlichen Kordillera sind es wieder einmal zu Überschiebungen invertierte Grabenstrukturen, die für die Krustenverkürzung verantwortlich sind. Der Vulkanbogen, der in der Höhe von Bogota durch einen letzten flach subduzierten Bereich schon wieder aufhört, ist in Kolumbien wie üblich schmal und auf die Zentrale Kordillere begrenzt. Darunter sind zwei Vulkane, die mit relativ kleinen Ausbrüchen große Schäden anrichten konnten.

Abb. 4.26 Seit 1999 stößt der Tungurahua (5023 m) beinahe ohne Unterbrechung Aschewolken aus.

Ein Ausbruch des Nevado del Ruiz forderte 1985 mehr als 25 000 Menschenleben, da eine 50 km entfernte Stadt trotz der Warnung der Vulkanologen nicht evakuiert wurde. Bei der Eruption schmolz wie vorhergesagt der Gletscher. Das Schmelzwasser vermischte sich an den Berghängen mit vulkanischer Asche zu Schlamm, der als Schlammstrom, als Lahar, den Berg hinunterschoss und die in einem Flusstal gelegene Stadt unter einer dicken Schlammschicht begrub.

Der Vulkan Galeras hingegen sorgte 1993 für eine regelrechte Krise in der Vulkanforschung. In der Nähe fand eine Tagung der IAVCEI, der internationalen Vereinigung der Vulkanologen statt. Einige Forscher nahmen an einer Exkursion auf den aktiven Vulkan teil, bei der manche auch in den Krater stiegen. Plötzlich gab es eine kleine, aber nicht vorhergesehene Eruption. Sechs Vulkanologen aus aller Welt und drei Touristen starben, der Exkursionsleiter überlebte mit schweren Verletzungen.

4.7 Kollision von Inselbögen

Der südwestliche Pazifik ist tektonisch eine ungeheuer komplexe Region (Schellart et al. 2006). Die ozeanische Kruste ist so alt und schwer, dass spontan neue Subduktionszonen entstehen können. Es wimmelt nur so von unterschiedlich orientierten Inselbögen, deren Geometrie sich gegenseitig in die Quere kommen würde, wenn nicht manche durch Plattenabriss schon wieder inaktiv geworden wären. Zwischen den Inselbögen liegen große Backarc-Becken, die durch den Plattenzug in der Subduktionszone gedehnt werden.

In dieser Region kann es immer mal wieder zu Kollisionen kommen. Mehrfach stieß ein Kontinentbruchstück mit einem Inselbogen zusammen. Sobald ein passiver Kontinentalrand vor einem Inselbogen auftaucht, schiebt sich der Rand der oberen Platte darüber. Ein Streifen ozeanischer Lithosphäre, der vorher zwischen Tiefseerinne und Vulkanbogen lag, landet auf dem Kontinentalrand. Man spricht von Obduktion eines Ophiolithkomplexes. Dabei wird ein vollständiger Querschnitt durch die ozeanische Lithosphäre an Land gebracht: Mantelgesteine wie Peridotit, darüber Gabbros, dann Basaltgänge und Kissenlaven und zuoberst die Sedimente. Da die Unterseite der ozeanischen Lithosphäre ziemlich heiß ist, werden die überfahrenen Gesteine stark umgewandelt, sie werden zur metamorphen Sohle des Ophioliths. In der Regel kommt es daraufhin zum Abriss der abtauchenden Platte, was zur kurzzeitigen Magmenbildung und zu einer schnellen Hebung führt. Die Subduktion springt nun entweder auf die andere Seite des Terrans oder es bildet sich eine neue Subduktionszone mit entgegengesetzter Richtung. Damit hört die Dynamik des entstandenen Gebirges schon wieder auf, diese Kollisionen sind relativ kurzlebig.

In Südostasien gibt es eine ganze Reihe von Ophiolithkomplexen. In Neuguinea sind gleich mehrere solche Kollision im fortgeschrittenen Stadium zu sehen (Abb. 4.27–4.29). Das Gebirge, das sich als schmaler Streifen quer durch die Insel zieht und einige Gipfel zwischen 4000 und 4800 m aufweist, ist der nordöstliche Rand der

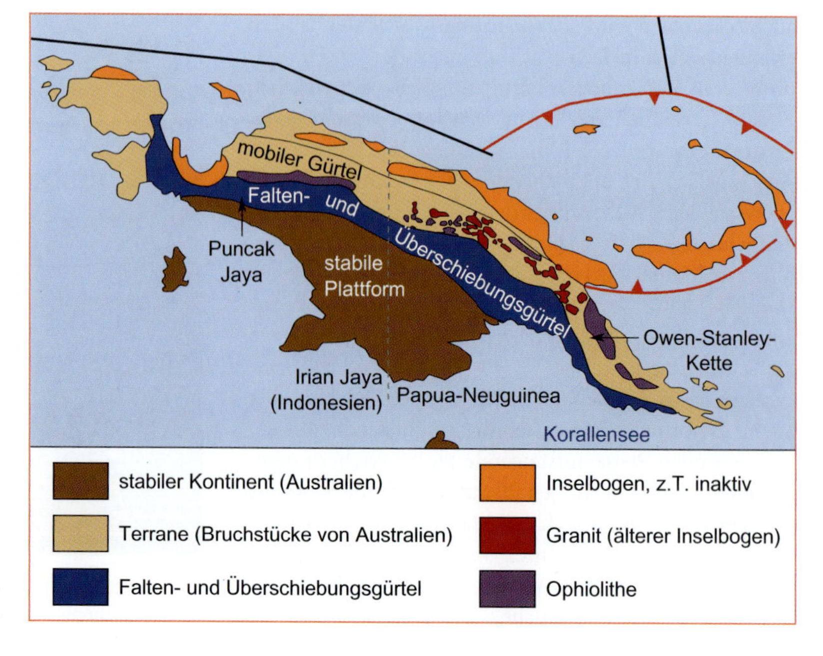

Abb. 4.27 Tektonische Karte von Neuguinea. Der Norden der Insel (mobiler Gürtel) besteht aus Terranen, die einmal vom Australischen Kontinent weggedriftet und zurückgekehrt sind, und aus Inselbögen, die mit den Terranen kollidierten. Dabei wurden Ophiolithe (ozeanische Lithosphäre) über die Terrane geschoben. Der Falten- und Überschiebungsgürtel entstand bei der Kollision der Terrane mit Australien. Das heutige Gebirge der Insel umfasst den Falten- und Überschiebungsgürtel und den Süden des mobilen Gürtels. Nach Glen & Meffre (2009)

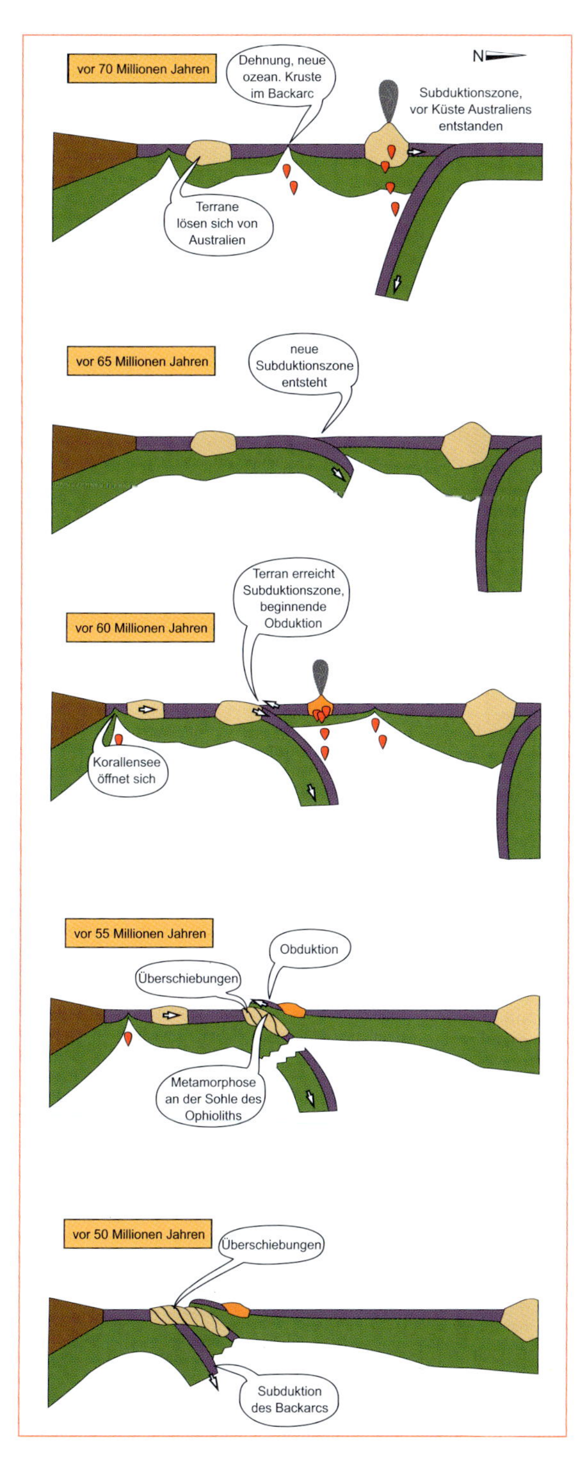

Abb. 4.28 Die Obduktion des großen Ophioliths in der Owen-Stanley-Kette erfolgte vor 60 bis 55 Millionen Jahren bei der schrägen Kollision eines Inselbogens mit einem Bruchstück Australiens. Bei der Kollision entstand auch der Falten- und Überschiebungsgürtel, bei dem Seitenverschiebungen von großer Bedeutung waren. Nach der Kollision wurde das Meeresbecken hinter dem Terran ebenfalls subduziert. Nach Whattam (2009).

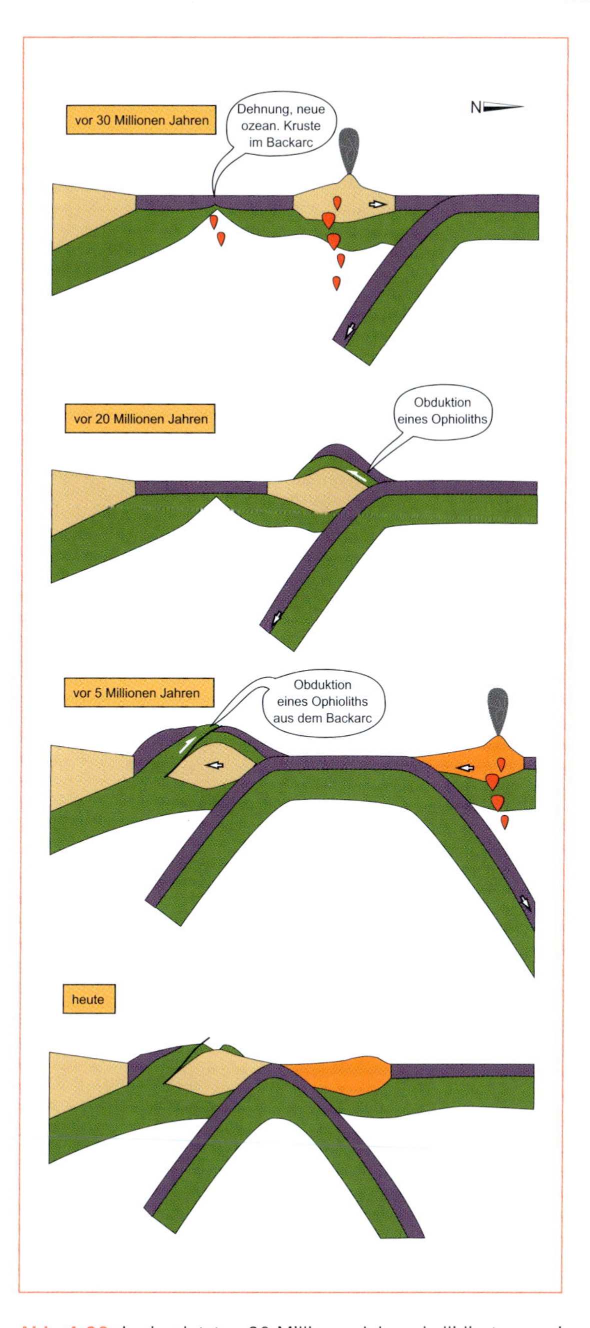

Abb. 4.29 In den letzten 20 Millionen Jahren kollidierten zwei weitere Inselbögen mit Neuguinea, die wie ein umgekehrtes V unter der Nordhälfte der Insel liegen. Dabei wurden weitere Ophiolithe obduziert. Gezeigt ist die Rekonstruktion für einen kleinen Ophiolith, der Einheiten enthält, die von beiden Seiten des südlichen Inselbogens stammen. Nach Glen & Meffre (2009).

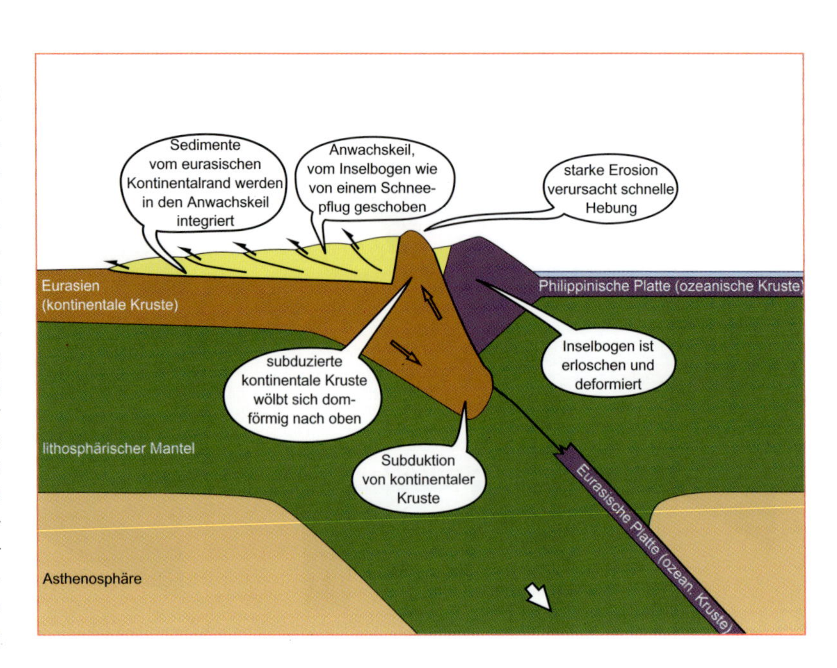

Abb. 4.30 In Taiwan kollidiert ein Inselbogen mit dem eurasischen Kontinent. Ursprünglich tauchte ozeanische Kruste der eurasischen Platte unter die ozeanische Kruste der Philippinischen Platte ab. Als der europäische Kontinentalrand in die Subduktionszone folgte, wurden seine mächtigen Sedimentlagen in den Anwachskeil integriert. Der erloschene Inselbogen (Coastal Range) schob den Anwachskeil wie ein Schneepflug auf Eurasien. Später begann die subduzierte kontinentale Kruste aufgrund ihrer geringen Dichte, sich domförmig aufzuwölben (östliche Central Range). Die verstärkte Erosion wurde mit zusätzlicher Hebung ausgeglichen. Zusammengestellt nach Huang et al. (1997) und Lin (2000).

australischen Platte. Es gibt mehrere größere Ophiolithkörper, die alle in einem schmalen Streifen im nördlichen Teil des Gebirges liegen (Whattam 2009, Glen & Meffre 2009). Der größte befindet sich in der Owen-Stanley-Kette im Osten der Insel, er ist 400 km lang, 40 km breit und 15 km dick. In diesem Fall erschien vor etwa 60 Millionen Jahren ein Bruchstück von Australien vor einem nach Nordosten abtauchenden Inselbogen und schob sich unter den Rand der oberen Platte. Die ozeanische Lithosphäre befand sich nun auf der kontinentalen Kruste des Terrans. Die Subduktion sprang auf die südliche Seite des Terrans, der bald darauf wieder mit dem Schelf von Australien zusammenstieß (bzw. einem weiteren Terran am Nordrand der Korallensee) und selbst in Decken zerlegt wurde, die in den Bergen südlich des Ophioliths aufgeschlossen sind. Der Falten- und Überschiebungsgürtel von Neuguinea geht überwiegend auf diese schräge Kollision eines Inselbogens mit dem Schelf von Australien zurück, er besteht aus überschobenen Sedimenten und domartig aufgewölbten metamorphen Gesteinen.

Westlich der Owen-Stanley-Kette folgten weitere Kollisionen. Im Norden von Neuguinea sind in den letzten 20 Millionen Jahren zwei entgegengesetzt abtauchende Inselbögen miteinander und mit dem Kontinent kollidiert, sodass die abtauchende Platte wie ein umgekehrtes V unter der Kollision verschwindet. Auch dabei wurden Ophiolithe obduziert. Vor der südlichen Subduktionszone brachen möglicherweise Stücke ozeanischer Lithosphäre von der oberen Platte ab und schoben sich auf die Inselbogenvulkane. Anschließend wurde das Backarc-Becken zwischen Inselbogen und Australien eingeengt, bis der Inselbogen an Australien (Neuguinea) angeklebt wurde. Dabei schoben sich weitere Decken aus ozeanischer Lithosphäre auch von der Rückseite über die ehemaligen Vulkane. Vom nördlichen Inselbogen stammt nur der schmale Streifen an der Nordküste der Insel. Im Osten zweigt er als richtiger, noch aktiver Inselbogen in den Pazifik ab.

In Taiwan (Abb. 4.30, 4.31) kollidiert gerade ein Inselbogen mit Eurasien (Huang et al. 1997, Lin 2000, Lin 2009). Ursprünglich tauchte die zu Eurasien gehörende ozeanische Kruste unter die Philippinen-Platte ab. Seit der Kontinentalrand in die Subduktionszone kam,

Abb. 4.31 Yu Shan (3952 m), der höchste Berg auf Taiwan, entstand durch die Subduktion des europäischen Kontinentalrandes unter einen Inselbogen. Foto: Kailing3.

wird auch dieser nach unten gezogen. Der mächtige Sedimentstapel auf dem Schelf wird seither abgeschabt und vom ehemaligen Inselbogen wie ein Schneepflug vorwärts geschoben. Die Überschiebungen innerhalb der Schelfsedimente ähneln einem überdimensionalen Anwachskeil, sie bauen die westliche Hälfte der Berge von Taiwan auf. Der Rest ist ein schmaler Streifen des normalen Anwachskeil, ein kleinerer Ophiolith und die Reste des erloschenen Inselbogens.

Der Auftrieb innerhalb der nach unten gezwungenen kontinentalen Kruste wirkt der Subduktion entgegen. Da der untere Teil der kontinentalen Platte plastisch verformbar ist, taucht sie nicht einfach als Platte ab, sondern verformt sich gleichzeitig zu einem Klumpen, der breiter wird und nicht so recht nach unten will. Der plastisch verformbare Teil kann sogar domförmig aufsteigen und so dem Zwang der Subduktion entgehen. In der östlichen Hälfte der Berge gibt es einen Streifen mit metamorphen Gesteinen, die auf diese Weise erklärt werden.

Zu allem Überfluss befindet sich im nördlichen Taiwan noch das Scharnier zwischen zwei entgegengesetzt abtauchenden Subduktionszonen. Die zweite Subduktionszone verläuft in einem Rechten Winkel in den Pazifik hinein und schwingt sich in einem Bogen nach Japan, dabei taucht die Philippinen-Platte unter die Asiatische Platte ab.

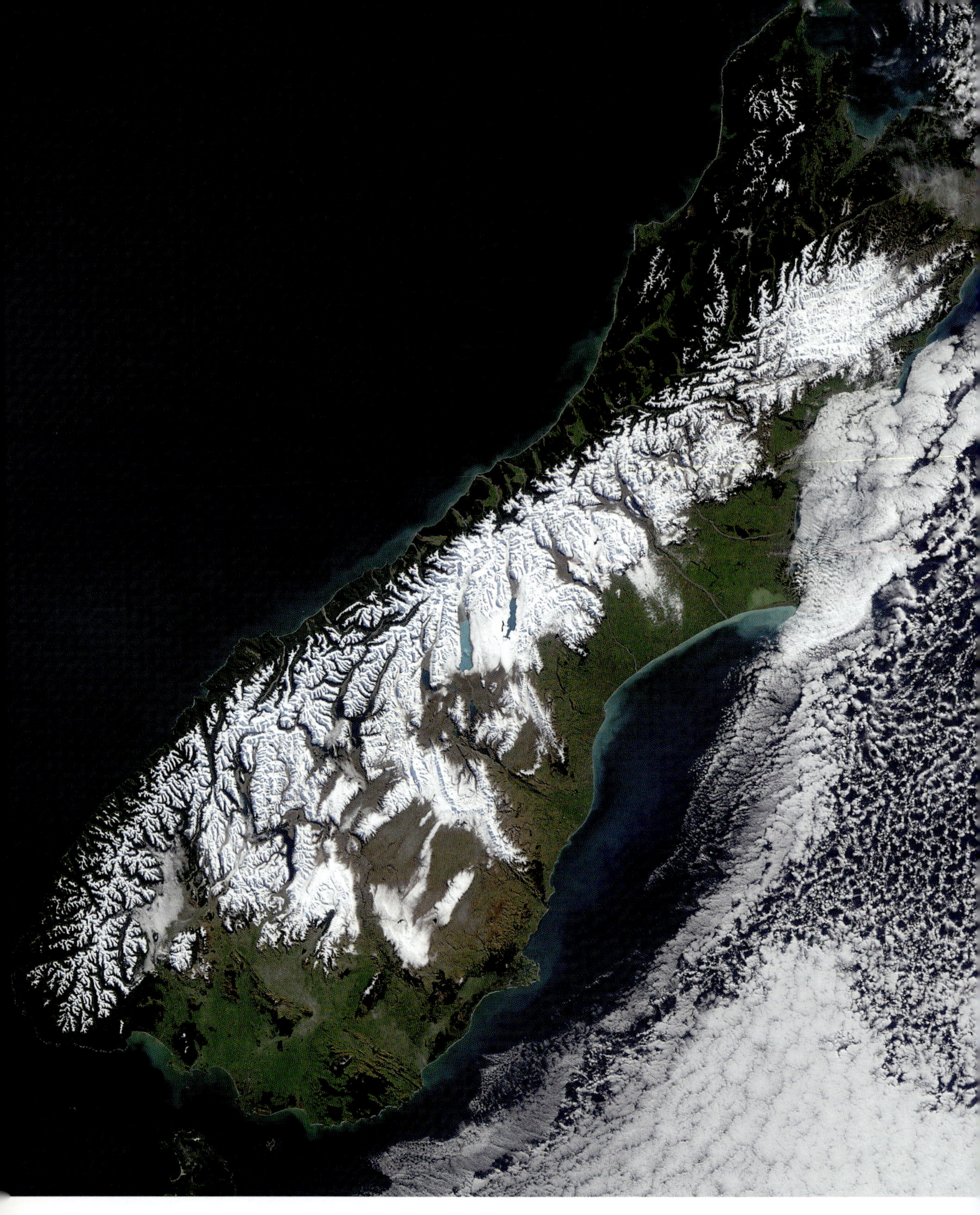

Die Südlichen Alpen auf der Südinsel Neuseelands hoben sich durch die Bewegung an einer Seitenverschiebung. Foto: Nasa.

5 Seitenverschiebungen mit Komplikationen

Auch eine Seitenverschiebung kann eine Plattengrenze sein. An diesen Grenzen wird weder Kruste versenkt, noch neue Kruste gebildet: Die beiden Platten gleiten aneinander vorbei. Auch innerhalb einer Platte kann es Seitenverschiebungen geben, die durch einen Kontinent schneiden, der dadurch auch intern verformt wird.

Das läuft nicht ganz reibungslos ab, diese Verwerfungen sind berüchtigt für ihre Erdbeben. Normalerweise bauen sich die Spannungen über lange Zeit hinweg auf, bis bei einem großen Erdbeben ein schlagartiger Versatz stattfindet, manchmal um mehrere Meter. Die berüchtigte San-Andreas-Verwerfung in Kalifornien (Abb. 5.1) bewegt sich jedes Jahr um 6 cm, sie ist mit Abstand die schnellste Seitenverschiebung auf einem Kontinent. Hier wandert die Pazifische Platte an der Nordamerikanischen Platte vorbei. Andere große Seitenverschiebungen mit einem Versatz von mehr als einem Zentimeter im Jahr sind die Nordanatolische Störung in der Türkei, der Jordangraben im Nahen Osten und die Alpine Störung in Neuseeland.

Eine Seitenverschiebung hat oft eine zusätzliche Komponente mit Kompression oder Dehnung. In der Regel folgt eine Verwerfung bereits vorhandenen Strukturen, entlang denen die Kruste leichter zerreißen kann.

Abb. 5.1 Die San-Andreas-Verwerfung in Kalifornien bewegt sich jedes Jahr um 6 cm. Foto: Doc Searls.

Der Jordangraben schwingt sich beispielsweise in einem lang gestreckten S vom Roten Meer bis in die Türkei, entlang den Strukturen eines älteren Faltengebirges. Biegt die Seitenverschiebung in die eine Richtung, dann sind sich die Platten auf beiden Seiten im Weg und werden komprimiert, die Berge des Libanon werden daher zusätzlich aufgefaltet. Bei einer Biegung in die andere Richtung reißen stattdessen Becken auf, es entstehen tiefe Gräben wie das Tote Meer.

Die spektakulärsten durch Seitenverschiebungen entstandenen Gebirge sind in Neuseeland und in Alaska, weiteren Beispielen werden wir in Asien (Abschnitt 6.2) begegnen. Aber auch in einem Gebirge wie den Alpen (Abschnitt 8.3), den Pyrenäen (Abschnitt 8.4) und den Anden (Abschnitt 4.6) können Seitenverschiebungen eine große Rolle spielen.

5.1 Die Südlichen Alpen Neuseelands

Die Südinsel von Neuseeland (Walcott 1998, Grapes 1995, Cox & Findlay 1995) scheint nur aus einem einzigen Grund zu existieren: um ein Hochgebirge mitten im Pazifik aufragen zu lassen. An der Nordwestküste zieht sich eine schmale, vollkommen flache Ebene entlang, aus der landeinwärts auf einen Schlag wie eine riesige Stufe mit eisigen Zacken die Südlichen Alpen aufragen. In Neuseeland hat eine Seitenverschiebung zu einem richtigen Hochgebirge geführt (Abb. 5.2–5.6). Die Südlichen oder Neuseeländischen Alpen sind ein sehr junges Gebirge, das durch seine extrem schnelle Hebung und die starke Erosion der Gletscher seine spektakuläre Form erhielt. Ähnliche Prozesse wie hier könnten typisch sein für den Beginn einer Kollision zweier Kontinente, wenn sich deren Schelfbereiche gerade berühren. Neuseeland besteht aus zwei Bruchstücken des Kontinentalschelfs von Gondwana, die noch immer zum größten Teil unter dem Meeresspiegel liegen und an der Südinsel aneinander vorbeigleiten. Die Alpine Verwer-

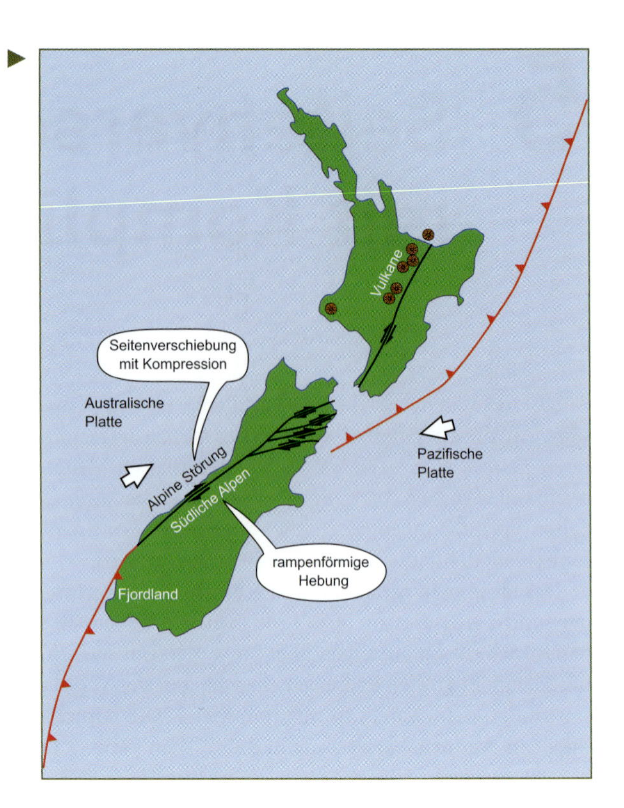

Abb. 5.2 In Neuseeland werden zwei entgegengesetzt abtauchende Subduktionszonen durch eine Seitenverschiebung, die Alpine Störung, verbunden. Da die Pazifische Platte ihre Bewegungsrichtung leicht änderte, hat diese Störung zugleich eine einengende Komponente. Im Norden der Südinsel ist die Störung in mehrere aufgefächert, hier weicht Krustenmaterial aus der Kollisionszone in Richtung Pazifik aus.

fung der Südinsel verbindet zwei Inselbögen, deren Subduktion in jeweils entgegengesetzte Richtung verläuft: Unter der Nordinsel wird die Pazifische Platte nach Nordwesten versenkt, südlich der Südinsel verschwindet die Indisch-Australische Platte nach Südosten unter die Pazifische. Die Südinsel dazwischen wird entlang der Alpinen Verwerfung in die Länge gezogen.

Vor etwas mehr als sechs Millionen Jahren drehte die Pazifische Platte ihre Bewegungsrichtung ein wenig, sodass aus einer ursprünglich reinen Seitenverschiebung eine Verwerfung mit zusätzlicher Kompression wurde. Seither wurden die beiden Platten entlang der Alpinen Störung um 230 km seitlich versetzt, gleichzeitig um 90 km zusammengeschoben. Das entspricht einer jährlichen Seitenverschiebung von 3 cm und einer gleichzeitigen Überschiebung von 1 cm. Im letzten Jahrtausend gab es in Neuseeland vier große Erdbeben, bei denen es auf einen Schlag um eine Versetzung um bis zu 8 m kam. Die Verwerfung ist eine schnurgerade Bruchstufe, entlang der die Südlichen Alpen 3 km über der Küstenebene aufragen. Die Pazifische Platte schob sich dabei über die Australische Platte und wurde um mehr als 20 km gehoben. Ein großer Teil dieser Hebung wurde gleichzeitig schon wieder abgetragen und bildet im Meer bereits einen mehrere Kilometer dicken Sedimentstapel.

Die Südlichen Alpen bestehen fast ausschließlich aus metamorph umgewandelten Grauwacken des Kontinentalschelfs. Grauwacken sind Gesteine, die aus Sand, Gesteinsbruchstücken und Ton bestehen. Da das Ge-

Abb. 5.3 Die Südlichen Alpen ragen jäh über der Ebene an der Nordwestküste auf. Blick vom Lake Matheson auf Mt. Tasman (3498 m) und Mt. Cook (Aoraki, 3754 m). Die Alpine Störung, die Grenze zwischen Australischer und Pazifischer Platte, verläuft am unteren Rand des steilen Hangs. Foto: Declan Prendiville Photography.

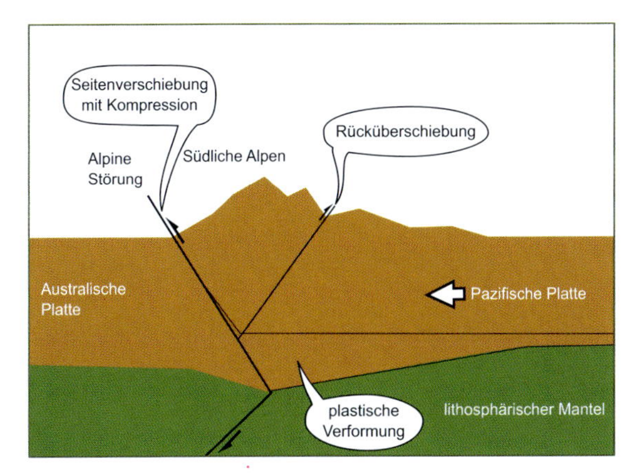

Abb. 5.4 Die Südlichen Alpen Neuseelands werden entlang der Alpinen Störung rampenförmig nach oben geschoben. In der unteren Kruste findet hingegen plastische Verformung statt. Durch eine Rücküberschiebung werden die höchsten Gipfel wie Mount Cook zusätzlich gehoben. In der Tiefe trifft sie etwa dort auf die Alpine Störung, wo letztere in eine flache Scherzone übergeht. Nach Walcott (1998), Grapes (1995), Cox & Findlay (1995).

birge wie ein Block schräg angehoben wurde, stammen die Gesteine nahe der Alpinen Störung aus größerer Tiefe als im Osten. Entsprechend sind die Grauwacken im Südosten kaum umgewandelt, während an der Störung Schiefer vorkommen, die aus bis zu 25 km Tiefe stammen. In dieser Tiefe hat sich innerhalb der pazifischen Kruste eine horizontale Abscherung gebildet. Die restlichen 5 km der Kruste wurden nicht überschoben, sondern blieben eine plastisch verformte Krustenwurzel unter dem Gebirge. Der lithosphärische Mantel der Pazifischen Platte taucht unter die Australische Platte ab.

Da die Alpine Störung in einem flachen Abscherhorizont wurzelt, kommt es im aufgeschobenen Block zu Spannungen, die durch eine entgegengesetzt bewegte Rücküberschiebung ausgeglichen werden. Im zentralen Abschnitt der Südlichen Alpen verläuft eine solche Rücküberschiebung unmittelbar südöstlich der höchsten Berge. Sie ist für die Hebung der höchsten Gipfel wie Mount Cook und Mount Tasman mit verantwortlich. Auf einer Karte ist sie parallel zur Alpinen Störung, taucht aber in die entgegengesetzte Richtung ab und trifft unten etwa dort auf die Alpine Störung, wo diese in den Abscherhorizont abbiegt. Die höchsten Berge liegen also wie ein Keil zwischen den beiden Störungen und werden dazwischen nach oben gequetscht.

Der Übergang der Alpinen Störung in die Subduktionszonen ist an beiden Enden unterschiedlich. Die Subduktionszone im Süden ist noch so jung, dass die abtauchende Platte noch nicht tief genug reicht, um einen Vulkanbogen auszubilden. Die Ecke der abtauchenden Platte wurde durch die Seitenverschiebung entlang der Alpinen Störung wie eine Pflugschar unter Fjordland gezogen. Gleichzeitig dreht sich Fjordland langsam im Uhrzeigersinn.

Im Norden zweigt eine ganze Reihe von Seitenverschiebungen federförmig von der Alpinen Verwerfung ab und verbindet diese mit der Subduktion der Pazifischen Platte unter die Nordinsel. Durch diese aufgefiederten Seitenverschiebungen weicht der Nordzipfel der Südinsel aus der Kollisionzone aus und schiebt sich mit einer leichten Drehung über die Subduktionszone. Dadurch wird am nördlichen Ende der Südinsel die Pazifische Platte unter kontinentale Kruste derselben Platte subduziert!

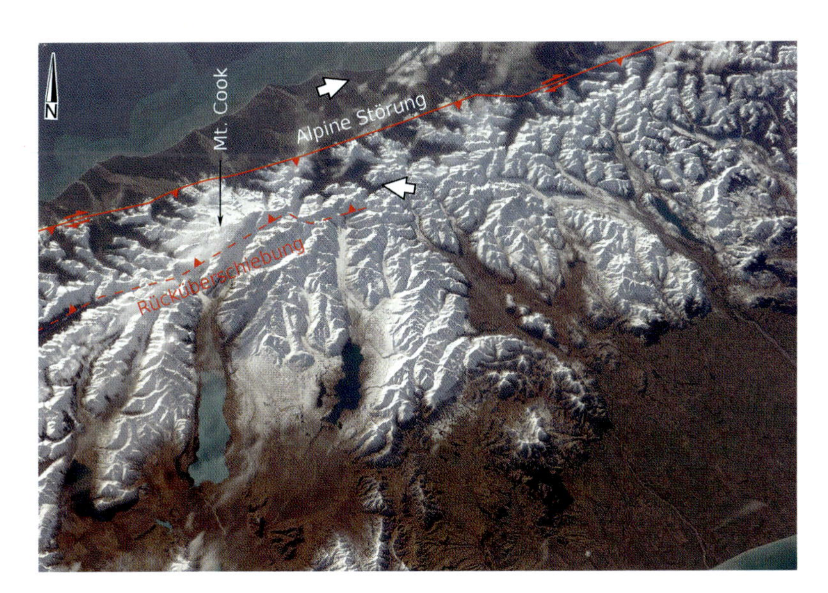

Abb. 5.5 Die Südlichen Alpen, vom Space Shuttle aus gesehen. Die Alpine Störung ist eine Seitenverschiebung, an der die Australische Platte und die Pazifische Platte aneinander vorbeigleiten. Seit die Pazifische Platte ihre Richtung geändert hat, schiebt sie sich rampenförmig über die Australische Platte und bildet die Südlichen Alpen. An den höchsten Gipfeln kam es zu einer zusätzlichen Hebung durch eine nach Süden bewegte Rücküberschiebung. Foto: Nasa.

Abb. 5.6 Blick über Lake Pukaki auf Mt. Cook (3754 m, Mitte), Mt. Tasman (rechts dahinter) und Mt. Sefton (links). Hier auf der Südseite der höchsten Berge verläuft unterhalb der Steilwände eine Rücküberschiebung. Foto: Arved Schwendel.

Unter der Nordinsel wird die Pazifische Platte ganz normal subduziert, allerdings ebenfalls mit einer deutlichen Seitenverschiebungskomponente. Während die Bewegung im Tiefseegraben ein reines Abtauchen ist, wird die seitliche Bewegung durch eine reine Seitenverschiebung aufgenommen, die zwischen Tiefseerinne und den Vulkanen verläuft. Ein solches Aufteilen der Bewegung in zwei Komponenten kann auch in vielen anderen Subduktionszonen beobachtet werden.

5.2 Alaska

Wie ein Halbmond verläuft die 800 km lange Alaskakette (Plafker & Berg 1994) in einigem Abstand zur Südküste von Alaska (Abb. 5.7–5.9). In dieser Bergkette gibt es viele Gipfel über 4000 m, darunter den höchsten Berg Nordamerikas, den Sechstausender Denali, besser bekannt als Mount McKinley. Die Vulkane der Subduktionszone befinden sich alle südlich des Gebirges in Küstennähe, es kann sich also nicht um ein Gebirge des Andentyps handeln.

Alaska besteht aus unzähligen Terranen, wobei die Terrane im Süden erst im Mesozoikum angeklebt wurden. Diese jüngeren Terrane bewegen sich entlang einer großen, stark gebogenen Seitenverschiebung nach Westen. Die Denali-Verwerfungszone ist sehr aktiv, sie bewegt sich durchschnittlich um etwa 1 cm im Jahr. Bei einem heftigen Erdbeben im Jahr 2002 kam es zu einem schlagartigen Versatz von bis zu acht Metern. Bei solchen Bewegungen ist unter anderem der Einfallsreichtum der Ingenieure gefragt, die eine die Verwerfung kreuzende Pipeline gebaut haben, um Öl aus der Arktis an die Pazifikküste zu bringen. Im Lauf der Erdgeschichte hat sich die aktive Verschiebung immer wieder verlagert. Durch das Gebirge zieht sich ein ganzes System von alten, inzwischen inaktiven Verwerfungszonen. Die Alaskakette entstand durch die Kombination dieser Seitenverschiebung und der Dynamik der weiter südlich ablaufenden Subduktion.

In großen Abschnitten des Gebirges ist die Verwerfung als ein langes, längs durch das Gebirge verlaufendes Tal auszumachen, das zum Teil von großen Talgletschern gefüllt ist. Wo sich die beiden entlang der Seitenverschiebung bewegten Schollen gegenseitig in die Quere kommen, kommt es zu Überschiebungen. An diesen Stellen bauen sich die höchsten Bergmassive auf, wie um den Mount McKinley und den Mount Hayes.

Die Bewegung und auch die gebogene Form des Gebirges wurden vermutlich von der Öffnung des Nordatlantiks verursacht. Eurasien und Nordamerika bewegen sich zwar am Atlantik voneinander weg, hängen aber an der Behringstraße aneinander und bilden genau genommen eine einzige Platte. Die relative Drehung der beiden Kontinentmassen wird durch Verformung innerhalb von Alaska ermöglicht, indem sich die einzelnen Terrane verbiegen und zueinander versetzen.

Im Osten zweigt eine kleinere Verschiebung von der Denali-Verwerfung zur Eliaskette ab und trifft mit einer anderen Seitenverschiebung zusammen, die vor der Küste Kanadas die Plattengrenze bildet. Die Eliaskette (Enkelmann et al. 2009) ist das höchste Küstengebirge der Erde. Hier ragen einige der höchsten Berge Nord-

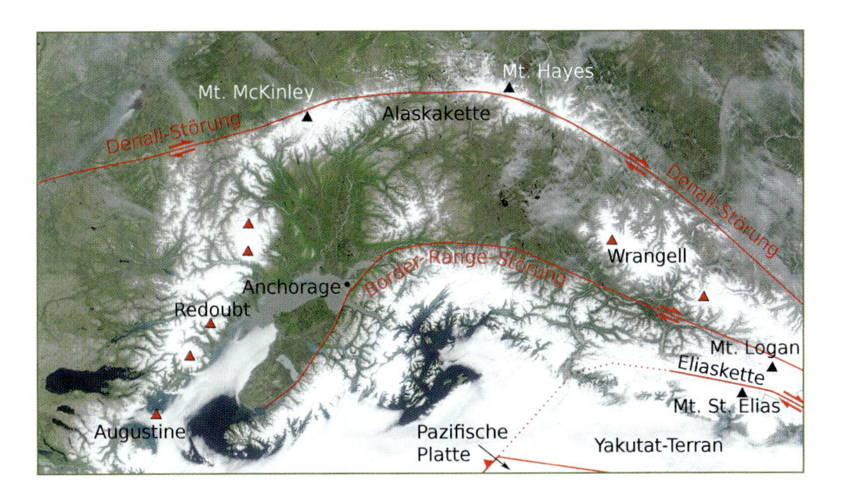

Abb. 5.7 Der Süden von Alaska (mit Wolken über dem Pazifischen Ozean). Die Alaskakette mit Bergen wie Mount McKinley und Mount Hayes hob sich entlang der Denali-Störung zusammen, einer Seitenverschiebung, die sich jedes Jahr um etwa 1 cm bewegt. Die höchsten Berge sind dort, wo die aneinander vorbeigleitenden Platten sich gegenseitig in die Quere kommen. In anderen Abschnitten haben Gletscher die Verwerfung zu einem breiten Tal ausgehobelt. Auch die Eliaskette (mit Mount Logan und Mount St. Elias) hängt mit Seitenverschiebungen zusammen. Zusätzlich wird hier gerade der Yakutat-Terran subduziert, der wie bei einem Sandwich zwischen der Pazifischen Platte und Nordamerika steckt. Die Vulkane Augustine und Redoubt gehören zum nordöstlichen Ende des Vulkanbogens der Aleuten-Subduktionszone, an der die Pazifische Platte unter Alaska abtaucht. Satellitenfoto: Nasa.

Abb. 5.8 Mount McKinley (6193 m), berüchtigt für seine eisigen Temperaturen, ist der höchste Berg Nordamerikas. Er steht an einem Abschnitt der Denali-Verwerfung, wo diese eine kompressive Komponente hat. Foto: Nic McPhee.

Abb. 5.9 Die Alaskakette mit Mount McKinley ist so stark vergletschert, dass manche Berge nur als Nunatakker wie Inseln aus dem Eis schauen. Foto: Jack French.

amerikas mehr oder weniger direkt über dem Pazifik auf, darunter die fünf höchsten Gipfel von Kanada, alle über 5000 m. Mehr als die Hälfte des Gebirges ist unter dickem Eis begraben. An dieser Stelle kollidiert gerade ein Terran mit dem Südosten von Alaska. Der Yakutat-Terran, ein dickes ozeanisches Basaltplateau, wird seit etwa 30 Millionen Jahren von der Pazifischen Platte an der Küste entlang nach Norden geschleppt, seit fünf Millionen Jahren kollidiert er vor Alaska mit der Aleuten-Subduktionszone. Wie ein dreifaches Sandwich steckt ein Teil des Terrans zwischen der subduzierten ozeanischen Kruste und dem nordamerikanischen Kontinent. Die Sedimente werden dabei abgeschürft und werfen einen Falten- und Überschiebungsgürtel auf. Die Subduktionsvulkane, die sich dahinter in der Wrangelkette befinden, sind nur noch auf Sparflamme aktiv.

Die Eliaskette (Abb. 5.10) ist eine Mischung aus Seitenverschiebung und Überschiebungsgürtel. Die stärksten und schnellsten Hebungen finden in den Gebieten mit der stärksten Gletschererosion statt. Die von der Erosion ausgelöste Hebung lief zum Teil so schnell ab, dass die aufsteigenden Gesteine noch heiß genug waren, um die tektonischen Verschiebungen in diesen Massiven zu konzentrieren und zu beschleunigen. Das sorgte erst recht für Hebung, die noch schneller wurde und wiederum zu einer noch stärkeren Vergletscherung führte: eine Rückkopplung, wie sie ähnlich an den äußersten Ecken des Himalajas (Abschnitt 6.1) abläuft, nur dass

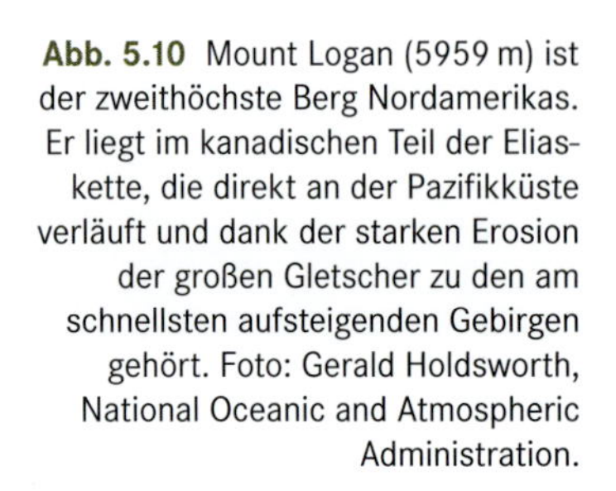

Abb. 5.10 Mount Logan (5959 m) ist der zweithöchste Berg Nordamerikas. Er liegt im kanadischen Teil der Eliaskette, die direkt an der Pazifikküste verläuft und dank der starken Erosion der großen Gletscher zu den am schnellsten aufsteigenden Gebirgen gehört. Foto: Gerald Holdsworth, National Oceanic and Atmospheric Administration.

dort statt der Gletscher die Flüsse Indus und Tsangpo für die Erosion zuständig sind. Tatsächlich gehören die Eisriesen der Eliasberge neben den beiden Enden des Himalajas und den Südalpen Neuseelands zu den am schnellsten aufsteigenden Bergen der Welt.

Im Norden von Alaska gibt es eine weitere halbmondförmige Bergkette, die wie ein Spiegelbild zur Alaskakette verläuft. Hier würde man vielleicht noch größere Gletscher erwarten, aber dafür ist es in dieser Region zu trocken. Die Brookskette hat zwar einzelne eiszeitliche Trogtäler, ist aber ansonsten eher ein von Moosen und Flechten bewachsenes Hochplateau. Die Gipfel liegen gerade einmal zwischen 2000 und 3000 m Höhe. Das Gebirge entstand seit der späten Jurazeit. Die heute nördlich der Kette gelegene Ebene hatte sich damals gerade erst von Nordamerika gelöst und stieß mit einem Terran zusammen. Der neue zusammengesetzte Minikontinent drehte sich seither um 90° und dockte wieder mit Nordamerika an, die Überschiebungen an der Naht zwischen den beiden Bauteilen setzten sich während der Rotation noch fort. Das Ergebnis sind nach Norden überschobene Gesteinsdecken und ein davor zusammengeschobener dünnhäutiger Falten- und Überschiebungsgürtel. Inzwischen finden auch hier kleinere Seitenverschiebungen statt, im Vergleich zur Alaskakette sind diese jedoch unbedeutend, es gibt auch nur selten kleinere Erdbeben.

Die Südwand des Dhaulagiri (8167 m) ist nicht nur eine der schönsten, sondern mit etwa 4000 m auch eine der höchsten Bergwände der Welt. Der Boden des Tales rechts liegt sogar rund 7000 m unterhalb des Gipfels.

6 Das Dach der Welt: Hochgebirge Asiens

Die Kollision von Indien mit Eurasien verläuft mit einer ungewöhnlich heftigen Dynamik. Nicht nur für den Himalaja ist sie verantwortlich, sondern auch für das Tibetplateau und sämtliche Hochgebirge, die Gipfelhöhen von mehr als 7000 m erreichen: Hindukusch, Karakorum, Pamir, Kunlun Shan und Tian Shan. Selbst Gebirge wie der Altai oder das Bergland in Südostasien hängen direkt mit dieser Kollision zusammen.

Beim Himalaja haben wir es mit einem klassischen Deckengebirge zu tun, wie es typisch für eine Kollision zwischen zwei Kontinenten ist. Er hat aber auch einige Überraschungen parat, durch die er sich von anderen Deckengebirgen unterscheidet.

Im Nahen Osten gibt es eine Reihe weiterer Gebirge wie den Zagros, den Taurus und den Kaukasus. Hier sind weitere Minikontinente mit Eurasien kollidiert, die wie Indien Bruchstücke des einstigen Großkontinents Gondwana sind: die Arabische Platte und eine ganze Reihe von kleinen Terranen, die sich zu Anatolien zusammensetzten. Auch die Iranische Platte und der Süden von Tibet gehörten einmal zu Gondwana, beide haben sich schon etwas früher auf den Weg gemacht.

6.1 Himalaja

Schon vom Tiefland der Gangesebene aus sind sie zu sehen, wenn sie nicht von dicken Wolken verhüllt sind: die Gipfel des Hohen Himalajas, der höchsten Bergkette der Erde. Eine lange Reihe riesiger Berge, deren vereiste Felswände leuchtend weiß in den Himmel ragen. Wie eine Reihe von Zähnen wirken sie, die über den saftig grünen Bergen zu ihren Füßen aufragen. Diese grünen Berge heißen Niederer Himalaja. Nebel hängt in verträumten Rhododendronwäldern, auf winzigen Terrassen wird Reis angebaut, riesige Teeplantagen schwingen sich von Hügel zu Hügel. Kathmandu mit seinen kunstvoll aus Holz geschnitzten Hindutempeln liegt hier. In Pokhara entspannen Wanderer ihre Beine, in Darjeeling und Shimla suchten einst die Briten Erholung von der Hitze des Subkontinents. Noch weiter unten, vor dem Niederen Himalaja liegen am Rand des Tieflandes einige Hügel, die Siwaliks.

Jenseits der höchsten Berge ist es trocken, fast ohne Vegetation liegen hier braune Berge aus wild verfalteten Sedimenten, unter denen sich kleine buddhistische Klöster ducken. Auf den Pässen flattern bunte tibetische Gebetsfahnen. Dahinter schließt sich das Hochplateau von Tibet an (Abschnitt 6.3). Zunächst überqueren wir dort den Tsangpo, einen breiten Fluss, der am Südrand von Tibet nach Osten fließt, bevor er das Gebirge durchbricht und als Brahmaputra in den Ganges mündet. Hinter dem Tsangpo liegt in Tibet eine weitere weiß verschneite Bergkette, der Gangdise Shan. Erst hinter dieser liegen die weiten Hochebenen, auf denen große Yakherden weiden.

Vom Himalaja (Abb. 6.1–6.16), dem „Ort des Schnees", kann man nur in Superlativen sprechen. Die 50 höchsten Berge der Welt befinden sich bis auf zwei Ausnahmen alle im Himalaja und dem benachbarten Karakorum (den wir in Abschnitt 6.5 besuchen). Nirgendwo außerhalb der beiden Bergketten gibt es Erhebungen über 8000 m. Es ist sogar möglich, dass es in der gesamten Erdgeschichte niemals zuvor ein Gebirge von solchen Ausmaßen gegeben hat. Die riesigen Zacken ragen in zwei bis vier Kilometer hohen Steilwänden aus Stein und Eis fast senkrecht über den Hochtälern und Vorbergen auf, sie bilden eine scharfe Grenze zwischen dem Hochplateau Tibets und der niedrig gelegenen Gangesebene. Noch immer hebt sich das Gebirge jedes Jahr um mehrere Millimeter, in der Indusschlucht nördlich des Nanga Parbat wurde sogar eine Hebung von einem Zentimeter pro Jahr gemessen (Burbank et al. 1996). Mehrere tief eingeschnittene Schluchten durchbrechen aus Tibet kommend die Bergkette, der Talboden zwischen den 30 km auseinanderliegenden Achttausendern Dhaulagiri und Annapurna zum Beispiel liegt auf nur 2000 m Höhe.

Für die ersten Entdecker muss es noch beeindruckender als für uns gewesen sein, in diese für Europäer damals unbekannte Welt einzudringen. Noch Mitte des 19. Jahrhunderts durften Europäer das Königreich Nepal nicht betreten, den Everest und andere Riesen

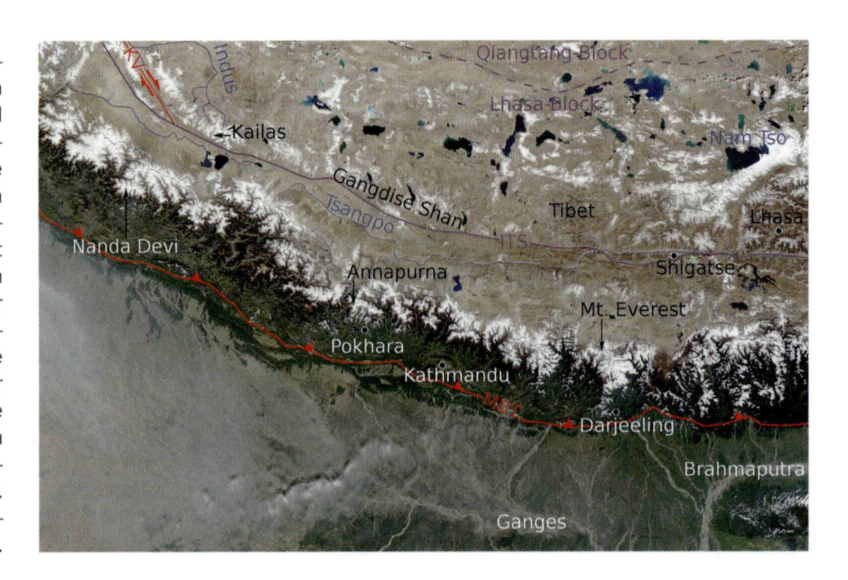

Abb. 6.1 Satellitenbild des Himalajas. Unterteilung im geographischen Sinn: Die Siwaliks (längliche Hügel südlich der Randhauptüberschiebung), nördlich davon der Niedere Himalaja (grün), der Hohe Himalaja (weiß) und Tibet (hellbraun). Die geologischen Grenzen entsprechen nicht ganz den geographischen, da es im Deckenstapel Klippen und Fenster gibt. Südtibet bis zur Indus-Tsangpo-Sutur gehört zum Deckengebirge (Tethys-Himalaja) und stammt von der Indischen Platte. In Tibet sind einige Gräben zu sehen, z. B. nördlich von Lhasa. MBT: Randhauptüberschiebung. ITS: Indus-Tsangpo-Sutur. KV: Karakorum-Verwerfung. Satellitenbild: Nasa.

fanden die Briten im Fernglas ihrer Vermessungsinstrumente. Dass es sich beim „Peak XV" um den höchsten Berg der Welt handelt, konnten sie erst nach fast zehn Jahren Rechnerei bekannt geben. Die Vermesser benannten ihn nach ihrem ehemaligen Chef, der den Berg selbst nie gesehen hat. Everest wollte das gar nicht. Wenn es nach ihm gegangen wäre, hieße der Berg auch bei uns nach dem tibetischen Chomolungma, die „Mutter des Universums", oder auf Nepali Sagarmatha, „Stirn des Himmels".

Der Himalaja ist ein klassisches durch Kollision entstandenes Deckengebirge. Andererseits hat es so viele Besonderheiten, dass es doch nicht so „klassisch" ist. Diese Besonderheiten hängen zum Teil mit der ungewöhnlichen Geschwindigkeit der Indischen Platte zusammen, die eine Dynamik verursachte, die über Prozesse anderer Gebirge weit hinausgeht.

Tibet war schon vor der Kollision zwischen Indien und Asien ein Hochland, wenn auch nur halb so hoch wie heute (Yin & Harrison 2000). In einer ersten Annäherung können wir uns das Szenario ausmalen, dass ein kleiner Kontinent mit großer Geschwindigkeit gegen die zentralen Anden und das Altiplano rauscht. Die Subduktionszonenvulkane Asiens befanden sich, wo heute die Gangdise-Berge stehen. In dieser auch Transhimalaja genannten Bergkette im Süden Tibets befinden sich der

Abb. 6.2 Annapurna South (7219 m) vom Annapurna Base Camp.

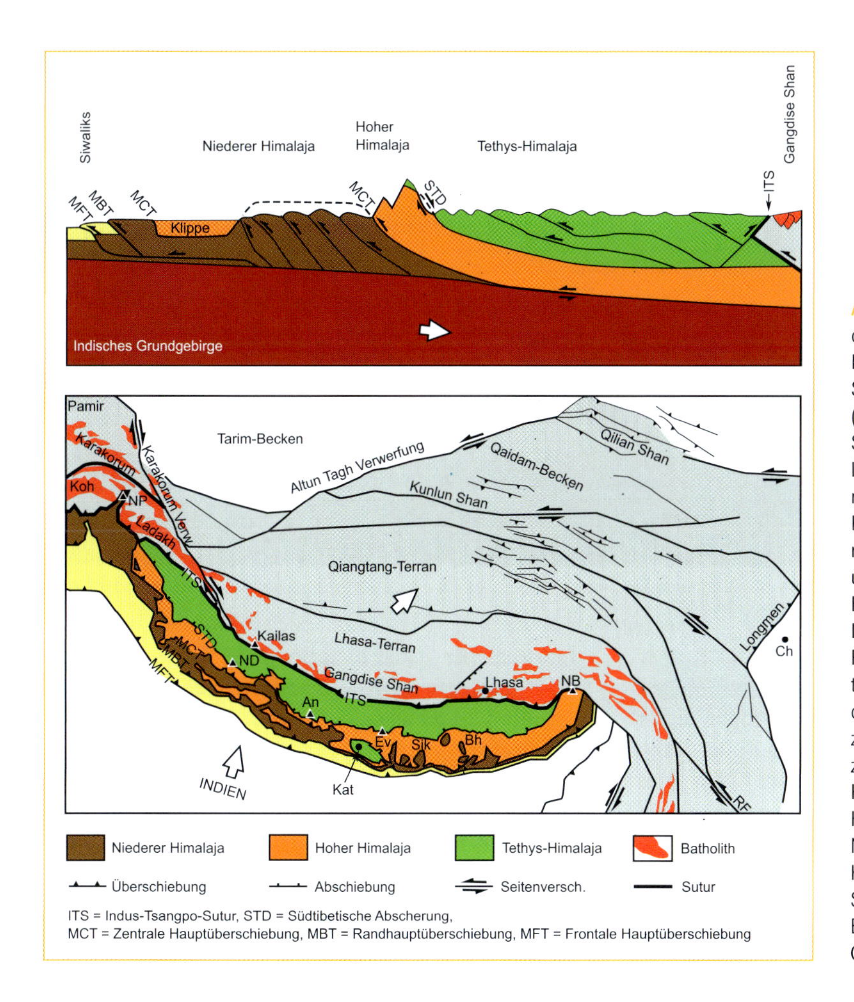

Abb. 6.3 Schematisches Profil durch den zentralen Himalaja und Karte mit Himalaja und Tibet. Der Gangdise Shan und die Indus-Tsangpo-Sutur (ITS) entsprechen der ehemaligen Subduktionszone. Der Tethys-Himalaja ist der oberste Deckenstapel, nördlich der höchsten Bergkette. Der Hohe Himalaja wurde nach der neueren Forschung als weiche Masse darunter hervorgepresst. Der Niedere Himalaja ist der untere Deckenstapel. Die Siwaliks sind der überschobene Rand des Molassebeckens, die Frontale Hauptüberschiebung (MFT) ist derzeit aktiv. Tibet wird weiter zusammengeschoben und weicht zugleich seitlich aus. Abkürzungen: Karak. V.: Karakorum-Verwerfung. Koh: Kohistan. NP: Nanga Parbat. ND: Nanda Devi. An: Annapurna. Kat: Katmandu. Ev: Everest. Sik: Sikkim. Bh: Bhutan. NB: Namche Barwa. RF: Roter-Fluss-Verwerfung. Ch: Chengdu.

Abb. 6.4 Die Granite bei Lhasa (hier hinter dem Kloster Drepung) gehören zum Batholithen des Gangdise Shan, der bei der Subduktion des Tethys-Ozeans unter Eurasien entstand.

Abb. 6.5 Der Tsangpo (Brahmaputra), hier bei Samye, folgt in Südtibet etwa der Naht zwischen Indien und Eurasien.

berühmte Kailas und einige weniger berühmte, aber deutlich höhere Berge. Von der Subduktion zeugen große Batholithe, die sowohl die höchsten Gipfel dieser Bergkette bilden, als auch die Granitfelsen in der Nähe von Lhasa (Abb. 6.4). Der als heilig verehrte Kailas steht am Rand eines Plutons, besteht aber aus tertiären Konglomeraten.

Wo früher eine Tiefseerinne die Plattengrenze südlich der Subduktionsvulkane bildete, fließen heute die Flüsse Indus und Tsangpo, die beide am Kailas entspringen und in jeweils entgegengesetzte Richtung fließen. Diese Sutur, die Naht zwischen Asien und Indien, wird von Ophiolithen nachgezeichnet. Zwischen der Sutur und den Plutonen des Gandise befinden sich Flyschsedimente, die Ablagerungen von Trübeströmen, die den steilen Hang in die Tiefseerinne hinunterflossen. Diese nachträglich wild verfalteten Wechsellagerungen von Sandstein und Tonstein sind in der Umgebung von Shigatse mehrere Kilometer dick.

Indien kam mit einer unglaublichen Geschwindigkeit von 20 cm pro Jahr an und krachte zum Ende der Kreidezeit (Yin & Harrison 2000) mit seiner Nordwestecke gegen diese Subduktionszone. Der Subkontinent drehte sich seither gegen den Uhrzeigersinn, sodass der Ozean wie eine Schere geschlossen wurde. Durch die Kollision wurde er deutlich abgebremst, schob sich aber dennoch um etwa 2500 km in den asiatischen Kontinent hinein. Selbst heute hat Indien noch eine beeindruckende Geschwindigkeit von 5 cm pro Jahr und ist auch abgebremst noch die schnellste kontinentale Platte der Erde. Auch innerhalb des asiatischen Kontinents wurden Bewegungen ausgelöst, vom Pamir bis nach Malaysia wurde ein breiter Gebirgsgürtel aufgefaltet. Die heftige Kollision hatte sogar Auswirkungen auf die Plattenbewegungen der ganzen Erde. Der Mittelozeanische Rücken zwischen Australien und Indien hörte zum Beispiel mit der Spreizung auf, sodass die beiden nun auf einer Platte liegen. Sogar der scharfe Knick in der Spur des Hawaii-Hotspots (Abschnitt 7.1) wird damit in Verbindung gebracht.

Es ist nicht leicht, die frühe Zeit der Kollision zu rekonstruieren. Die vor Indien abtauchende ozeanische Platte zog am Anfang noch kräftig nach unten. Der indische Kontinent wurde dadurch unter Asien gezogen, obwohl er aus kontinentaler Kruste besteht und somit ebenso gut auf dem Mantel schwimmt wie Asien. Man hat in Ladakh nahe der Suturzone sogar kontinentale Ultrahochdruckgesteine gefunden, deren Minerale wie Coesit sich in 130 km Tiefe gebildet haben (Leech et al. 2005). Dabei handelt es sich natürlich nicht zwangsläufig um den indischen Kontinentalrand, es könnte auch eine vorgelagerte Insel gewesen sein. Das Erstaunlichste ist, dass diese Gesteine so tief in den Mantel versenkt wurden und trotzdem wieder an die Oberfläche gekommen sind! Wie dies möglich ist, werden wir in Abschnitt 6.4 sehen.

Die erste Phase der Kollision machte sich an der Oberfläche zunächst kaum bemerkbar. Lediglich Südtibet wurde in dieser Zeit stark gehoben (Mulch & Chamberlain 2006). In den Schelfmeeren an den Rändern der beiden Kontinente lagerten sich noch immer Kalksteine ab, nur in Küstennähe gab es einen plötzlichen Wechsel zu Turbiditen (Trübeströmen), da die Hänge unter Wasser steiler wurden und immer wieder abrutschten. In Nordwestpakistan schob sich zeitweise der Anwachskeil der Subduktionszone über den indischen Schelf. Schließlich bildeten sich in den Sedimenten des indischen Kontinentalrandes die ersten Über-

Abb. 6.6 Falten im Tethys-Himalaja, östlich von Tingri (Tibet/China).

schiebungen (Yin & Harrison 2000), der Himalaja hob sich dabei als Hügelland aus dem Meer.

Vor etwas mehr als 40 Millionen Jahren (Xu et al. 2008) riss die schwere, nach unten ziehende ozeanische Platte ab. Der Plattenabriss ist für alle Kollisionsgebirge ein bedeutender Vorgang, der dramatische Folgen hat. Mit dem Versuch, kontinentale Kruste zu subduzieren, gibt es einen großen Dichtekontrast zwischen der auftreibenden kontinentalen und der daran hängenden und nach unten ziehenden ozeanischen Kruste. Die abtauchende Platte wird so lange gedehnt, bis die schwere ozeanische Lithosphäre einreißt und schließlich abfällt. Das Einreißen kann sich über einen längeren Zeitraum hinziehen oder es können mehrere Stücke abfallen, sodass eine Zeitangabe schwierig ist. In welcher Tiefe dies passiert, ist abhängig von der Subduktionsgeschwindigkeit und hat wiederum Auswirkungen auf die Stärke der folgenden Effekte. Durch den Abriss und das Absinken der Platte strömt heißes Mantelmaterial nach oben und der lithosphärische Mantel wird durch die Wärme von unten erodiert. Der Mantel kann durch die Druckentlastung beim Aufsteigen sogar angeschmolzen werden, daher sind nahe einer Sutur oft Basaltgänge zu finden, die alle etwa dasselbe Alter haben. Der aufsteigende Basalt kann wiederum die Wurzel der Kruste aufschmelzen, was zu einem Puls von Granitintrusionen führt. Da plötzlich das schwere Gegengewicht fehlt, wird durch den Auftrieb und die durch Wärme aufgeweichte Kruste ein schneller Aufstieg des Gebirges ausgelöst. Die Erosion trägt einen großen Teil des Gebirges schon während des Aufstiegs wieder ab, was durch weiteren Aufstieg ausgeglichen wird. So werden immer tiefere Bereiche freigelegt. Wenn die Kontinente sich weiter zusammenschieben, werden die Sutur und bereits vorhandene Überschiebungen immer steiler und dadurch inaktiv, während neue, flache Überschiebungen weiter in das Vorland ausgreifen.

In unserem Fall führte der Plattenabriss in Südtibet zu einer kurzzeitigen Eruption von Basalt, während gleichzeitig der Subduktionszonenvulkanismus aufhörte (Xu et al. 2008). Die bisher steil nach unten gezogene indische Kruste klappte hinauf und liegt seither unter Südtibet. Mit einem Schlag war die Kruste dort doppelt so dick und begann mit einem schnellen Aufstieg. Die Sutur zwischen den beiden Kontinenten befand sich immer noch in etwa auf der Linie zwischen dem heutigen Indusdelta und dem Gangesdelta, doch die Kollision setzte sich weiter fort. In der Folge wurde der indische Kontinentalrand weiter in Decken zerlegt, die sich eine über die andere überschoben. Es ist eine Besonderheit des Himalajas, dass nur die untere Platte in Decken zerlegt wurde, während am Südrand von Asien keine Überschiebungen stattfanden. In anderen Gebirgen wie den Alpen gibt es Decken von beiden Kontinenten, und die Sutur verläuft dort demnach nicht am Rand des Gebirges, sondern im Zentrum. Aber auch das indische Grundgebirge wurde nicht in die Überschiebungen einbezogen: Die Decken des Himalajas bildeten sich nur im Sedimentstapel des indischen Kontinentalrandes.

Die einzelnen Decken und ihre Überschiebungen sind im heutigen Relief deutlich zu sehen. Die oberste Decke ist der sogenannte Tethys-Himalaja (Abb. 6.6–6.8) zwischen der Indus-Tsangpo-Sutur und dem Nordrand der höchsten Bergkette. Im politisch-geographischen Sinn sind diese Berge der Südrand von Tibet. Der Tethys-Himalaja besteht aus einem riesigen Stapel aus Sedimenten wie Sandsteinen, Tonsteinen und Kalksteinen, die über einen immensen Zeitraum hinweg auf dem indischen Kontinentalschelf abgelagert wurden: vom Kambrium bis zum Tertiär (Yin 2005). Die Fossilien in diesen Sedimenten geben also fast die gesamte Evolution wieder, vom ersten explosionsartigen Auftreten von Schalentieren bis nach dem Aussterben der Dinosaurier. Zwischen den Sedimenten stecken auch alte Granitplutone aus der Zeit, in der sich Indien von Gondwana trennte.

Durch die Kollision wurde der ganze Stapel zu einem Falten- und Überschiebungsgürtel zusammengeschoben und die untersten Sedimente zu metamorphen Gesteinen umgewandelt. Anders als der Faltenjura liegt dieser Faltengürtel nicht im Vorland, sondern auf dem Rücken des Gebirges. Die Überschiebungen innerhalb des Tethys-Himalajas waren die ersten Überschiebungen des Himalajas. Sie begannen schon, als die indische Kruste noch steil subduziert wurde, und waren noch nach dem Plattenabriss lange Zeit aktiv (Yin & Harrison 2000). Erst einige Zeit nach dem Plattenabriss griffen die Verwerfungen weiter nach Süden über. Der ältere Falten- und Überschiebungsgürtel des Tethys-Himalajas wurde also erst nachträglich vom Hohen Himalaja auf den Rücken genommen.

Abb. 6.7 In einer Falte steilgestellte mesozoische Sedimente (Tethys-Himalaja). Der Vordergrund befindet sich in einem Graben (vgl. Abb. 6.13), die Gesteine oberhalb der Schneegrenze sind älter (Karbon bis Trias), sie liegen jenseits der Abschiebung des Grabens.

Die Decke darunter bildet paradoxerweise die höchsten Gipfel, mehrere Kilometer höher als der darüber liegende Tethys-Himalaja. Die Nordwände des Hohen Himalaja markieren in etwa den Verlauf der Südtibetischen Abscherung, die beide Decken voneinander trennt. Hin und wieder liegt noch ein kleiner Zipfel Tethys-Himalaja auf den höchsten Spitzen, zum Beispiel auf dem Gipfel des Everest (Abb. 6.9), während die Täler unterhalb der Nordwände zum Teil noch „Hoher Himalaja" sind, beispielsweise oberhalb des Rombuk-Klosters. Im Annapurna-Massiv (Godin 2003) verläuft die Verwerfung sogar südlich der Gipfel (Abb. 6.13–6.15), sodass dieses Massiv genauso wie der Gipfel des Everest zumindest im geologischen Sinn gar nicht zum Hohen Himalaja gehört.

Merkwürdigerweise ist die Südtibetische Abscherung eine Abschiebung. Findet hier inmitten der Kompression plötzlich Dehnung statt? Frühere Forscher glaubten, dass sich der Hohe Himalaja so schnell hob, dass der Tethys-Himalaja einfach der Schwerkraft folgte und ihm quasi den Buckel herunterrutschte. Wahrscheinlicher ist, dass sich nicht der Tethys-Himalaja nach Norden bewegt, sondern dass der Hohe Himalaja einfach nur schneller war und regelrecht die oberste Decke überholte. Demnach ist die Abschiebung nur eine relative Bewegung zwischen den beiden Decken. Tatsächlich wurde gezeigt, dass die Abwärtsbewegung gleichzeitig mit der Überschiebung des Hohen Himalajas stattfand.

In einer frühen Phase der Gebirgsbildung fand die Bewegung noch in die entgegengesetzte Richtung als Überschiebung statt. Der Tethys-Himalaja wurde nach Süden über den Hohen Himalaja geschoben. Genauso gut könnten wir sagen: Der Hohe Himalaja schob sich mitsamt dem indischen Grundgebirge nach Norden unter den Tethys-Himalaja.

Der Hohe Himalaja war ursprünglich ein tiefer Teil desselben Sedimentstapels, der sich durch die Überschiebung in großer Tiefe wiederfand und dort zu hochmetamorphen Gneisen umgewandelt wurde. Wie zu erwarten nimmt der Metamorphosegrad innerhalb des hohen Himalajas von oben nach unten zu. Der untere Teil wurde sogar so heiß, dass er zu Schmelzen anfing. Zum Teil gingen die Glimmer des Gneises durch die Hitze kaputt und gaben ihr Wasser ab, was das Aufschmelzen noch unterstützte. Wasser scheint dabei jedoch nur eine untergeordnete Rolle gespielt zu haben

Abb. 6.8 Jharkot bei Muktinath (Nepal) liegt in einem Graben (vgl. Abb. 6.13), der quer durch den Tethys-Himalaja hindurch schneidet. Die Abschiebung verläuft etwas oberhalb der Schneegrenze. Die verfalteten Sedimente werden nach links (Südwesten) immer älter: rechts der Bildmitte aus der Jurazeit, am linken Bildrand Devon, Perm und Karbon.

(Harris et al. 1993). Die Schmelze bildet helle Schlieren zwischen den dunklen, ungeschmolzenen Bereichen, ein solcher angeschmolzener Gneis wird Migmatit genannt. Die Schmelze begann, entlang von Gängen durch die höher gelegenen Gneise aufzusteigen. Die Gneise sind oft von unzähligen weißen Granitgängen durchzogen, sodass die Felswände wie ein Spinnennetz aussehen. Noch weiter oben kühlte der Granit in Form kleiner Plutone wieder ab. Ein besonders prachtvoller, bis zu 3000 m dicker Pluton steckt in der Südwand des Nuptse (Abb. 6.11). Die ganze Everestregion ist voll von hellen Granitkörpern, die alle ungefähr in derselben Höhe stecken: am Cho Oyu, dem Everest und dem Nuptse, am Makalu und dem Chomolonzo (Searle et al. 2003). Diese sind nur Beispiele unzähliger Granitkörper verschiedenster Größe, die in der ganzen Länge des Gebirges in den höchsten Bergen stecken: im Zanskar und dem Garhwal Himal, am Manaslu und dem Langtang, in Sikkim und in Bhutan. Im Tethys-Himalaja gibt es noch eine zweite Reihe ganz ähnlicher Granite, und vermutlich steigen unter Südtibet noch immer solche Plutone auf und bleiben in einer ähnlichen Tiefe stecken wie einst die nachträglich an die Oberfläche gebrachten Granite des Hohen Himalajas.

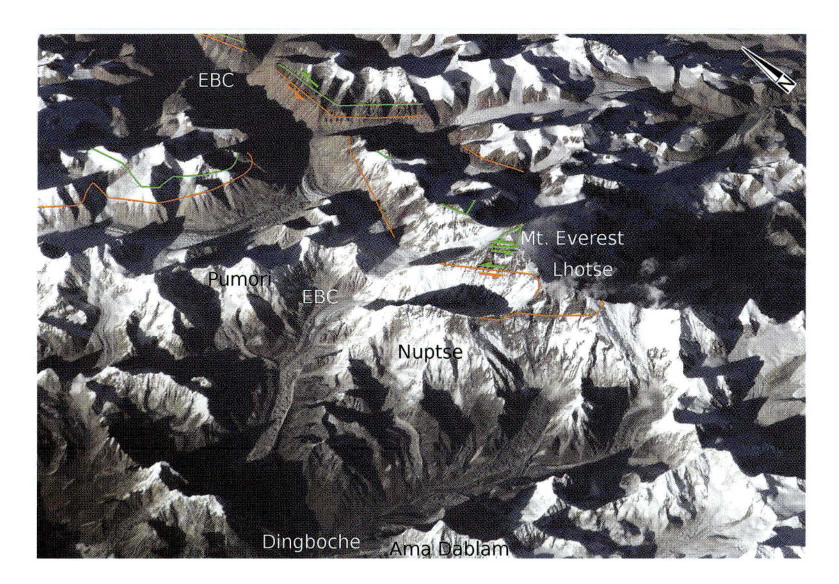

Abb. 6.9 Am Mt. Everest ist die Südtibetische Abscherung in zwei Abschiebungen aufgeteilt: die Chomolungma-Abscherung (grün) und die Lhotse-Abscherung (orange). Die Spitze des Everest bis zum berüchtigten „Gelben Band" besteht aus Kalkstein aus dem Ordovizium. Darunter, zwischen Chomolungma- und Lhotse-Abscherung, befinden sich vor allem Schiefer und etwas Marmor: Metamorphite aus einem tieferen Bereich des Tethys-Himalajas. Unter der Lhotse-Abscherung schließlich die hochgradig metamorphen Gneise des Hohen Himalajas, die plastisch unter dem Tethys-Himalaja hervorgeflossen sind. Die beiden Base Camps sind mit EBC bezeichnet. Foto: Nasa.

Abb. 6.10 Pumori (7161 m) von der Moräne über Gorak Shep, der braune Rücken im Mittelgrund ist der für den Blick auf Mt. Everest berühmte Aussichtsberg Kalar Pattar, der aus hochmetamorphem Sillimanit-Gneis besteht. Etwas höher ist der Gneis teilweise aufgeschmolzen worden (Migmatit), die Schmelze stieg zum Teil auf und bildet den hellen Granitpluton am Gipfel. Die Gesteine des Hohen Himalajas wurden als weiche Masse unter dem Tethys-Himalaja hervorgepresst. Foto: Steve Hicks.

Der Hohe Himalaja wurde schließlich entlang der zentralen Hauptüberschiebung über den Niederen Himalaja überschoben, über die grün bewachsenen 2000 bis 3000 m hohen Berge südlich der hohen Gipfel, die damals allerdings noch Flachland waren. Die Zentrale Hauptüberschiebung, eine mehrere Kilometer breite Mylonitzone, kann man ungefähr mit den Südwänden der hohen Bergmassive gleichsetzen. Auch diesmal stimmt die geologische Unterteilung zwischen Hohem und Niederem Himalaja nicht exakt mit der morphologischen überein. Zwischen Kathmandu und Assam gehören die Gesteine des morphologisch Niederen Himalajas überwiegend zur Decke des Hohen Himalajas, die Decke des Niederen schaut nur hier und dort in einem tektonischen Fenster hervor. In Westnepal liegen einige Klippen des Hohen Himalajas auf dem Niederen Himalaja. Darauf gibt es sogar kleinere Klippen, die zum Transhimalaja gehören.

Das ist leicht zu erklären: Die hochmetamorphen Gneise des Hohen Himalajas kamen über eine Rampe nach oben (die ungefähr dem Südrand der hohen Berge entspricht) und schoben sich flach über die Sedimente des Niederen Himalajas. Jetzt waren die Sedimente des Niederen Himalajas der Metamorphose ausgesetzt, sie wurden in Schiefer und andere schwach metamorphe Gesteine umgewandelt. Im Gegensatz zum Normalfall war die Metamorphose oben wesentlich stärker als an der Basis. Über diese „inverse Metamorphose" haben sich die Forscher lange Zeit die Köpfe zerbrochen (Harrison et al. 1999). Der Hohe Himalaja muss so schnell

Abb. 6.11 In der Südwand des Nuptse (7861 m) ist ein heller, 3000 m dicker Granitpluton zu sehen. Foto: Uwe Gille.

Abb. 6.12 Unzählige helle Granitgänge durchschlagen den geologisch zum Hohen Himalaja gehörenden Fels am chinesischen Everest Base Camp.

angekommen sein, dass er unterwegs kaum abgekühlt ist und die Sedimente wie ein heißes Bügeleisen überfuhr. Entsprechend wurde der unterste Teil des Hohen Himalajas etwas abgekühlt.

Irgendwann wurde die Zentrale Hauptüberschiebung inaktiv, stattdessen setzte sich der Niedere Himalaja entlang einer tiefer gelegenen Verwerfung, der Randhauptüberschiebung, in Bewegung und überfuhr den indischen Kraton und die jungen Sedimente im Molassebecken. Die Randhauptüberschiebung verläuft vor dem Südrand des Niederen Himalajas, vermutlich trifft sie in der Tiefe mit der zentralen Hauptüberschiebung zusammen. Inzwischen hat sich die Bewegung sogar noch weiter nach vorne verlagert: Ein Teil der Molasse schiebt sich entlang der Frontalen Hauptüberschiebung über sich selbst, wodurch zwischen dem Niederen Himalaja und der Gangesebene das Hügelland der Siwaliks aufgeworfen wurde. Die zentrale Hauptüberschiebung wurde in einer zweiten Episode nochmals aktiv. Diesmal blieben die bereits zu freistehenden Klippen erodierten Teile des Hohen Himalajas liegen, die Bewegung konzentrierte sich auf die Rampe, sodass das heutige heftige Relief aufgeworfen wurde.

Im letzten Jahrzehnt wurde eine alternative Deutung für den Hohen Himalaja entwickelt (Grujic et al. 1996, Beaumont et al. 2001, Harris 2007), die viele Beobachtungen besser erklärt als das Modell einer normalen Deckenüberschiebung. Die Kruste unter Südtibet und dem Himalaja ist so dick, dass sie in ihrem Inneren sehr hohen Temperaturen ausgesetzt ist. Da radioaktive Elemente in der Kruste angereichert sind, heizt sich eine dicke Kruste zusätzlich auf. Innerhalb der mittleren Kruste bildet sich möglicherweise eine Lage, die angeschmolzen und aufgeweicht ist, ganz ähnlich, wie es auch für das Altiplano der Anden postuliert wurde. Unter Südtibet wurde mit seismischen Profilen eine teilweise geschmolzene Lage in 15 bis 20 km Tiefe nachgewiesen. Schon bei einem geringen Schmelzgrad fällt die Scherfestigkeit des Gesteins schlagartig ab. So wie Soße eines Döner Kebab beim Hineinbeißen seitlich herausfließt, wird die weiche Lage durch das aufliegende Gewicht seitlich weggepresst. Nach der neuen Theorie floss im Tertiär ein solcher „Krustenkanal" nach Süden. Da die Erosion wegen des Monsuns an der Front des Himalajas besonders groß ist, wurde dort das über dem Kanal liegende Material entfernt. Der Kanal wölbte sich nach oben und brach schließlich als Hoher Himalaja an die Oberfläche. Wie Zahnpasta aus einer Tube wurde die weiche Masse durch das Gewicht des Tethys-Himalajas nach oben gepresst. Die heiße Masse schob sich entlang der Zentralen Hauptüberschiebung über den Niederen Himalaja, während der obere Rand als scheinbare Abschiebung aktiv war. Da die Eigenschaft des Kanals vor allem eine Frage der Temperatur ist, können auch Gesteine der Ränder einverleibt werden. In ihrem Zentrum floss die weiche Masse schneller als an ihrem oberen und unteren Rand und wurde entsprechend intern verformt. Die starke Metamorphose bis hin zum Aufschmelzen zu hellem Granit ging natürlich mit diesem Krustenfließen einher.

Ein solches Krustenfließen kann nicht für die ursprüngliche Krustenverdickung verantwortlich sein. Es ist vielmehr ein Prozess, der nur in einem reifen, schon vorhandenen Hochgebirge stattfinden kann. Es gibt viele Argumente für dieses Modell, aber es ist so gut wie unmöglich, es direkt zu beweisen. Selbst die weiche Masse des Hohen Himalajas verhielt sich nahe der Oberfläche natürlich starr, sodass spröde Brüche das plastische Fließen überprägen. Die unter Südtibet nachgewiesene aufgeschmolzene Lage befindet sich leider unter einem Graben und könnte sich auf diesen beschränken. Da aber die einzige quer durch Tibet führende Straße diesem Graben folgt, gibt es bisher keine anderen seismischen Profile. Es ist auch nicht klar, ob dieser Prozess noch immer aktiv ist. Es scheint vielmehr, dass der Kanal durch das Gewicht der Berge wieder zugequetscht wurde und die weiche Kruste seither in eine andere Richtung fließt. Im Quartär fanden sowohl an der zentralen Hauptüberschiebung als auch an der Südtibetischen Abscherung nur untergeordnete Bewegungen statt, heute passiert fast alles an der frontalen Hauptverwerfung innerhalb der Molasse. Eine Reihe von Gneisdomen, die sich innerhalb des Tethys-Himalajas aufgewölbt haben, könnten die Folge von einem Aufstauen des Kanals sein.

Trotzdem hebt sich der Hohe Himalaja noch immer, vermutlich sogar wesentlich schneller als während der

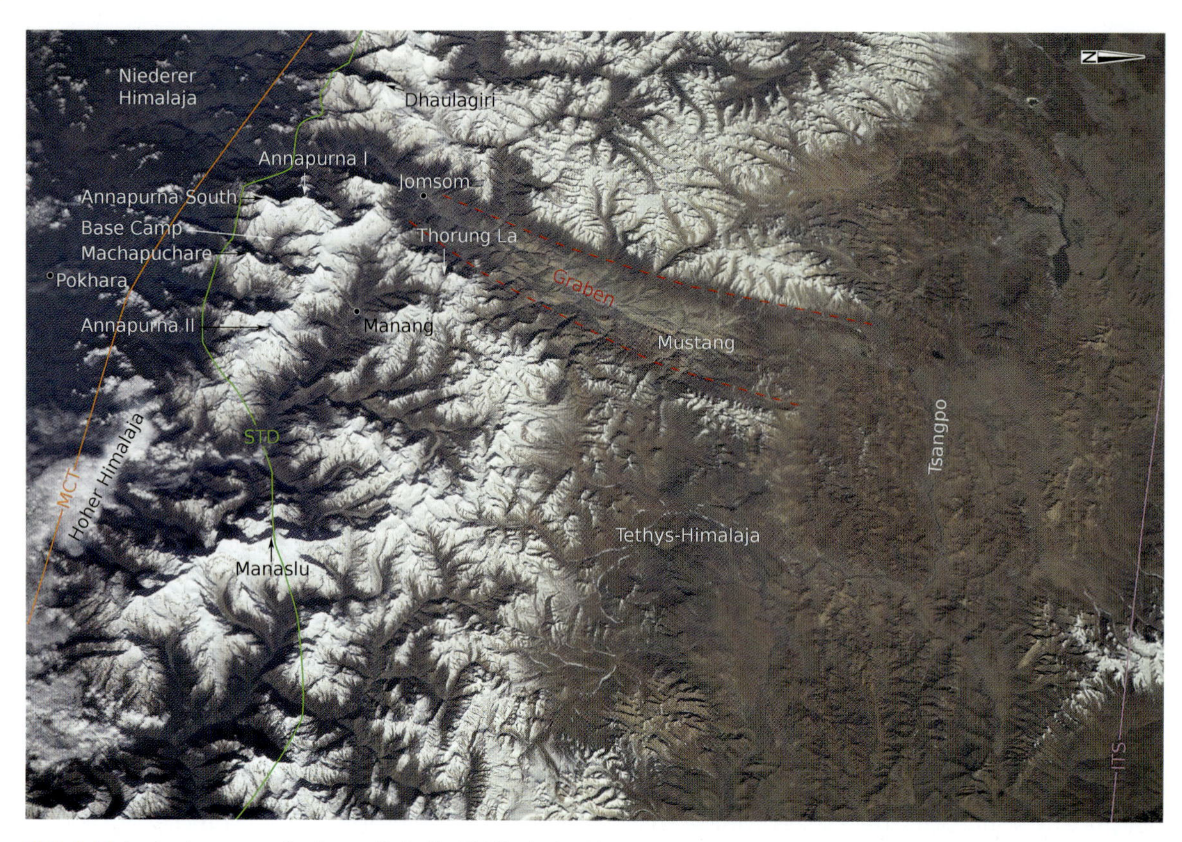

Abb. 6.13 In der Annapurna-Region verläuft die Südtibetische Abscherung (STD) auf der Südseite des Bergmassivs, der Tethys-Himalaja liegt hier noch über dem Hohen Himalaja. Das Annapurnamassiv besteht aus den tiefsten und ältesten Sedimentschichten des Tethys-Himalajas (Paläozoikum), nördlich davon (bei Jomsom und dem Thorung La) schließen sich Sedimente aus dem Erdmittelalter an. Aufnahme vom Space Shuttle. MCT: Zentrale Hauptüberschiebung. ITS: Indus-Tsangpo-Sutur. Foto: Nasa.

aktiven tektonischen Bewegung. Selbst wenn das Relief zum Teil direkt durch tektonische Bewegung erklärt wird, muss das Gewicht der Berge durch den Auftrieb der verdickten Kruste getragen werden. Die Kruste ist jedoch unter dem Hohen Himalaja nicht dicker als unter Südtibet. Tatsächlich ist die durchschnittliche topografische Höhe des Himalajas durch die tief eingeschnittenen Täler ähnlich wie im flachen Tibet. So verrückt es klingt, der Himalaja verdankt seinen schnellen Aufstieg und seine Höhe vor allem der Erosion und den tiefen Tälern.

An den Bergen selbst greift die Erosion überwiegend durch Bergrutsche an. Gletschererosion spielt in diesem Gebirge nur eine untergeordnete Rolle, ganz oben ist es so kalt, dass sie am Grund festgefroren sind und kaum zur Erosion beitragen. An den steilen Felswänden kann

Abb. 6.14 Annapurna South (7219 m), Annapurna I (8091 m) und Machapuchare (6997 m) von Sarangkot. Im Annapurna-Gebiet verläuft die Südtibetische Abscherung durch die Südwand des Bergmassivs, die Zentrale Hauptüberschiebung an der Basis. Die Gipfel des Massivs bestehen aus den Sedimenten des Tethys-Himalajas. Der Hohe Himalaja im geologischen Sinn ist hier nur ein schmaler Streifen hochmetamorpher Gesteine unter den Sedimenten. Der Vordergrund gehört zum Niederen Himalaja.

Abb. 6.15 Annapurna II (7937 m) von Sarangkot.

das Eis sowieso nur als kalter Gletscher kleben, sobald es wärmer wird, stürzt es einfach als Eisschlag ab. Es gibt daher im Himalaja nur wenige große Talgletscher.

Der Hohe Himalaja steigt so schnell auf, dass fast alle Berghänge eine kritische Hangneigung haben, die von der Festigkeit des Gesteins abhängig ist. Die Flüsse graben sich schnell genug ein, um mit dem Aufstieg Schritt zu halten und auch das von Bergrutschen ins Tal transportierte Material wieder auszuräumen. Die maximale Höhe der Gipfel ist demnach auch von der Gesteinsfestigkeit und vom Abstand der Täler abhängig (Burbank et al. 1996). Im Himalaja hat sich eine Art Gleichgewicht zwischen Aufstieg und Abtragung ausgebildet.

Der Aufstieg des Himalajas und des Tibetplateaus hatte klimatische Auswirkungen auf ganz Asien. Er verursachte den Monsun, der für starke Niederschläge vor den Bergen sorgt. Gleichzeitig wird Indien vor kalten Winden aus dem Norden abgeschirmt. Die größten Niederschlagsmengen fallen an den steilen Rändern des Niederen und des Hohen Himalajas. In Innerasien wurde es hingegen kalt und trocken. Die Klimaveränderung hatte wiederum Auswirkungen auf die Erosionsrate, die auf dem Tibetplateau gering ist, in den regenreichen Himalajas hingegen sehr hoch. Das Wasser sorgt nicht nur für schnell einschneidende Flüsse, die mit der Hebung mithalten können, sondern auch für eine geringere Scherfestigkeit des Gesteins. Es kommt eher zu Bergrutschen. Selbst wenn es sich um dasselbe Gestein handelt, sind die Hänge in Regionen mit starkem Niederschlag daher etwas weniger steil als in trockenen Gebieten (Gabet et al. 2004). Das durch den Aufstieg veränderte Klima verstärkt die Erosion und sorgt so sogar für eine noch stärkere Hebung (Burbank et al. 2003). Wie stark sich das Klima auf den Aufstieg eines Gebirges auswirkt, ist schwer zu ermitteln. Die Erosionsrate ist nicht nur von der Niederschlagsmenge, sondern auch von anderen Faktoren abhängig.

Das weiche Auspressen des Hohen Himalajas im Tertiär ist vermutlich eine Folge des Monsuns, der an der Front des Gebirges zu einer so starken Erosion führte, dass der Krustenkanal durch den gleichzeitigen Aufstieg bis an die Oberfläche durchbrach. Im Quartär wurde der Monsun noch intensiver und auch die Gletscher der Eiszeiten verstärkten die Erosion, was den Aufstieg des Gebirges beschleunigte. Der jüngste Aufstieg des Hohen Himalajas hat somit vor allem klimatische Gründe (Huntington et al. 2006).

Die extremste Hebung findet an den beiden Enden des Himalajas statt, am Nanga Parbat (Pakistan) im Westen und dem Namche Barwa (China) im Osten (Abb. 6.16). An beiden ändert sich die Struktur schlagartig. Das Gebirge biegt am Übergang zum Hindukusch beziehungsweise zu den Bergen Burmas regelrecht um die Ecke. Die beiden Berge stehen an den Ecken des indischen Subkontinents, der sich wie ein starrer Stempel in den asiatischen Kontinent hineindrückt. Die asiatische Kruste fließt um die beiden Ecken des starren Blocks herum. Beide Berge sind an drei Seiten von Seitenverschiebungen umgeben, das Innere wölbt sich domförmig auf. Dabei werden Gesteine aus großer Tiefe freigelegt. Darunter findet sich Granulit, ein hochmetamorphes Gestein, das unter so großer Hitze und so großem Druck entsteht, dass es keine wasserhaltigen Minerale wie Glimmer oder Amphibol enthält.

Es ist auffällig, dass die beiden großen Flüsse Indus und Tsangpo das Gebirge ausgerechnet an diesen Ecken durchbrechen. Der Tsangpo fließt rund 1000 km parallel des Himalajas nach Osten, macht eine dramatische, tief

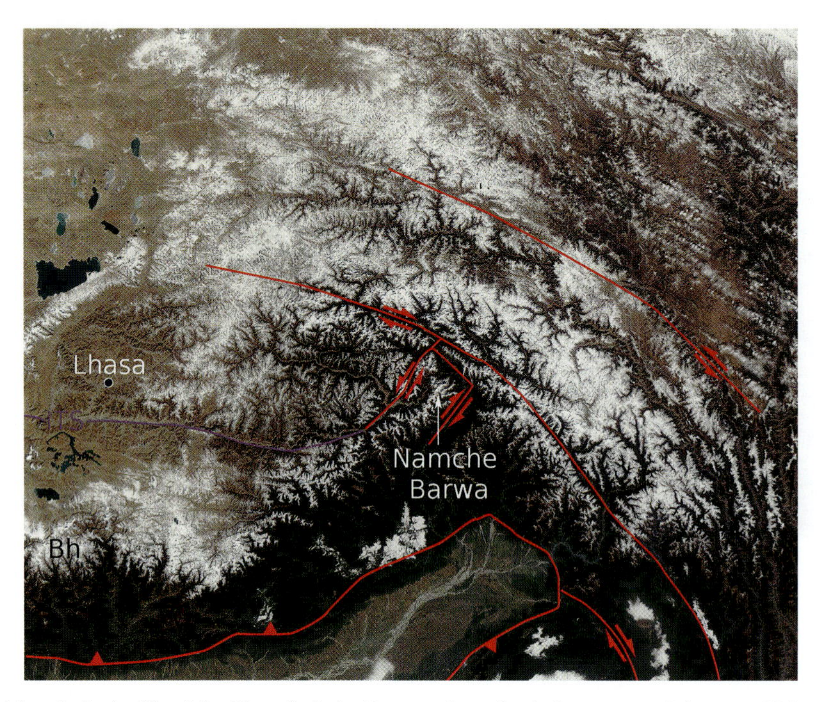

Abb. 6.16 Am östichen Ende des Himalajas biegt die Indus-Tsangpo-Sutur in ein System von Seitenverschiebungen ein: Die nordöstliche Ecke Indiens mit dem Berg Namche Barwa schiebt sich als starrer Stempel in den asiatischen Kontinent hinein, der um diesen Stempel herumfließt. Der Tsangpo (Brahmaputra) hat entlang der Seitenverschiebungen eine tiefe Schlucht eingegraben, die sich um den Namche Barwa herumschlingt und das Gebirge durchbricht. Die starke Erosion in der Schlucht führt am Namche Barwa zu einer schnellen Hebung, bei der sich hochmetamorphe Gesteine aufwölben. Deren Wärme verstärkt wiederum die tektonischen Verschiebungen. Das östliche Tibetplateau hob sich vermutlich, weil im übrigen Tibet die Kruste so dick ist, dass die durch Hitze aufgeweichte untere Kruste nach Osten fließt. Bh: Bhutan. Satellitenbild: Nasa.

eingeschnittene Schleife um den Namche Barwa und kommt als Brahmaputra in die indische Provinz Assam. Die Schlucht um den Namche Barwa wird oft als tiefste Schlucht der Welt bezeichnet. Ganz ähnlich folgt der Indus dem Nordrand des Gebirges nach Nordwesten und biegt um den Nanga Parbat in südliche Richtung. An beiden Stellen findet ein kompliziertes Zusammenspiel von extrem schneller Hebung, extremer Erosion und ungewöhnlicher Tektonik statt. Die starke Erosion der Flüsse wird durch eine entsprechende Hebung ausgeglichen, dadurch kommen heiße Gesteine aus der Tiefe nach oben. Der erhöhte Wärmefluß ermöglicht wiederum schnellere tektonische Bewegungen, weil die Gesteine weicher werden. Hebung und Erosion werden dadurch noch beschleunigt. Es wird vermutet, dass sich Erosion und Tektonik auf diese Weise als eine Art Rückkopplung gegenseitig verstärken.

6.2 Ausweichende Krustenblöcke

Indien verhält sich als ein starrer Block. Abgesehen vom Wegbrechen von Gondwana ist dem Subkontinent seit dem Präkambrium nichts passiert. Für Asien gilt das nicht. Es besteht zu einem guten Teil aus Terranen, die den Kontinent erst Stück für Stück zusammengesetzt hatten. Diese Nähte sind immer noch Schwächezonen, die wieder in Bewegung gesetzt werden können. Durch die fortgesetzte Bewegung Indiens wurde Asien in große mobile Krustenblöcke zerlegt. Da der Pazifik ihnen keinen Widerstand entgegensetzt, weichen sie seitlich aus (Abb. 6.17). Ganz China wird in mehreren Blöcken nach Osten gequetscht, Südostasien weicht nach Südosten aus. Die Bewegungen reichen sogar bis nach Südsibirien. Zwischen den Blöcken befinden sich riesige Seitenverschiebungen, von denen manche mit Versetzungen von weit über 500 km locker die San-Andreas-Verwerfung Kaliforniens in den Schatten stellen.

Zu Beginn der 1980er-Jahre machten Wissenschaftler ein erstaunlich einfaches Experiment: Sie schoben einen

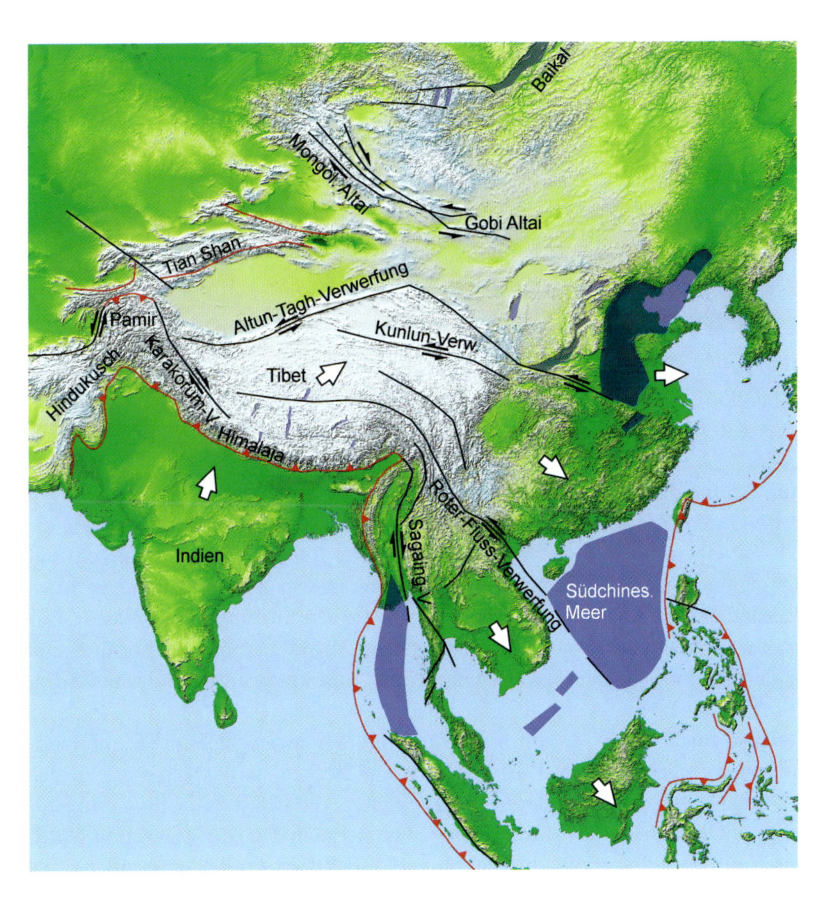

Abb. 6.17 Ost- und Südostasien reagieren auf die heftige Kollision Indiens durch Ausweichbewegungen von großen Krustenblöcken in den Pazifik hinein. An den wichtigsten Seitenverschiebungen kam es zu Bewegungen um Hunderte von Kilometern. Bergregionen wie der Altai oder in Südostasien gehen auf diese Seitenverschiebungen zurück. In anderen Regionen kommt es hingegen zu einer Dehnung der Kruste, durch die Gräben und weite Becken entstehen (dunkelblau), etwa auf dem Tibetplateau, in China und Sibirien (Baikalsee). Das Südchinesische Meer entstand durch Dehnung in Fortsetzung der Roter-Fluss-Verwerfung.

Stempel aus Metall, der als Modell für Indien diente, in einen Block Knetmasse hinein (Tapponnier et al. 1982). Genau wie Asien wurde die Knetmasse entlang von Seitenverschiebungen in mehrere Blöcke zerlegt, die seitlich auswichen. Die Geometrie der Verwerfungen in der Knetmasse und der dazwischen liegenden Blöcke ist der Wirklichkeit in Asien so verblüffend ähnlich, dass man die Verwerfungen aus dem Experiment sogar zuordnen könnte.

Eine davon ist die linkssinnige Roter-Fluss-Verwerfung, die Südchina und Südostasien gegenseitig versetzt. Sie verläuft in südöstliche Richtung durch Yunnan und Vietnam und mündet bei Hanoi ins Südchinesische Meer. Eine andere ist die ebenfalls linkssinnige Altun-Tagh-Verwerfung, die Tibet nach Norden vom Tarimbecken und Nordchina abgrenzt. Sie läuft durch den westlichen Kunlun Shan und den Altun Shan bis zum Qilian Shan. Je nach ihrer Geometrie haben diese Verwerfungen eine leichte kompressive oder dehnende Komponente. Im einen Fall werden Berge aufgeworfen, im anderen Fall reißen tiefe Becken ein. Das Südchinesische Meer wird als ein solches Becken betrachtet, das durch die Roter-Fluss-Verwerfung aufgerissen wurde. In den kompressiven Abschnitten wird die Kruste regelrecht nach oben gepresst.

Der Altai ist eines der vielen „transpressiven" Gebirge in Asien (Abb. 6.18), und er zeichnet sich dadurch aus, dass verschiedene in einem solchen Gebirge möglichen Formen exemplarisch ausgebildet sind (Cunningham 2005). Das Gebirge ist ein breiter Gürtel von Kontinentfragmenten und ehemaligen Inselbögen, die bereits im Paläozoikum zusammengesetzt wurden, während sich südlich größere Terrane anschließen. Der nördliche Block verhält sich besonders starr und wirkt wie ein Hindernis, um das der südliche Terran herumfließt. Daher ist der Mongolische Altai eine rechtssinnige Seitenverschiebung, während der weiter östlich liegende Gobi Altai eine linkssinnige Seitenverschiebung ist. Anders als in Neuseeland oder Kalifornien findet die Bewegung nicht an einer einzigen großen Verwerfung statt, sondern in einem breiten Gürtel, in dem es unzählige kleinere Verwerfungen gibt. Diese schlängeln sich regelrecht durch das Gebirge, wobei Kompression und Seitenverschiebung auf die unterschiedlich orientierten Abschnitte aufgeteilt sind. Die einen sind reine Seitenverschiebungen, an den anderen wird ähnlich wie in

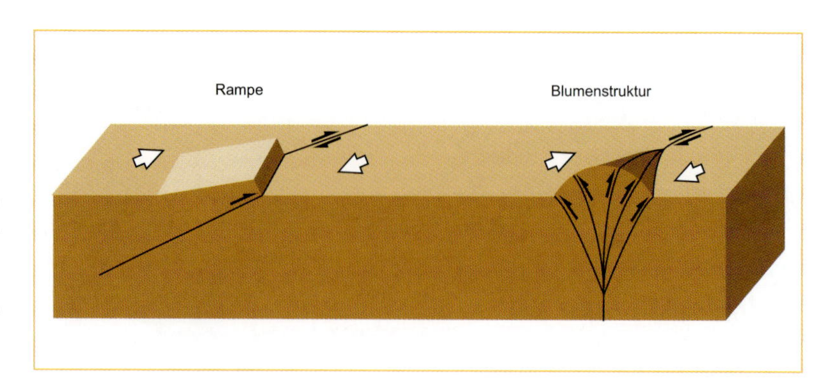

Abb. 6.18 Bei transpressiven Seitenverschiebungen (d. h. mit einengender Komponente) wie im Altai kommt es zu gleichzeitigen Überschiebungen, die Rampen oder sogenannte Blumenstrukturen ausbilden. Neugezeichnet nach Cunningham (2005).

Neuseeland ein großer Block auf einer Rampe aufgeschoben und schräg gestellt, allerdings im Gegensatz zu Neuseeland kaum seitlich verschoben. Diese Überschiebung hat im Vergleich zu den Deckengebirgen einen sehr geringen Versatz. Der Mongolische Altai besteht im Süden aus solchen verkippten Blöcken in wechselnder Orientierung. Weiter im Norden gibt es einzelne isolierte Bergrücken, die wie eine senkrecht in die Ebene gesteckte Linse erscheinen und fast genauso hoch sind wie der Rest des Gebirges. Hier wird innerhalb einer Seitenverschiebung Krustenmaterial nach oben gepresst. Ein Schnitt durch diese Rücken zeigt steile Überschiebungen, die wie die Zweige eines angeschnittenen Blumenkohls von der senkrecht stehenden Seitenverschiebung abzweigen. Geologen sprechen tatsächlich von „Blumenstrukturen".

In der unteren Kruste wird die Kompression einfach durch eine plastische Verdickung aufgenommen. Ein mittleres Niveau ist an der Roter-Fluss-Verwerfung in Yunnan freigelegt (Tapponnier et al. 1990). Ein 500 km langer Gürtel besteht aus stark verformten Gneisen, die mehrere Hundert Meter hohe Felsen aus senkrecht stehenden Platten bilden. Die Strukturen der Gneise liegen in der Ebene der Seitenverschiebung. Die teilweise aufgeschmolzenen Gneise strömten durch die Kompression aber auch nach oben und unten auseinander und sorgten für eine verdickte Kruste.

Blumenstrukturen, Seitenverschiebungen mit Rampen und aufgerissene Becken finden sich auch an den anderen Störungszonen, die sich durch China und Südostasien ziehen. Die Berge in Thailand, Laos und Nordvietnam (Abb. 6.19) sind ganz ähnlich entstanden.

Manche der Krustenblöcke werden während der Ausweichbewegung so stark gedehnt, dass ein Graben einbricht, der ungefähr im rechten Winkel zu den Seitenverschiebungen verläuft. Der größte von Indien ausgelöste Graben befindet sich weit im Norden: der Baikalsee in Südsibirien, der tiefste Süßwassersee der Erde.

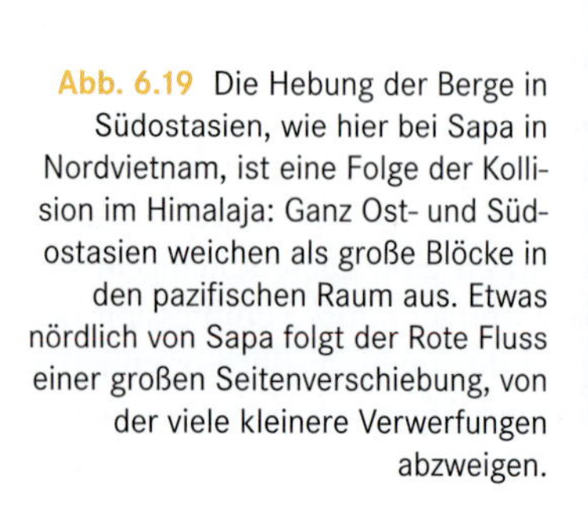

Abb. 6.19 Die Hebung der Berge in Südostasien, wie hier bei Sapa in Nordvietnam, ist eine Folge der Kollision im Himalaja: Ganz Ost- und Südostasien weichen als große Blöcke in den pazifischen Raum aus. Etwas nördlich von Sapa folgt der Rote Fluss einer großen Seitenverschiebung, von der viele kleinere Verwerfungen abzweigen.

Sein Südostufer bewegt sich wie China langsam nach Osten, während sein unbewegliches Nordwestufer zum stabilen Kraton gehört.

6.3 Tibet

Das Tibetplateau (Abb. 6.20, 6.21) ist mit Abstand das höchste und größte Plateau der Erde. Es hat eine durchschnittliche Höhe von 5000 m und ist, wenn man die Randgebiete einschließt, beinahe zehn Mal so groß wie Deutschland. Das „Dach der Welt" ist doch nicht überall so flach, wie man es sich vielleicht vorstellt. Es gibt zwar einige große Becken, aber auch viele Berge, darunter einige Siebentausender. Die Becken sind oft abflusslos, sodass sich unzählige Salzseen gebildet haben. Der größte ist der Nam Tso, rund 100 km nördlich von Lhasa. Das Salz dieser Seen war jahrhundertelang wichtig für die Menschen in der Himalaja-Region. Große Karawanen mit Yaks und Schafen brachten das Salz aus Tibet über hohe Pässe nach Indien und Nepal, in die andere Richtung wurde Getreide transportiert. Auch wenn noch so viel „Himalaja-Salz" auf dem Esoterik-Markt verkauft wird, gibt es im Himalaja überhaupt kein Salz.

Zwar ist Tibet von feuchter Luft abgeschirmt, trotzdem reicht der Niederschlag an den Rändern aus, um eine ganze Reihe von großen Flüssen zu speisen. Fast alle großen Ströme Asiens entspringen am Rand des Plateaus: Indus und Tsangpo (der in Indien Brahmaputra heißt), Irawadi, Saluen und der Mekong, Jangtsekiang und Huang He.

Am höchsten und flachsten ist das Tibetplateau im Norden, wo es vom Kunlun-Gebirge begrenzt wird. Hier ist es so kalt und unwirtlich, dass diese Region nach der Antarktis und Grönland die am dünnsten besiedelte Gegend der Welt ist. Auf der anderen Seite des Kunlun Shan befindet sich das von weiteren Bergketten umgebene Qaidam-Becken, das „nur" 2700 m hoch ist, geologisch gesehen gehört diese Gegend jedoch zu Tibet.

Tibet besteht aus einer ganzen Reihe von Mikrokontinenten und Inselbögen, die einer nach dem anderen mit Asien kollidierten (Yin & Harrison 2000). Dabei entstanden einige kleine, parallel verlaufende Gebirgsketten, jede Einzelne mit ihrer eigenen Sutur und mit Überschiebungen (Abb. 6.3).

Abb. 6.20 In den abflusslosen Becken des Tibetplateaus gibt es große Salzseen wie den Nam Tso, 3,5-mal größer als der Bodensee, auf 4718 m Höhe. Die verschneiten Berge im Hintergrund sind die gehobene Schulter eines dahinter verlaufenden Grabens, sie erreichen Höhen von über 7000 m.

Abb. 6.21 Die Landschaft Tibets besteht aus Bergen, Tälern und weiten Becken. Die Klöster Tibets sind oft besonders schön gelegen. a) Das Kloster Ganden vor dem Tal des Lhasa-Flusses. b) Samye liegt in einem Becken nahe dem Tsangpo.

Der Lhasa-Block (Südtibet) und der Qiangtang-Block (Zentraltibet) hingen zu frühen Gondwana-Zeiten noch an Indien. Sie trennten sich aber schon lange vor Indien (im Perm und in der Trias) von diesem Kontinent und eilten schon einmal voraus, Asien entgegen. Nur etwas anders zusammengesetzt, haben sich die drei Bruchstücke von Gondwana inzwischen in Asien wieder zusammengefunden. Entsprechend stammen die älteren Sedimente dieser Terrane vom damaligen Rand Gondwanas.

Erst der Norden des Tibetplateaus hat nichts mit Gondwana zu tun, hier liegt dicker Flysch auf einem Zipfel von Südchina. Südchina war einmal ein kleiner Kontinent, der in der Trias mit Nordchina zusammenstieß. Bei dieser Gelegenheit entstand auch das Qinling-Gebirge bei Xian, das uns noch einmal begegnen wird (Abschnitt 6.4).

Der Kunlun Shan, das Qaidam-Becken und der Qilian Shan waren gleich drei parallel verlaufende Inselbögen im Ozean und eine vierte Subduktionszone am Rand von Nordchina. Bis auf den Kunlun Shan waren diese schon im Devon an Nordchina angeklebt worden, der Kunlun Shan wurde schließlich zwischen Nord- und Südchina eingeklemmt.

All diese Suturen innerhalb von Tibet waren Schwächezonen, die durch die Kollision mit Indien wieder in Bewegung gesetzt wurden. Tibet wird noch immer nach Norden geschoben und versucht gleichzeitig, nach Osten auszuweichen. Je nach ihrer Orientierung dienen die alten Suturen entweder als Seitenverschiebung oder sie werden unter Bildung neuer Überschiebungen weiter zusammengeschoben. Etwas nördlich des Nam-Tso-Sees ist beispielsweise die Naht zwischen dem Lhasa- und dem Qiangtang-Block als Seitenverschiebung aktiv, im Osten Tibets biegt die Störung in südöstliche Richtung ab und wird in Yunnan und Nordvietnam zur Roter-Fluss-Verwerfung. Die unzähligen kleinen und großen Seitenverschiebungen Tibets sind durch Überschiebungen miteinander verbunden.

Diese Verformung innerhalb Tibets hat seit dem Beginn der Kollision zwischen Indien und Asien zunächst in Südtibet begonnen und immer weiter nach Norden übergegriffen (Tapponnier et al. 2001, Mulch & Chamberlain 2006). Seither hat Tibet den weitaus größten Teil der Bewegung zwischen Indien und Asien absorbiert. So wurde die Kruste unter Tibet Schritt für Schritt auf die derzeitige Stärke zwischen 80 km (Südtibet) und 60 km (Nordtibet) gebracht. Die einzelnen Terrane stiegen im Süden beginnend einer nach dem anderen auf.

Inzwischen findet die stärkste Verformung durch Überschiebungen rund um das Qaidam-Becken statt. In dieser Region ist also zu sehen, was zuvor an den anderen Terranen Tibets passiert ist. Im Nordwesten wird das Becken von der Altun-Tagh-Seitenverschiebung begrenzt, während es am südwestlichen und am nordwestlichen Rand, also im Kunlun Shan und dem Qiliam Shan, zu Deckenüberschiebungen kommt. Die Verschiebungen an den Rändern und innerhalb des Beckens summieren sich auf 1,5 cm pro Jahr. Neben dem Qaidam-Becken gibt es noch kleinere intramontane Becken, von denen die meisten abflusslos sind, seit die umgrenzenden Bergketten durch Überschiebungen aufsteigen. Die in den jungen Bergketten einsetzende Erosion füllt diese Becken wie eine Badewanne auf, sodass eine flache Hochebene entsteht. Gleichzeitig sorgen die Becken dafür, dass die Masse der Krustenverdickung trotz Erosion innerhalb der Bergregion bleibt. Als letzter Schritt sorgt die Krustenverdickung für Auftrieb, sodass das Qaidam-Becken in der Zukunft einmal auf das Niveau des übrigen Tibet aufsteigen wird.

Obwohl die Topografie Tibets relativ gleichmäßig ist, gibt es starke Schwankungen in der Dicke der Kruste und der Lithosphäre (Jiménez-Munt et al. 2008). Wie bereits erwähnt, ist die Kruste unter dem höher gelegenen Nordtibet etwa 20 km dünner als im Süden, gleichzeitig ist auch der lithosphärische Mantel deutlich dünner. So ähnlich wie unter dem Altiplano der Anden (Abschnitt 4.2) löste sich unter Nordtibet ein großer Teil des lithosphärischen Mantels ab (Delamination) und sank in die Asthenosphäre, während heißer Mantel nachströmte. Durch das reduzierte Gewicht stieg ganz Tibet, vor allem aber der Norden, schnell in die Höhe. Tatsächlich wurde aus geophysikalischen Daten berechnet, dass die Dicke des lithosphärischen Mantels abrupt von extrem dick im Süden auf sehr dünn im Norden springt, während sie unter dem Qaidam-Becken wieder normale Werte hat.

Dass sich die starken Schwankungen in der Krustendicke und Lithosphärendicke derart aufheben, dass Tibet trotzdem eine gleichmäßige Topografie hat, ist möglicherweise ein Ergebnis von Fließbewegungen in der mittleren und unteren Kruste. Die Kruste Tibets ist so dick, dass ihr unterer Teil heiß genug ist, um unter dem Gewicht zu zerfließen. Wie schon erwähnt, wird dieser Krustenkanal auch für die Entstehung des Hohen Himalajas verantwortlich gemacht. Die Oberfläche von Tibet scheint wie eine dünne Haut auf dieser aufgeweichten Kruste zu sein. Tatsächlich wurde mit GPS-Messungen nachgewiesen (Zhang et al. 2004), dass die Verformung nicht nur an den großen Verwerfungen stattfindet, wie es bei großen starren Blöcken der Fall wäre, sondern auch innerhalb dieser Blöcke. Die Fließbewegung scheint inzwischen vor allem nach Osten gerichtet zu sein. Die Berge am Ostrand des Plateaus in den Provinzen Szechuan und Yunnan scheinen durch das darunter geflossene Krustenmaterial passiv angehoben zu sein. Auf dem Plateau selbst sind durch die nach Osten gerichtete Dehnung einige Gräben eingebrochen. Die Straße von Lhasa nach Norden folgt einem besonders spektakulären Graben mit heißen Quellen und stark gehobenen Schultern, deren höchster Gipfel über 7000 m hoch ist. Manche Gräben schneiden sogar quer durch den Himalaja, zum Beispiel durch Mustang bis Jomsom, in dessen Fortsetzung die bereits erwähnte Schlucht zwischen Dhaulagiri und Annapurna entwässert (Abb. 6.13).

Der Himalaja und das Tibetplateau haben eine kritische Größe überschritten, ab der ein Gebirge unter seinem eigenen Gewicht auseinanderfließt. Hochgebirge können trotz fortgesetzter Kollision nur bis zu einem Grenzwert wachsen, da eine stark verdickte Kruste durch Wärme so stark aufgeweicht wird, dass sie instabil wird. Ein aus denselben Gründen ausgelöstes Abpellen der Lithosphäre verstärkt dieses Zerfließen, da zum einen heißes Mantelmaterial aufsteigt und die Kruste weiter aufweicht und zum anderen die Kruste nicht mehr durch starre Lithosphäre zusammengehalten wird. Das Zerfließen eines Gebirges unter seinem eigenen Gewicht wird als Orogenkollaps bezeichnet (Rey et al. 2001). Im Fall von Tibet fließt vor allem die untere Kruste nach Osten unter die Berge von Szechuan, während die Auswirkungen auf die Oberfläche noch gering sind. In anderen Beispielen fand auch ein Zerfließen der oberen Kruste statt, was dramatische Folgen hatte (Abschnitt 7.7).

Ein solches Auseinanderfließen eines Gebirges ist der Grund, warum es relativ schnell wieder verschwinden kann. Es reicht ja nicht aus, die Berge selbst abzutragen, da wegen der dicken Krustenwurzel einfach neue Berge aufsteigen. Bei einer 70 km dicken Kruste müssten rund 35 km Gestein abgetragen werden, bis der Grund für den Auftrieb verschwunden ist. Durch das Auseinanderfließen können hingegen in geologisch kurzer Zeit sogar große Becken entstehen, wo zuvor ein Hochgebirge stand. In allen alten, längst abgetragenen Gebirgen finden sich solche späten Extensionsstrukturen. Im Westen der USA (Abschnitt 7.7) wird uns ein Musterbeispiel begegnen, bei dem der Kollaps eines Gebirges schon weit fortgeschritten ist und dramatische Formen angenommen hat.

6.4 Exkurs: Hochdruckgesteine – in die Tiefe und zurück

Die Entstehung von Hochdruckgesteinen ist leicht durch Subduktion und Krustenverdickung zu erklären. Sowohl in einer abtauchenden ozeanischen Platte als auch an der Basis einer Krustenwurzel unter einem Hochgebirge ist der Druck so hoch, dass sich die entsprechenden Gesteine bilden. Doch wie kommen solche Gesteine wieder an die Oberfläche? Manche wurden sogar nachweislich bis tief in den Mantel subduziert, bevor sie es sich anders überlegten und an die Oberfläche kamen. Das ist umso erstaunlicher, weil viele Hochdruckgesteine eine sehr hohe Dichte haben. Eklogit ist schwerer als die Asthenosphäre, sein Gewicht haben wir als wichtigsten Motor für die Plattentektonik kennengelernt. Es wäre wahrscheinlicher, dass wir dieses Gestein niemals zu Gesicht bekämen. Trotzdem kann es in vielen Gebirgen gefunden werden. Oft kommen solche Hochdruckgesteine zusammen mit Spänen des Erdmantels vor, mit Peridotit oder Serpentinit. Blauschiefer und Eklogit entstanden durch die entsprechende Umwandlung von Basalt oder Gabbro, entweder bei der Subduktion ozeanischer Kruste oder durch Krustenverdickung unter einem Gebirge. Zu Beginn einer Kollision zwischen zwei Kontinenten kann auch durchschnittliche kontinentale Kruste subduziert werden. Die dabei entstehenden Hochdruck-Granulite (O'Brien & Rötzler 2003) und andere Gesteine sind zwar nicht so schwer wie ein Eklogit, wurden aber zum Teil sogar wesentlich tiefer versenkt als so mancher Eklogit. In manchen Granuliten wurde Coesit oder Diamant gefunden, beides Minerale, die erst in einer Tiefe von mehr als 100 km gebildet werden und bei denen man schon von Ultrahochdruck spricht. Sie waren einmal tiefer in der Erde als die dickste Krustenwurzel unter dem Himalaja oder den Anden. Winzige Diamanten wurden zum Beispiel im Gneis des Erzgebirges gefunden. Leider sind sie viel zu klein, um sie zu schleifen und in einen Ring zu fassen. Coesit ist die Hochdruck-Modifikation von SiO_2. Normalerweise wandelt er sich bei normalem Druck spontan in Quarz um, aber manchmal sind winzige Einschlüsse in Granat als Coesit enthalten, da sich der Granat bei Druckentlastung kaum ausdehnt. Einschlüsse von Coesit wurden zum ersten Mal in den italienischen Alpen gefunden, in der Cima-Lunga-Decke und im Dora-Maira-Massiv. Wenig später entdeckte man solche Einschlüsse auch in Norwegen. Seither kamen immer mehr Ultrahochdruckgesteine in aller Welt dazu. Inzwischen wurden sogar schon Gesteine gefunden, die sich einmal 300 km unter der Oberfläche befunden haben sollen.

Allein durch Hebung und Erosion können solche Hochdruckgesteine natürlich nicht freigelegt werden, durch diese kommen nur Bereiche aus der oberen und mittleren Kruste an die Oberfläche. Der Aufstieg muss auch noch sehr schnell passieren, da die Gesteine bei einem langsamen Aufstieg in niedrig metamorphe Gesteine umgewandelt werden. Tatsächlich ist der Aufstieg oft kein kontinuierlicher Prozess, sondern läuft in mehreren Stufen ab, bei denen jeweils ein anderer Mechanismus wirkt. Die erste Phase, bei der die subduzierten Gesteine wieder in das Niveau der Kruste zurückgebracht werden, läuft direkt in der Subduktionszone ab (Agard et al. 2009).

Im Anwachskeil einer Subduktionszone (Abb. 6.22) sammeln sich die von der abtauchenden Kruste abgeschabten Sedimente. Der Keil wird immer dicker, weil die Sedimente in unzählige Decken zerlegt werden, die sich gegenseitig überschieben. Im Gegensatz zur abtauchenden Subduktion führt die Bewegung innerhalb des Keils wieder nach oben. Diese Keile reichen zum Teil bis in 30 oder 40 km Tiefe und damit bis zum Mantel, sie bilden eine durchgehende Trennschicht zwischen der abtauchenden und der überfahrenden Platte. Der untere Teil dieses Keils, der ganz unten natürlich selbst zu Hochdruckgesteinen umgewandelt ist, wird nach oben gequetscht und wirkt wie ein aufwärts führender Kanal.

Oft können in einem solchen Anwachskeil auch Späne von Blauschiefer gefunden werden, manchmal

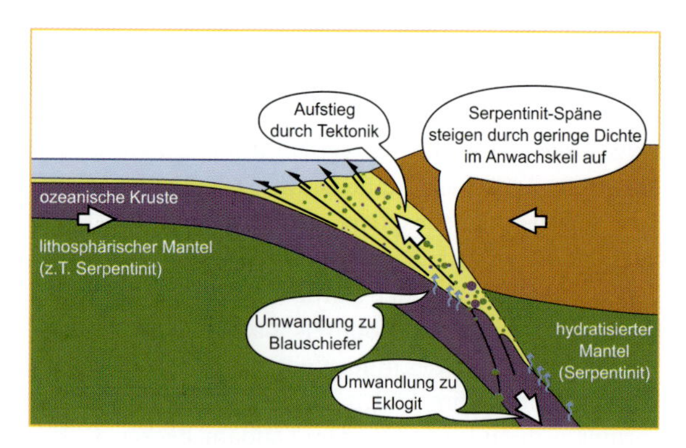

Abb. 6.22 In einer Subduktionszone ist der Mantel durch aufsteigendes Wasser zu Serpentinit umgewandelt. Da Serpentinit eine geringe Dichte hat, können Späne in den Anwachskeil aufsteigen. Auch von der abtauchenden Platte gelöste Späne (z. B. Blauschiefer) können mitgenommen werden. Im Anwachskeil erfolgt zusätzlich ein Aufstieg durch Deckenüberschiebungen.

auch von Eklogit. Diese Splitter der abtauchenden basaltischen Kruste stammen aus maximal 30 bis 40 km Tiefe, wurden also im untersten Bereich des Anwachskeiles in den Subduktionskanal einbezogen. Sie kommen zusammen mit Serpentinit vor, der diesen schweren Gesteinen den Rückweg ermöglicht hat. Der Serpentinit stammt entweder vom lithosphärischen Mantel der abtauchenden Platte oder aber aus dem Mantelkeil oberhalb der abtauchenden Platte, der durch Fluide der abtauchenden Platte hydratisiert wird. Serpentinit hat nicht nur eine wesentlich geringere Dichte als normaler Mantel, er lässt sich auch sehr leicht verformen. Dieser Serpentinit kann durch seine geringe Dichte im Subduktionskanal aufsteigen und Späne von Blauschiefer und Eklogit mitschleppen. Dieser Aufstieg beginnt im untersten Teil des Keils relativ schnell, je höher die Späne kommen, desto langsamer werden sie. Manchmal wird von der abtauchenden Platte aber auch so viel Wasser abgegeben, dass sich ein regelrechter Serpentinitschlamm bildet, ein dunkelgrüner Matsch mit feinen Blauschiefersplittern. Dieser steigt als Diapir nach oben und fließt an einem Schlammvulkan auf dem Meeresboden aus.

Das Franciscan, jener schmale Streifen an der Küste von Kalifornien, der an der San-Andreas-Verwerfung nach Norden wandert, ist ein Anwachskeil der nicht mehr aktiven Subduktionszone. Ein chaotisches Gemisch aus unterschiedlichen Gesteinen, aus Blöcken jeder Größe, Kalkstein, Quarzit, Basalte, Sandsteine und Blauschiefer, die in einer tonigen Masse stecken.

Ehemalige Subduktionszonen aus längst vergangenen Zeiten sind oft durch zwei Streifen von Gesteinen nachgezeichnet, die eine ganz unterschiedliche Metamorphose erlebt haben: Ein Streifen mit Hochdruckgesteinen liegt direkt neben einem Streifen mit solchen, die in geringer Tiefe einer hohen Temperatur ausgesetzt waren. Die Hochtemperatur-Metamorphose geht natürlich auf die aufsteigenden Magmen im Vulkanbogen zurück, das Ganze ist ein tiefer Schnitt durch ein Subduktionsgebirge. Solche gepaarten metamorphen Gürtel wurden erstmals aus Japan beschrieben, dort gibt es zwei davon, die sich parallel zur aktiven Subduktionszone durch die Inseln ziehen. Der eine war im Jura und der Kreide aktiv, der andere vom Perm bis zum Jura. Die Subduktionszone hat sich in Japan somit immer weiter nach Osten verlagert.

Hochdruckgesteine aus größerer Tiefe als 40 km wurden grundsätzlich nur in Kollisionsgebirgen gefunden (Abb. 6.23). Es ist kein Wunder, dass die extremen Ultrahochdruckgesteine in der Regel von subduzierter kontinentaler Kruste stammen, da diese nicht so schwer ist wie zu Eklogit umgewandelte ozeanische Kruste. Es handelt sich dabei um den Rand eines Kontinents, der in der Frühphase einer Kollision zwischen zwei Kontinenten in einer Subduktionszone abtaucht, weil er vom Zug der davor abtauchenden ozeanischen Platte in die Tiefe gezwungen wird. Diese Gesteine sind aber so leicht, dass sie durch ihren eigenen Auftrieb wieder aufsteigen, sobald sie warm und weich sind und sich von der abtauchenden Platte lösen. Das Dora-Maira-Massiv in den italienischen Alpen ist so ein Beispiel. Ein vor Europa gelegener Terran (den wir noch als Briançonnais kennenlernen) wurde unter die Adriatische Platte gezwungen, bis sich ein Teil ablöste und durch den Subduktionskanal zwischen den beiden Platten bis auf ein mittleres Krustenniveau aufstieg. Dabei brachte er auch ein unterwegs aufgesammeltes Stück der ozeanischen Kruste samt ihrem Mantel nach oben, die inzwischen im benachbarten Monviso-Massiv zu finden sind. Später wurden sie bei der weiteren Kollision erneut bewegt und schließlich durch Erosion freigelegt.

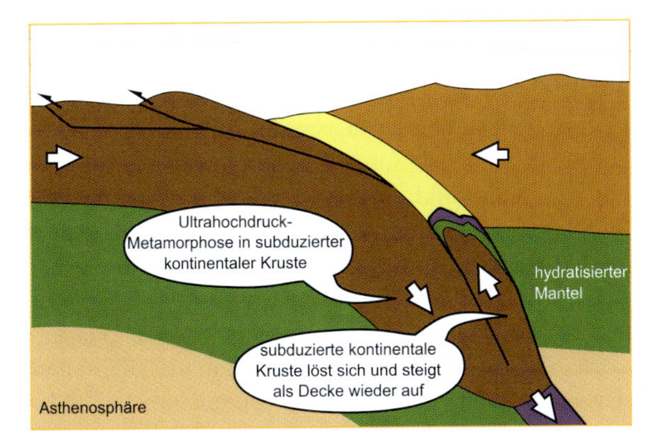

Abb. 6.23 Bei der Kollision zweier Kontinente kann sich in über 100 km Tiefe subduzierte kontinentale Kruste von der abtauchenden Platte ablösen und durch ihre geringe Dichte bis auf ein mittleres Krustenniveau wieder aufsteigen. Dabei kann sie auch zu schwerem Eklogit umgewandelte ozeanische Kruste mitschleppen. Auch zu Serpentinit umgewandelter Mantel kann aufsteigen.

Die Berge um Saas Fee und Zermatt (Bucher et al. 2005) beweisen, dass auch in große Tiefe subduzierte ozeanische Kruste wieder bis an die Oberfläche aufsteigen kann. Die Region ist ein kompletter Ophiolithkomplex mit Serpentinit, Gabbros, Basalt und Sedimenten, allerdings zu den jeweiligen Hochdruckgesteinen umgewandelt und so stark zerschert, dass die urprüngliche Reihenfolge nicht mehr vorhanden ist. In weiten Teilen liegen sie als chaotisch angeordnete Schuppen vor. Zum Teil haben sich die Hochdruckgesteine beim Aufstieg abermals umgewandelt, sodass man ihnen die Hochdruckmetamorphose nicht immer ansehen kann. Das ist vor allem dort passiert, wo während des Aufstiegs Wasser in das Gestein eindringen konnte. So kann man Kissenlaven finden, deren Kerne noch aus Eklogit bestehen, umgeben von einer Rinde aus Blauschiefer, während sich an den Ritzen zwischen den Kissen Grünschiefer gebildet hat. Natürlich hat die gesamte Einheit denselben Weg in die Tiefe und zurück genommen, der Kern der Kissenlaven konnte jedoch leichter seine Hochdruckminerale erhalten als die Ränder.

Das Allalinhorn ist ein besonders schönes Beispiel für einen zu Eklogit umgewandelten Gabbro, in dem noch immer die alte magmatische Textur aus großen Kristallen zu sehen ist. Das Gestein enthält keinen Granat, aber mehr als zentimetergroßen grasgrünen Omphacit in weißem Feldspat.

Serpentinitlinsen kommen in allen möglichen Maßstäben vor. Es gibt sogar Mantelspäne von der Größe eines Berges. Das gesamte Breithorn bei Zermatt ist ein riesiger Klumpen Serpentinit. In den Sedimenten auf der italienischen Seite hat man Coesit gefunden, aber auch die besondere Mineralvergesellschaftung der Eklogite beweist, dass der gesamte Komplex in etwa 100 km Tiefe subduziert worden war. Das entspricht ungefähr der Tiefe, in der Serpentinit instabil wird, sein Wasser abgibt und zu schwerem Peridotit wird. Dieser Ophiolith ist also nur knapp der endgültigen Subduktion entgangen und konnte dank dem Auftrieb des Serpentinits aufsteigen. Möglicherweise spielte auch hier der Aufstieg von subduzierter kontinentaler Kruste eine unterstützende Rolle.

Sind die Hochdruckgesteine einmal zwischen den beiden Platten eingeklemmt, sorgt die weitere Dynamik der Gebirgsbildung für einen weiteren Aufstieg. Deckenüberschiebungen bringen die Reihenfolge von Schichten durcheinander, indem sich tiefere Gesteine über die obersten bewegen. Einen schnellen Schub bringt der Abriss der schweren ozeanischen Platte, der zu einem schnellen Aufstieg des ganzen Gebirges und einer entsprechend schnellen Erosion führt. Bestimmte Bereiche des Deckenstapels wölben sich besonders schnell auf.

Extreme Beispiele, wie Gesteine aus der mittleren Kruste schnell an die Oberfläche kommen können, haben wir bereits mit dem plastisch nach oben gepressten Hohen Himalaja und den merkwürdigen Prozessen an Namche Barwa und Nanga Parbat kennengelernt (Abschnitt 6.1). Die obere Kruste kann auch entlang einer flachen Abschiebung weggezogen werden, ganz ähnlich wie es in der Weißen Kordillere der Fall ist (Abschnitt 4.3). So etwas Ähnliches passiert tatsächlich auch in Kollisionsgebirgen, wenn sie in einer späten Phase damit beginnen auseinanderzufließen (Abschnitt 7.7). Dabei wölben sich die metamorphen Gesteine der mittleren Kruste domförmig nach oben.

Für den endgültigen Aufstieg der norwegischen Ultrahochdruckgesteine spielte dieser Prozess eine wichtige Rolle. Die Mündung des Nordfjords ist ein sanftes Hügelland, in dem die Berge zur Küste hin auslaufen. Es wimmelt hier von linsenförmigen Knollen aus Eklogit und Peridotit, die zwischen einem Meter und wenigen Kilometern groß sind und in einem hellen Gneis stecken (Cuthbert et al. 2000, Labrousse et al. 2002). Der finnische Geologe Eskola erstellte hier um 1920 die erste systematische Beschreibung von Eklogiten. Bekannt wurde er, weil er das Konzept der metamorphen Fazies erfand. Er stellte dabei fest, dass Eklogite dieselbe chemische Zusammensetzung haben wie Basalte, aber eine wesentlich höhere Dichte, und folgerte daraus, dass es sich um die Hochdruckversion von Basalt handeln muss.

Später wurde diese beschauliche Landschaft unter Geologen zum Gegenstand heftiger Kontroversen, die in den 1980er-Jahren zu ihrem Höhepunkt kamen und vehement bis hin zu persönlichen Feindschaften ausgetragen wurden. Dabei ging es zum einen um die Frage, aus welcher Tiefe die Eklogite überhaupt stammen. Ein weiterer Streitpunkt betraf die Frage, ob die Gneise ebenfalls Hochdruckbedingungen ausgesetzt worden waren, sich aber während des Aufstiegs bei moderatem Druck erneut umgewandelt haben, oder ob die Hochdruckgesteine nachträglich in die Gneise gekommen sind. Da es sich bei den Gneisen offensichtlich nicht um subduzierte ozeanische Kruste handelt, ging man zunächst davon aus, dass man es mit der Basis der durch die Gebirgsbildung verdoppelten Kruste zu tun hat. Doch mit der Zeit mehrten sich die Hinweise, dass die Eklogite aus größerer Tiefe stammen, also doch subduziert worden waren. Den endgültigen Beweis brachten Einschlüsse von Coesit, die in manchen Eklogiten entdeckt wurden. Zumindest diese mussten sich in mehr als 100 km Tiefe befunden haben. Allerdings beschränkten sich die Funde von Coesit auf den westlichen Rand des Gebietes, den man seither als Ultrahochdruckprovinz bezeichnet. Später fand man im Gneis dieser Provinz mikroskopisch kleine Diamanten, auch dieser muss in einer entsprechenden Tiefe gewesen sein. Der Rest der Region hat sich offensichtlich in etwas geringerer Tiefe befunden.

Es ist immer noch nicht geklärt, ob die ganze Region, samt Hochdruck- und Ultrahochdruckbereich, am Stück subduziert und später nur leicht verschuppt wurde, oder ob sie erst beim Aufstieg zusammengesetzt wurde. Leider sind die frühen Strukturen stark durch spätere überprägt. Die späte Phase des Aufstiegs ist hingegen gut zu sehen. Bei der Dehnung, die auf die eigentliche Gebirgsbildung folgte, wurden darüber liegende Gesteine entlang einer flachen Abschiebung weggezogen. Der Gneis wurde durch die Druckentlastung teilweise aufgeschmolzen und wölbte sich als Migmatit samt den darin steckenden Eklogiten domförmig nach oben. Dadurch kamen die Gesteine endlich in ein Niveau, das von der jüngsten Erosion angeschnitten werden konnte.

Ein Aufwölben von Migmatit wurde auch für den Dabie Shan (Faure et al. 1999) angenommen, der größten Ultrahochdruckprovinz der Erde. Er befindet sich am östlichen Ende des Qinling Shan, einer Gebirgskette quer durch China, die durch die Kollision des Südchinesischen Blocks gegen Nordchina entstand. Im Deckenstapel des südlichen Dabie Shan liegt über normalen Gneisen eine Decke aus Ultrahochdruckgesteinen, vor allem Gneise, Quarzite, Marmor und Amphibolit, in denen unter anderem kleine Diamanten gefunden wurden. Darüber befindet sich noch eine Decke mit normalen Hochdruckgesteinen, Eklogit und entsprechend metamorph umgewandelten Sedimenten und schließlich eine Decke mit unmetamorphen Sedimenten. Wie in den Alpen und in Norwegen entkamen die Hochdruckgesteine der Subduktionszone und wurden als Decken in das Gebirge eingebaut.

Wie in Norwegen sorgte im zentralen Dabie Shan die auf die Gebirgsbildung folgende Dehnung dafür, dass die obersten Gesteine weggezogen wurden und tiefere Gesteine aufstiegen. Durch die Druckentlastung wurden die tieferen Einheiten teilweise aufgeschmolzen, sie wurden zu einem Migmatit, einem weichen Brei aus Gesteinsschmelze und festen Brocken und Kristallen, der sich domförmig nach oben wölbte. Zum Teil bildeten sich in diesem Migmatitdom sogar kleine Granitplutone. Angeschmolzen wurden die Gneise der untersten Decke und die Ultrahochdruckgesteine darüber. Diese wurden durch die Hitze zu Amphibolit umgewandelt, nur ein paar Brocken haben überlebt und sind als Eklogit erhalten. Der Migmatitdom schob auch die darüber liegenden Decken nach oben. Im zentralen Dabie

Shan hat die Erosion diese Decken entfernt und den Migmatit freigelegt, im südlichen Teil des Gebirges sind die Decken aber durch den Migmatitdom so geschickt in Position gebracht worden, dass die Hochdruckgesteine auf einer möglichst großen Fläche an der Oberfläche liegen.

6.5 Karakorum und Hindukusch, Pamir und Tian Shan

Nach dem Plattenabriss unter dem Himalaja übertrugen sich die Spannungen der Kollision immer stärker auf den asiatischen Kontinent. Dessen südöstlicher Teil ist aus unzähligen Terranen zusammengesetzt, die sich im Lauf der Erdgeschichte mit dem Kontinent vereint hatten. Nicht nur in Tibet, sondern auch im Hindukusch, dem Pamir und dem Tian Shan wurden die alten Suturen wieder in Bewegung gesetzt. Die Ecke Indiens, die als Erstes mit Asien kollidiert war, bohrte sich wie ein Keil in den Kontinent hinein und schob zusätzlich all die Bergketten bogenförmig nach Norden. Die Verformung vor diesem Keil ist besonders kompliziert, hier kreuzen sich unzählige tektonische Strukturen. Rund um den Pamir laufen der Kunlun Shan und das Tibetplateau, Karakorum und Himalaja, Hindukusch und Tian Shan aufeinander zu, und somit treffen sich hier alle Gebirge der Welt, die Gipfel über 7000 m aufweisen (Abb. 6.24).

In der Frühzeit der Kollision bildeten der Himalaja und der Hindukusch eine gerade, durchgehende Bergkette. Durch das keilförmige Eindringen Indiens ent-

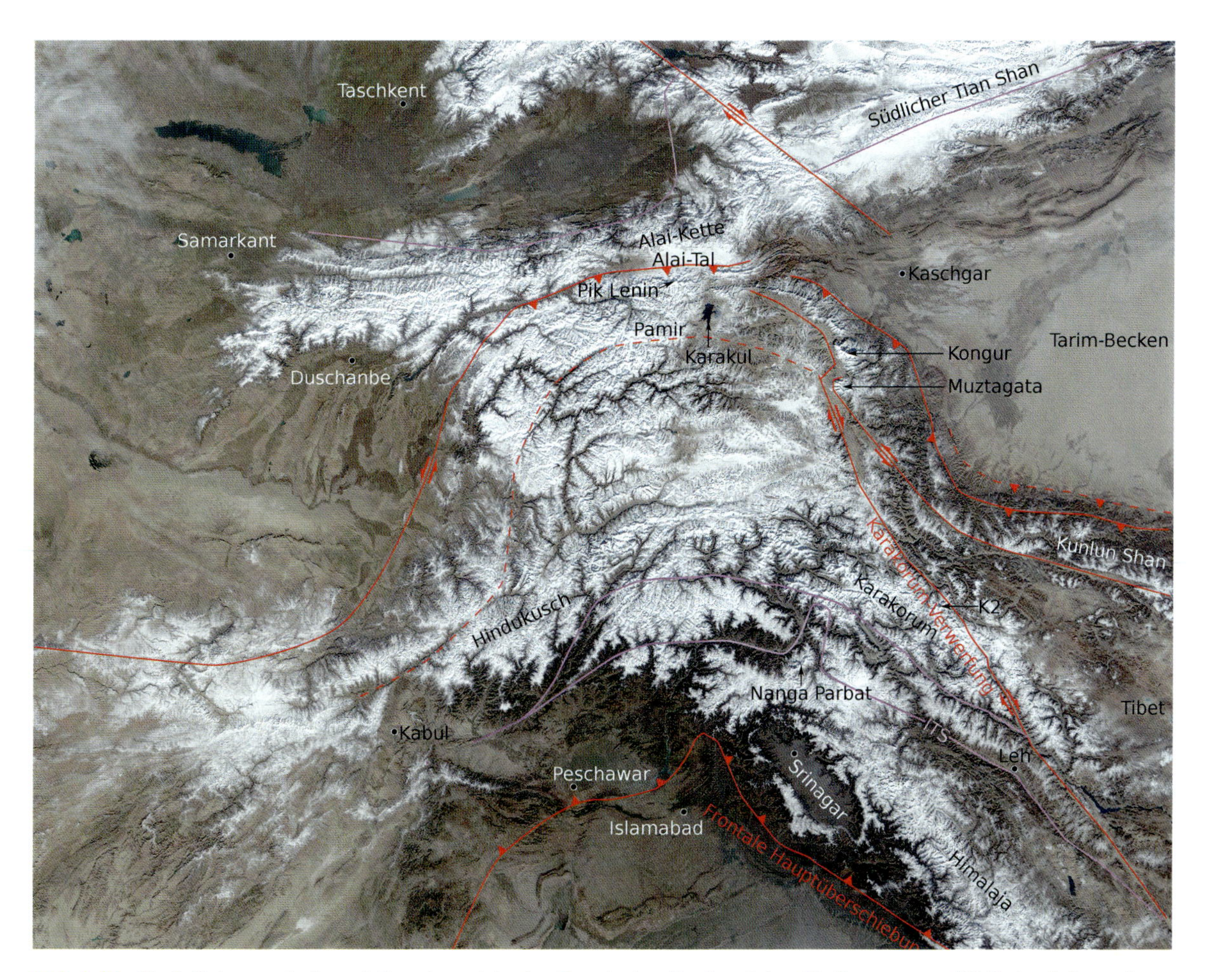

Abb. 6.24 Die Kollision von Indien mit Eurasien setzte den Eurasischen Kontinentalrand in Bewegung und ließ eine Reihe weiterer Hochgebirge entstehen. Der Hindukusch ist die westliche Fortsetzung des Himalajas. Die Naht zwischen Indien und Eurasien ist die Indus-Tsangpo-Sutur (ITS). Im westlichsten Himalaja war diese ein Inselbogen, das Meeresbecken nördlich davon wurde an einer zweiten Subduktionszone unter dem Karakorum subduziert. Die Karakorum-Verwerfung ist eine große Seitenverschiebung, die in die Überschiebungen des Pamir einbiegt. Vom Tian Shan ist auf dem Bild nur das südliche Ende zu sehen. Satellitenbild: Nasa.

stand der Knick am Nanga Parbat, der immer ausgeprägter wurde. In der Folge liefen die Überschiebungen in den beiden Gebirgen unabhängig ab. In jüngerer Zeit wurde unter dem Hindukusch sogar die Unterkruste des indischen Kontinents zusammen mit dem lithosphärischen Mantel subduziert. Ein merkwürdig geformtes Krustenknäuel ragt mehr als 600 km tief in den Mantel hinein (Negredo et al. 2007).

Vor der Kollision sah es im Westhimalaja und dem Hindukusch etwas anders aus als im Zentralhimalaja, statt einer gab es gleich zwei Subduktionszonen. In der westlichen Fortsetzung des tibetischen Gangdise-Gürtels ging die Subduktionszone in einen Inselbogen über, dessen Reste die Granit-Batholithe von Ladakh und Kohistan sind. Das Industal um die Stadt Leh im indischen Ladakh ist also nicht nur von tibetischer Kultur geprägt, sondern auch von tibetischer Geologie. Kohistan ist die Fortsetzung dieser Batholithe westlich des Nanga Parbat am Rand des Hindukusch.

Das Meeresbecken hinter diesem Inselbogen wurde wiederum unter dem heutigen Karakorum (Abb. 6.25, 6.26) subduziert, der unmittelbar nördlich von Ladakh und Kohistan aufragt. In dieser Bergkette befinden sich fast alle der höchsten Berge abseits des Himalajas, darunter der zweithöchste Gipfel der Welt, bekannt unter dem phantasielosen Namen K2. Diese wilde und schwer zu erreichende Bergwelt besteht zu einem großen Teil aus Granit, dem Karakorum-Batholith, der aus der Zeit der Subduktion des Meeresbeckens stammt. Mehrere Kilometer ragen die Felstürme über den riesigen Gletschern auf. Die Bergkette gehört zu den am stärksten vergletscherten Gebieten der Welt und hat zugleich einige der längsten Gletscher. Fast ein Drittel der Region ist von Eis bedeckt.

Abb. 6.25 Der K2 (8611 m) im Karakorum ist der zweithöchste Berg der Welt. Hier ist die Südseite zu sehen. Die Karakorum-Verwerfung, eine große Seitenverschiebung, verläuft auf der Nordseite des Berges. Foto: Mariachily.

Abb. 6.26 Die bis zu 6287 m hohen Trango-Türme im Karakorum-Gebirge sind berühmt für ihre hohen Granitwände, darunter die höchste „fast vertikale" Felswand der Welt. Der Granit gehört zum Karakorum-Batholith, der aus unzähligen Plutonen zusammengesetzt ist, die unter einem Vulkanbogen während der Subduktion eines Meeresbeckens entstanden. Foto: Christian Lorenz, www.aconcagua.de.

Die rechtssinnige Karakorum-Verwerfung bildet den scharfen Nordrand dieser Bergkette. Diese Seitenverschiebung ist eine der großen Verwerfungen an den Rändern Tibets. Sie beginnt in der Gegend des Kailas, wo sie in die Indus-Tsangpo-Sutur einbiegt. Vom Kailas verläuft sie nach Nordwesten, am Nordrand des Karakorum vorbei, und wird zu einem breiten Tal, dem der Karakorum-Highway zwischen Pakistan und der chinesischen Stadt Kaschgar nach Norden folgt. Ein Arm biegt in eine der Überschiebungen innerhalb des Pamir ein, ein anderer Zweig setzt das Tal fort und schneidet durch den Osten des Pamir, bis er in die Frontalüberschiebung des Pamir einbiegt. In der durch die Verwerfung vom Rest des Gebirges abgeschnittenen östlichen Bergkette liegen die höchsten Berge des Pamir, die Siebentausender Kongur und Muztaghata (Abb. 6.27). Über diese Bergkette am Rand des Tarimbeckens biegen wiederum Überschiebungen des Pamir in einem weiten Schwung in den Kunlun Shan ein.

Ein guter Teil der Verformung durch die keilförmig in Asien eindringende Ecke der Indischen Platte fand entlang der Karakorum-Verwerfung statt. Es ist nicht ganz einfach, die genaue Versetzung zu rekonstruieren, da die Strukturen auf beiden Seiten der Verwerfung nur zum Teil eindeutig korrelieren. Nicht jeder Terran Tibets entspricht zwangsläufig einem Terran im Pamir und dem Hindukusch. Außerdem ist die Verwerfung mit einer ganzen Reihe anderer Verwerfungen verbunden, sodass sich die einzelnen Abschnitte unterschiedlich weit bewegt haben. Manche Forscher glauben, dass Bewegungen von Hunderten von Kilometern stattgefunden

Abb. 6.27 Der östliche Pamir mit den Bergriesen Kongur Tagh (7649 m) und Muztagata (7509 m) wird vom Rest des Pamir durch ein großes Tal mit der Karakorum-Verwerfung getrennt, in dem der Karakulsee liegt (in China, kleiner als der Namensvetter in Tadschikistan). Durch dieses Tal verläuft auch der Karakorum-Highway Richtung Pakistan. a) Karakulsee mit Muztagata. Foto: Chenyingphoto. b) Karakulsee mit dem Kongur-Massiv. Foto: Dperstin.

haben, während andere von nur etwa 160 km ausgehen (Robinson 2009, Schmalholz 2004).

Der auch auf der anderen Seite von Seitenverschiebungen begrenzte Pamir schob sich mehrere hundert Kilometer über den asiatischen Kontinent. Das einstige flache Meeresbecken, das die heutige zentralasiatische Steppe bedeckte, ist zwischen Pamir und dem Tian Shan auf das schmale Alai-Tal zusammengeschrumpft. Die unter dem Pamir verschwundene asiatische Kruste liegt wie eine flache Subduktion unter dem Gebirge, spiegelbildlich zur unter dem Hindukusch subduzierten indischen Kruste. Der Nordrand des Pamir ragt als steile Stufe über der frontalen Überschiebung auf (Abb. 6.28). Der höchste Punkt dieser Stufe ist der Siebentausender Pik Lenin. Weitere Überschiebungen verlaufen parallel dazu durch das Gebirge, alle sind ehemalige Suturen zwischen Minikontinenten und ehemaligen Inselbögen, die zum Teil ähnlichen Suturen in Tibet entsprechen (Schmalholz 2004). Eine entgegengesetzt gerichtete Überschiebung auf der Rückseite des Pik Lenin könnte beispielsweise dem Kunlun Shan entsprechen. Das südlich anschließende Becken mit dem Bergsee Karakul (Tadschikistan) wird als Einschlagskrater eines Meteoriten interpretiert. Im westlichen Pamir lassen sich die auch dort von Seitenverschiebungen abgeschnittenen Suturen mit ähnlichen Strukturen im nördlichen Hindukusch vergleichen.

Der Tian Shan (Abb. 6.29) war im Paläozoikum ein aktiver Kontinentalrand wie heute die Anden. Die Subduktionszone verlagerte sich mehrfach, weil kleine Terrane und Inselbögen angeschweißt wurden. Zwei Suturen verlaufen parallel durch das Gebirge, eine weitere in einem Winkel durch den nördlichen Tian Shan. Als zwei größere Terrane, das heutige Tadschikistan-Becken und das Tarimbecken andockten, fand sich das Gebirge im Inneren des Kontinents wieder und wurde wieder abgetragen. Das heutige 2500 km lange Gebirge mit Gipfeln über 7400 m Höhe entstand durch die ein- bis zweitausend Kilometer südlich stattfindende Kollision zwischen Indien und Asien. Die Suturlinien und Überschiebungen wurden dadurch erneut bewegt, auch die Grabenstrukturen des ehemaligen Backarc-Beckens wurden zu steilen Überschiebungen invertiert. Entlang der Überschiebungen hoben sich langgezogene Bergketten, zwischen denen große intramontane Becken liegen. Das Südende des Tian Shan, die Alai-Kette, liegt unmittelbar nördlich des Pamir und ist durch eine Seitenverschiebung gegenüber dem restlichen Tian Shan versetzt.

Abb. 6.28 Der Nordrand des Pamir vom Alai-Tal in Kirgistan gesehen, mit Pik Lenin (7134 m) in der Bildmitte. Der untere Rand dieser Bergkette entspricht der frontalen Hauptüberschiebung, entlang der die Terrane des Pamir über ein Schelfmeer am Eurasischen Kontinentalrand geschoben wurden. Foto: Janne Corax, www.stormcorp.se.

Abb. 6.29 a) Luftbild des Tian Shan mit Khan Tegri (7010 m) in der Grenzregion zwischen Kirgistan, Kasachstan und China. b) Dschengisch Tschokusu (7439 m), auf Russisch Pik Pobedy, ist der höchste Berg des Tian Shan. Blick vom Base Camp in Kirgistan. Fotos: Chen Zhao.

6.6 Der Zagros: Musterfalten und ein junges Deckengebirge

Im Iran fand nach der Bildung der Alpen und des Himalajas die jüngste Kollision des alpidischen Gebirgsgürtels statt. Arabien stößt gegen Eurasien und faltet das Zagrosgebirge auf (McQuarrie 2004, Agard et al. 2005, Molinaro et al. 2004, Omrani et al. 2008). Das ist tatsächlich weitgehend ein Faltengebirge, eine immens gesteigerte Version des Faltenjuras (Abschnitt 1.4). Vegetationslose Bergzüge mit hohen Kalksteinfelsen ziehen sich wie mit dem Lineal gezogen ohne irgendwelche Einschnitte 20 oder auch mehr als 100 km lang durch das Land, bis sie entweder abtauchen oder von einer Verwerfung scharf abgeschnitten sind und vom nächsten Bergzug abgelöst werden. Unzählige dieser Faltenzüge liegen parallel neben- und hintereinander (Abb. 6.30). Dazwischen gibt es weite intramontane Becken, manche mit saftig grünen Feldern, andere trocken und unwirtlich wie die Berge selbst.

Die geologische Grenze zwischen Arabien und Eurasien ist die Zagros-Hauptüberschiebung, die beinahe am Nordostrand des Gebirges verläuft. Hier wurde einst der Tethys-Ozean unter die iranische Platte subduziert. Inzwischen schiebt sich der Iran ein Stück über Arabien. Der Hohe Zagros am Nordostrand des Zagrosgebirges ist ein junges Deckengebirge in einem frühen Stadium. Die Landschaft mit ihren trockenen Bergen wirkt auf den ersten Blick zum Teil ganz ähnlich wie die Faltenzüge weiter im Süden, die einzelnen Bergzüge sind jedoch nicht so monoton, sondern in einzelne Berge zerlegt, und Kalksteine sind eher die Ausnahme.

Während die Erosion in den anderen Deckengebirgen einige Kilometer Gestein abgetragen und tiefe Bereiche freigelegt hat, fehlt dem Hohen Zagros bisher relativ wenig. Wir sehen im Zagros also das oberste Stockwerk eines Deckengebirges, das bei den anderen Hochgebirgen längst verschwunden ist. Das liegt zum einen an der langsamen Erosion im wüstenhaften Klima, zum anderen daran, dass der schnelle Aufstieg zu einem Hochgebirge und die dabei verstärkt einsetzende Erosion erst noch ausstehen. Trotzdem gibt es hier schon einige mehr als 4000 m hohe Gipfel. Wir können uns also ausmalen, dass der Hohe Zagros es in der Zukunft einmal mit den höchsten Gebirgen aufnehmen wird.

Es wurden aus dem gleichen Grund auch noch keine Hochdruckgesteine freigelegt, wie es sonst typisch für ein Deckengebirge ist. Die einzige Ausnahme ist eine Decke ganz im Osten des Irans, in der es Blauschiefer gibt, doch dabei handelt es sich um den immer noch zwischen den beiden Kontinenten eingeklemmten Anwachskeil der Subduktionszone.

Die Zagros-Hauptüberschiebung trennt die Decken, die zur Iranischen beziehungsweise zur Arabischen Platte gehören. Im südwestlichen Hohen Zagros liegen alle diese Decken flach übereinander, im Nordwesten tauchen die arabischen Decken steil unter die iranischen Einheiten ab, wo sie der ozeanischen Kruste in die Subduktionszone folgten. Während die Überschiebungen abliefen, lag der arabische Teil des Gebirges noch immer unter dem Meeresspiegel. Der Meeresgrund vor der Küste wurde immer steiler, Teile rutschten ab und wirbelten als Trübestrom in die Tiefe, wo sie als Flysch lie-

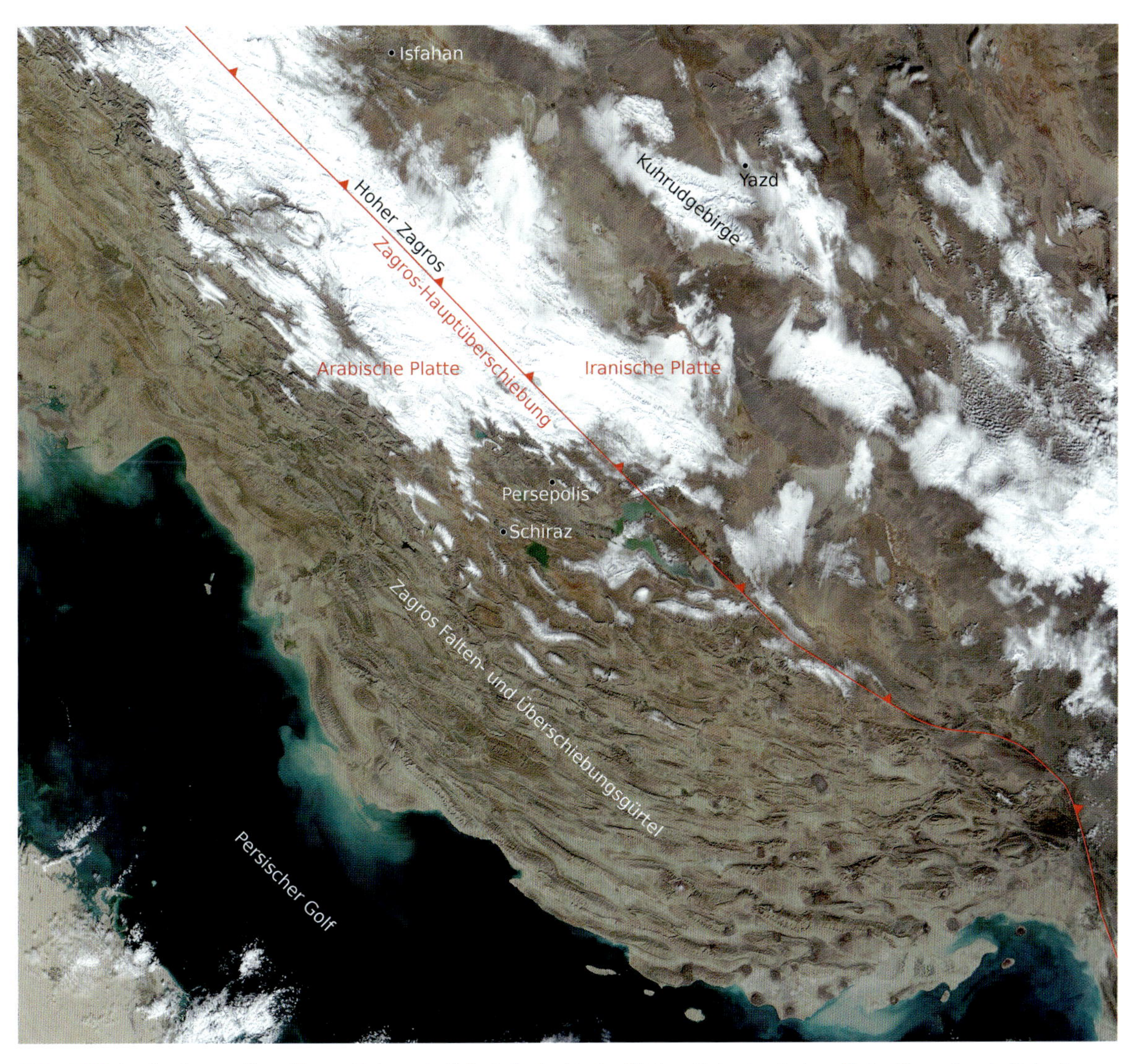

Abb. 6.30 An der Zagros-Hauptüberschiebung kollidiert die Arabische Platte mit der Iranischen Platte. Der schmale Hohe Zagros ist ein junges Deckengebirge, dem der Aufstieg zu einem richtigen Hochgebirge noch bevorsteht. Der Sedimentstapel des arabischen Kontinentalrandes wurde durch die Überschiebungen an mächtigen Salzhorizonten abgeschert und zu einem breiten Falten- und Überschiebungsgürtel zusammengeschoben. Die auf- und abtauchenden Faltenzüge sind auf diesem Satellitenbild deutlich zu sehen. Viele Falten haben einen Kern aus Salz, bei manchen ist das Salz als Salzdom an die Oberfläche gebrochen (runde Gebilde im Südosten). Satellitenbild: Nasa.

gen blieben. Die arabischen Decken bestehen zum Teil aus Ophiolithen, die aber schon vor der Kollision auf den arabischen Schelf obduziert wurden. Sie entsprechen damit den Ophiolithen im Oman, dem größten Ophiolithkomplex der Erde. Dort liegt ein riesiges Stück ozeanischer Lithosphäre ungestört auf dem Rand von Arabien. Dessen Fortsetzung wurde von der Kollision zwischen Arabien und dem Iran erfasst und erneut gegen Arabien bewegt, während sich der iranische Kontinentalrand darüber schob. Unter dem Ophiolith finden sich vom arabischen Schelf abgescherte Sedimentdecken und darüber der während der Gebirgsbildung abgelagerte Flysch. Dass alle diese Einheiten zum Teil recht chaotisch miteinander vermischt wurden, liegt daran, dass die Kollision eine starke Seitenverschiebungs-Komponente hat.

Der ebenfalls in mehrere Decken zerlegte Rand der Iranischen Platte entspricht der ehemaligen Subduktionszone im Stil der Anden. Tatsächlich gibt es einige Granite, die in niedrig metamorphen Gesteinen stecken. Zum Ende des Mesozoikums verlagerte sich der Vulkanbogen um 300 km ins Landesinnere, weil die Subduk-

Abb. 6.31 Das Kuhrudgebirge, hier mit dem Bergdorf Abyaneh südlich der Stadt Kaschan, ist der tief erodierte Vulkanbogen aus dem Mesozoikum. Der Tethys-Ozean wurde seit dem Mesozoikum relativ flach subduziert, der Vulkanbogen befand sich 300 km nördlich der eigentlichen Subduktionszone.

tion flacher wurde. Das Kuhrudgebirge, das hinter den Städten Qom, Yazd und Bam aufragt und ebenfalls einige Gipfel über 4000 m aufweist, besteht aus den Graniten dieses tertiären Vulkanbogens (Abb. 6.31). Westlich von Bam ist der Vulkanbogen sogar noch aktiv, der Golf von Oman wird noch immer als letzter Rest des Tethys-Ozeans subduziert. Eines Tages wird der Oman mit Asien kollidieren und eine westliche Fortsetzung des Zagrosgebirges schaffen. Im zentralen Abschnitt des Kuhrudgebirges wurden Adakite aus dem späten Tertiär gefunden, die nach Osten immer jünger werden. Diese besonderen Vulkangesteine haben wir schon in Ecuador kennengelernt (Abschnitt 4.6), als die einzigen Kandidaten, bei denen es sich um direkt aus der abtauchenden Platte stammende Schmelzen handeln könnte. In diesem Fall wird vermutet, dass sie während dem Abriss der

Abb. 6.32 Die antiken Ruinen von Persepolis liegen unterhalb einer Falte des Zagrosgebirges, am Rand eines intramontanen Beckens. Die Falte taucht im Hintergrund ab, dahinter ist der nächste Faltenzug zu sehen.

ozeanischen Platte gebildet wurden und als ein letzter Gruß der Tethys an die Oberfläche kamen. Es dauerte fünf Millionen Jahre, in denen dieser Teil der ozeanischen Lithosphäre von West nach Ost einriss und schließlich abfiel. Unter anderen Abschnitten des Zagros hängt die ozeanische Platte vermutlich noch immer. Es ist nur eine Frage der Zeit, dass auch diese abfallen und den endgültigen Aufstieg zu einem Hochgebirge auslösen.

Der Zug der abtauchenden Platte hatte möglicherweise sogar Auswirkungen auf den Ostafrikanischen Graben (Abschnitt 7.3). Die Kollision im Zagrosgebirge begann schon, bevor sich Arabien von Afrika löste. Manche Forscher gehen daher davon aus, dass der Plattenzug unter dem Zagros noch immer so stark war, dass von den drei durch den Afar-Diapir ausgelösten Gräben ausgerechnet das Rote Meer und der Golf von Aden zu neuen Ozeanen werden. Dies wäre wahrscheinlich nicht passiert, wenn die Kollision schon weiter fortgeschritten gewesen wäre.

Die Überschiebungen des Hohen Zagros drückten gegen den auf dem arabischen Schelf liegenden Sedimentstapel und schoben diesen vor sich her. Arabien lag seit dem Präkambrium, also quasi seit es Leben auf der Erde gibt, am Rand des Kontinents Gondwana. Meist war es ein flaches Schelfmeer, in dem riesige Mengen an Sedimenten abgelagert wurden: Schichten aus Sandsteinen, Tonsteinen und Kalksteinen, die zusammen bis zu 14 km dick sind. Weit unten im Stapel gibt es eine mächtige Lage Salz, die im frühen Kambrium in einem Graben abgelagert wurde. Ihre ursprüngliche Mächtigkeit dürfte bis zu 4 km betragen haben. Dieses Salz war ein perfekter Abscherhorizont (Décollement), an dem der ganze Stapel in Bewegung gesetzt werden konnte. So konnte das bisher noch kleine Deckengebirge des Hohen Zagros den wesentlich breiteren Falten- und Überschiebungsgürtel des Zagrosgebirges schaffen (Abb. 6.32, 6.33). Der Südrand des Faltengürtels, alles andere als eine gerade Linie, entspricht der südlichsten Verbreitung dieser Salzschicht. Im Osten des Gebirges gibt es viele Salzdiapire, bei denen es durch seine geringe Dichte aufstieg und sich bis zur Oberfläche durch den Sedimentstapel quetschte.

Wie im Faltenjura sind die Falten nicht mit den Wellen einer zusammengeschobenen Tischdecke zu vergleichen. Bei einer Sedimentdicke von über 10 km müssten die einzelnen Sättel in diesem Fall wesentlich breiter sein. Lediglich im Frühstadium glich eine Falte einer solchen Welle, wobei sich unter jedem Faltensattel ein bis zu 8 km dickes Salzkissen ansammelte. Mit der fortgesetzten Bewegung riss der Sedimentstapel in dieser Welle durch und schob sich wie auf einer Rampe nach oben. Über dieser Überschiebung bleibt der verdoppelte Sedimentstapel als Faltensattel liegen. In manchen Falten sind diese Rampen eine in einer Linie direkt bis in das Salz reichende Überschiebung, in anderen springt sie in mehreren Stufen durch die Sedimentschichten, was an der Oberfläche eine kurze Folge von kleinen, schmalen Falten verursacht.

Auf dem Kontinentalrand wurde auch organische Substanz abgelagert, vor allem Algen, die nach ihrem Absterben auf den Meeresboden absanken und mit der Zeit zu Erdöl und Erdgas umgewandelt wurden. Da das Öl eine geringe Dichte hat, steigt es auf, bis es auf eine undurchdringbare Gesteinsschicht trifft. Die Falten des Zagros sind wie Fallen für das Öl, in denen es sich ansammelt. Auch die im Osten des Gebirges häufigen Salzdiapire können als Ölfallen dienen.

Im Becken südlich des Faltengürtels sammelt sich der Erosionsschutt, der aus dem jungen Gebirge angeliefert wird. Der Persische Golf und das Zweistromland sinken unter dem Gewicht der angelieferten Sedimente langsam ab. Sie entsprechen der Gangesebene vor dem Himalaja oder dem Molassebecken der Alpen.

Abb. 6.33 Salzdom in einer Falte des Zagrosgebirges. Aufnahme vom Space Shuttle. Foto: Nasa.

6.7 Ein Flickenteppich im Nahen Osten

Bei einem Blick auf eine Karte des Nahen Ostens erkennt man ein wirres Muster von Bergketten, die in großen Bögen ineinander übergehen (Abb. 6.34). Davon sind allerdings gleich mehrere hintereinander gestaffelt. Das Zagrosgebirge biegt an der Grenze zur Türkei in den Taurus ein, der sich bis zum Mittelmeer zieht und dort in einem Bogen an der Küste entlang führt. Nördlich des Zusammentreffens von Zagros und Taurus schließt sich das Hochplateau von Ostanatolien an, eine weite Steppe in ein- bis zweitausend Meter Höhe, die noch ein gutes Stück in den benachbarten Iran hineinreicht. Auf dem Plateau gibt es zwei große abflusslose Seen, den Vansee (Abb. 6.35) und den extrem salzigen Urmiasee. Auf der trockenen Steppe stehen einige große Vulkankegel. Der Fünftausender Ararat ist der höchste. Es wird erzählt, dass Noah mit seiner Arche auf dessen Gipfel gestrandet sei. Manche behaupten, dass die Reste der Arche noch immer zu finden seien. Im Gegensatz zu anderen Hochplateaus wie Tibet (Abschnitt 6.3) oder dem Altiplano (Abschnitt 4.2) hat Ostanatolien verwirrender Weise eine ungewöhnlich dünne Kruste.

Den Nordrand des Plateaus schließt der Kleine Kaukasus ab, der sich mit 3000 bis 3700 m hohen Gipfeln durch Armenien und das südwestliche Georgien zieht (Abb. 6.36). Seine rundlichen Bergrücken wirken eher wie unsere Mittelgebirge. In den niederen Lagen wachsen dichte Buchenwälder, in höheren Lagen eher Fichten und Kiefern. Die zum Hochplateau geneigte Seite ist hingegen relativ trocken. Richtung Westen geht der Kleine Kaukaus in das Pontische Gebirge über, das sich die türkische Schwarzmeerküste entlangzieht. Am Katschkar verfehlt es nur knapp die 4000 m, ein alpines Gelände, in dem tiefblaue Karseen vor dunkelgrauen Felsgraten und schroffen Granitpfeilern liegen. Die dampfenden Wälder an der Küste wirken dagegen fast tropisch.

Auf der anderen Seite des Kleinen Kaukasus schließt sich das Elbursgebirge an, das sich in einem großen Bogen um das Südufer des Kaspischen Meeres windet. Die subtropische Küste ist ein heftiger Kontrast zum übrigen Iran. Auf der schmalen Ebene wächst Reis auf überfluteten Feldern, in den Bergen im Hintergrund sind Teeplantagen und dichte Wälder zu sehen. Die höheren Bergzüge sind aber trocken und karg. Da das Gebirge nicht von eiszeitlichen Gletschern zu einzelnen Gipfeln zerlegt wurde, liegt es da, wie es von der Tektonik geschaffen wurde: hohe lange Bergzüge, die sich für Dutzende von Kilometern ohne Einschnitte in 3000 oder 4000 m Höhe entlangziehen. Wie ein riesiger Zacken auf einer Krone thront auf diesen Bergketten ein einsamer Vulkankegel. Der Damavand ist der höchste Berg des Nahen Ostens. Westlich des Kaspischen Meeres läuft der Elburs auf den Kopetdag zu, ein über 3000 m hohes Gebirge, das in einer geraden Linie die Grenze zwischen Iran und Turkmenistan bildet. Auf der Karte erscheint der Kopetdag wie eine mit dem Lineal über das Kaspische Meer hinweg gezogene Verlängerung des Hohen Kaukasus.

Der Hohe Kaukasus schließlich ist das höchste Gebirge weit und breit, ein mehr als 1000 km langes Hochgebirge zwischen dem Schwarzen Meer und dem Kaspischen Meer. In abgelegenen Tälern ducken sich mittelalterliche Bergdörfer unter 5000 m hohen Gipfeln. Mit 5642 m ist der Vulkan Elbrus der höchste Berg Europas. Er steht etwas nördlich der Hauptkette, die man als geographische Grenze des Kontinents ansehen kann. Der Kasbek ist ein weiterer Vulkan, die anderen Berge erinnern hingegen eher an die Alpen. Der Hohe Kaukasus ist zwar aus Deckenüberschiebungen aufgebaut, aber es gibt keine Sutur. Die Naht zwischen Eurasien und Gondwana verläuft weiter südlich, durch den Kleinen Kaukasus. Die beiden Gebirgszüge werden durch eine Ebene getrennt, oft als Transkaukasus bezeichnet, die in Aserbaidschan 100 km breit ist. Nur im zentralen Georgien berühren sich die beiden Gebirge.

Die ganze Region ist ein kompliziertes Puzzle von Terranen, das erst in jüngerer Zeit vor Eurasien zusammengesetzt wurde und sich mit der Kollision von Arabien erneut in Bewegung setzte. Westanatolien und der Iran sind Bruchstücke von Gondwana, die ähnlich wie Südtibet schon vor Indien durch die Tethys wanderten. Der Iran kollidierte bereits in der Trias mit Eurasien. Es entstand ein kleines Deckengebirge von Kopetdag bis zum Elburs, wobei es das südliche Drittel des Kaspischen Meeres noch gar nicht gab und der Elburs den Kopetdag in einer Linie fortsetzte. Östlich des Irans lag damals noch eine weite Meeresbucht der Tethys, der Iran selbst blieb weitgehend ein flaches Schelfmeer.

Der Südrand von Eurasien, sowohl am Kaukasus als auch im heutigen Zagros, war seither eine große Subduktionszone. Die Dehnung im Backarc der Subduktionszone führte dazu, dass sich der westliche Zipfel des Irans wieder von Eurasien löste. Der Iran drehte sich ein wenig gegen den Uhrzeigersinn, und das südliche Kaspische Meer riss auf, in dem neue ozeanische Kruste gebildet wurde. Darauf lagerten sich sofort dicke Sedimente ab, darunter Tonsteine voller organischer Substanzen, die heute große Erdöllagerstätten bilden. Ganz ähnlich dehnte sich die Region des Hohen Kaukasus. Was es genau mit der Ebene des Transkaukasus auf sich hat, ist noch nicht ganz klar, da sie ebenfalls von jungen Sedi-

Abb. 6.34 Kaukasus, Ostanatolien und Westiran. Die jüngste Kollision war hier die der Arabischen Platte gegen die Iranische Platte, West- und Ostanatolien. Dadurch entstanden der östliche Taurus und der Zagros. Westanatolien weicht nach Westen hin aus. Eine weitere Sutur, ein ehemaliger Inselbogen, verläuft durch das Pontische Gebirge und den Kleinen Kaukasus. Im Kleinen Kaukasus ist dieser Inselbogen wiederum mit dem kleinen Armenischen Terran und einer unter den Transkaukasus abtauchenden Subduktionszone kollidiert. Das Hochplateau von Ostanatolien wird als riesiger Anwachskeil des Inselbogens interpretiert. Der Hohe Kaukasus dehnte sich vermutlich als Backarc-Becken der Subduktion am Südrand des Transkaukasus und wurde durch die Kollsion der Arabischen Platte wieder zusammengeschoben. Im Elburs kollidierte schon früher die Iranische Platte mit Eurasien, das südliche Kaspische Meer entstand erst danach durch eine leichte Rotation des Irans. Durch die Kollision der Arabischen Platte wird der Elburs erneut verformt. In der Region gibt es eine ganze Reihe großer Vulkane (rote Dreiecke), darunter Ararat, Elbrus (der höchste Berg Europas) und Damavand (der höchste Berg im Nahen Osten). Satellitenbild: Nasa.

menten überdeckt ist. Möglicherweise handelt es sich um einen kleinen Terran, der vorher an Europa angeklebt wurde. Durch die Dehnung im Backarc wurde er ein wenig vom Kontinentalrand weggezogen. Der Transkaukasus war nun ein Flachmeer, unter dessen Südrand die Tethys subduziert wurde, der Hohe Kaukasus war ein Backarc-Becken, in dem Turbidite, Karbonate und Tonsteine abgelagert wurden.

Südlich dieser Subduktionszone gab es noch eine zweite, einen Inselbogen, unter dem ebenfalls in nördliche Richtung subduziert wurde. In der späten Kreidezeit kollidierte der Minikontinent Südarmenien mit diesem

Abb. 6.35 Der Vansee in Ostanatolien: Blick von der Akdamar-Insel. Die Berge im Hintergrund sind der Übergang vom Taurusgebirge zum Zagrosgebirge.

Inselbogen. Dabei wurden Ophiolithdecken auf Südarmenien geschoben, der Kleine Kaukasus entstand (Rolland et al. 2009). Nur wenig später näherte sich der Kleine Kaukasus dem Transkaukasus, unter dem die Subduktion langsamer wurde und schließlich aufhörte.

Die westliche Fortsetzung des Inselbogens, das östliche Pontische Gebirge, blieb aktiv. Die Granite der Katschkar-Region (Abb. 6.37) sind die freigelegten Magmakammern dieses Vulkanbogens. Vor dem Inselbogen sammelte sich ein riesiger Anwachskeil, das heutige Ostanatolien, der die große Bucht zwischen Westanatolien und dem Iran auffüllte. Westanatolien selbst setzte sich erst langsam aus Bruchstücken von Gondwana zusammen, die einer nach dem anderen durch die Tethys angedriftet kamen.

Nun kollidierte Arabien mit Eurasien. Im Taurus kam es ähnlich wie im Hohen Zagros zu südwärts über Arabien gerichteten Deckenüberschiebungen. Das Gebirge erhebt sich entlang der frontalen Überschiebung wie eine Stufe aus der mesopotamischen Ebene und dem östlichen Mittelmeer. Auch im Taurus gibt es einen Ophiolithkomplex, der möglicherweise in einem Zusammenhang mit den Ophiolithen im Oman, dem Zagros, dem Kleinen Kaukasus und Zypern steht und auf eine frühere Kollision eines Inselbogens mit dem Rand von Arabien zurückgeht.

In Ostanatolien stieß Arabien gegen den Anwachskeil des pontischen Inselbogens, was die Subduktion dort beendete. Eine interessante Theorie (Keskin 2003) versucht, die anschließende Entwicklung von Ostanatolien

Abb. 6.36 Durch den Kleinen Kaukasus verläuft eine Sutur, an deren Stelle einmal der Tethys-Ozean lag. a) Borjomi-Kharagauli-Nationalpark in Georgien. b) Das Kloster Tatev in Armenien steht auf einem alten Lavastrom. In der Schlucht graue Kalksteine.

Abb. 6.37 Das Pontische Gebirge am Katschkar Dagi (Türkei) besteht aus Granit und kontaktmetamorphen Gesteinen. Es handelt sich um einen erodierten Inselbogen. a) Der Karsee Deniz Gulu b) Berge südwestlich des Katschkar Dagi.

zu erklären. Demnach löste sich die abtauchende ozeanische Platte unter den Sedimenten des Anwachskeils ab und sinkt in den Mantel, heiße Asthenosphäre strömt nach. Seither hat Anatolien eine extrem dünne Kruste, die nur noch aus den Sedimenten im Anwachskeil und deren metamorphen Geschwistern besteht. Vom heißen aufsteigenden Mantel wird sie dynamisch nach oben gedrückt. Gleichzeitig kommt es auf dem Hochplateau zu weit verstreutem Vulkanismus.

Die Kraft, mit der Arabien gegen Eurasien stieß, war wesentlich größer als die Kollisionen all der kleineren Terrane. Noch immer schiebt sich Arabien um rund 2,5 cm pro Jahr in den Kontinent hinein. Den größten Teil der Bewegung nimmt der Zagros auf, aber auch das ganze Puzzle von Terranen hat sich wieder in Bewegung gesetzt und die Überschiebungen der älteren Gebirge wieder aktiviert, Krustenblöcke weichen seitlich aus. Erst durch die Kollision Arabiens wachsen die älteren Bergzüge zu Hochgebirgen an.

Die Türkei macht es sich einfach, sie weicht einfach nach Westen in den Mittelmeerraum aus. Das Paar der konjugierten Seitenverschiebungen, die Nordanatolische und die Ostanatolische Störung, haben wir schon kennengelernt. Die linkssinnige Ostanatolische Störung verläuft am Nordrand des östlichen Taurusgebirges, bevor sie ins Mittelmeer abbiegt. Man vermutet, dass sie in Gang gesetzt wurde, als die unter dem Taurus abtauchende ozeanische Platte von Osten nach Westen abriss.

Die Kaukasusregion wird um einen Zentimeter pro Jahr zusammengeschoben, mehr als die Hälfte der Bewegung fällt auf den Hohen Kaukasus (Abb. 6.38, 6.39). Erst im mittleren Tertiär schaute der Hohe Kaukasus zum ersten Mal als Rücken aus dem Meer heraus und wuchs seither schnell zu einem Hochgebirge an (Vincent et al. 2003, Saintot & Angelier 2002, Allen et al. 2003). Die nach Süden gerichteten Überschiebungen bestehen überwiegend aus den Sedimenten, die sich zuvor im Backarc-Becken angesammelt hatten, aus Karbonaten, aus Tonsteinen und Sandsteinen und dem einen oder anderen Basalt. Einige Decken aus dem alten Grundgebirge bauen die zentrale Achse in der westlichen Hälfte des Gebirges auf.

Die Sedimentation im südlichen Kaspischen Meer (Huseynov & Guliyev 2004, Allen et al. 2003) nahm durch den schnellen Aufstieg des Hohen Kaukasus so sehr zu, dass in diesem jungen Becken heute der dickste Sedimentstapel der Welt liegt. Bis zu 30 km Sedimente überdecken die ozeanische Kruste, wobei Tonsteine den größten Anteil ausmachen. Zum Teil wurden sie durch Überlagerung so schnell versenkt, dass sie mehr Wasser enthalten, als sie unter Druck ertragen können. Sie verwandeln sich zu Schlamm, der als Diapir aufsteigt und an einem sogenannten Schlammvulkan an die Oberfläche kommt (Abb. 6.40). In Aserbaidschan gibt es Hunderte solcher Schlammvulkane, die oft wie richtige Vulkankegel samt Krater aussehen, an denen vielleicht sogar ein Schlammstrom herunterfließt. Das Innere des Kraters ist mit ausgetrocknetem, von Rissen durchzogenem Schlamm gefüllt, darauf stehen meterhohe Minikegel, aus denen kalter Schlamm blubbert und spratzt. Dabei steigen auch große Mengen Erdgas auf, die sich manchmal in heftigen Ausbrüchen entzünden und eine mehrere hundert Meter hohe Stichflamme bilden.

Das südliche Kaspische Meer wirkt inzwischen als starrer Block, gegen den der Iran geschoben wird. Der Iran fließt regelrecht um diesen Block herum. Im Elburs (Axen et al. 2001, Guest et al. 2006, Davidson et al. 2004) kommt es dadurch gleichzeitig zu Kompression und einer linkssinnigen Seitenverschiebung, wodurch das

Abb. 6.38 Der georgische Teil des Hohen Kaukasus. a) Der Vulkan Kasbek (5047 m) steht auf der zentralen Achse des Gebirges. Er hatte seine letzte Eruption vor 2750 Jahren. b) Der Doppelgipfel Uschba (4710 m), hier von Süden gesehen, gilt als unerreichbarster Berg des Hohen Kaukasus. Die Zentralachse in der Westhälfte des Gebirges besteht aus Decken aus dem Grundgebirge. c) Mittelalterliche Wehrtürme im Truso-Tal, Georgien.

Abb. 6.39 Der Hohe Kaukasus besteht überwiegend aus Sedimenten, die in einem Backarc-Becken abgelagert wurden. a) Sanfte Bergformen in weichem Tonstein am Bergdorf Xinaliq (Aserbaidschan). b) Kalkstein aus dem Backarc-Becken: der Shadag (4243 m) in Aserbaidschan.

Abb. 6.40 Ein Schlammvulkan südwestlich von Baku. Am Kaspischen Meer wurden in kurzer Zeit große Mengen an Sedimenten abgelagert, die von der Abtragung des schnell aufsteigenden Kaukasus stammen. Zum Teil wurden Tonsteine so schnell überlagert, dass sie ihr Porenwasser nicht abgeben können. Nimmt der Druck zu, wandeln sie sich zu Schlamm um, der als Diapir aufsteigt und an Schlammvulkanen an die Oberfläche kommt. Auch Erdgas spielt dabei eine Rolle.

Gebirge buchstäblich nach oben gepresst wird. Die Überschiebungen sind in beide Richtungen von der zentralen Achse weggerichtet und tauchen relativ steil zum Zentrum hin ab. Es ist somit eine größere Version der Blumenstrukturen, wie sie auch im Altai (Abschnitt 6.2) vorkommen. Die Decken bestehen zum größten Teil aus Sedimenten, die erst nach der ursprünglichen Kollision des Irans gegen Eurasien im Schelfmeer abgelagert wurden. Die Seitenverschiebung findet an längs durch das Gebirge schneidenden Verwerfungen ohne Überschiebung statt, die beiden Komponenten der Bewegung sind also auf unterschiedliche Verwerfungen aufgeteilt.

Der Elburs ist ein Gebirge, das durch seine Tektonik nur nach oben gepresst wird, ohne dass eine dicke Krustenwurzel für Auftrieb sorgt. Normalerweise müsste so ein Gebirge unter seinem eigenen Gewicht absinken. Entweder wird der Elburs durch das Südkaspische Becken stabilisiert, oder er wird von ungewöhnlich leichtem Mantel unterlagert. Der einsame Vulkan Damavand sitzt auf den Bergketten des Elburs und überragt sie alle (Abb. 6.41). Vermutlich löste sich darunter ein Stück der Mantellithosphäre ab und sorgte für ein lokales Aufsteigen von heißem Mantel.

Der Kopetdag ist als rechtssinnige Seitenverschiebung aktiv, also in die entgegengesetzte Richtung, als es im Elburs der Fall ist. Das liegt daran, dass der Iran sich relativ leicht verformen lässt und durch den Schub der Arabischen Platte um die starren Bereiche herumfließt.

Abb. 6.41 Wie der Zacken einer Krone sitzt der Vulkan Damavand (5610 m) auf den Bergketten des Elburs. Dieses Gebirge entstand ursprünglich durch die Kollision der Iranischen Platte mit Eurasien, die heutigen Berge sind jedoch eine Folge der Kollision mit der Arabischen Platte im Zagros, die den Elburs als Seitenverschiebung mit gleichzeitiger Einengung erneut bewegt. Dabei kommt es zu Deckenüberschiebungen, die im Norden und Süden jeweils von der zentralen Achse des Gebirges wegbewegt werden und lange, bis über 4000 m hohe Bergrücken aufwerfen. a) Aufnahme vom Space Shuttle. Foto: Nasa. b) Blick vom Gipfel des Damavand.

Der Ostafrikanische Graben, hier in Nordtansania. In der 500 m hohen Bruchstufe ist eine Abfolge von Lavaströmen zu sehen, die bereits kurz vor der Ausbildung der wichtigsten Abschiebung ausgeflossen waren.

7 Große Gräben und heiße Flecken

Die Konvektionsströme im Erdmantel machen sich auch an der Erdoberfläche bemerkbar. Wo im Mantel heißes Material als sogenannter Manteldiapir aus der Tiefe aufsteigt, bilden sich große Mengen von Basaltschmelzen. An diesen Hotspots bauen sich fernab von den Plattenrändern riesige Vulkane auf: Von ihrer Basis in der Tiefsee gemessen sind die Schildvulkane von Hawaii die höchsten Berge der Welt. Während sich die Platten bewegen, bleibt ein Hotspot immer an derselben Stelle. Auf der bewegten Platte hinterlässt er daher eine Spur aus erloschenen Vulkanen.

Steigt ein Manteldiapir unter einem Kontinent auf, kann dieser gedehnt werden und sogar zerbrechen. Zunächst entsteht ein Grabenbruch, aus dem sich bei fortgesetzter Dehnung ein neuer Ozean entwickeln kann. Aber auch ohne Hotspot können die Spannungen, denen ein Kontinent ausgesetzt ist, zu Dehnung und zu einem Grabenbruch führen. Oft werden die Schultern auf beiden Seiten eines Grabens zu einem Gebirge angehoben. Der Ostafrikanische Graben (Abschnitt 7.3) und der Oberrheingraben (Abschnitt 7.5) gelten als klassische Beispiele für einen Grabenbruch. Am Beispiel des Atlasgebirges (Abschnitt 7.4) sehen wir, was mit einem Grabensystem passiert, wenn dieses später in eine Kollision verwickelt wird. Im Westen der Vereinigten Staaten (Abschnitt 7.7) besuchen wir schließlich eine Region, in der ein ganzes Hochplateau in einem Orogenkollaps auseinander fließt.

7.1 Hotspots und die höchsten Berge der Welt

Fast alle Vulkane (Abschnitt 3.4) der Erde befinden sich an den Plattengrenzen. Es gibt aber auch einzelne Vulkane, die inmitten einer Platte aktiv sind (Abb. 7.1). Meistens sind dies kleine Gruppen von Vulkaninseln, die am Ende einer langen Kette von Tiefseebergen in einem Ozean stehen. Typisch sind relativ flache, aber dennoch riesige Schildvulkane, die sehr aktiv sind und große Mengen an Basalt fördern. Das klassische Beispiel solcher „heißen Flecken" ist Hawaii (Abb. 7.2–7.4), aber auch die Kanaren (Abb. 7.5) gehören dazu, Galapagos und die Osterinsel, Réunion und einige mehr. Viele dieser Vulkane stehen in der Tiefsee und ragen trotzdem zwei- oder dreitausend Meter über die Wasseroberfläche auf. Der Viertausender Mount Kea auf Hawaii ist von der Basis in der Tiefsee bis zum Gipfel etwa 10 km hoch und damit die höchste Erhebung der Welt. Einige der Hotspot-Vulkane gehören zugleich zu den aktivsten Vulkanen der Erde. Während Mount Kea seine besten Zeiten schon hinter sich hat, fließt am Nachbarvulkan Kilauea fast ständig ein Lavastrom aus.

Hotspots sind die Punkte der Erde, unter denen heißes Mantelmaterial aufsteigt. Sie sind für den Erdmantel somit das Gegenstück zu den Subduktionszonen. Das durch Subduktion versenkte Material kann bis zur Kern-Mantel-Grenze abtauchen und reichert dort die unterste Schicht des Mantels mit einer basaltischen Komponente an (Kapitel 4). Diese D"-Schicht ist extremen Temperaturunterschieden ausgesetzt, der heiße und flüssige Erdkern heizt von unten, während die absinkenden Krustenstücke für Abkühlung sorgen. Es bilden sich auf- und abwabernde Wülste, bis an einer Stelle die Temperaturunterschiede einen Grenzwert überschreiten und ein Diapir (auch Plume genannt) aufsteigt. Das sieht in etwa so aus wie die aufsteigenden Wülste in einer Lavalampe. Dieser Manteldiapir ist wie der umgebende Mantel nicht flüssig, sondern plastisch verformbar. Der Kopf des aufsteigenden Diapirs wird auf dem Weg nach oben oft immer breiter, sodass er die Form eines Pilzes annimmt. Erst wenn der Diapir bis in geringe Tiefe aufgestiegen ist, reicht die Druckentlastung aus, um das heiße Material teilweise aufzuschmelzen. Dieser Schmelzprozess ist also ganz ähnlich wie unter einem Mittelozeanischen Rücken. Der Unterschied ist, dass in diesem Fall frisches, angereichertes Material geschmolzen wird, während der Mantel unter den Mittelozeanischen Rücken durch die lange Aktivität bereits abgereichert ist. Dadurch ist die Zusammensetzung der Basalte an den Ozeaninseln etwas anders als an den Mittelozeanischen Rücken.

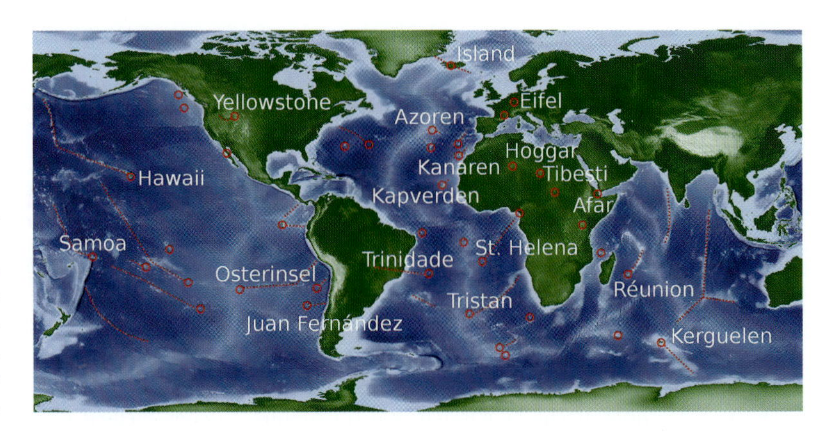

Abb. 7.1 Hotspots und ihre Spuren. Steigt heißes Mantelmaterial als Diapir auf, entstehen große Mengen an Basaltschmelzen, die an Vulkaninseln wie Hawaii eruptieren. Die Lithosphärenplatten bewegen sich über die aufsteigenden Manteldiapire hinweg, sodass der Hotspot eine Spur aus Inseln und Tiefseebergen hinterlässt.

Wenn der Kopf eines Diapirs unter der Kruste ankommt, kann dies eine „kurze" Phase (etwa eine Million Jahre) mit extrem starkem Vulkanismus auslösen. Viele Flutbasaltprovinzen werden mit einem solchen Ereignis in Zusammenhang gebracht, beispielsweise die Dekkantraps in Indien, Paraná in Südamerika und das Columbia-River-Plateau in den USA. In der kurzen Zeit ihrer Entstehung wurden in diesen Provinzen solche unglaubliche Mengen an Basalt gefördert wie in derselben Zeit an allen Mittelozeanischen Rücken zusammen. An Spalten schossen regelrechte Lavavorhänge empor, die riesige Lavaströme speisten. Die einzelnen Ströme flossen hundert, manche mehr als zweihundert Kilometer weit. Die Ströme der Dekkantraps bedecken eine Fläche beinahe so groß wie Frankreich mit einer bis zu 2 km dicken Basaltschicht. Ganz ähnlich entstanden riesige aus Kissenlaven aufgebaute Basaltplateaus, die in den Ozeanen zu finden sind.

Nach dieser ersten Phase steigt weiterhin der Stiel des pilzförmigen Diapirs auf und führt zu dem normalen Hotspot-Vulkanismus. Ein Diapir ist ortsfest im Mantel und kann sehr lange aktiv sein, die Platten bewegen sich über ihn hinweg. Daher ziehen die Hotspot-Vulkane eine ganze Kette von erloschenen Vulkanen hinter sich her. Die Hawaii-Inseln liegen alle auf einer Linie, die mit dem aktiven Vulkan Kilauea beginnt. In der Tiefsee hat sich östlich vor diesem schon ein neuer Vulkan gebildet, der den Namen Loihi bekommen hat. Loihi wird eines Tages bis über die Wasseroberfläche wachsen und den Kilauea beerben, so wie dieser Mount Kea und die Vulkane der anderen Inseln abgelöst hat. Von Hawaii ziehen sich die Tiefseeberge der Hawaii-Kette durch den Pazifik nach Westen. Nur einzelne Spitzen wie die Midway-Inseln schauen noch aus dem Meer heraus, da die Vulkankette abkühlt und unter ihrem eigenen Gewicht absinkt. An einem 42 Millionen Jahre alten Tiefseeberg

Abb. 7.2 Flach aber gewaltig: Der Schildvulkan Mauna Kea (4214 m) ist der höchste Berg auf Hawaii. Von der Basis in der Tiefsee aus gemessen ist er sogar der höchste Berg der Welt. Die letzte Eruption fand vor 4500 Jahren statt. Foto: Nagerw.

Abb. 7.3 Eine hohe Lavafontäne während der spektakulären Mauna-Ulu-Eruption des Kilauea, 1969. Foto: D.A. Swanson, USGS.

Abb. 7.4 Kaskaden aus glühender Lava am Kilauea im Februar 1969. Foto: J. Judd, USGS.

macht die Kette einen scharfen Knick, zu dieser Zeit hat die pazifische Platte ihre Richtung geändert. Die Tiefseeberge der Imperator-Kette setzen die Spur bis Kamtschatka fort.

Erstaunlicherweise liegen fast alle Hotspot-Vulkane in den Ozeanen. Das liegt nicht etwa daran, dass unter den Kontinenten keine Manteldiapire aufsteigen können, vielmehr ist die Lithosphäre unter den Kontinenten oft so dick, dass der Diapir nicht weit genug aufsteigen kann, um durch Druckentlastung aufgeschmolzen zu werden. Und selbst wenn sich Schmelzen bilden, müssen diese sich erst einmal einen Weg durch die dicke Lithosphäre bohren. Ein Hotspot kann jedoch die kontinentale Lithosphäre von unten her erodieren. Der lithosphärische Mantel, der dabei aufgeweicht wird, ist oft extrem heterogen und durch lange zurückliegende Subduktionen angereichert. Die Spur eines kontinentalen Hotspots besteht daher oft aus exotisch zusammengesetzten Schmelzen, die in winzigen Mengen in sehr großer Tiefe entstanden. Die Kimberlit-Schlote sind ein Beispiel dafür, merkwürdige Vulkane, die nur ein einziges Mal aktiv waren. Viele Kimberlite haben Diamanten aus dem Erdmantel mitgebracht und werden daher abgebaut.

Abb. 7.5 Auch die Kanaren sind ein Hotspot. Der Vulkan Teide (3718 m) auf Teneriffa brach zuletzt 1909 aus. Er steht am Rand der Cañadas-Caldera, die durch einen Flankenkollaps eines älteren Vulkans entstand und daher genau genommen keine Caldera ist. Foto: Jens Steckert.

Eine für einen Kontinent ungewöhnlich gut ausgeprägte Spur hat ein Hotspot hinterlassen, der gerade unter dem Yellowstone-Nationalpark in den USA liegt. Er begann vor 17 Millionen Jahren mit den schon erwähnten Columbia-River-Flutbasalten. Nordamerika wandert langsam in west-südwestliche Richtung, sodass sich die Aktivität immer weiter bis zum heutigen Yellowstone verlagerte. Anfangs überwogen noch immer Basalte, doch diese blieben später in der dicken Kruste stecken. Ihre Hitze konnte wiederum die Kruste aufschmelzen, die sauren Schmelzen stiegen weiter auf und sammelten sich in geringer Tiefe in riesigen Magmakammern an. Heftige Eruptionen dieser sauren Schmelzen führten zu Glutwolken, die mächtige Ascheschichten, Ignimbrite, ablagerten. Das Dach der Magmakammer stürzte ein und ließ eine Caldera zurück. Yellowstone ist die jüngste Caldera dieses Hotspots. Sie ist nicht so gut im Gelände sichtbar, denn sie wurde nachträglich wieder verfüllt und zum Teil wieder gehoben, da neues Magma in die Kammer eindrang. Die Hitze sorgt für eine ganze Reihe heißer Quellen und sogar für Geysire, die immer mal wieder als hohe Wasserfontänen in die Luft spritzen.

Ein Hotspot kann einen Kontinent sogar zerbrechen lassen. Wie dies genau passiert, werden wir am Beispiel des Ostafrikanischen Grabens sehen. Auch die Bildung des Atlantiks geht auf die Wirkung mehrerer Hotspots zurück. Der Atlantik riss nicht mit einem Mal in seiner heutigen Form ein, sondern in mehreren Schritten, je nachdem, wo sich gerade besonders starke Hotspots in die Kruste brannten. Als Erstes begann sich der Zentralatlantik zu öffnen, mit Europa und Nordamerika auf der einen Seite, Südamerika und Afrika auf der anderen. Im nächsten Schritt trennte sich Südamerika von Afrika. Als Letztes folgte der Nordatlantik, dessen erster Ansatz zwischen Grönland und Nordamerika verläuft und erst im zweiten Versuch zur Trennung von Grönland und Europa führte.

Der Island-Hotspot (Abb. 7.6–7.8) war beispielsweise für den Nordatlantik verantwortlich. Zunächst lag er zwischen Grönland und Kanada und sorgte für eine erste Spreizung zwischen den beiden. Da sich jedoch Grönland über diesen hinwegbewegte, entfaltete er nach einiger Zeit seine Wirkung auf der anderen Seite und trennte Grönland von Europa ab. Island ist ein Spezialfall unter den Hotspots, da dieser jetzt genau an einem

Abb. 7.6 Der stark vergletscherte Vulkan Eyjafjallajökull (1666 m) hat eine 2,5 km weite Gipfelcaldera. Eine Eruption im Frühjahr 2010 setzte eine Aschewolke frei, die in fast ganz Europa den Flugverkehr lahmlegte. Blick von Norden.

Mittelozeanischen Rücken liegt. Die Kombination aus einem langsam spreizenden Mittelozeanischem Rücken und dem ortsfesten Hotspot hat zu einer so großen Ansammlung von Basalt geführt, dass die ganze Insel sich in relativ kurzer Zeit gebildet hat. In Island werden auch bedeutende Mengen Rhyolith gefördert, zum Teil als Obsidian. Die mittleren Zusammensetzungen fehlen. Man geht davon aus, dass die isländischen Rhyolithe nicht durch Fraktionierung aus Basalt entstanden, sondern durch ein Aufschmelzen von Gabbro, also der durch Mantelschmelzen gerade erst gebildeten Kruste. Die starke Dehnung der isländischen Kruste ermöglichte ein Aufsteigen dieser gasarmen und extrem zähflüssigen Schmelze bis an die Oberfläche.

Nicht alle Vulkane innerhalb der Platten sind „echte Hotspots“ über einem Manteldiapir, der von der Kern-Mantel-Grenze stammt. Auch ein flaches Aufwallen im Mantel kann zur Schmelzbildung führen, die den echten Hotspots so sehr ähnelt, dass beide kaum auseinanderzuhalten sind. Meist wird für kurzlebige „Hotspots“ wie in der Eifel, der Auvergne oder an der norwegischen Vulkaninsel van Mayen ein flacher Ursprung angenommen. Das Aufwallen kann Konvektion innerhalb des oberen Erdmantels sein, durch Dehnung in der Erdkruste ausgelöst werden oder auf ein Ablösen und Absinken von schwerer Lithosphäre folgen. Oft ist es jedoch kaum möglich zu entscheiden, ob Dehnung oder das Ablösen von Teilen der Lithosphäre einen kleinen Hotspot aus-

Abb. 7.7 Basaltsäulen im Nationalpark Jökulsargljufur. In Island befindet sich ein Hotspot unter dem Mittelozeanischen Rücken, was die Produktion von Basaltschmelze verstärkt.

Abb. 7.8 Rhyolith bei Landmannalaugar: Neben Basalt wird in Island auch Rhyolith gefördert, wie die weichen Tuffberge und Obsidianströme zeigen. Diese sauren Schmelzen entstanden nicht durch Fraktionierung aus Basalt, sondern durch erneutes Aufschmelzen der neu gebildeten unteren Kruste. Magmen mit mittlerer Zusammensetzung fehlen daher. a) Rhyolithberge bei Landmannalaugar, die bunten Farben kommen durch wiederholtes Lösen und Ausfällen bestimmter Elemente durch Thermalwasser. b) Obsidianstrom und Fumarole am Rhyolithberg Brennisteinsalda.

lösten oder selbst die Folge eines Hotspots sind. Von manchen Forschern wird selbst bei Island angezweifelt, dass es sich um einen echten Hotspot handelt.

7.2 Grabenbrüche

Für Laien sieht ein tektonischer Graben aus wie ein weites, schnurgerade verlaufendes Tal mit einem flachen Talboden, das auf beiden Seiten von steilen Hängen begrenzt wird. In manchen Beispielen sind die Ränder mehrere Hundert Meter hohe Steilwände, in anderen der Rand eines kilometerhohen Gebirges. Ein solcher Graben entstand jedoch nicht, weil sich ein Fluss in das Gestein eingeschnitten hat, vielmehr ist durch Dehnung der Kruste ein länglicher Krustenblock abgesunken (Abb. 7.9, 7.10). Die hohen Bruchstufen an beiden Rändern, an denen die Grabenschultern über die Grabenebene aufragen, sind die Abschiebungen, an denen der Krustenblock absank. Diese Abschiebungen entsprechen dem wie ein „X" angeordneten konjugierten Paar von Rissen, wie wir es in Abschnitt 1.2 beim Zerbrechen von Gesteinen kennengelernt haben. Das Absinken einer

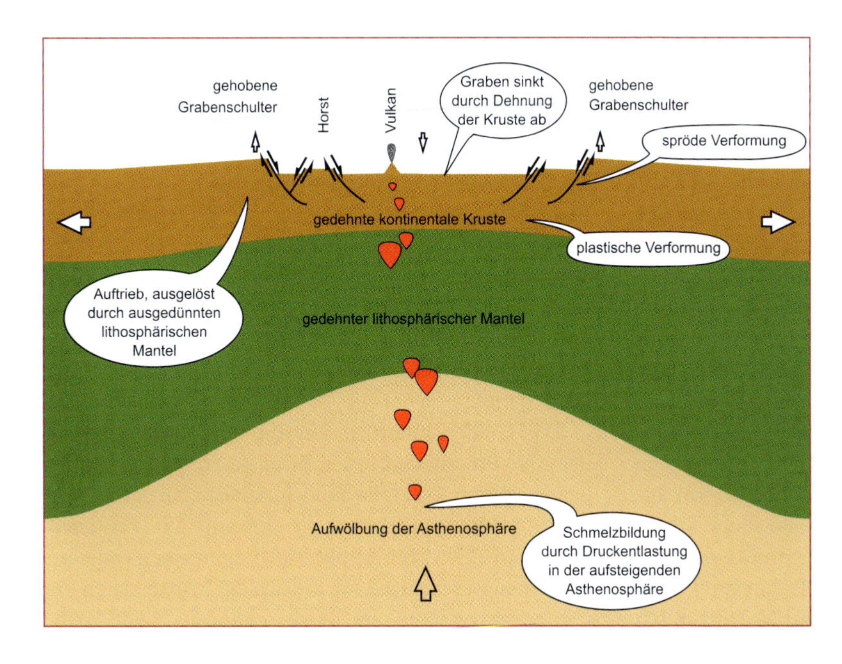

Abb. 7.9 Die wichtigsten Prozesse bei der Bildung eines tektonischen Grabens. Die spröde obere Kruste reagiert auf Dehnung, indem ein Graben entlang von Abschiebungen einsinkt. Die untere Kruste wird plastisch verformt. Das Ausdünnen der Lithosphäre durch Dehnung löst eine Aufwölbung der Asthenosphäre aus. In anderen Fällen werden umgekehrt Dehnung und Grabenbildung durch einen aufsteigenden Manteldiapir ausgelöst.

Abb. 7.10 Zebras vor der Bruchstufe des Ostafrikanischen Grabens in Nordtansania.

Bruchscholle durch Dehnung ist nur ein Phänomen der oberen Kruste. In der Tiefe sind die Gesteine weicher, daher gehen die spröden Bruchzonen in eine plastische Verformung über, die untere Kruste wird einfach wie ein Kaugummi auseinandergezogen. Oft biegt eine steile Hauptverwerfung in der Tiefe in eine flache Scherzone ein.

In der Regel besteht ein Graben nicht nur aus einer einzigen abgesunkenen Scholle, sondern aus einer Vielzahl von mehr oder weniger stark abgesunkenen Schollen. Dass die Ebene im Graben trotzdem meist vollkommen flach ist, liegt daran, dass dieser zu einem guten Teil schon wieder mit Sedimenten verfüllt wurde. Zwischen mehreren absinkenden Schollen kann es auch gehobene Schollen geben, die als Horste bezeichnet werden.

Entlang eines Grabens wird die Lithosphäre gedehnt und zugleich ausgedünnt. Das führt dazu, dass der asthenosphärische Mantel sich aufwölbt und durch die Druckentlastung angeschmolzen werden kann. Die Dehnung ermöglicht es dem Magma, bis an die Oberfläche aufzusteigen. In vielen Gräben sind daher Vulkane zu finden. Wenn die Aufwölbung der Asthenosphäre so breit ist, dass die Lithosphäre auch unter den Grabenschultern ausgedünnt wird, dann werden diese durch den verstärkten Auftrieb relativ zur Umgebung angehoben. Ein Graben ist daher oft auf beiden Seiten von einem Gebirge begrenzt, das in einer steilen Bruchstufe zum Graben abfällt, aber auf der anderen Seite als flache Tafel schräg ins Vorland übergeht.

Viele Gräben sind entstanden, weil weit entfernt angreifende Kräfte zur Dehnung innerhalb eines Kontinents führten. Der Baikalsee in Sibirien entstand beispielsweise durch die weit entfernte Kollision von Indien mit Eurasien (Abschnitt 6.2). Mitteleuropa wird durch die alpine Gebirgsbildung in west-östliche Richtung gedehnt, was den Oberrheingraben (Abschnitt 7.5) entstehen ließ. Ein Graben kann aber auch entstehen, wenn ein Manteldiapir unter einem Kontinent aufsteigt. Dieser drückt von unten gegen die Kruste und wölbt sie nach oben, bis sie zerbricht. Ein solcher durch einen Hotspot ausgelöster Graben hat natürlich erst recht viele aktive Vulkane. Der Ostafrikanische Graben ist das klassische Beispiel für ein von einem Manteldiapir ausgelöstes Grabensystem.

7.3 Der Ostafrikanische Graben

Kilimanjaro, Mount Kenia und Ruwenzori: Die höchsten Berge Afrikas entstanden nicht durch Kollision, sondern im Gegenteil durch Dehnung. Der Ostafrikanische Graben ist nicht nur ein Musterbeispiel der Geologie und ein faszinierender Naturraum, in dem unzählige wilde Tiere zu Hause sind, er ist zugleich die Wiege der Menschheit. Alle Fossilienfunde von frühen Urmenschen stammen aus Sedimenten innerhalb dieses Grabensystems.

Das Grabensystem ist 3500 km lang und reicht von der Afar-Provinz am Roten Meer bis zur Mündung des Sambesi (Abb. 7.11). Es handelt sich um ein ganzes System unzähliger Grabenbrüche, die zum Teil von tiefen, lang gestreckten Seen gefüllt sind. Es gibt einen östlichen und einen westlichen Arm, die sich auf beiden Seiten um den starren Victoriasee-Block schlingen. Beide Arme

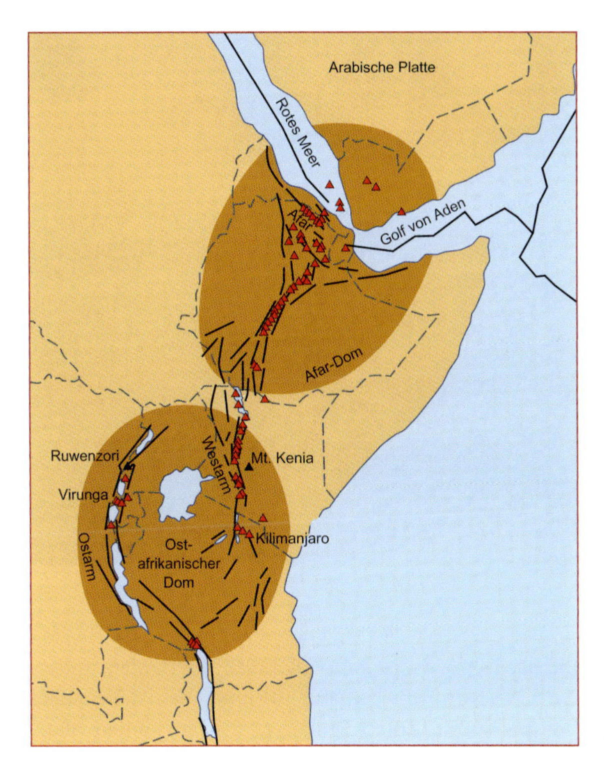

Abb. 7.11 Karte des Ostafrikanischen Grabens. Das in einen westlichen und einen östlichen Arm gegliederte Grabensystem besteht aus einer großen Zahl von Gräben und Halbgräben. In der Afar-Region ist es mit dem Golf von Aden und dem Roten Meer verbunden. Der Afar-Dom und der Ostafrikanische Dom sind große Aufwölbungen der Lithosphäre mit einer durchschnittlichen Höhe von etwa 1000 m. Es gibt unzählige aktive Vulkane (rote Dreiecke).

sind aktiv, in beiden kommt es immer wieder zu Erdbeben und Vulkanausbrüchen.

Ausgelöst wurde die Dehnung durch einen Manteldiapir, der unter der Afar-Region aufstieg und seit dem Tertiär die Kruste so weit anhob, dass sie zerbrach. Afar ist der Tripelpunkt zwischen dem Ostafrikanischen Graben, dem Roten Meer und dem Golf von Aden. Auf dem Kontinent ist der Tripelpunkt durch die dreieckige Danakil-Senke (in Äthiopien, Djibouti und Eritrea) gekennzeichnet, die stellenweise unter dem Meeresspiegel liegt und einen Übergang zwischen kontinentalem Graben und Ozeanbodenspreizung darstellt. Es ist typisch, dass ein Kontinent über einem Manteldiapir an drei wie in einem Mercedesstern angeordneten Grabensystemen zerbrochen wird. Die Form vieler Kontinente geht darauf zurück. Beim Roten Meer und dem Golf von Aden ist die Dehnung schon so weit fortgeschritten, dass sich die Arabische Platte von Afrika getrennt hat und zwischen beiden ein neuer Ozean entsteht. Das Ostafrikanische Grabensystem ist der gescheiterte Arm, der jedoch weiterhin aktiv ist. Es ist durchaus möglich, dass sich auch Ostafrika eines Tages vom Rest des Kontinents trennt.

Der dynamisch von unten drückende Manteldiapir wirkt sich direkt auf die Topografie Afrikas aus (Morley et al. 1999). Es gibt zwei große Lithosphärenaufwölbungen, die beide Durchmesser von etwa 1000 km haben. Der „Afar-Dom" umfasst das Hochland von Äthiopien und die Berge des Jemen und hat eine durchschnittliche Höhe von 1500 m. Er wird vom Roten Meer und der Danakil-Senke zerschnitten. Die andere Aufwölbung umfasst den größten Teil Ostafrikas und ist nur wenig niedriger. Möglicherweise gehen beide auf denselben Manteldiapir zurück, etwa durch die Bewegung der afrikanischen Platte über den ortsfesten Manteldiapir nach Norden oder weil der Mantelstrom an der Lithosphärenbasis horizontal abgelenkt wird. Es ist aber auch denkbar, dass es zwei oder mehr Manteldiapire gibt, von denen vermutlich nur der Afar-Diapir ein richtiger tief wurzelnder Hotspot ist (Macdonald et al. 2001, Rogers et al. 2000), während die anderen eher kleinräumige Konvektionen sind. Innerhalb der beiden großen Aufwölbungen gibt es nochmals zusätzliche kleinere Hebungen mit 100 bis 200 km Durchmesser, die vermutlich auf Basaltmagma zurückgehen, das sich an der Basis der Kruste angesammelt hat und dadurch die Kruste verdickt. Nennenswert sind der Kiwu-Dom (in und rund um Ruanda) und der Kenia-Dom.

Die Hebung von Ostafrika brachte natürlich einen lokalen Klimawandel mit sich. Es wurde trockener und etwas kühler, sodass der tropische Regenwald durch Savanne ersetzt wurde. In den Gräben entstanden große Frischwasserseen. Diese Klimaveränderung fand etwa zur selben Zeit statt wie die Entwicklung von den Affen zu den ersten Urmenschen. Es liegt also nahe, dass die Entwicklung des Menschen durch den Ostafrikanischen Graben und die einhergehenden klimatischen Veränderungen ausgelöst wurde. Die Affen lernten das Laufen, weil die Bäume immer weniger wurden und Futterplätze weiter auseinanderlagen.

Die Entwicklung des Grabens begann in der Afar-Region und griff immer weiter nach Süden aus. In Äthiopien begann alles noch vor der Bildung von Verwerfungen mit der Eruption von Flutbasalten, die in den spektakulären Schluchten des Hochlandes als dicker Stapel von Basaltströmen aufgeschlossen sind (Abb. 7.12). Mehr als die Hälfte des Magmenvolumens des gesamten Grabensystemes verteilt sich über den Afar-Dom in Äthiopien und Jemen (Braile et al. 1995). In der Danakil-Senke besteht die kontinentale Kruste fast nur noch aus Basalt.

Die Situation im jüngeren Westarm des Grabens ist exemplarisch für ein junges Grabensystem. Der Arm

Abb. 7.12 Die Simien Mountains im Hochland von Äthiopien erreichen Höhen von über 4500 m. Noch vor dem Einbrechen des Grabensystems eruptieren in Äthiopien gewaltige Basaltmengen, die an großen Spalten ausflossen und als Lavaströme riesige Gebiete überdeckten. Diese Flutbasalte sind in den Schluchten des Hochlandes als dunkle Schichten zu sehen. Foto: Hulivili.

besteht weitgehend aus einer Kette von asymetrischen Halbgräben, die nur auf einer Seite von einer großen Abschiebung begrenzt werden, während das Becken auf der anderen Seite flach ansteigt und nur von kleinen Verwerfungen versetzt ist. Ein Halbgraben entsteht wegen der plastischen Verformung in der Tiefe, die Hauptverwerfung wird in der Tiefe immer flacher und biegt schließlich in eine horizontale Scherzone ein. Der Block über einer solchen schaufelförmigen Hauptverwerfung wird beim Absinken leicht verkippt.

Die ausgeprägte Hauptverwerfung springt alle 60 bis 100 km auf die andere Seite der Becken. Einige der Becken werden von tiefen Seen gefüllt, wie dem Malawisee, dem Tanganyikasee und dem Albertsee. Die Ausflüsse dieser Seen münden in drei der größten Ströme Afrikas: in den Sambesi, den Kongo und den Nil. Die Seen sind für die vielen bunten Barsche bekannt, von denen jeder See seine endemischen Arten hat.

Im Gegensatz zum mit heftigem Magmatismus begleiteten Ostarm scheint der Westarm zum großen Teil passiv bewegt zu werden. Die Dehnung verlagert sich in den Westarm, weil die Kruste weiter östlich zu starr ist. Vulkane gibt es im Westarm nur relativ wenige und diese sind auf vier kleine Vulkangebiete beschränkt, von denen drei auf dem „Kivu-Dom" liegen, einer der kleinen Aufwölbungen des großen Ostafrikanischen Domes. Am bekanntesten sind die Virunga-Vulkane am Nordende des Kivu-Sees. Der Viertausender Karisimbi war schon lange nicht mehr aktiv, umso aktiver sind seine zwei Nachbarn. Nyiragongo ist ein steiler Kegel mit einem großen Krater, der oft von einem See aus flüssiger Lava gefüllt ist. Die Kalium-reichen und extrem Silizium-untersättigten Laven sind ungewöhnlich dünnflüssig. Der Lavasee kann plötzlich überlaufen, sodass ein Lavastrom mit beinahe 100 km/h den steilen Berg hinunterstürzt. Zuletzt passierte dies im Januar 2002. Der extrem schnelle Lavastrom zerstörte einen Teil der Großstadt Goma und forderte viele Opfer. Direkt daneben steht der riesige, aber flache Schildvulkan Nyamuragira, der aktivste Vulkan Afrikas. Seine Gipfelcaldera ist ebenfalls manchmal mit einem Lavasee gefüllt. Immer wieder finden auch Eruptionen an kleineren Schlackenkegeln und vor allem an großen Spalten statt, aus denen dann ein regelrechter Lavavorhang schießt. Seine Lavaströme fließen manchmal mehr als 30 km weit.

Der Keniagraben im Ostarm ist in einer reiferen Phase, wobei die frühen Strukturen oft von jungen Vulkangesteinen überdeckt sind. Nach der Eruption von Flutlaven bildeten sich auch hier zunächst Halbgräben aus. Deren Geometrie veränderte sich mit der Zeit. In manchen Fällen verlagerte sich die Dehnung, sodass es mehrere parallel verlaufende Bruchstufen gibt. In anderen Fällen setzte sich die Verwerfung immer weiter in eine Richtung fort und verband sich möglicherweise mit einer anderen Abschiebung, sodass ein wesentlich größeres Becken entstand. Alles in allem ist es eine komplexe Geschichte von Entstehung, Stilllegung und Reaktivierung von unzähligen Verwerfungen. Der Vulkanismus konzentrierte sich immer mehr auf das Zentrum des Grabens, das wiederum durch die magmatische Hitze aufgeweicht wurde, sodass sich auch die tektonischen Bewegungen im Zentrum konzentrierten (Morley 1999). Das führte langfristig zur Bildung eines richtigen Grabens mit großen Abschiebungen auf beiden Seiten. In diesem Graben gibt es Seen, von denen einige flache Salzpfützen sind, die in der Trockenzeit austrocknen.

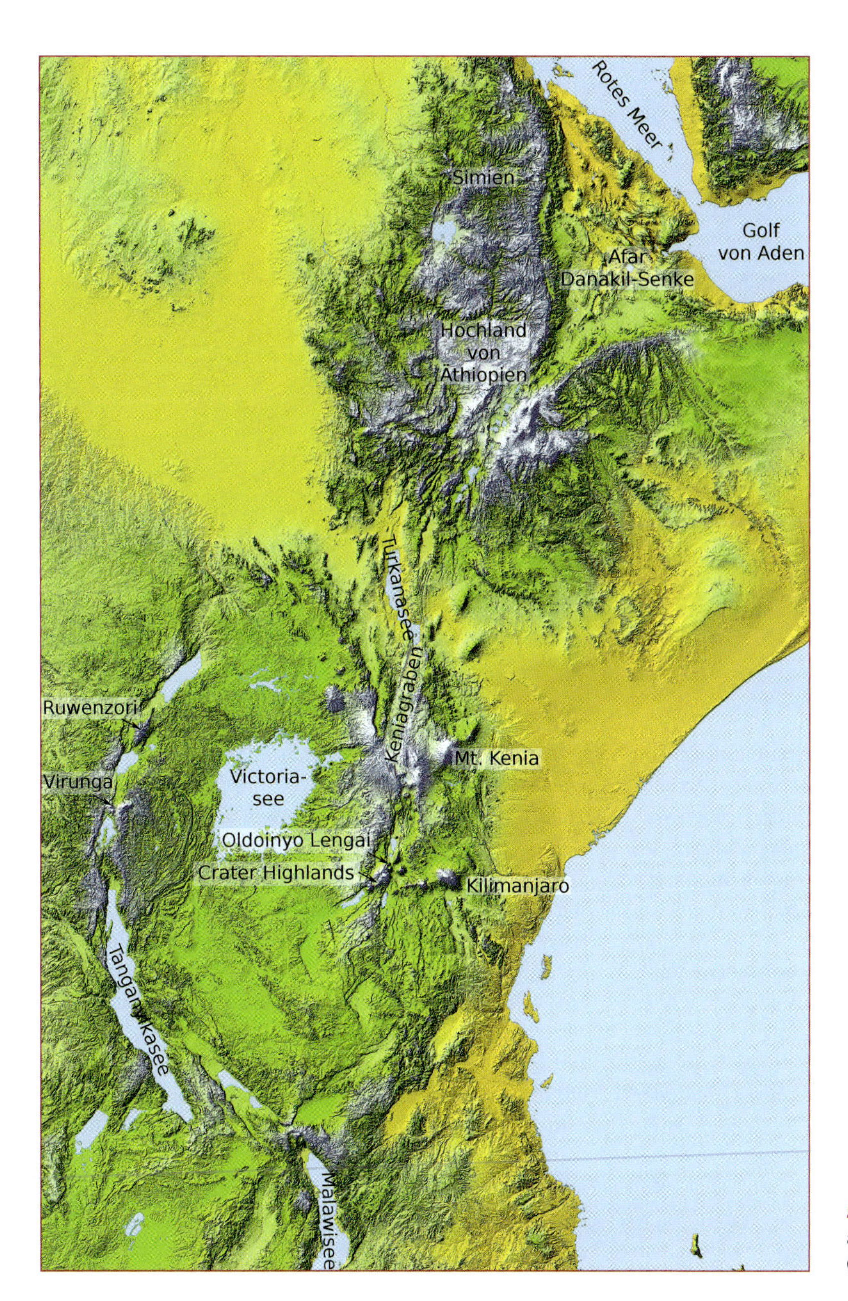

Abb. 7.13 Die Topografie von Ostafrika zeichnet die Strukturen des Ostafrikanischen Grabens nach.

Auch nach der Konzentration auf die Grabenachse gab es noch vereinzelte Vulkane abseits davon. Das gilt insbesondere für den Mount Kenia, den zweithöchsten Berg des Kontinents (Abb. 7.14). Er war im Pleistozän, dem Zeitalter der Eiszeiten, aktiv und ist inzwischen erloschen. Vor allem durch eiszeitliche Gletscher wurde etwa ein Drittel des Berges schon wieder abgetragen, sodass in der felsigen Gipfelregion der harte Kern des einstigen Schlotes aufgeschlossen ist. Der ursprüngliche Vulkan muss mehr als 6100 m hoch gewesen sein (Baker 1967), also höher als heute der Kilimanjaro.

Die Verwerfungen des Ostafrikanischen Grabens folgen weitgehend den Strukturen eines sehr alten Gebirgsgürtels (Smith & Morley 1993), dessen Kollisionen im Präkambrium erst zur Entstehung von Gondwana geführt hatten. Diese Gebirge sind zwar längst abgetragen, sind aber immer noch beweglicher als die starren Kratone dazwischen. Das macht sich insbesondere in Nordtansania (Dawson 1992, Le Gall et al. 2008) bemerkbar, wo der Graben auf einen solchen Kraton trifft. Der 50 km schmale Graben weitet sich in ein 200 km weites Gebiet auf und verzweigt sich in mehrere kleine

Abb. 7.14 Der felsige Gipfel des Mt. Kenya (5199 m) ist der harte Kern des einstigen Vulkanschlotes, der von eiszeitlichen Gletschern freigelegt wurde. Der zweithöchste Berg des Kontinents steht etwas abseits der Grabenachse. Foto: Chris 73.

Gräben und Halbgräben unterschiedlicher Orientierung auf, die auf beiden Seiten des Kratons verlaufen. An dieser Verzweigung befindet sich ein quer zum Graben verlaufender Vulkangürtel, in dem sich unter anderen die Ngorongoro-Caldera, der Meru und der Kilimanjaro befinden. Südlich dieses Vulkangürtels gibt es so gut wie keine Vulkane.

Ngorongoro ist ein 20 km weiter und 600 m tiefer Kessel voller Zebras, Gnus, Löwen und anderer wilder Tiere. Es gibt noch weitere Calderen in der Nachbarschaft, Empakai zum Beispiel ist beinahe 1000 m tief, der Calderasee ist eines der wichtigsten Brutgebiete der Zwergflamingos. Die Calderen entstanden bei großen Ignimbrit-Eruptionen, noch vor der Ausbildung der markanten Natronsee-Manyarasee-Bruchstufe.

Der riesige Kilimanjaro (Nonnotte et al. 2008) am anderen Ende dieses Vulkangürtels ist nicht nur der höchste Berg in Afrika, er ist zugleich die höchste frei aus einer Ebene aufragende Erhebung der Welt (Abb. 7.16). Er steht etwas abseits des Südendes des Keniagrabens, am Schnittpunkt des Vulkangürtels mit den östlich des Masai-Kratons verlaufenden Pangani-Gräben. Der Vulkan hat nicht die typische Kegelform, sondern sieht eher wie ein breiter Fladen aus. Das liegt daran, dass es sich in

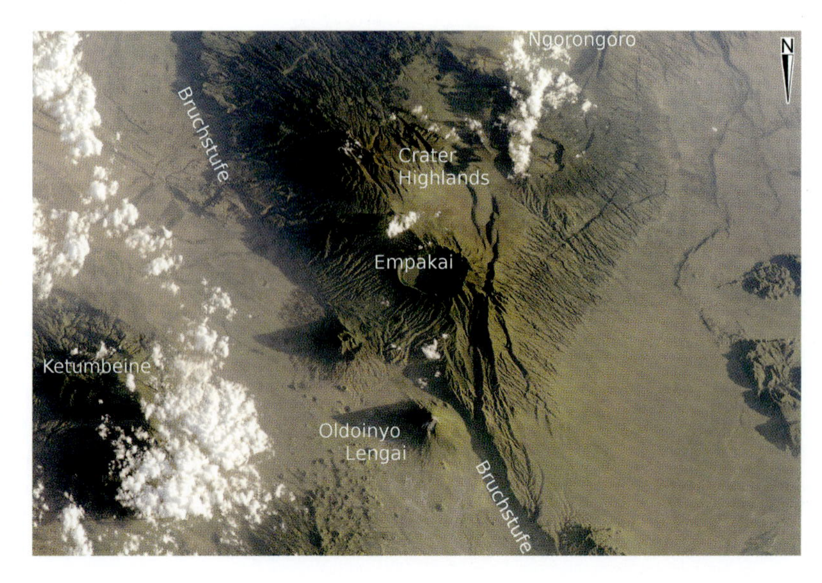

Abb. 7.15 Der Ostafrikanische Graben in Nordtansania, vom Space Shuttle aus gesehen. An der 500 m hohen Bruchstufe hat sich ein Halbgraben abgesenkt. Das Becken des Halbgrabens ist mit bis zu 3,5 km dicken Sedimenten und Vulkangesteinen aufgefüllt. Im Graben gibt es einige Vulkane, darunter den Stratovulkan Oldoinyo Lengai. Ketumbeine ist ein erloschener Schildvulkan, der ebenso wie die großen Caldera-Vulkane der Crater Highlands (wie Empakai und Ngorongoro) kurz vor der Entstehung der Bruchstufe aktiv war. Foto: Nasa.

Abb. 7.16 Beim Kilimanjaro (5895 m) handelt es sich um drei ineinander gewachsene Vulkankegel. Kibo, in der Mitte, ist der jüngste und höchste. Rechts davon der stark erodierte Mawenzi, dessen felsiger Gipfel aus einem Schwarm von Basaltgängen besteht. Am ältesten ist Shira, die flache Schulter auf der linken Seite, der bei einem Flankenkollaps seine Spitze verloren hat. Foto: Michael Neubauer.

Wirklichkeit um drei Vulkane handelt, die so ineinandergewachsen sind, dass sie einen breiten Bergrücken bilden.

Am ältesten ist Shira, der das breite Plateau der westlichen Schulter bildet. Dieser Vulkan war zu einer ähnlichen Zeit aktiv wie Ngorongoro, er endete mit einem Flankenkollaps, bei dem die Spitze nach Norden hin wegbrach. Nach einer längeren Ruhepause bildete sich der Mawenzi im Osten, der nur kurz aktiv war, aber einen großen Kegel aufbaute. Sein letzter Ausbruch fand im Pleistozän während der ersten Eiszeit statt, dabei brach vermutlich durch schmelzendes Gletschereis die Spitze weg. Der turmförmige Felsen des Mawenzi-Gipfels ist ein freigelegter Gangschwarm, zu dem mehr als 500 Basaltgänge gehören. Kibo, der mittlere Vulkan, hat den höchsten Gipfel. Er begann zu einer ähnlichen Zeit wie der Mawenzi, war aber durch alle Eiszeiten hindurch aktiv. Bei jeder Vereisung wurde er stark erodiert und baute sich danach wieder auf. Bei einem besonders großen Ausbruch brach eine Caldera ein, wegen der auch der Kibo von Weitem wie gekappt aussieht. Innerhalb der Caldera entstand später ein neuer Krater. Die letzten Ausbrüche des Kilimanjaro fanden an unzähligen Parasitenkratern statt, die wie Pockennarben die Bergflanken bedecken. Der Kibo ist sicherlich nur so hoch, weil sich die drei Vulkane gegenseitig stützen und so einen größeren Kollaps im Stil des Mount St. Helens verhindern. Der ursprünglich ebenfalls sehr hohe Gipfel des benachbarten Meru ist einem solchen Kollaps zum Opfer gefallen, stattdessen schneidet sich ein riesiges „Amphitheater" in dessen Kegel. Der Bergsturz floss dem Kilimanjaro entgegen und blieb zwischen den beiden Vulkanen als Hügellandschaft liegen.

Der Einfluss des Kratons in Nordtansania wirkt sich nicht nur auf die Geometrie der Gräben aus, sondern auch auf die Zusammensetzung der Laven. Diese stammen aus wesentlich größerer Tiefe bei geringeren Schmelzgraden und sind daher typischerweise besonders reich an Kalium und Natrium. Man findet eine ganze Reihe exotischer Vulkangesteine, am häufigsten sind Nephelinit, Melilitith sowie daraus fraktionierter Phonolith. Das ausgefallenste Gestein unter all den Exoten ist sicherlich Karbonatit, eine Art „magmatischer Kalkstein". Es gibt nur einen einzigen aktiven Karbonatitvulkan auf der Erde, den Oldoinyo Lengai in Tansania. Dieser Berg ist voller Rätsel, seine Karbonatitlava (Bell & Keller 1995) ist nämlich ebenfalls ungewöhnlich: Es handelt sich um das weltweit einzige Vorkommen von Natriumkarbonatit, der wiederum aus einmaligen Mineralen zusammengesetzt ist (Abb. 7.17, 7.18).

Das dritthöchste Bergmassiv Afrikas befindet sich im Westarm des Grabensystems. Der über 5000 m hohe Ruwenzori (Abb. 7.19, 7.20) ist kein Vulkan, sondern ein extrem gehobener Horst, der an drei Seiten von Gräben umgeben ist (Koehn et al. 2008, Ring 2008, Wallner et al. 2008). Der Albertgraben, in dem auch der Albertsee liegt, ist das nördlichste Grabensegment des Westarmes. Das Südende dieses Grabens verläuft an der Westseite des Ruwenzori vorbei und biegt dann nach Osten ab, wo er auf den Edwardgraben trifft. In diesem liegt etwas weiter südlich der Edwardsee. Das Nordende des Edwardgrabens verläuft wiederum auf der Ostseite des

Abb. 7.17 Der Vulkan Oldoinyo Lengai (2962 m) überragt die mit schwarzer Vulkanasche bedeckte Grabenebene um 2200 m. Rechts im Bild die 500 m hohe Bruchstufe des Halbgrabens.

Ruwenzori. Im Norden hängt das Gebirge noch mit dem Victoriaseeblock zusammen.

Die beiden Grabensegmente entstanden einmal als kleinere Becken im Bereich der jeweiligen Seen. Mit fortschreitender Dehnung rissen die Abschiebungen immer weiter nach Norden beziehungsweise Süden in die Kruste ein, sodass beide Gräben länger wurden. Sie verfehlten sich jedoch, sodass ein Block zwischen den Enden der beiden Gräben blieb. Zum Vergleich kann man ein Blatt Papier von zwei gegenüberliegenden Seiten einreißen, aber so, dass die Risse sich nicht treffen, sondern an ihren Enden parallel verlaufen. Durch die weitere Dehnung begann dieser zwischen den Gräben gelegene Block zu rotieren. Reißt eines der Grabenenden

Abb. 7.18 Oldoinyo Lengai ist wegen des exotischen Natrokarbonatits der ungewöhnlichste Vulkan der Erde. Gerade schießt eine kleine Lavafontäne aus einem etwa 10 m hohen Hornito, wie die kleineren Ausbruchskegel genannnt werden. Im Hintergrund ist der Natronsee zu erkennen, links die Bruchstufe des Grabens. Typischer für diesen Vulkan sind allerdings kleine Lavaströme. Frischer Natrokarbonatit ist schwarz, nimmt aber Feuchtigkeit aus der Luft auf und verwittert innerhalb weniger Tage zu weißem, lockerem Material. Das Bild entstand 2003, vier Jahre später wurde bei einer großen nephelinitischen Ascheeruption die Füllung aus dem Krater gesprengt. Inzwischen eruptiert wieder Natrokarbonatit.

Abb. 7.19 Das Ruwenzorigebirge mit Gipfeln bis 5109 m Höhe ist ein großer Horst, der zwischen zwei Segmenten des Grabens extrem angehoben wurde. Foto: Manfred Strych.

noch weiter in die Kruste ein, biegt es um den beweglichen Block herum, bis es auf den jeweils anderen Graben trifft.

Dass der Ruwenzori-Horst in kurzer Zeit auf seine extreme Höhe gehoben wurde, ist vermutlich eine Kombination verschiedener Effekte. Allein die Dehnung hebt einen Horst weiter an, und die Drehung könnte dies noch verstärken. Aber sicherlich spielen auch Prozesse in der Tiefe eine Rolle. Es könnte sein, dass sich durch das Aufwallen von heißem Mantel unter den beiden Gräben der dazwischen unter dem Ruwenzori klebende lithosphärische Mantel abgelöst hat (Delamination). Das fehlende Gewicht führt zu einem starken Auftrieb, durch den sich der Block schlagartig hebt. Zusätzlich könnte die Kruste durch Intrusion von Magmen dicker geworden sein. Die jüngste Hebung dürfte zum Teil ein Ausgleich zur Gletschererosion und dem Abschmelzen des Eises sein. Während der Eiszeiten war das Gebirge von einem dicken Eispanzer bedeckt, der bis zu zwei Kilometer Gestein abgetragen hat.

Abb. 7.20 Ruwenzori und die Virungavulkane im westlichen Arm des Ostafrikanischen Grabensystems. Am Ruwenzori rissen zwei Segmente des Grabens von Norden und Süden her ein, sodass der Ruwenzori dazwischen als großer Horst gehoben wurde.

7.4 Atlas

Der Atlas in Marokko und Algerien entstand wie die Alpen durch die Kollision zwischen Afrika und Europa, er ist also ein Teil des alpidischen Gebirgsgürtels (Abb. 7.21–7.24). Im Gegensatz zu den Alpen besteht er aus einer Reihe versetzter Gebirgszüge, die hinter- und nebeneinander gestaffelt und durch Hochebenen getrennt sind. Der Antiatlas, ganz im Süden, gehört geologisch betrachtet nicht zum Atlas, sondern ist ein älteres Gebirge. Der Hohe Atlas in Marokko ist ein Hochgebirge mit Gipfeln bis über 4000 m, von denen die höchsten bis in den Sommer hinein verschneit sind. Er wirkt als Wetterscheide und trennt den grünen Norden Afrikas von der Sahara. Der Mittlere Atlas verläuft nördlich davon in einem Winkel, er reicht bis über 3000 m und erinnert morphologisch an den Tafeljura bei Basel: gegeneinander versetzte Tafeln, die überwiegend aus Kalksteinen bestehen. Die Plateaus sind verkarstet: Da

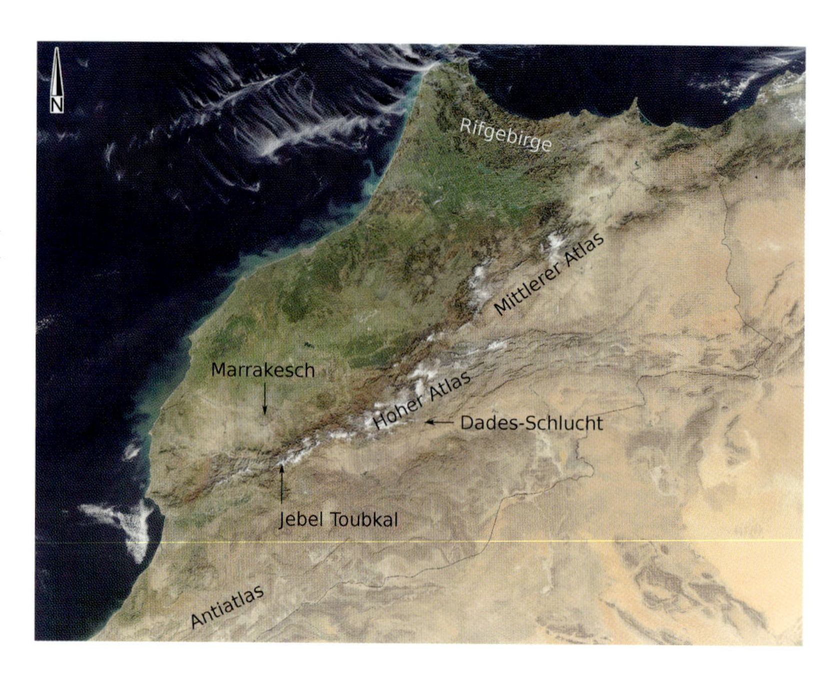

Abb. 7.21 Der Hohe und der Mittlere Atlas waren im Erdmittelalter ein Grabensystem, das sich bildete, als Pangäa zerbrach und der Zentralatlantik entstand. In den Gräben lagerten sich mächtige Kalksteine ab. Bei der späteren Kollision von Afrika und Europa wurde das Grabensystem wieder zusammengeschoben und die ehemaligen Abschiebungen zu steilen Überschiebungen invertiert. Auf beiden Seiten von Gibraltar entstand gleichzeitig ein Deckengebirge (Rif und Betische Kordillere). Der Antiatlas geht bereits auf die weit frühere variszische Gebirgsbildung zurück. Satellitenbild: Nasa.

das Wasser schnell in Klüften und Höhlen verschwindet, sind sie relativ trocken. Das Rifgebirge, das sich an der Mittelmeerküste entlangzieht, ist geologisch nicht mehr Teil des Atlas, sondern bildet zusammen mit den Bergen Südspaniens ein Deckengebirge (Abschnitt 8.4). In Algerien gibt es zwei weitere, parallel zur Küste verlaufende Bergketten, den Tellatlas und den Saharaatlas. Zwischen den beiden liegt das trockene Hochland der Schotts. Als Schott werden in Nordafrika die jahreszeitlich austrocknenden Salzseen bezeichnet.

Normalerweise kommt es bei der Kollision zweier Kontinente zu Deckenüberschiebungen, bei denen sich Gesteinspakete entlang von flachen Überschiebungen übereinanderstapeln. Im Atlas gibt es keine Decken, stattdessen Überschiebungen mit geringer Transportweite, die so steil sind, wie es normalerweise bei Abschiebungen der Fall ist. Tatsächlich ist der Atlas ein kontinentales Grabensystem aus dem Mesozoikum, das durch die Kollision zwischen Afrika und Europa eingeengt und invertiert wurde (Beauchamp et al. 1996). Hoher Atlas und Mittlerer Atlas, Tellatlas und Saharaatlas sind verschiedene Arme dieses Grabensystems.

Zunächst gab es den Atlantik noch nicht. In der Trias bildeten alle Landmassen den Superkontinent Pangäa,

Abb. 7.22 Der Hohe Atlas südlich von Midelt (Marokko).

Abb. 7.23 Granit mit dem Kasbah Aït Arbi in der Dades-Schlucht, die in die Südseite des Hohen Atlas eingeschnitten ist. Foto: Amerune.

und anstelle des Mittelmeers und des Indischen Ozeans befand sich der wie ein C nach Osten geöffnete Tethys-Ozean. New York lag neben der Westsahara, Eurasien hing an Grönland und Grönland wiederum am arktischen Rand von Kanada. Seit dem frühen Jura brach der Superkontinent auseinander.

Als Erstes trennte sich Laurasia (Nordamerika und Eurasien) von Gondwana (Afrika, Südamerika, Indien, Australien und Antarktis), zwischen beiden öffnete sich der Zentralatlantik. Im Schelfmeer von Nordafrika brach in diesem Zusammenhang ein großes Grabensystem ein. Blöcke sanken ab, andere stiegen als Horst auf. Besonders tiefe Becken rissen durch Seitenverschiebung auf. Stellenweise brachen Vulkane aus, man kann bis zu 300 m dicke Stapel von Basaltlava finden. Das Ganze befand sich unter dem Meeresspiegel. In den tiefen Becken des Grabensystemes lagerten sich mächtige marine Sedimente ab, zum größten Teil Kalkstein. In der Kreidezeit waren die Gräben schon vollständig gefüllt, die Region wurde von weiteren Kalksteinen flach überlagert.

Im Tertiär wurde das Ganze wieder zusammengeschoben. Die Plattenbewegungen hatten eine andere Richtung angenommen, Afrika und Europa näherten sich an. Etwas weiter nördlich, im Rif und der Betischen Kordillere in Spanien, entstand ein Deckengebirge. Im Atlas wurden aus den Abschiebungen nun steile Aufschiebungen. Die gehobenen Bereiche wurden teilweise wieder abgetragen. Im Gebiet um den höchsten Berg des Atlas, um den Jebel Toubkal, wurde sogar das präkambrische Grundgebirge freigelegt. Weiter westlich stehen vor allem die mesozoischen Kalksteine an, die in den Gräben abgelagert wurden.

Abb. 7.24 Hohe Kalksteinwände in der Todra-Schlucht am Südrand des Hohen Atlas.

Die Krustenverkürzung ist im Atlas relativ gering, und es hat sich unter dem Gebirge auch keine dicke Krustenwurzel gebildet. Die Höhe der Berge ist daher erstaunlich, die Kollision mit Europa reicht als Erklärung nicht aus. Dazu kommt, dass auch die angrenzenden Gebiete relativ hoch liegen, insbesondere die Mesetas, die Hochplateaus zwischen den Bergketten. Ein Molassebecken, wie es normalerweise vor einem Gebirge zu finden ist, gibt es nicht. Offensichtlich wird das Gebirge durch aufsteigenden Mantel dynamisch nach oben gedrückt (Taixell et al. 2005), ganz ähnlich wie die großen Aufwölbungen in Ostafrika. Die Lithosphäre ist unter dem Atlas nur halb so dick wie unter dem angrenzenden Kraton. Der aufwallende Mantel hat den untersten Teil des lithosphärischen Mantels wegerodiert und ermöglichte es sogar, dass kleine Mengen an Magma trotz Kompression aufsteigen konnten. Es gibt im Atlas ein paar kleine Vulkane, die allerdings schon wieder erloschen sind.

Der Antiatlas ist hingegen schon wesentlich früher entstanden, während der variszischen Gebirgsbildung, auf die wir im nächsten Abschnitt zu sprechen kommen. Die alpidische Phase führte so weit im Süden nur zu einer geringen Tektonik und einer leichten Hebung. Entsprechend sind vor allem Metamorphite und Sedimente aus dem Präkambrium und Jungpaläozoikum aufgeschlossen. Nach Süden tauchen sie unter jüngere Sedimente ab, die aber im Rahmen der Erdgeschichte noch immer ziemlich alt sind. Die Sedimente Marokkos sind für ihre hervorragenden Fossilien bekannt.

7.5 Schwarzwald, Harz und Co

Ein junges Gebirge wie die Alpen (Kapitel 8) ragt mit schroffen Gipfeln auf, während alte Gebirge zu welligen Bergkuppen erodiert sind, wie sie in den deutschen Mittelgebirgen zu finden sind (Abb. 7.25). Ist es nicht so? Nicht ganz. Die Alpengipfel verdanken ihre schroffe Form lediglich den Eiszeiten. Das alte Gebirge, das im Fall der Mittelgebirge gemeint ist, war hingegen schon vor langer Zeit vollständig abgetragen: Die heutigen Gipfel der Mittelgebirge sind nicht älter als die Alpen.

Mit dem alten Gebirge ist die variszische Gebirgsbildung im Paläozoikum gemeint, bei der Laurussia (ein Kontinent bestehend aus Nordamerika, dem nördlichen Europa und Sibirien) mit Gondwana zusammenstieß und der Superkontinent Pangäa entstand. Zwischen den beiden Kontinenten wurden noch mehrere Bruchstücke von Gondwana eingeklemmt, sodass es gleich mehrere

Abb. 7.25 Blick auf den Feldberg (1493 m), dem höchsten Berg des Schwarzwaldes.

Nähte gibt. Das Ergebnis war ein gigantischer, bis zu 1000 km breiter Gebirgsgürtel, der sich durch Marokko, Spanien, Frankreich und Deutschland bis Böhmen zog. Gesteinsdecken schoben sich übereinander, Sedimente wurden in Gneise umgewandelt, Granite stiegen auf, ganz ähnlich wie es bei den jüngeren Kollisionsgebirgen zu sehen ist.

Der Gebirgsgürtel wird klassischerweise in drei Streifen eingeteilt, in das Rhenoherzynikum im Norden, das Saxothuringikum in der Mitte und das Moldanubikum im Süden. Zwei davon sind die Nahtstellen auf beiden Seiten eines großen Terrans, an diesen Nähten finden sich Ophiolithreste, Hochdruckgesteine sowie Granite und Sedimente eines ehemaligen Anwachskeiles aus Zeiten der Subduktion. In der nördlichen Naht gehören der Lizard-Ophiolith in Cornwall und Diamant führende Gneise im Erzgebirge (vgl. Abschnitt 6.4) dazu. Die südliche Naht wird im Zentralmassiv durch Eklogite markiert, die das Ultrahochdruckmineral Coesit enthalten, und im Südschwarzwald durch die als Anwachskeil interpretierte Badenweiler-Lenzkirch-Zone und den benachbarten Randgranit. Weitere Terrane mit den dazugehörigen Nähten sind im Grundgebirge der Alpen versteckt.

Bei dieser Gebirgsbildung entstanden zwar die Gesteine, die heute das Grundgebirge in weiten Teilen Europas aufbauen, doch von den damaligen Bergen war schon bald nichts mehr übrig. Während des Mesozoikums war die Region ein Flachmeer, in dem an Riffen mächtige Lagen von Kalkstein abgelagert wurden. Lediglich einige Inseln wie Böhmen schauten noch heraus. In der Kreidezeit zog sich das Meer zurück, durch die intensive Tiefenverwitterung im tropischen Klima wurde das Land eingeebnet. Reste dieser später angehobenen Rumpffläche bilden heute das mehr oder weniger flache Gipfelplateau einiger Mittelgebirge, etwa im süd-

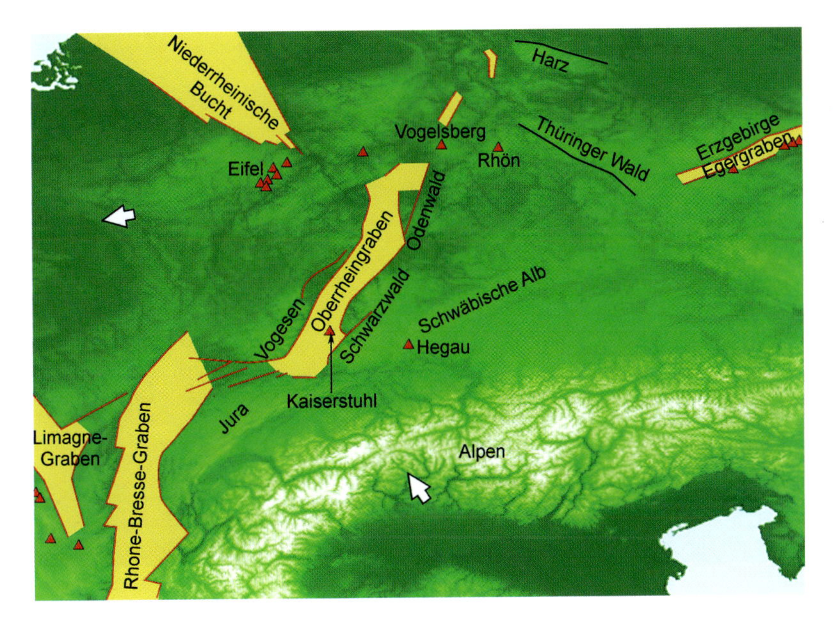

Abb. 7.26 Durch Krustendehnung brach in Mitteleuropa im Lauf des Tertiärs ein ganzes System von Gräben ein. Der Bresse-Rhonegraben und der Oberrheingraben sind durch Seitenverschiebungen miteinander verbunden. Zeitweise brachen Vulkane aus, wie der Kaiserstuhl und der Vogelsberg (rote Dreiecke). Die Schultern des Oberrheingrabens, die Vogesen, der Schwarzwald und der Odenwald, wurden stark angehoben und dabei verkippt. Jenseits dieser Gebirge hat sich im verkippten Sedimentstapel eine Schichtstufenlandschaft gebildet, die Schwäbische Alb ist die prominenteste dieser Stufen. Das Erzgebirge ist eine gehobene Schulter des Egergrabens.

östlichen Bayrischen Wald, dem Hunsrück und im Taunus.

Die heutigen Mittelgebirge entstanden erst durch die Kollision in den Alpen, die auch zu Spannungen innerhalb der kontinentalen Platte führte. Europa wurde im Tertiär in nördliche Richtung eingeklemmt, während es sich in ost-westliche Richtung dehnen konnte. Durch die Dehnung brach ein ganzes System von Gräben ein (Abb. 7.26). Der Oberrheingraben ist einer der größeren, in Frankreich ist vor allem der Bresse-Rhonegraben zu nennen. Der seitliche Versatz vom Bresse-Rhonegraben zum Oberrheingraben wird durch unzählige kleine Seitenverschiebungen aufgenommen.

Am Oberrheingraben wurde die Kruste um etwa 5 km gedehnt und um rund 6 km ausgedünnt. Um dies auszugleichen, stieg im Mantel heißes Material auf. Das Gewicht des lithosphärischen Mantels wurde geringer, dadurch hoben sich die Schultern des Grabens um mehr als 2 km: der Schwarzwald und die Vogesen. Ein großer Teil der Hebung wurde natürlich durch Erosion ausgeglichen. Die mesozoischen Sedimente sind bis auf das Grundgebirge abgetragen und der Graben mit dem Schutt teilweise aufgefüllt.

Das Absinken des Grabens und Anheben der Schultern verlief nicht nur entlang der Hauptverwerfungen, vielmehr gibt es unzählige Blöcke, die mehr oder weniger absanken oder aufstiegen. Im Graben gibt es Blöcke, die noch aus den Sedimenten herausschauen, während es im Schwarzwald und den Vogesen Bereiche gibt, die besonders stark gehoben wurden.

Zeitweise brachen auch Vulkane aus. Der Kaiserstuhl war einmal ein hoher Stratovulkan, von dem nur noch eine Ruine übrig ist. Mit seinen alkalinen Magmen wie Nephelinit und Karbonatit ist er ein Verwandter der exotischen Vulkane in Ostafrika. Einzelne Ganggesteine am Schwarzwaldrand zeigen, dass es noch weitere Vulkane gab. Am Nordende des Grabens baute sich ein riesiger Schildvulkan aus Basalt auf, der Vogelsberg. Ungewöhnlich heiß ist die Kruste noch immer, vor allem an den Grabenrändern kann heißes Wasser aufsteigen und als Thermalquelle austreten.

Der Graben ist immer noch aktiv. Fast jedes Jahr gibt es ein oder zwei leichte, aber deutlich spürbare Erdbeben. Aber es könnte auch schlimmer kommen. Im 14. Jahrhundert gab es in Basel ein großes Beben, bei dem die Stadt durch Erdstöße und eine Feuersbrunst vollständig zerstört wurde.

Die Vogesen und der Schwarzwald sind sogenannte Pultschollen, sie heben sich auf beiden Seiten als steile Stufen über die Ebene und fallen auf der anderen Seite als relativ flache Tafel ins Vorland ab. Der jenseits der beiden Gebirge auf dem Grundgebirge liegende Sedimentstapel ist dadurch leicht verkippt und zu einer Schichtstufenlandschaft erodiert. Harte Schichten bilden eine deutliche Stufe, während weiche Schichten Ebenen oder leicht gewellte Hügel bilden.

Die größte dieser Stufen ist selbst ein Mittelgebirge, die Schwäbische Alb (Abb. 7.27). Das erst durch den Einbruch des Oberrheingrabens leicht geneigt Plateau der Schwäbischen Alb entspricht etwa dem Niveau der flachen Landoberfläche bis zum frühen Tertiär. Die harte Schicht, die diese Stufe verursacht hat, sind die weißen Kalksteine im oberen Teil des Albtraufes, die in der späten Jurazeit abgelagert wurden. Dabei handelt es

Abb. 7.27 Der Albtrauf bei Reutlingen. Die Schwäbische Alb ist eine große Schichtstufe, mit dem steilen Albtrauf (wie hier bei Reutlingen) im Nordwesten und einer sanft nach Südosten geneigten Hochebene. Diese entspricht etwa der alten Rumpfebene. Im späten Tertiär konnte die Flächentieferlegung durch eine Klimaveränderung nicht mehr mit der vom Oberrheingraben verursachten Verkippung und Hebung der Sedimentschichten mithalten. Daher blieben Schichtstufen und wie zufällig aus der Ebene ragende „Zeugenberge“ stehen.

sich überwiegend um Schwammriffe. Es klingt zwar etwas verrückt, dass ausgerechnet Schwämme besonders hart sind, aber neben den weichen Badeschwämmen gibt es auch solche, die ein Skelett aus Kalzit aufbauen. Die bei Kletterern beliebten Felsen bestehen fast ausschließlich aus den Skeletten solcher Kalkschwämme. Diese Schicht liegt wie ein schützender Deckel über den weicheren Gesteinen. Im unteren Teil des Albtraufes finden sich zum Beispiel Mergel und Tonsteine. Zumindest teilweise verdanken die Kalksteine ihre Verwitterungsresistenz ausgerechnet dem Umstand, dass sie leicht zu lösen sind. Sie sind voller Höhlen, in denen das Wasser schnell verschwindet, bevor es sich als Fluss eingraben könnte.

Die Schichtstufenlandschaft entstand weitgehend im späten Tertiär, in dem das tropische Klima zu einem gemäßigt warmen Klima überging und gleichzeitig die Schultern des Oberrheingrabens ihre stärkste Hebung erfuhren. Flüsse begannen, die ersten Täler in die Rumpffläche einzuschneiden. Die chemische Tiefenverwitterung versuchte noch immer, die Hebung der Grabenschultern und Verkippung der Sedimentschichten auszugleichen und einzuebnen, ließ aber Stufen und wie zufällig aus den Ebenen ragende „Zeugenberge“ zurück.

Das Erzgebirge und das Böhmische Mittelgebirge wurden ganz ähnlich wie Vogesen und Schwarzwald als Schultern eines Grabens gehoben. Sie liegen auf beiden Seiten des Egergrabens, der ebenfalls auf die von der Alpenbildung verursachten Spannungen zurückgeht. Die Erzgebirgsscholle wurde um mehr als einen Kilometer gehoben und schräg gestellt. Vulkane brachen aus, wie die Basaltkuppen auf beiden Seiten des Grabens bezeugen.

Der Thüringer Wald, der in einem scharfen Winkel zum Erzgebirge verläuft, ist ebenfalls eine Bruchscholle. In diesem Fall liegt die Hebung jedoch nicht an der Dehnung und der Bildung eines Grabens, sondern an der senkrecht zur Dehnung wirkenden Kompression. Diese setzte eine alte Struktur des variszischen Gebirges wieder in Bewegung, entlang der die Gesteine des Fichtelgebirges und des Thüringer Waldes nach Süden über die dortigen Sedimente geschoben wurden.

Auch der Harz hob sich durch die Kompression entlang von älteren Strukturen (Franzke 2006). In diesem Fall ist es vor allem ein Graben aus der Trias, der selbst wiederum teilweise Strukturen des variszischen Gebirges folgt. Mit der alpidischen Gebirgsbildung wurde der längst unter dicken Sedimenten begrabene Graben zu einer steilen Überschiebung invertiert, die heute den steilen Harznordrand bildet. Das Grundgebirge und der ursprünglich darauf liegende Sedimentstapel schoben sich nach Norden über die Sedimente im Vorland und wurden dabei um mehr als 4 km gehoben. Der gesamte Harz wurde dabei als Scholle verkippt, die nach Süden relativ flach abfällt. Die Erosion konnte anfangs fast mit der Hebung Schritt halten, die Sedimente wurden bis auf das Grundgebirge freigelegt. Die Senke nördlich der Verwerfung füllte sich mit dem Schutt, der dann selbst wieder von der Harzscholle überfahren wurde. Die Sedimente unmittelbar nördlich der Überschiebung wurden beim Überfahren nach oben verbogen. Besonders augenfällig ist die Teufelsmauer, eine senkrecht gestellte Sandsteinschicht, die sich als Mauer und Zinnen durch das Hügelland zieht (Abb. 7.28). Auch die anderen lang gestreckten Hügel und die Mulden dazwischen sind solche senkrecht gestellten Schichten, die

Abb. 7.28 Die Teufelsmauer bei Thale, im nördliche Vorland des Harzes. Der Harz wurde als große Scholle verkippt und steil nach Norden auf die dortigen Sedimente geschoben, über denen gleichzeitig der Abtragungsschutt des aufsteigenden Gebirges abgelagert wurde. Die Sedimentschichten unmittelbar nördlich der Überschiebung wurden dabei nach oben verbogen, wie die senkrecht gestellte Sandsteinschicht der Teufelsmauer.

mehr oder weniger leicht zu erodieren sind: Man spricht von einer Schichtrippenlandschaft.

Die Hebung der Mittelgebirge fand ihren Höhepunkt im Tertiär. In einigen dieser Gebirge, zum Beispiel im Harz, gibt es burgähnliche Felsformationen aus „Wollsäcken", sie entstanden durch die chemische Tiefenverwitterung im damaligen tropischen Klima, die das ältere Kluftnetz der Granite ausnutzte.

Während der Eiszeiten bildeten sich auf den Pultschollen eher kleinere Gletscher. Unterhalb der höchsten Gipfel gruben sie einzelne Kare ein, wie zum Beispiel den Feldsee im Schwarzwald. Die Vergletscherung reichte aber nicht aus, um die Pultschollen zu schroffen Gipfeln zu zerlegen.

7.6 Skandinavien

Skandinavien liegt an einem passiven Kontinentalrand. Es gibt weit und breit keine Subduktionszone, keine Kollision, und es klingt auch wenig wahrscheinlich, dass die Fernwirkung der Alpen ausgerechnet am Rand des Kontinents zu Hebungen führt. Es gibt auch keine dicke Krustenwurzel. Dennoch stehen hier beeindruckende Berge (Abb. 7.29–7.32). Norwegen besteht fast ausschließlich aus einem Gebirge, dass sich die gesamte Küste entlangzieht, vom Süden bis zum Nordkap. Das Gebirge ist weitgehend von einem Hochplateau auf etwa 1000 m geprägt, das zum Meer hin steil abfällt. Unzählige Fjorde schneiden sich tief in das Plateau ein, manche

Abb. 7.29 In Südnorwegen schneiden sich weit verzweigte Fjordsysteme in das Gebirgsplateau ein, wo während der Eiszeiten große Gletscherströme vom Inlandeis des Hochplateaus zur Nordsee (damals ebenfalls ein riesiger Gletscher) hinunterflossen. Der Geirangerfjord ist durch seine Kurven einer der schönsten.

Abb. 7.30 Typische Berglandschaft in Skandinavien: Gletscher und Kare zwischen kuppelförmigen Bergen, die etwa 800 m über einem Hochplateau aufragen. In dieses haben eiszeitliche Gletscher große Trogtäler eingeschnitten. Die Gipfel sind knapp 2000 m hoch. Nationalpark Sarek, Schweden.

sind breite Wasserstraßen, andere schmal und von senkrechten Felsen umgeben. Nach Osten fällt das Plateau flach ab und geht langsam in ein Hügelland über. Auf dem Plateau stehen Berge, einzeln oder in Gruppen, die es zum Teil um weitere 1000 m überragen. Viele dieser Berge sind runde Kuppeln, auf anderen sitzt wie eine Sahnehaube ein großer Plateaugletscher. Wieder andere haben steile Kare, scharfe Grate oder ragen als steile Hörner in die Höhe.

Die letzte Kollision liegt hier noch weiter zurück als die variszische. In der kaledonischen Gebirgsbildung (Roberts 2003) schloss sich der Ur-Atlantik Iapetus. Die damaligen Deckenüberschiebungen sind noch immer die wichtigsten tektonischen Strukturen in den Bergen Skandinaviens (und Schottlands). Die einzelnen Decken schoben sich nach Südwesten über den alten Baltischen Schild, zum Teil um Hunderte von Kilometern.

Die tiefste Einheit des Deckenstapels ist die westliche Gneisprovinz, die sich als Streifen an der norwegischen Küste entlangzieht. Sie besteht aus dem alten Grundgebirge des Baltischen Schilds, das innerhalb des Gebirges in große Schuppen zerlegt wurde, die sich übereinander schoben. Die Gneise befanden sich einmal in der mittleren und unteren Kruste und sind entsprechend hochgradig metamorph, stellenweise bis hin zu Granuliten und Eklogiten (siehe auch Abschnitt 6.4). In Verwerfun-

Abb. 7.31 Der Besseggen-Grat im Jotunheimen-Nationalpark ist eine der beliebtesten Wanderungen Norwegens. Die dunklen Gesteine sind metamorph überprägte Gabbros der Jotundecke, die zu den mittleren Decken des kaledonischen Gebirges gehören. Nach der Gebirgsbildung wurde das Gebirge gedehnt (im Perm und erneut im Jura und der Kreide): Die beiden Seen liegen auf einer großen Abschiebung (Lærdal-Gjende-Verwerfung), an welcher der südliche Block (links) abgesunken ist. Das Gestein an der Verwerfung ist dabei zermahlen worden und konnte während der Eiszeiten leicht von Gletschern ausgehobelt werden.

Abb. 7.32 Die kuppelförmigen Berge im Nationalpark Rondane (Blick vom Storronden auf den 2178 m hohen Rondslottet) erheben sich rund 1000 m über das angrenzende Hochplateau. Die Rondane-Decke gehört zu den mittleren Decken des kaledonischen Gebirges, sie besteht aus niedrig metamorph überprägten Sandsteinen und Arkosen. Trotz der Höhe gibt es im Rondane keine Gletscher, da die Niederschläge nicht ausreichen.

gen stecken oft Gesteine aus noch größerer Tiefe, darunter Stücke des Erdmantels. Auch die Überschiebungen in höheren Bereichen des Deckenstapels sind mit großen Knollen aus dem Mantel „geschmückt" (Bucher-Nurminen 1991), die oft als orangebraun angewitterte Hügel auffallen. Diese Peridotite wurden zu Beginn der Überschiebung von den jeweiligen Verwerfungen in der Tiefe aufgesammelt, wie die Kugel in einem Kugellager mitbewegt und dabei den Bedingungen der Gebirgsbildung entsprechend zu metamorphen Gesteinen umgewandelt.

Als untere Decken werden vor allem die am Ostrand des Gebirges gelegen externen Decken aus niedrigmetamorph umgewandelten Sedimenten bezeichnet, ein tief erodierter Falten- und Überschiebungsgürtel.

Die mittleren Decken bestehen vor allem aus metamorph umgewandelten Sedimenten des Baltischen Schelfs und Fragmenten des Grundgebirges. Es gibt auch weit gereiste Decken, die aus präkambrischen Plutonen bestehen, vor allem aus Anorthosit und Gabbro. Anorthosit ist ein plutonisches Gestein, das fast nur aus Plagioklas besteht. Die hellen Teile des Mondes bestehen daraus, und auf der Erde sind einige riesige Anorthositplutone aus dem Präkambrium erhalten, im Rest der Erdgeschichte sind diese aber unbekannt. Das liegt daran, dass die Erde im Präkambrium noch heißer war. Seither reichen die Temperaturen nur noch aus, um ganz kleine Mengen von Anorthosit zu bilden, die als Lagen zwischen Gabbros vorkommen können. Die Region um Bergen ist ein riesiger Anorthositkomplex. Die schwarzen Berge von Jotunheimen bestehen überwiegend aus metamorph überprägten Gabbros der Jotun-Decke, die aber ebenfalls Anorthosite enthält, nämlich die 1000 m hohen, weiß leuchtenden Felsen am Nærøyfjord.

Die oberen Decken der Kaledoniden, die bei Trondheim besonders weit verbreitet sind, bestehen aus ehemaligen Inselbögen und Ophiolithen des Iapetus-Ozeans, die auf den Rand des Kontinents obduziert wurden. Das passierte noch vor der eigentlichen Kollision und lief möglicherweise ähnlich ab wie in Papua-Neuguinea (Abschnitt 4.7).

Über den oberen Decken liegt noch ein weiterer Deckenstapel, den die findigen Geologen als oberste Decken bezeichnen. Diese sind sehr heterogen und bestehen aus umgewandelten Sedimenten und Grundgebirgsstücken von Laurentia (Nordamerika).

All diese Strukturen haben jedoch mit der heutigen Topografie wenig zu tun, das damalige Hochgebirge war schon vor langer Zeit längst eingeebnet. Was heute an Gesteinen und Gesteinsdecken zu sehen ist, ist ein Schnitt durch die mittlere Kruste des damaligen Gebirges. Die heutigen Berge müssen also eine andere Ursache haben.

Geradezu gebetsmühlenartig wird immer wieder eine andere Erklärung für die junge Hebung wiederholt. Demnach hebt sich das Gebirge, weil seit dem Abschmelzen der eiszeitlichen Eismassen das Gewicht des Eises fehlt. Diese Erklärung ist zwar nicht falsch, aber dieser Auftrieb kann nur eine Topografie anheben, die zuvor durch die Eislast nach unten gedrückt wurde. Das Gebirge war also schon vorher da.

Die ursprüngliche Hebung geht auf die Öffnung des Nordatlantiks zurück (Anell et al. 2009, Lidmar-Bergström & Bonow 2009). Schon im Mesozoikum entstanden Gräben, an denen später der Ozean einriss. Grönland trennte sich jedoch erst im Alttertiär von Europa, der Oberrheingraben ist also nur unwesentlich jünger als der Nordatlantik. Die Flanken des Grabens, die dem heutigen Rand des Kontinentalschelfs vor Norwegen und Grönland entsprechen, hoben sich dabei um ein bis zwei Kilometer. Dennoch ist die heutige Topografie erstaunlich, da ein Kontinentalrand normalerweise schon kurz nach dem Aufbrechen eines Ozeans wieder absinkt, weil er schnell abkühlt. Mit zunehmender Entfernung vom Mittelozeanischen Rücken verschwindet natürlich die Temperaturanomalie des Grabens. Die Mantellithosphäre unter der ausgedünnten Kruste wird wieder dicker und zieht nach unten. Es entsteht ein Schelf, auf dem Sedimente abgelagert werden, deren Gewicht noch weiter nach unten drückt. Tatsächlich senkte sich die Nordsee als großes Becken und wurde zu einem großen Schelfmeer. In Skandinavien sanken nur die Flanken des Grabens ab. Die Kruste wurde elastisch verbogen, vor der Küste sank sie unter der Last der Sedimente immer weiter ab und wurde zu einem schmalen Schelf, während weiter östlich die Topografie mehr oder weniger erhalten blieb. Geologen sprechen von einer Flexur.

Es gibt einige Theorien darüber, warum die gehobenen Bereiche nicht ebenfalls absanken, und es ist gut möglich, dass eine ganze Reihe von Prozessen einen Teil beigetragen haben. Zeitweise kam es sogar zu domförmigen Aufwölbungen, sowohl an Land als auch auf dem Schelf hoben sich Bereiche in Südskandinavien, auf den Britischen Inseln und im Bereich der Faröer- und Shetlandinseln. Diesmal könnte die Hebung tatsächlich auf den Fernschub der Alpen zurückgehen. Die zwischen Alpen und dem von der anderen Seite schiebenden Mittelozeanischen Rücken eingeklemmte Flexur wurde demnach durch leichte Kompression verstärkt. Aber auch andere Effekte in der Reorganisation von Plattenbewegungen könnten die Kompression ausgelöst haben. Es ist jedoch auch denkbar, dass Klimaveränderungen zu einer stärkeren Erosion führten, was auf dem Land durch einen Aufstieg ausgeglichen wurde, während der Schelf durch die zusätzlichen Sedimente absank.

Manche Forscher machen wiederum Umwandlungen im Erdmantel für den Erhalt der Topografie verantwortlich. So ist es denkbar, dass der lithosphärische Mantel unter dem Kontinentalrand durch eindringendes Wasser teilweise in Serpentinit umgewandelt worden ist. Seitenverschiebungen in der ozeanischen Kruste könnten dabei eine Rolle gespielt haben. Da Serpentinit eine deutlich geringere Dichte hat als der normale Mantel, wirkt dies dem Absinken entgegen. Tatsächlich gibt es Hinweise auf einen Mantel mit geringer Dichte.

Die jüngste Hebung um bis zu einen Kilometer begann mit dem Ende der Eiszeiten und verstärkte die bereits vorhandene Topografie. Das Inlandeis hatte ganz Skandinavien wie ein riesiges Trommelfell elastisch nach unten gedrückt, seit dem Abschmelzen federt es wieder nach oben. Das Eis war am Nordende der Ostsee am dicksten, langfristig ist hier die stärkste Hebung zu erwarten, die Ostsee wird eines Tages verschwinden. Allerdings steigt bisher die Bergregion schneller auf, obwohl die Eislast auf ihr wesentlich geringer war. Hier folgt die Hebung vor allem als Ausgleich auf die Erosion der Gletscher. Da diese in den Trogtälern und Fjorden am stärksten war, wurden die Gipfel durch den ausgleichenden Auftrieb in umso größere Höhe befördert. Im Gegensatz dazu senkt sich der Schelfbereich vor der Atlantikküste ab, weil das von den Gletschern abgetragene Material hier abgelagert wurde.

7.7 Kollision und Kollaps im Wilden Westen

Im Westen der Vereinigten Staaten hat ein Orogenkollaps, wie er sich auf dem Tibetplateau gerade ankündigt (Abschnitt 6.3), bereits dramatische Formen angenommen: Aus einem ehemaligen Hochplateau ist eine vollkommen neue Landschaft entstanden, die ironischerweise wieder aus Bergen besteht (Jones et al. 1992, Lucchitta 1990, Velasco et al. 2010, Wagner Trey & Johnson 2006). Die Basin-and-Range-Provinz reicht von der Sierra Nevada bis zum Colorado-Plateau. Sie umfasst Nevada, Südarizona und Teile der umliegenden Bundesstaaten und reicht bis nach Mexiko hinein (Abb. 7.33). Langgestreckte Höhenzüge mit steilen Hängen wechseln mit flachen Becken – ein Muster, das sich unzählige Male wiederholt. Die Bergrücken ragen stufenförmig zwischen einem und mehr als drei Kilometer über den Becken auf. Dabei handelt es sich um parallel liegende, Nord-Süd verlaufende Gräben und die dazwischen liegenden Horste. Die ganze Region wurde so stark in westliche Richtung gedehnt, dass sie bereits doppelt so breit ist, als sie ursprünglich einmal war. Messungen mit GPS-Stationen ergaben, dass sich die Region noch immer um 13 mm pro Jahr in westliche Richtung ausdehnt.

In der Provinz herrscht ein wüstenhaftes Klima. Niederschläge fallen überwiegend als Schnee auf den Bergrücken, der im Frühling schmilzt und saisonale Flüsse speist. Diese münden in Salzseen, die zum Teil regelmäßig austrocknen. Abgesehen vom südlich des Colorado-Plateaus gelegenen Teil ist die Provinz eine abflusslose Region, es gibt keinen einzigen Fluss, der die Becken zu den Ozeanen hin entwässert.

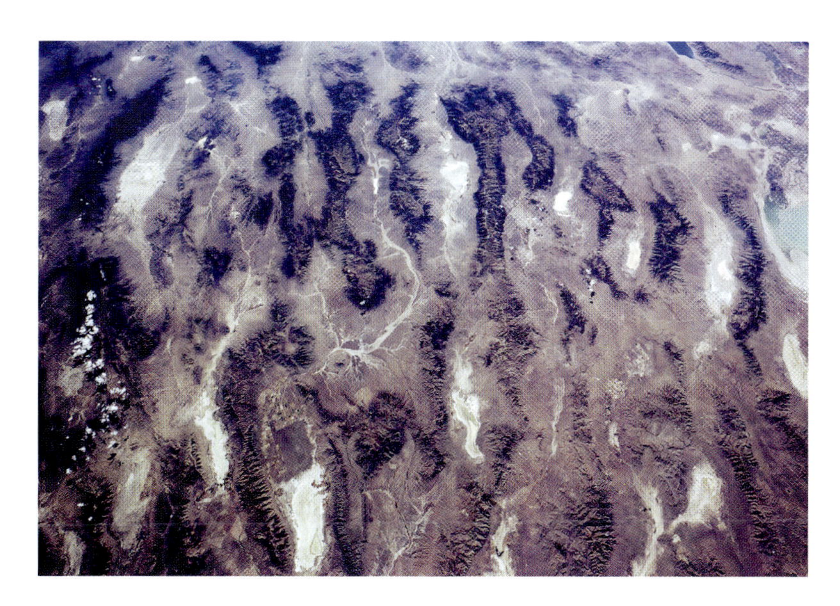

Abb. 7.33 Zentrales Nevada vom Space Shuttle. Die Gräben und Horste der Basin-and-Range-Provinz entstanden durch den Orogenkollaps eines großen Hochplateaus. Das ganze Gebiet wurde dabei auf die doppelte Breite gedehnt. Foto: Nasa.

Die Bergrücken sind in der Regel über 2500 m, die White Mountains in Kalifornien sogar mehr als 4000 m hoch. Die Teton Range in der nordöstlichsten Ecke der Provinz, am Rand der Rocky Mountains, ist ebenfalls über 4000 m hoch (Abb. 7.34). Sie wurde vor allem durch die Fotografien von Ansel Adams bekannt. Schroffe Bergzacken ragen 2400 m über einem flachen Becken auf. Auch diese Bruchstufe ist eine der Abschiebungen der Basin-and-Range-Provinz. Was die Tetons von den anderen Bergrücken der Provinz unterscheidet, sind die schroffen Felspyramiden, eine Folge großer Gletscher während der Eiszeiten, die es auf den anderen Bergrücken in diesem Ausmaß nicht gab.

Der bekannteste Graben der Provinz hat sich so weit abgesenkt, dass das Becken trotz Sedimentation 85 m unter dem Meeresspiegel liegt: das Tal des Todes, dessen benachbarter Horst 3400 m höher ist. Das Absinken wurde durch eine gleichzeitige Seitenverschiebung verstärkt, die den Graben zu einem Aufreißbecken ähnlich dem Toten Meer machen. In einem anderen Becken in Utah liegt der Große Salzsee, einer der größten Salzseen der Welt.

Vor dem Orogenkollaps war die Provinz Teil eines Hochplateaus, einer Art Miniaturversion von Tibet. Die Kruste des Plateaus war so dick, dass sie unter der Schwerkraft auseinanderzufließen begann, sobald die kompressiven Kräfte verschwunden waren. Vom ursprünglichen Plateau ist nur noch das Colorado-Plateau übrig geblieben, auf dem sich so berühmte Nationalparks wie der Grand Canyon, Zion, Bryce Canyon,

Abb. 7.34 Die Teton Range (4198 m) hob sich entlang einer Abschiebung, während die Ebene im Vordergrund sich an dieser absenkte. Foto: Michael Gäbler.

Abb. 7.35 Mt. Shasta (4317 m), einer der Vulkane des Kaskadengebirges. Hier wird die Juan-de-Fuca-Platte subduziert, ein Bruchstück der weitgehend verschwundenen Farallon-Platte. Foto: Ewen Denney.

Canyonlands, Capitol Reef, Arches und Mesa Verde befinden (siehe auch Abschnitt 2.7).

Im Gegensatz zu Tibet entstanden die kompressiven Kräfte nicht durch die Kollision zweier Kontinente, sondern an einer Subduktionszone. Im Mesozoikum war die Westküste eine ganz normale Subduktionszone ähnlich den Anden. Nur ein kleiner Abschnitt dieser Subduktionszone ist im Norwesten der USA noch aktiv, dazu gehören die aktiven Vulkane im Kaskadengebirge (Abb. 7.35), wie Lassen Peak (eine riesige Staukuppe), Crater Lake (eine besonders schöne Caldera) und die Stratovulkane Mount Shasta, Mount St. Helens, Mount Rainier und Mount Baker. Im Mesozoikum entstanden in der südlichen Fortsetzung dieser Subduktionszone unter den damaligen Vulkanen die Granite der Sierra Nevada, die einen zusammenhängenden Batholithen bilden. Sie waren einmal die Magmakammern unter dem dazugehörigen Vulkanbogen. Die Gesteine entlang der Küste Kaliforniens sind der Anwachskeil dieser Subduktionszone und bestehen aus einem wilden Durcheinander aus abgeschabten Sedimenten, untermeerischen Trübeströmen sowie Hochdruckgesteinen und Mantelfragmenten, die in der Dynamik der Subduktion an die Oberfläche kamen. Auf der anderen Seite des Vulkanbogens, in der heutigen Basin-and-Range-Provinz, gab es, wie heute im Andenvorland in Bolivien, einen dünnhäutigen Falten- und Überschiebungsgürtel, der vor allem die Sedimente erfasste, die vor Beginn der Subduktion auf einem passiven Kontinentalschelf abgelagert worden waren. Der Rest des Kontinents befand sich etwa auf Meeresniveau und wurde manchmal sogar stellenweise überflutet.

Gegen Ende der Kreidezeit änderte sich die Situation dramatisch. Die Vulkane erloschen, stattdessen bildeten sich plötzlich mehr als 1000 km weiter östlich, inmitten des Kontinents, die Rocky Mountains (Abb. 7.37). Der Grund dafür lag in der Geometrie der ozeanischen Platten im Pazifik. Die Platte, die unter Kalifornien subduziert wurde, war nicht die Pazifische Platte, die sich heute entlang der San-Andreas-Verwerfung nach Norden schiebt, sondern die sogenannte Farallon-Platte. Zwischen beiden befand sich ein Mittelozeanischer

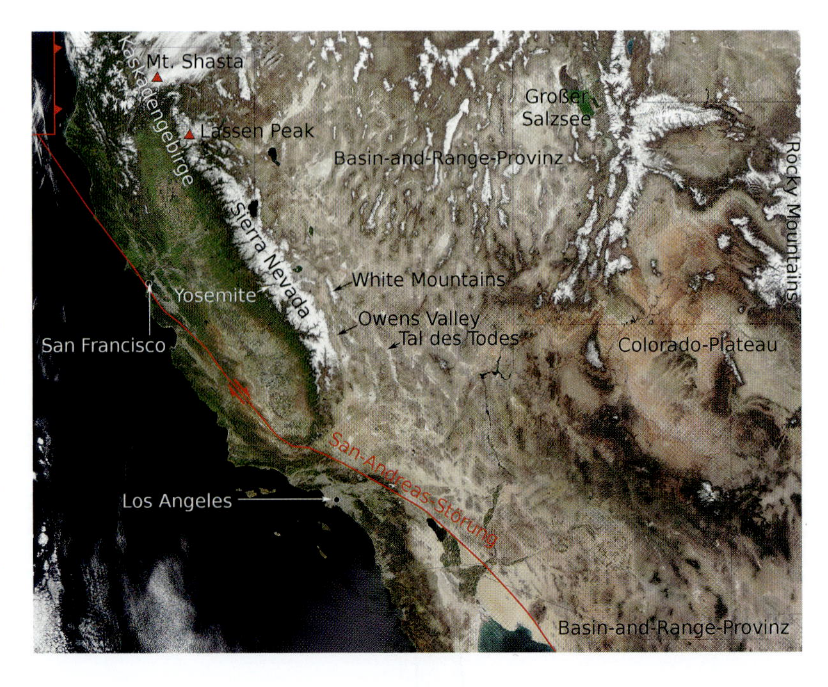

Abb. 7.36 Die Berge im Westen der USA entstanden durch die Subduktion der bereits fast verschwundenen Farallon-Platte. Die Granite der Sierra Nevada entsprechen dem Vulkanbogen dieser Subduktionszone. Zeitweise wurde flach subduziert, die Rocky Mountains und ein großes Hochplateau entstanden. Seit der Subduktion des Mittelozeanischen Rückens zwischen Farallon- und Pazifischer Platte bewegt sich Letztere an der San-Andreas-Störung an Nordamerika vorbei, das Hochplateau wurde nun zur Basin-and-Range-Provinz gedehnt (nur das Colorado-Plateau blieb übrig). Ein Rest der Farallon-Platte, die Juan-de-Fuca-Platte, wird weiter nördlich noch immer subduziert: Lassen Peak, eine riesige Staukuppe, ist der südlichste Vulkan des Kaskadengebirges, dem dazugehörigen Vulkanbogen. Satellitenbild: Nasa.

Abb. 7.37 Die Rocky Mountains in den USA hoben sich fern von jeder Plattengrenze im Landesinneren. Sie entstanden während der flachen Subduktion der Farallon-Platte: Dabei wurden die Abschiebungen eines uralten Grabensystemes zu steilen Aufschiebungen invertiert, einzelne Blöcke hoben sich als relativ flache Tafeln. Die durch Becken getrennten Gebirgszüge der Rockies folgen den alten Grabenstrukturen. Rocky-Mountain-Nationalpark, USA. Foto: Frank Kovalchek.

Rücken, der in etwa parallel zur Küste verlief, aber durch lange Seitenverschiebungen in einzelne Segmente zerlegt war. Je näher dieser Rücken zur Subduktionszone kam, desto jünger und heißer war die abtauchende Platte. Damit nahm auch deren Dichte ab, sie klappte nach oben und schob sich Hunderte von Kilometern flach unter den Kontinent (Bird 1988). Die ozeanische Kruste schrappte unter dem gesamten Westen der USA nach Osten und beeinflusste ein weitaus größeres Gebiet, als es bei den heutzutage flach subduzierten Bereichen der Anden (Abschnitt 4.3) der Fall ist.

Die kontinentale Kruste wurde dadurch komprimiert, was insbesondere dort zur Bildung von Gebirgen führte, wo bereits Schwächezonen vorhanden waren. Dabei handelt es sich bei manchen um alte Nähte, an denen der Kontinent während des Präkambriums zusammengesetzt worden war. Die meisten sind jedoch alte Grabenbrüche, die mit dem Auseinanderbrechen des Superkontinents Rodinia gegen Ende des Präkambriums entstanden (Marshak et al. 2000). Ähnlich wie heute in Ostafrika (Abschnitt 7.3) war dies ein ganzes System von vielen Grabenbrüchen, die noch älteren Strukturen folgten, hin und wieder seitlich versetzt wurden und sich in mehrere Arme verzweigten. Durch Kompression wurden die Abschiebungen der Gräben als steile Aufschiebungen reaktiviert, auch wenn die Gräben selbst schon lange nicht mehr im Gelände auszumachen waren. Das passierte schon ein erstes Mal im Paläozoikum, als Kollisionen im Süden und Osten des Kontinents die Ur-Rockies aufwarfen, die danach wieder vollständig abgetragen wurden. Mit der flachen Subduktion im Westen wurden die Verwerfungen zum zweiten Mal als steile Überschiebungen in Gang gesetzt. Die Berge hoben sich als flache Tafeln, am stärksten dort, wo die Kompression ungefähr im rechten Winkel auf die Verwerfungen wirkte. Im Gegensatz zu den üblichen Falten- und Deckengebirgen verlaufen die Gebirgszüge der Rockies entsprechend der Geometrie der alten Grabensysteme nicht parallel zueinander, zwischen ihnen befinden sich große intramontane Becken. Am ehesten ähneln sie damit den argentinischen Sierras Pampeanas (Abschnitt 4.4) oder dem Atlasgebirge (Abschnitt 7.4). In den Rockies wurden die Verwerfungen um 15 bis 20 km bewegt und die gehobenen Bereiche zum Teil wieder abgetragen, wobei das Grundgebirge freigelegt wurde. Die Verwerfungen auf dem Colorado-Plateau, die auch noch weiter auseinanderliegen, bewegten sich nur um 1 bis 2 km. Dadurch hob sich das Plateau in Form von flachen, leicht gekippten Tafeln.

Nach einiger Zeit begann die unterschobene ozeanische Platte, sich wieder abzupellen. In der nordöstlichen Ecke beginnend, löste sie sich langsam von Nordost nach Südwest und sank in die Asthenosphäre ab. Das dauerte immerhin noch 30 Millionen Jahre, ein Zeitraum, in dem die ersten Segmente des Mittelozeanischen Rückens in die Subduktionszone kamen. Durch die Kollisionen einzelner Grabensegmente wurde die Farallon-Platte in einzelne Platten zerteilt, von denen in unserer Zeit nur noch zwei, die vor Mittelamerika abtauchende Cocos-Platte und die vor Oregon und Washington abtauchende Juan-de-Fuca-Platte, als klägliche Reste übrig sind. Die Ankunft eines Rückensegments in der Subduktionszone unter der Sierra Nevada führte zum endgültigen Ablösen und Absinken der flach unterschobenen Farallon-Platte. Da sich die anschließende Pazifische Platte nicht auf den Kontinent zu bewegt, sondern in nördliche Richtung daran vorbei, folgte sie nicht der Farallon-Platte nach unten. Aus dem Zusammentreffen von Subduktionszone und Mittelozeanischem Rücken wurde in diesem Fall eine Seitenverschiebung. Die Pazifische Platte schleppt dabei den ehemaligen Anwachskeil mit, weshalb die berühmte San-Andreas-Verwerfung auf dem Kontinent parallel zur Küste verläuft.

Mit dem Abpellen der unterschobenen Platte von der Kruste der heutigen Basin-and-Range-Provinz strömte heißer Mantel nach oben, was einen starken Magmatismus auslöste. Basaltvulkane brachen aus, noch größere Basaltmengen blieben in der Unterkruste stecken, sodass diese ebenfalls angeschmolzen wurde und Vulkane mit sauren Schmelzen ausbrachen. Ignimbrite bedeckten das Land mit dicken Tufflagen. Durch die Magmen wurde wiederum die verdickte Kruste aufgeweicht, und da die kompressiven Kräfte ebenfalls verschwunden waren, floss das Plateau regelrecht auseinander.

Der Orogenkollaps passierte nicht auf einen Schlag, sondern folgte in mehreren Phasen dem langsamen Abpellen der Farallon-Platte. Die nördliche Basin-and-Range-Provinz wurde als Erstes von der Dehnung erfasst, die südliche als Letztes.

Generell war die Dehnung in einer ersten Phase auf einen schmalen Bereich begrenzt. Dabei entstanden sogenannte metamorphe Kernkomplexe (Abb. 7.38). Dabei blieb die obere Kruste starr, während die mittlere und untere Kruste plastisch auseinandergezogen wurde. Die starre obere Kruste wurde entlang einer relativ flachen Abscherung über der weichen mittleren Kruste weggezogen. Die Abscherung wölbte sich dabei domförmig nach oben, um das Fehlen der weggezogenen oberen Kruste auszugleichen. So kamen Gesteine aus ursprünglich rund 30 km Tiefe fast bis an die Erdoberfläche, plastisch verformte, hochmetamorphe Gneise. Über der Scherzone aus Myloniten liegen niedrig- oder unmetamorphe Sedimente, die spröde zerbrochen sind.

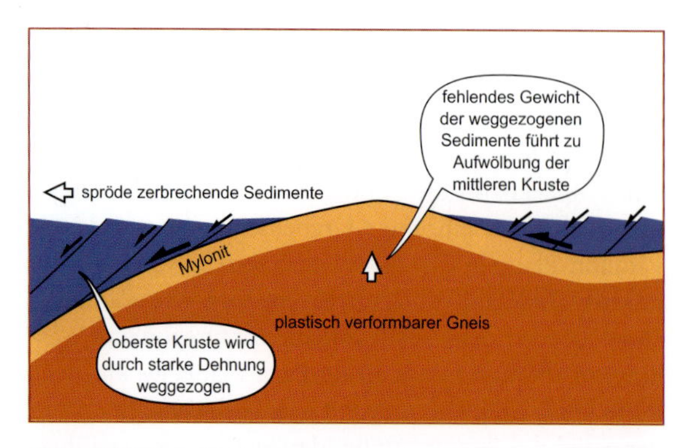

Abb. 7.38 Schnitt durch einen metamorphen Kernkomplex. An einer flachen Abscherung wurde der oberste, starre Teil der Kruste weggezogen. Die weichen, plastisch verformbaren Gneise darunter wölben sich domförmig auf.

In der zweiten Phase der Dehnung verteilte sich die Deformation auf ein weites Gebiet. Es bildeten sich die parallelen Gräben und Horste der klassischen Basin-and-Range-Provinz. Auch die älteren metamorphen Kernkomplexe wurden davon erfasst und als Horst entlang von steilen Abschiebungen erneut gehoben.

Es ist eine interessante Frage, was bei der zweiten Phase der Dehnung mit der unteren Kruste und dem lithosphärischen Mantel passierte. Während die untere Kruste plastisch gedehnt wurde, blieb der lithosphärische Mantel darunter starr. Die Kruste der Provinz ist relativ einheitlich etwas unter 28 km dick. Das ist zwar dünner als ein durchschnittlicher Kontinent, aber immer noch dicker, als es eine auf die doppelte Fläche ausgewalzte Kruste sein sollte, die ursprünglich dem heute 40 km dicken Colorado-Plateau entsprach. Zum Teil wurde das auseinandergezogene Krustenmaterial durch unzählige magmatische Intrusionen wieder verdickt, vermutlich floss aber noch zusätzlich Material der weichen unteren Kruste von den Rändern, vom Colorado-Plateau und der Sierra Nevada, unter die Basin-and-Range-Provinz.

Der lithosphärische Mantel ist relativ starr geblieben, zerbrach aber unter dem Ostrand der Provinz, vielleicht weil er dort zu Zeiten der Subduktion durch Wasser zu Serpentinit umgewandelt worden war. Unter dem Tal des Todes und östlich davon scheint er seine normale Dicke erhalten zu haben, während er unter dem Owens Valley am Ostrand der Sierra Nevada so dünn ist, dass er kaum vorhanden ist. Entsprechend haben die an kleinen Vulkanen geförderten Basalte nahe der Sierra Nevada die geochemische Signatur von aufsteigender Asthenosphäre, während Basalte im Tal des Todes auf ein Aufschmelzen innerhalb der dicken Lithosphäre hindeuten. Das schlagartige Fehlen von lithosphärischem Mantel erklärt auch den plötzlichen Bruch in der Topografie, der von den Gipfeln der Sierra Nevada bis zum Tal des Todes mehr als 4000 m beträgt.

Die Sierra Nevada (Abb. 7.39) und das Great Valley Kaliforniens sind ein starrer Krustenblock, der in Folge der Dehnung gekippt wurde. Die Ostseite wurde angehoben, während die Westseite absank. Entsprechend ragen die höchsten Gipfel direkt über dem Owens Valley am Rand der Basin and Ranges auf. Die Kruste unter der Sierra Nevada ist ausgerechnet unter dem stark gehobenen Ostrand am dünnsten, während sie am Ostrand wie ein V in den Mantel ragt. Mit seismischen Methoden konnte nachgewiesen werden, dass sich der lithosphärische Mantel unter der Sierra Nevada gerade ablöst (Zandt et al. 2004, Saleeby & Foster 2004), ein Prozess, den wir als Delamination bereits kennengelernt haben. Ein tropfenförmiges Gebilde hängt unter dem Westrand des Gebirges in der Gegend des ausgetrockneten Tulare-Sees und ragt fast 250 km in die Asthenosphäre hinein. Das Gewicht dieses Tropfens zieht auch die untere Kruste zu einer V-förmigen Ausbeulung nach unten. Die Unterkruste unter der östlichen Sierra scheint dabei nach Westen, in den Tropfen hinein geflossen zu sein. Dabei handelte es sich vor allem um den schweren Bodensatz von Magmakammern, überwiegend Olivin und Pyroxen, die während der Subduktion bei der Entwicklung von Basalt zu den Graniten der Sierra Nevada zurückblieben. Es gibt im Osten der Sierra Vulkangesteine, in denen man diese als Nebengesteinsfragmente findet, die von den Basalten an die Oberfläche mitgebracht worden waren. In den jüngsten Vulkangesteinen fehlen diese jedoch. Es kann also davon ausgegangen werden, dass dieser Teil der Kruste nicht mehr vorhanden ist.

Nachdem der Vulkanbogen durch die flache Subduktion inaktiv geworden war, wurde die Unterkruste unter der Sierra abgekühlt. Mit der Ankunft des Mittelozeanischen Rückens in der Subduktionszone entstand ein Fenster in der abtauchenden Platte, das letztlich zu deren endgültigen Absinken führte. Durch das Fenster wurde die untere Kruste unter der Sierra Nevada wieder aufgeheizt, während gleichzeitig im Osten die Basin-and-Range-Provinz gedehnt wurde. Unter dem Rand der Basin-and-Range-Provinz stieg durch das Auseinanderreißen des lithosphärischen Mantels heißer Mantel auf. Nach längerer Zeit wurde durch die Hitze der untere Teil der Kruste der Sierra Nevada instabil und es bildete sich das tröpfenförmig absinkende Gebilde aus lithosphärischem Mantel und Unterkruste aus. Die verkippte Scholle der Sierra Nevada wurde in jüngster Zeit durch das Gewicht des Tropfens noch stärker verkippt.

Die Erosion griff vor allem am stark gehobenen Ostrand der Sierra an und legte die harten Granite frei. Besonders effektiv waren dabei die Gletscher der Eiszeiten. Der Yosemite-Nationalpark mit seinen Trogtälern und steilen Granitfelsen gilt zu Recht als Musterbeispiel für eine von Gletschern geschaffene Landschaft. Aber

Abb. 7.39 Die Sierra Nevada ist ein großer Krustenblock, der in Folge der Dehnung der angrenzenden Basin-and-Range-Provinz verkippt wurde und daher in einer steilen Bruchstufe nach Osten abfällt. Sie besteht fast ausschließlich aus Granitplutonen, die während der Subduktion der Farallon-Platte unter dem damaligen Vulkanbogen einen großen Batholithen bildeten. a) Blick über das Owens Valley (dem westlichsten Graben der Basin-and-Range-Provinz) auf die südliche Sierra Nevada. Foto: Wikipedia. b) Der Half Dome im Yosemite-Nationalpark vom Glacier View. Während der Eiszeiten haben Gletscher die Granitplutone freigelegt. Foto: Sanjay Acharya.

Abb. 7.40 Die kanadischen Rocky Mountains sind ein Falten- und Überschiebungsgürtel innerhalb der Sedimente des ehemaligen Kontinentalschelfs, der stark von Gletschern erodiert wurde. Dabei blieben bevorzugt harte Schichten als Berge stehen. a) Südseite des Jasper-Nationalparks. b) Peyto Lake im Banff-Nationalpark. Fotos: Frank Kovalchek.

auch hier gilt, dass die Gletscher vor allem die weichen Gesteine ausräumten und sich an den Graniten die Zähne ausbissen. Die Gletscher legten nur frei, was bereits da war: Die kuppelförmigen Berge sind freigelegte Granitplutone. Zum Teil kann man sogar riesige Bruchstücke des Daches dieser Plutone finden, die am Rand eines Plutones stecken: ehemalige Sedimente, die durch die Hitze des Granits zu metamorphen Gesteinen umgewandelt worden waren. Nur die größten Talgletscher waren so stark, dass sie auch die Plutone seitlich annagen konnten. Dazu nutzten die Gletscher die Klüfte des Granits aus. So entstanden die unter Kletterern beliebten „Big Walls", etwa 1000 m hohe senkrechte Felswände.

Warum das heutige Colorado-Plateau nicht in die Dehnung einbegriffen wurde, ist nicht ganz klar. Im Gegenteil hob sich das Plateau in jüngster Zeit weiter. Der Colorado River begann erst vor sechs Millionen Jahren damit, den Grand Canyon in den dicken Sedimentstapel einzugraben. Die flach liegenden Schichten aus Kalkstein und Tonstein lagerten sich im Laufe des Paläozoikums auf einem Kontinentalschelf ab. Im Mesozoikum lag die Region meist knapp über dem Meeresspiegel, es entstanden die mächtigen Sandsteine, die im Osten des Plateaus die Landschaft als hohe Felswände mit versteinerten Dünen, als Türme und Tafeln oder als Felstore dominieren.

Die kanadischen Rocky Mountains (Abb. 7.40) entstanden zwar zeitgleich mit ihrer südlichen Fortsetzung, allerdings in einem etwas anderen Milieu. Anders als die südlichen Rocky Mountains, die als große Schollen innerhalb des Kontinents gehoben wurden, sind die kanadischen ein dünnhäutiger Falten- und Überschiebungsgürtel innerhalb der Sedimente des alten Kontinentalschelfs, die sich über einen langen Zeitraum hinweg abgelagert haben. Darunter ist beispielsweise der berühmte Burgess-Schiefer aus dem Kambrium, der zu den bedeutendsten Fundorten von Fossilien gehört. Das

Kambrium war eine bemerkenswerte Phase der Evolution. Während es vorher nur primitive Lebewesen gab, die vor allem aus Weichteilen bestanden wie die heutigen Quallen, traten ganz plötzlich verschiedenste komplizierter aufgebaute Tiere auf, von denen einige ein Skelett tragen. Die kambrische Tierwelt bestand aus unzähligen verrückt aussehenden Lebewesen, die uns heute als eine Laune der Natur erscheinen. Das besondere am Burgess-Schiefer ist, dass in seinen Fossilien oft auch die Weichteile noch zu erkennen sind.

Die Überschiebungen der kanadischen Rockies hängen direkt mit der Subduktionszone zusammen und mit einer ganzen Reihe von Terranen, die mit dieser Subduktionszone kollidierten und die Berge zwischen Rocky Mountains und der Küste ausmachen. Im Gegensatz zu den südlichen Namensvettern wurden die kanadischen Rockies sehr stark von Gletschern überformt. Die parallelen Bergzüge sind keine vollständigen Falten mehr wie im Schweizer Jura (Abschnitt 1.4), sondern ein Ergebnis der Erosion eiszeitlicher Gletscher, die selektiv vor allem weichere Gesteine ausräumten. Die härteren Gesteine blieben als parallel verlaufende Bergzüge stehen. Inzwischen verläuft am Westrand der Bergkette eine große Seitenverschiebung, die einen Teil der Bewegung zwischen Nordamerika und Pazifik aufnimmt.

Das Matterhorn (4478 m) gehört zur Adriatischen Platte, die in den Alpen mit Europa kollidiert. Es steht auf einem Ophiolith, ozeanischer Lithosphäre des verschwundenen Penninischen Ozeans, die zunächst subduziert wurde und dann im Anwachskeil wieder aufstieg.

8 Die Alpen und ihre Geschwister

In Europa hat die Kollision zwischen Afrika und Europa ein kompliziertes System von jungen Gebirgszügen hinterlassen. Die Alpen berühren bei Genua die Apeninnen, im Osten setzen sie sich in den Dinariden und den Karpaten fort. Spanien wird im Norden von den Pyrenäen und im Süden von der Betischen Kordillere begrenzt.

So kompliziert die geographische Lage der einzelnen Gebirge ist, so unterschiedlich sind sie aufgebaut. Dennoch teilen sie alle die Geschichte des Penninischen Ozeans, der zwischen Afrika und Europa als Verbindung vom Zentralatlantik zur Tethys aufgerissen und wieder verschwunden ist. Das östliche Mittelmeer ist der letzte Rest dieser Tethys, der gerade unter Süditalien und Griechenland subduziert wird. Im westlichen Mittelmeer hat sich hingegen schon wieder neue ozeanische Kruste gebildet.

Die Alpen sind ein klassisches Deckengebirge, das allerdings einen besonders komplizierten Aufbau hat. Zum einen wurden in den Deckenstapel die Ergebnisse früherer Kollisionen einbezogen, zum anderen spielten neben Überschiebungen noch weitere Prozesse eine Rolle, die insbesondere in der Spätphase der Gebirgsbildung den fertigen Deckenstapel verformten.

8.1 Ein Überblick über die Alpen

Die Alpen sind ein relativ kleines, aber durchaus hohes und beeindruckendes Gebirge. Vielleicht sind sie auch das am besten erforschte Gebirge. So gut wie jeder Stein wurde von Geologen schon einmal umgedreht, und viele dabei gewonnene Erkenntnisse konnten später auf andere Gebirge übertragen werden. Andererseits sind sie besonders kompliziert aufgebaut, mit vielen ungelösten Fragen. Die Alpenforschung ist noch immer für Überraschungen gut, wie Schmid et al. (2004) feststellen. Was die Alpen so kompliziert macht, ist die Tatsache, dass es schon vor der eigentlichen alpinen Gebirgsbildung zu Kollisionen kam, deren Ergebnisse in den alpinen Deckenstapel eingebaut sind. Genau genommen handelt es sich also um mehrere Gebirge in einem (Frisch & Meschede 2005). Als Folge davon ändert sich der Bau der Alpen entlang des Alpenbogens, sodass man schnell den Überblick verliert. Besonders dramatisch ist der Unterschied zwischen den West- und den Ostalpen, wobei die Grenze etwa mit der Grenze zwischen der Schweiz und Österreich zusammenfällt (Abb. 8.1).

Vereinfacht gesagt entstanden die Alpen durch den Zusammenstoß von Europa und Afrika. Genau genommen ist es jedoch nur ein kleines Bruchstück von Gondwana, die Adriatische Platte, die mit Europa kollidiert. Vor der Gebirgsbildung war sie ein vom Meer überflutetes Stück kontinentaler Kruste am Rand der Tethys, damals noch deutlich größer als der inzwischen auf die Adria und die umgebenden Gebirge geschrumpfte Rest.

Der Deckenstapel der Alpen besteht aus drei großen Einheiten, die alle nach Norden hin übereinandergeschoben wurden (Schmid et al. 1996). Je höher wir in diesem Deckenstapel sind, desto weiter im Süden befanden sich die Gesteine ursprünglich.

Das unterste Deckensystem, die helvetischen Decken, haben wir bereits kennengelernt, als wir die Glarner Hauptüberschiebung untersucht haben. Es besteht aus Decken, die vom Sedimentstapel des europäischen Kontinentalrandes abgeschert und nach Norden bewegt wurden; sie bauen die Berge in den nördlichen Westalpen auf. Als bekanntere Gipfel sind Wildhorn und Wildstrubel, Faulhorn (Abb. 8.2) und Brienzer Rothorn, Pilatus, Spitzmeilen und Säntis zu nennen. Diese Sedimentdecken liegen über dem europäischen Grundgebirge, das stellenweise in tektonischen Fenstern, den sogenannten Zentralmassiven, freigelegt wurde.

Das Penninikum ist das mittlere Deckensystem, es besteht aus Gesteinen des tiefen Ozeanbeckens, das einst zwischen den beiden Kontinenten lag: aus Ophiolithen samt Tiefseesedimenten, aber auch aus großen Spänen kontinentaler Kruste und seichteren Ablagerungen, die in den Anwachskeil der ehemaligen Subduktionszone eingegliedert worden sind. Manche dieser Späne stammen vom äußersten Kontinentalrand Europas. Andere

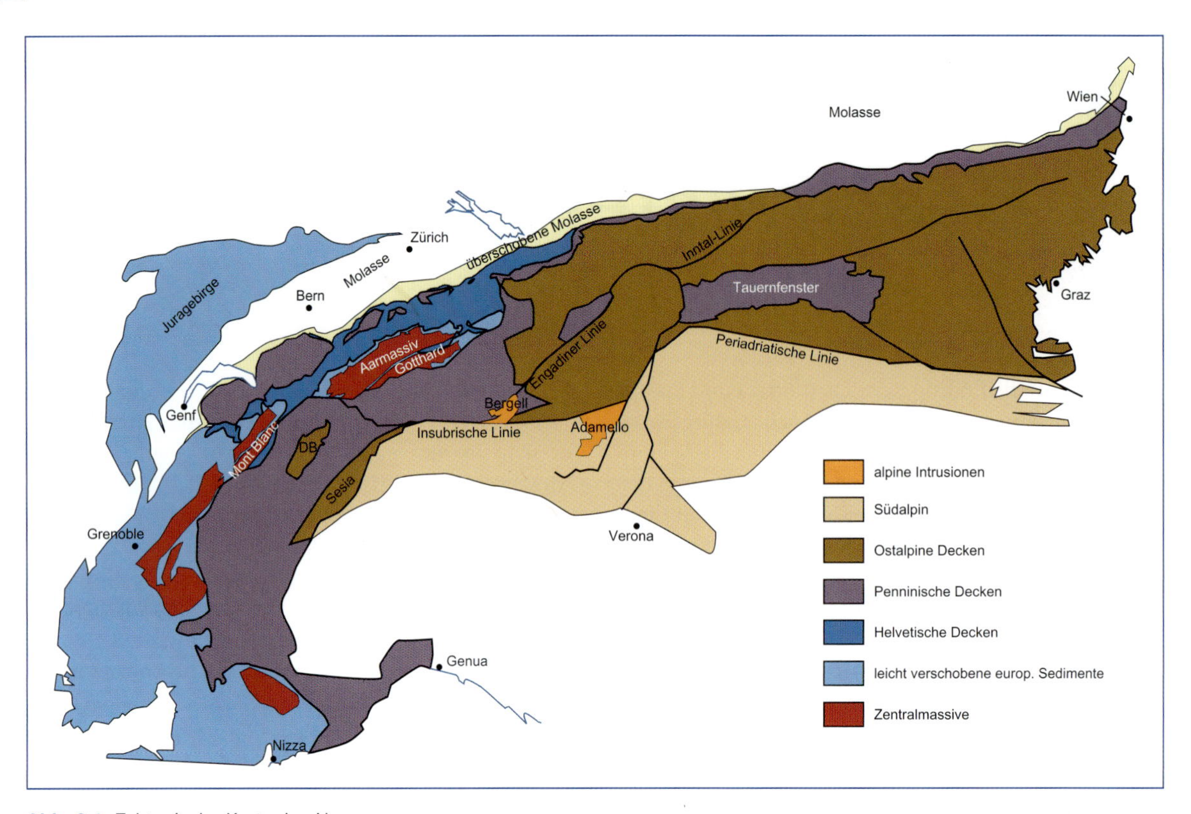

Abb. 8.1 Tektonische Karte der Alpen.

Abb. 8.2 Die helvetischen Decken wurden während der Überschiebung auch intern verformt und verfaltet, wie hier am Faulhorn. Foto: Ryan Gsell.

gehörten zu einem länglichen Kontinentsplitter, der Briançonnais-Schwelle: Als flacher Schelf trennte diese vor Europa eine schmale Meeresrinne von der Tiefsee des übrigen Penninischen Ozeans ab.

Diese penninischen Einheiten befinden sich vor allem in der Südschweiz (südlich einer Linie vom Rhônetal über Airolo bis Chur) und im westlichen Alpenbogen (in Italien und Frankreich, südlich des Mont Blanc). In den nördlichen Schweizer Alpen liegen nur noch einige penninische Klippen als von der Erosion verschonte Bereiche auf den helvetischen Decken, darunter die Préalpes in den Freiburger Alpen, die von Hans Schardt zum ersten Mal als Klippen beschrieben wurden, und die Mythen bei Schwyz (Abb. 8.3). In den Ostalpen ist das Penninikum nur in zwei tektonischen Fenstern zu sehen, im Tauernfenster und im Unterengadin, und als ein schmaler Streifen aus Flysch, der sich am Nordrand der Ostalpen entlangzieht.

Das oberste Deckensystem wird Ostalpin genannt. Der größte Teil der Ostalpen besteht aus diesen ostalpi-

Abb. 8.3 Die Mythen (1898 m) bei Schwyz sind eine der penninischen Klippen im Nordwesten der Alpen. Die Briançonnais-Schwelle war in der Jurazeit ein flacherer Schelfbereich zwischen dem tiefen Walliser Trog und der Tiefsee des Penninischen Ozeans, auf dem sich der graue Kalkstein ablagerte. In der Kreide sank die Schwelle bis in vielleicht 1000 m Meerestiefe ab, nun wurde Mergel abgelagert, die rötliche Spitze des Berges. Bei der Gebirgsbildung wurden diese Sedimente von der in der Subduktionszone abtauchenden Briançonnais-Schwelle abgeschert und nach Norden verschoben, wo sie teilweise als Klippen erhalten sind, die über den helvetischen Decken liegen. Foto: Flyout.

nen Decken, die vom Kontinent südlich des Penninischen Ozeans stammen. Sie waren einmal der nordöstlichste Zipfel der Adriatischen Platte. Der Deckenstapel des Ostalpins geht allerdings schon auf eine frühere Gebirgsbildung zurück. Das Ostalpin ist also ein ganzes Deckengebirge, das bei der alpinen Gebirgsbildung auf das neue Deckengebirge geschoben wurde. Im Ostalpin gibt es sowohl Decken aus Sedimentgesteinen, insbesondere die „Nördlichen Kalkalpen", als auch solche aus dem Grundgebirge der Adriatischen Platte. In den Westalpen sind die ostalpinen Decken weitgehend der Erosion zum Opfer gefallen, soweit sie dort überhaupt je existierten. Eine Ausnahme ist die Dent-Blanche-Decke im Wallis, eine große ostalpine Klippe, die auf den penninischen Tiefseegesteinen liegt. Nicht nur der Dent Blanche besteht aus ostalpinem Grundgebirge, sondern eine ganze Reihe weiterer namhafter Viertausender, wie das Weißhorn und das Matterhorn (Abb. 8.4).

Die Südalpen sind die vierte tektonische Großeinheit. Südlich des Ostalpins gelegen, waren sie Teil des Schelfmeeres der Adriatischen Platte. Sie gehören nicht zum alpinen Deckenstapel, sondern werden von diesem durch eine große Störungszone getrennt, die je nach Abschnitt als Insubrische Linie (in den Westalpen), als Periadriatisches Lineament (in den Ostalpen) oder auch unter diversen anderen Lokalnamen bekannt ist. Diese ist eine Seitenverschiebung und zugleich eine Rücküberschiebung. Der fertige alpine Deckenstapel wurde an dieser Störungszone in einer späten Phase der Gebirgsbildung steil nach Süden hin überschoben und dabei verkippt. Wie ein Keil schoben sich die Südalpen unter den ursprünglich geneigten Deckenstapel, sodass die Decken jetzt eher flach liegen. Unmittelbar nördlich der Rücküberschiebung wurden dadurch besonders tiefe Bereiche aus dem Deckenstapel freigelegt, während die Gebiete südlich davon nur leicht angehoben sind. Die Insubrische Linie verläuft von Ivrea über Locarno, Tirano und den Tonalepass. Kurz vor dem Etschtal knickt sie nach Norden ab, schneidet durch Meran und biegt wieder nach Osten durch das Gailtal und die Karawanken. Demnach gehören die Bergamasker Alpen, die Dolomiten, die Karnischen Alpen und die Julischen Alpen im strengen Sinn nicht zum alpinen Deckengebirge, sondern zu den Südalpen, die nicht von Deckenüberschiebungen erfasst wurden und keiner Metamorphose ausgesetzt waren. Innerhalb der Südalpen gibt es kleinere Überschiebungen, die ebenfalls nach Süden gerichtet sind.

Da weite Teile der Alpen nicht sehr tief erodiert wurden, sind die meisten an der Oberfläche zu findenden Gesteine in der Grünschieferfazies oder gar nicht umgewandelt worden. Der höchste Metamorphosegrad wird im Tessin und im Tauernfenster erreicht, wo Gesteine aus größerer Tiefe an der Oberfläche liegen, die unter Bedingungen der Amphibolitfazies umgewandelt wurden. In manchen der dortigen hochmetamorphen Gneise haben sich sogar Schmelzen gebildet, sie werden als Migmatit bezeichnet. Neben dieser Metamorphose, die innerhalb der durch Deckenüberschiebungen verdickten Kruste stattfand, gibt es auch die in Abschnitt 6.4 beschriebenen Hochdruckgesteine, die zunächst subduziert wurden und anschließend in den Deckenstapel aufstiegen.

Während der alpinen Gebirgsbildung entstanden nahezu keine Granite. Die einzigen größeren Granitplutone sind der Bergeller Granit und die Plutone im Adamello, die beide in der Nähe der Insubrischen Linie aufstiegen. Das Adamello besteht aus einer ganzen Reihe von Plutonen, überwiegend aus Tonalit (dessen Name sich vom Tonalepass ableitet) und Granodiorit. Die Plutone sind in die Sedimentgesteine der Südalpen eingedrungen und haben diese in der unmittelbaren Umgebung zu kontaktmetamorphen Gesteinen umgewandelt. Im Bergeller Granit gibt es einige markante Berge mit hohen Felswänden, von denen der Piz Badile der bekannteste ist. Das Gestein enthält große Kalifeldspäte, die oft mehrere Zentimeter groß sind. Auch um den Bergeller Granit gibt es eine Kontaktaureole. Im Val Malenco wurden zum Beispiel Serpentinite zu Gestei-

Abb. 8.4 Die Nordwand des Matterhorns (4478 m, links) und der Dent d'Hérens (4171 m, Bildmitte). Beide gehören zur Dent-Blanche-Decke, einer großen ostalpinen Klippe, die über den penninischen Decken liegt. Dabei handelt es sich um das Grundgebirge der Adriatischen Platte, unter die der Penninische Ozean subduziert wurde. Sie besteht überwiegend aus verschiedenartigem Gneis: die Spitze des Matterhorns aus hochmetamorph umgewandelten ehemaligen Sedimenten, darunter, durch eine Scherzone getrennt, aus leicht umgewandelten Graniten und Gabbros. Die darunter liegenden penninischen Einheiten bestehen hier aus Bündnerschiefer und eingeschuppten Ophiolitheinheiten („Combin-Schuppenzone"), wie sie typisch sind für einen Anwachskeil. Der eigentliche Zermatt-Saas-Fee-Ophiolith liegt darunter bzw. weiter östlich.

nen umgewandelt, die einen Teil des Wassers verloren haben und nun aus Mineralen wie Talk und Olivin zusammengesetzt sind.

Alle anderen Granite und Gneise sind wesentlich älter als die Alpen, sie stammen noch aus der Zeit der variszischen Gebirgsbildung und gehören entweder zum alten Grundgebirge Europas oder zu dem der Adriatischen Platte. Mit Ausnahme der Zentralmassive wurden sie als Decken verschoben (z. B. Monte Rosa und Bernina) und sind nun Teil des penninischen und ostalpinen Deckenstapels. Wie sie dort hinkamen, werden wir später sehen.

In den Zentralmassiven ist das europäische Grundgebirge freigelegt, also die Basis, über die sich die anderen Decken geschoben haben. Sie können als eine direkte Fortsetzung von Schwarzwald und Vogesen angesehen

Abb. 8.5 Blick vom Penninikum des Binntals auf das Aarmassiv mit dem Finsteraarhorn (4274 m). Im Vordergrund Gneise der penninischen Monte-Leone-Decke, dahinter das Binntal. Der grüne rundliche Rücken im Mittelgrund besteht aus weichem Bündnerschiefer (Penninikum). Das Aarmassiv auf der anderen Seite des Rhonetales ist ein gehobener Teil des variszischen Grundgebirges und besteht überwiegend aus Gneis und Granit. Das dunkle Finsteraarhorn hingegen besteht aus Amphibolit.

Abb. 8.6 Das Berner Oberland vom Space Shuttle. Die meisten Gipfel gehören zum Aarmassiv, in dem das alte Grundgebirge aus Granit und Gneis aufgeschlossen ist. Am Nordrand zieht sich ein schmaler Streifen der ursprünglichen, unverschobenen Sedimentbedeckung entlang, zu dem der Eiger und das Wetterhorn gehören. Die kleineren Berge am Brienzer See gehören zu den helvetischen Decken (Wildhorndecke), die sich über das damals noch nicht angehobene Aarmassiv hinweggeschoben haben. Rechts unten, südlich des Rhonetales, schließen sich penninische Decken an (Bündnerschiefer und Monte-Leone-Decke). Foto: Nasa.

werden. Zu den Zentralmassiven gehören viele hohe Berge und typische Granitlandschaften.

Das riesige Aarmassiv (Abb. 8.5, 8.6) ist ein Streifen aus Granit und Gneis, der fast alle hohen Berge im Berner Oberland umfasst und nach Osten bis zum Tödi reicht. Dazu gehören die steilen Granitfelsen an der Gotthard-Autobahn bei Göschenen, am Dammastock und am Grimselpass, am Aletschhorn und Bietschhorn; wie auch die Gneise der Jungfrau und des Schreckhorns und der dunkle Amphibolit am Finsteraarhorn. Der Eiger (Abb. 8.7) steht gerade außerhalb des Aarmassivs, er gehört zu einem schmalen Streifen aus Sedimenten, die im Mesozoikum direkt auf dem Grundgebirge abgelagert wurden und sich noch immer mehr oder weniger an Ort und Stelle befinden. Dieser Streifen zieht sich heute am Nordrand des Aarmassivs entlang, außer dem Eiger gehören auch die Blümlisalp, das Wetterhorn und der Tödi dazu.

Das Gottardmassiv schließt sich unmittelbar südlich an das Aarmassiv an, von dem es nur durch einen schmalen Sedimentstreifen getrennt wird, der zwischen beiden eingeklemmt ist und auf der Linie Furkapass-Andermatt verläuft. Das Gottardmassiv ist deutlich stärker von der alpinen Gebirgsbildung beansprucht worden als das Aarmassiv. Es wird von manchen Forschern als rückgefaltete Front einer richtigen Decke betrachtet und zusammen mit anderen vom Rand Europas stammenden Grundgebirgsdecken zu den penninischen Einheiten gezählt.

Der höchste Berg der Alpen ist Teil eines weiteren prachtvollen Zentralmassivs. Der riesige Granitstock des Mont Blanc überragt die anderen Berge bei Weitem und

Abb. 8.7 Die Nordwand des Eigers (3970 m) aus gebanktem Kalkstein der Jurazeit. Die Sedimentgesteine am Nordrand des Aarmassivs liegen noch immer nahezu unbewegt auf dem Grundgebirge. Foto: Dirk Beyer.

Abb. 8.8 Granit des Mont-Blanc-Massivs an der Aiguille Verte (4122 m). Die Gesteine der Zentralmassive gehören zum europäischen Grundgebirge, sie entstanden bereits bei der variszischen Gebirgsbildung. Foto: Simo Räsänen.

dennoch lag auch über diesem einmal der alpine Deckenstapel. Südlich des Mont-Blanc-Massivs (Abb. 8.8) sind noch das Pelvoux-Massiv (mit dem Barre des Écrins, dem westlichsten und zugleich südlichsten Viertausender der Alpen) und das Mercantour-Massiv (in den französichen Seealpen) als weitere Zentralmassive zu nennen.

Ausgerechnet die tiefsten Einheiten bilden die höchsten Berge. Genau genommen sind diese Zentralmassive auch etwas bewegt worden, als riesige Späne des Grundgebirges wurden sie während einer sehr späten Phase der Gebirgsbildung steil auf das Alpenvorland überschoben und verkippt. Wir sehen, dass die tiefsten Einheiten als tektonische Fenster nicht etwa dort freigelegt wurden, wo die Erosion tiefe Täler eingeschnitten hat, sondern im Gegenteil dort, wo die Hebung und direkt anschließende Erosion besonders stark waren. Unterschiedlich starke Hebung hat den Deckenstapel nachträglich stark verformt. Besonders im Tessin und in den Zentralmassiven war die Hebung stark, sodass durch Erosion tiefe Bereiche an die Oberfläche kamen. Im Wallis war sie hingegen vergleichsweise gering, daher ist dort noch immer die große ostalpine Klippe der Dent Blanche erhalten. Dass die Berge im Wallis dennoch deutlich höher sind als im Tessin liegt an der unterschiedlichen Wirksamkeit der Erosion, die im Tessin offensichtlich stärker war.

8.2 Die Geschichte der Alpen: Ein Ozean entsteht

Die Gneise und Granite der Zentralmassive gehen auf die variszische Gebirgsbildung zurück, durch die der Superkontinent Pangäa entstand, der fast alle Landmassen vereinte. Den Atlantik gab es noch nicht, New York lag neben der Sahara, Grönland war fest mit Kanada verbunden und Skandinavien mit Grönland. Spanien war das Bindeglied zwischen Eurasien, Nordamerika und Gondwana, damals noch so verdreht, dass es den Golf von Biskaya nicht gab. Die spätere Adriatische Platte lag direkt östlich von Spanien zwischen Europa und Gondwana. Östlich der Adriatischen Platte erstreckte sich der wie ein C geöffnete Tethys-Ozean, mit Nordafrika (Gondwana) im Süden und Osteuropa, Iran und so weiter im Norden. Zwischen Afrika und der Adriatischen Platte ragte ein fingerfömiger Zweig der Tethys in die Landmasse hinein.

Bereits im Perm war das Variszische Gebirge abgetragen, die Kruste begann sich zu dehnen und in der Folge brachen eine Reihe von Gräben ein. Ein solcher Graben konnte in der Nordschweiz unter den Sedimenten des Molassebeckens nachgewiesen werden. Von anderen sind nur die aus Sedimenten und Vulkangesteinen bestehenden Grabenfüllungen erhalten, die nachträglich in die Alpen eingebaut wurden. Der Quarzporphyr von Bozen war zum Beispiel einmal ein Ignimbrit, der in einem solchen Graben als Glutwolke abgelagert wurde.

In der Trias (Abb. 8.9) öffnete sich im Nordosten der späteren Adriatischen Platte (dem heutigen Ostalpin) ein schmaler Seitenarm der Tethys, der Hallstadt-Meliata-Ozean. Die genaue Position und Geometrie dieses Ozeans ist leider ziemlich unklar, vielleicht riss er scherenförmig in die spätere Adriatische Platte hinein. Der heutige Alpenraum sank durch die Dehnung so weit ab, dass er überflutet und zu einem tropischen Flachmeer am Rand der Tethys wurde. Ähnlich wie etwas später im Gebiet des Juragebirges (Abschnitt 1.4) und wie heute die Bahamas war die Region eine Karbonatplattform mit großen Riffen, bei denen die Produktion von Karbonatgesteinen mit der Absenkung Schritt halten konnte. Die mächtigsten, bis zu 3 km dicken Karbonate wurden in den heutigen Südalpen und den heute zum Ostalpin gehörenden Nördlichen Kalkalpen abgelagert.

Die Dolomiten (Abb. 8.10) sind ein besonders spektakulärer Teil der Karbonatplattform, der kaum von der späteren Gebirgsbildung beeinflusst wurde (Bosellini et al. 2003). Die hohen Felsberge der Dolomiten sind Riffe, die von Schwämmen und Korallen aufgebaut wurden. Es kommen auch Fossilien wie Muscheln, Ammoniten und

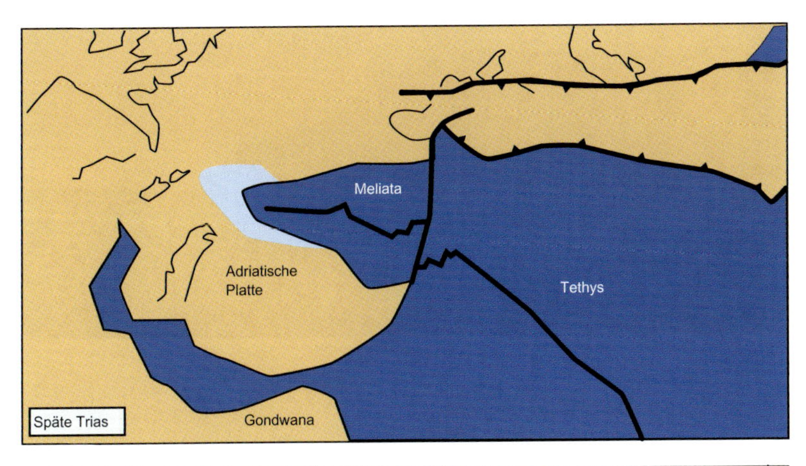

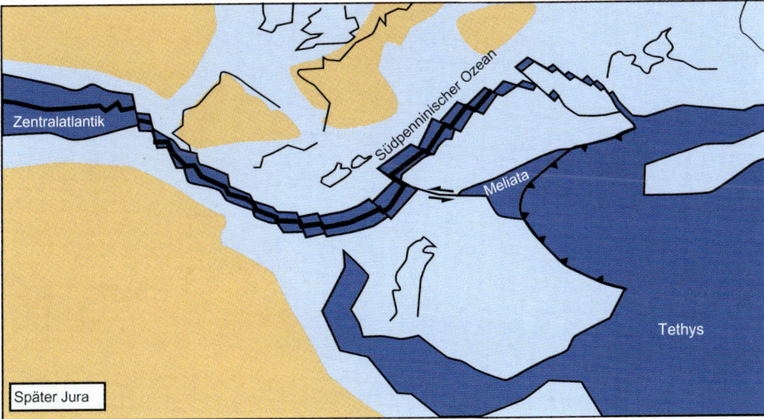

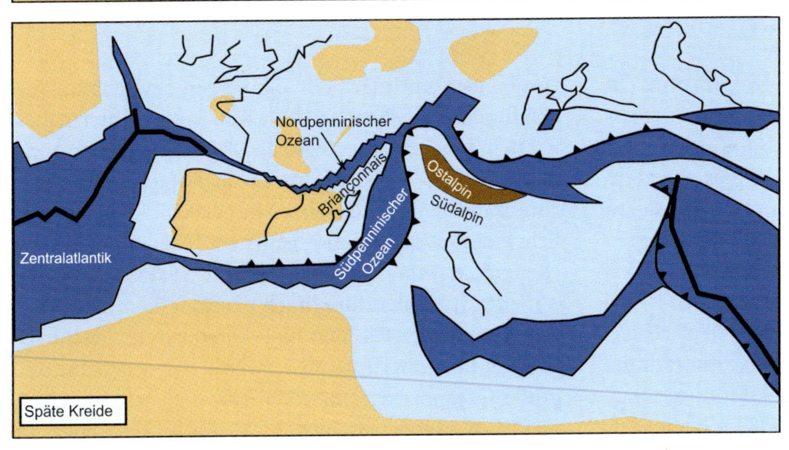

Abb. 8.9 Der Alpenraum in der späten Trias, im späten Jura und in der späten Kreide. Späte Trias: Der Großkontinent Pangäa beginnt zu zerbrechen. Der Meliata-Ozean öffnet sich, die Adriatische Platte wird zu einem Flachmeer. Später Jura: Mit der Öffnung des Zentralatlantiks bildet sich zwischen Europa und der Adriatischen Platte der Penninische Ozean. Der Meliata-Ozean wird subduziert. Späte Kreide: Der Meliata-Ozean ist geschlossen und hat das frühalpine Deckengebirge des Ostalpins aufgeworfen. Der Penninische Ozean, durch die Briançonnais-Schwelle (Flachmeer mit kontinentaler Kruste) in zwei Becken geteilt, wird bereits unter den Rand der Adriatischen Platte subduziert. Nach Schmid et al. (2004).

Seelilien vor. Allerdings unterschieden sich die Riffe stark von heutigen Riffen, genau genommen spielten Korallen nur eine untergeordnete Rolle. Große Mengen an massigen, feinkörnigen Karbonaten wurden von Algen und Bakterien abgelagert. Die Bakterien lebten in flachen Lagunen als Mikrobenmatten und lagerten Millimeter um Millimeter ein fein laminiertes Gestein ab.

Die Becken zwischen den Riffen wurden schon während dem Wachstum der Riffe mit Riffschutt, Kalksand und Kalk-Turbiditen aufgefüllt. Wenn die Karbonatproduktion schneller wurde als die Absenkung, wuchsen die Riffe auch in die Breite, über den Riffschutt, der sie umgibt, hinweg. Im Profil sind die Riffe daher mit der Beckenfüllung verzahnt. Nach der Hebung der Südalpen wurde die leichter zu erodierende Beckenfüllung zum großen Teil abgetragen, sodass die Riffe selbst als große, die Umgebung bis zu 1500 m überragende Bergstöcke stehen blieben.

Abb. 8.10 Die Berge in den Dolomiten sind große Riffe einer Karbonatplattform, die von Schwämmen, Korallen, Algen und Bakterien aufgebaut wurden. a) Sellagruppe (3151 m) Foto: Creator-bz. b) Drei Zinnen (2999 m) von Süden. Foto: Domenico Salvagnin.

Zu einem großen Teil bestehen die Dolomiten nicht aus Kalkstein, sondern aus einem anderen Karbonatgestein, aus Dolomit. Statt aus dem Mineral Kalzit ist das Gestein aus einem Mineral aufgebaut, das ebenfalls Dolomit heißt. Dieses Mineral wurde zum ersten Mal im 18. Jahrhundert von dem französischen Mineralogen Déodat de Dolomieu beschrieben, nach dem auch gleich die dazugehörige Landschaft benannt wurde. Im Dolomit ist die Hälfte des Ca^{2+} durch Mg^{2+} ersetzt, das ebenfalls aus dem Meerwasser stammt. Die Umwandlung von Kalkstein zu Dolomit wird als „Dolomitisierung" bezeichnet. Eigentlich ist diese Umwandlung bei niedriger Temperatur gar nicht möglich, aber bestimmte Bakterien schaffen es, diese Regel außer Kraft zu setzen. Inzwischen geht man davon aus, dass viele Dolomite doch nicht durch nachträgliche Dolomitisierung entstanden, sondern in den Mikrobenmatten direkt als Dolomit abgelagert wurden (McKenzie & Vasconcelos 2009). Dolomit ist wesentlich schlechter wasserlöslich als Kalkstein, was sich wiederum auf die Landschaftsformen auswirkt.

Zeitweise drang das Meer auch in den süddeutschen Raum und die Nordschweiz ein, wo sich Ablagerungen von Flüssen mit marinen Sedimenten abwechseln. Von den für den Faltenjura so wichtigen Salzschichten haben wir bereits gehört. Die typische Dreiteilung der „Germanischen Trias" in von Flüssen abgelagerte Sandsteine (Buntsandstein), Kalkstein (Muschelkalk) und schließlich einen Wechsel aus Sandstein, Mergel und Gips (Keuper) war namensgebend für die Triaszeit.

Seit dem frühen Jura brach der Superkontinent Pangäa auseinander. Es folgt eine komplizierte Geschichte von Kontinentbruchstücken, zwischen denen kleine und große Ozeanbecken aufreißen und sich wieder schließen. Die grobe Geschichte ist relativ klar, aber die Details und die exakte Reihenfolge sind nur schwer zu rekonstruieren und noch immer umstritten (z. B. Stampfli et al. 1998, Schmid et al. 2004, Frisch & Meschede 2005). Da sich die Geologen bezüglich der Details nicht einig sind, sehen die Kartenskizzen in jeder Veröffentlichung etwas anders aus.

Zunächst trennten sich Gondwana und Laurasia (Nordamerika und Eurasien), dazwischen entstand eine durchgehende Meeresstraße von West nach Ost. Im Westen war dies der Zentralatlantik, der zwischen Gondwana und Nordamerika aufbrach. Zwischen Spanien und Nordafrika entwickelte sich ein schmaler Ozean, der sich durch die relative Bewegung zwischen den beiden Kontinenten nur langsam, aber mit einer starken linkssinnigen Komponente dehnte. Gleichzeitig trennte sich Eurasien von der Adriatischen Platte, die ein flacher Schelfbereich im offenen Meer blieb und mit dem Schelf von Nordafrika verbunden blieb. Zwischen Europa und der Adriatischen Platte entstand der Südpenninische Ozean (auch Piemont-Ligurischer Ozean oder kurz Südpenninikum), ein Tiefseebecken mit richtiger ozeanischer Kruste, das eine Verbindung zwischen Zentralatlantik und Tethys schuf. Wie wir bereits aus Abschnitt 3.6 wissen, öffnete sich dieser Ozean sehr langsam, wobei sich am Anfang kein Mittelozeanischer Rücken ausbildete und stattdessen der Erdmantel freigelegt wurde. Der europäische Kontinentalrand wurde zu einem typischen passiven Kontinentalrand: Schon durch die Grabenbildung war er ausgedünnt und in einzelne Schollen zerbrochen, die wie Stufen zur Tiefsee hin immer weiter absanken. Die Stufen wurden unter mächtigen Kalksteinen und Mergeln begraben, die den Kontinentalrand zu einer flachen Rampe, dem Kontinentalhang machten. Diese Kalksteine und Mergel werden später zu den helvetischen Decken.

Auch die angrenzenden Kontinente waren überflutet. An der Kante oberhalb des Kontinentalhanges gab es ein Barriereriff, das Teile des heutigen Juragebirges aufbaut. Süddeutschland war damals ein Flachmeer. Auf der anderen Seite der Tiefsee, auf der Adriatischen Platte, waren ältere Riffe wie die der Dolomiten inzwischen abgestorben und in größere Meerestiefe gesunken: Die stark verminderte Karbonatproduktion, die nur noch von dem im Wasser lebenden Plankton gespeist wurde, konnte nicht mehr mit der fortgesetzten Absenkung mithalten.

Der Meeresboden in der Tiefsee des Südpenninischen Ozeans lag tiefer als die Karbonat-Kompensationstiefe. Das bedeutet, dass das Wasser dort unten so stark an Karbonat untersättigt war, dass alle abregnenden Karbonatpartikel aufgelöst wurden, bevor sie den Boden erreichten. Lediglich die Schalen der kieseligen Einzeller, der Radiolarien, kamen dort unten an. Radiolarit ist ein fast nur aus Quarz bestehendes Gestein, das in den Alpen oft zusammen mit Ophiolithen vorkommt. Später, als der Ozean schon breiter war, wurde in der Tiefsee doch noch Kalkstein abgelagert. Vermutlich wirkten sich Meeresströmungen entsprechend auf die Tiefenlage der Karbonat-Kompensationstiefe aus.

Im Penninischen Ozean waren Seitenverschiebungen von großer Bedeutung, schließlich bewegte sich Afrika relativ zu Europa nach Osten. Am Übergang von der Jura- zur Kreidezeit bewegte sich Spanien entlang der späteren Pyrenäen ein wenig nach Osten und trennte sich dabei von Neufundland. Auf der östlichen Seite Spaniens riss dabei entlang dem europäischen Kontinentalrand ein weiteres Meeresbecken auf, der schmale, aber tiefe Nordpenninische Ozean oder „Walliser Trog“. Vom größeren Südpenninischen Ozean wurde es von einem langen Sporn aus überfluteter kontinentaler Kruste getrennt, einem schmalen Streifen des europäischen Kontinentalrandes, der an Katalonien hing und vor der europäischen Küste nach Osten wanderte. So etwas Ähnliches passiert heute am Golf von Kalifornien, wo allerdings die Halbinsel von Niederkalifornien über dem Meeresspiegel liegt. Der Golf von Kalifornien ist ein mit der San-Andreas-Verwerfung verbundenes Meeresbecken, das durch die Bewegung an der Seitenverschiebung aufgerissen ist. In diesem Meeresbecken wird bereits an winzigen Mittelozeanischen Rücken, die durch lange Seitenverschiebungen versetzt sind, neue ozeanische Kruste produziert. Die Schwelle zwischen den beiden tiefen Meeresbecken des Penninischen Ozeans wird Mittelpenninikum oder Briançonnais genannt. Auch Sardinien, Korsika und die Balearen waren Teil dieses fingerförmigen Sporns, der erst später zerbrach; Korsika und Sardinien müssen wir uns gedreht vor der Küste von Frankreich und Spanien vorstellen. Allerdings glauben manche Geologen nicht an diese riesige, von Spanien bis in den Alpenraum reichende Schwelle und meinen stattdessen, dass sich die einzelnen Bruchstücke unabhängig voneinander auf Wanderschaft begaben.

An den Hängen des Walliser Trogs kam es zu Rutschungen, dabei wurden an den Rändern Brekzien (also Gesteinsbruchstücke, die wieder zementiert worden sind) und Flysch abgelagert. Der Walliser Trog selbst wurde schnell mit großen Mengen von Tonstein, Mergel und etwas Kalkstein aufgefüllt, Süddeutschland war inzwischen wieder trocken gefallen und lieferte das notwendige tonige Material. In der alpinen Gebirgsbildung wurden diese Sedimente später zu Kalkglimmerschiefer umgewandelt. Diese „Bündnerschiefer“ oder „Schistes lustrés“ des Walliser Troges bilden in den Alpen die untersten Decken des Penninischen Deckenstapels. Ihre größte Verbreitung haben sie südöstlich des Vorderrheintales.

Während sich der Walliser Trog öffnete, schloss sich im Osten der Meliata-Ozean und es kam zu einer ersten Kollision, zur frühalpinen Gebirgsbildung, bei der sich die ostalpinen Decken in nordwestliche Richtung übereinanderschoben (Neubauer et al. 2000, Schmid et al. 2004). Der nördlichste Zipfel der Adriatischen Platte, der nun als Halbinsel zwischen dem Südpenninischen Ozean und dem Hauptbecken der Tethys lag, wurde zu einem Gebirge. Die ursprüngliche Herkunft der jeweiligen Decken ist umstritten, und in jüngerer Zeit wurde die relative Position mancher Decken zum Teil neu

Abb. 8.11 Die Nördlichen Kalkalpen gehören zu den ostalpinen Decken und stammen somit vom Nordrand der Adriatischen Platte. Die Sedimente wurden in der Trias abgelagert, als die Region eine Karbonatplattform war. In der Kreidezeit schloss sich der kleine Meliata-Ozean: Schon in der frühalpinen Gebirgsbildung schoben sich die ostalpinen Decken übereinander. In der alpinen Gebirgsbildung wurde dann der fertige ostalpine Deckenstapel über die Decken des Penninischen Ozeans geschoben. In der Spätphase der Gebirgsbildung wurden die Nördlichen Kalkalpen wie der Rest der Ostalpen nach Osten hin in die Länge gezogen. Sie zerbrachen dabei in rautenförmige Blöcke, zwischen denen die heutigen Täler verlaufen. a) Zugspitze (2962 m), Foto: KaukOr. b) Watzmann (2713 m), Foto: Nachtgiger.

interpretiert. Entsprechend unausgereift sind die Vorstellungen zum genauen Ablauf der frühalpinen Kollision. Sicher ist, dass neben Überschiebungen auch Seitenverschiebungen eine große Rolle gespielt haben. Es scheint sogar eine noch frühere Kollision eines kleinen Terrans gegeben zu haben, von dem nur winzige Klippen erhalten sind.

Die nördlichsten Decken der Ostalpen, insbesondere die Nördlichen Kalkalpen (Abb. 8.11), bestehen aus Sedimenten. Zu diesen Decken gehören auch Decken aus dem Grundgebirge, etwa die Silvretta-Decke, die ebenfalls kaum durch die alpine Gebirgsbildung überprägt worden ist. Entlang der zentralen Achse der Ostalpen, also zwischen den Nördlichen Kalkalpen und den Südalpen, finden sich Decken aus metamorphen Gesteinen, die während der frühalpinen Kollision bis zur Amphibolitfazies überprägt worden sind. Zum Teil, vor allem in den östlichen Ostalpen, finden sich darin auch Eklogite und andere Hochdruckgesteine, die in der Subduktionszone umgewandelt wurden und an die Oberfläche entkommen konnten. Letztere werden als Sutur des Meliata-Ozeans interpretiert, während die weniger beanspruchten Grundgebirgsdecken von den jeweiligen Kontinentalrändern stammen, ohne in entsprechende Tiefe subduziert zu werden.

Die untersten Decken schließlich, Unterostalpin genannt, waren das Grundgebirge der Adriatischen Platte, das unter dem frühalpinen Gebirge lag und an den Südpenninischen Ozean grenzte. Ein Beispiel ist die Err-Bernina-Decke am Westrand der Ostalpen (Abb. 8.12). Sie besteht aus variszischem Grundgebirge, das bei der frühalpinen Kollision nur leicht überprägt wurde. Der Bernina-Granit zum Beispiel ist durch die grünschieferfazielle Metamorphose tatsächlich grün geworden. Auch am Ostrand der Ostalpen und am Tauernfenster sind Decken des Unterostalpin zu sehen.

Die Grenze zwischen Österreich und Schweiz entspricht etwa der westlichen Front des frühalpinen Gebirges. Daraus erklärt sich auch, dass in den Westalpen kaum ostalpine Decken erhalten sind: Einen richtigen ostalpinen Deckenstapel hat es im Westen nie gegeben. Die dortigen Klippen (Sesia- und Dent-Blanche-Decke) gehören ebenfalls zum Unterostalpin, sie waren der Rand der Adriatischen Platte, der dem Penninischen Ozean zugewandt war.

Zum Ende der Kreidezeit war das frühalpine Gebirge schon wieder eingeebnet, durch Erosion und Dehnung waren Gesteine an die Oberfläche gekommen, die zuvor noch heiß genug waren, um sich plastisch zu verformen.

In der Kreidezeit hatten sich außerhalb des Alpenraumes einige Kontinentsplitter von Europa und Afrika gelöst. Spanien trennte sich ein wenig von Europa und drehte sich aufgrund der relativen seitlichen Bewegung der beiden Kontinente gegen den Uhrzeigersinn. Dabei öffnete sich der Golf von Biskaya, der sich als schmales Meer durch die Pyrenäen bis zum Nordpenninischen Ozean fortsetzte. Dadurch näherte sich die Briançonnais-Schwelle wieder an Europa an (zumindest falls es

Abb. 8.12 Piz Bernina (4049 m) besteht aus dem ehemaligen Grundgebirge der Adriatischen Platte, das als Decke (Unterostalpin) über die Einheiten des Penninischen Ozeans geschoben wurde.

sich um einen Sporn handelte, der mit Spanien verbunden war), der schmale Walliser Trog wurde noch schmaler, seine Sedimente wurden regelrecht zwischen den beiden Rändern eingeklemmt. Auch die Adriatische Platte hatte sich wohl inzwischen an ihrem Südende von Afrika selbstständig gemacht. Weitere Kontinentsplitter, die zum Teil gleich wieder zusammenstießen, finden sich in Südosteuropa.

Irgendwann in der Kreidezeit hatte der Penninische Ozean schließlich seine größte Ausdehnung erreicht, er war aber nie breiter als etwa 1000 km gewesen. Die weitere Öffnung des Atlantiks veränderte die Bewegung der Kontinente, die sich auch auf den Penninischen Ozean auswirkte. Nun bildete sich am Nordrand der Adriatischen Platte eine Subduktionszone aus, die ozeanische Kruste des Südpenninischen Ozeans tauchte nach Südosten unter die Adriatische Platte ab. Die Bildung der Alpen ließ nicht mehr lange auf sich warten.

8.3 Die Kollision in den Alpen

Der alpinen Gebirgsbildung durch Kollision zweier Kontinente ging die Subduktion des Penninischen Ozeans unter die Adriatische Platte voraus. Von den Subduktionsvulkanen auf dem Ostalpin ist nichts erhalten. Erhalten ist, wenn auch stark verformt, der Anwachskeil dieser Subduktionszone. Die darin angesammelten Sedimente wurden später, in der alpinen Kollision und Metamorphose, zu Kalkglimmerschiefer umgewandelt, zu „Bündnerschiefer". Schon zu Beginn der Subduktion wurden kleine Ophiolithdecken in den Anwachskeil eingebaut. Die obere und untere Platta-Decke in der Ostschweiz zum Beispiel stammen vom Südrand des Ozeans und sind ein Musterbeispiel einer magmaarmen Kontinent-Ozean-Übergangszone (Abschnitt 3.6), wo sich zu Beginn der Ozeanspreizung kein Mittelozeanischer Rücken ausbilden konnte. Der Mantel liegt als Serpentinit vor, darüber gibt es Kissenlaven, die durch die alpine grünschieferfazielle Metamorphose grün gefärbt sind, und schließlich die ersten Tiefseesedimente. Die Gabbros und der Komplex aus Basaltgängen fehlen im Vergleich zu einem normalen Ophiolith weitgehend. Als sich die Subduktionszone ausbildete, wurden Teile dieses anomalen Ozeanrandes nicht versenkt, sondern in den Anwachskeil eingebaut (Manatschal & Müntener 2009).

Die Subduktion des Südpenninischen Ozeans unter die Adriatische Platte hatte eine starke rechtssinnige Komponente. Ähnlich wie bei der Subduktion unter die Nordinsel von Neuseeland (Abschnitt 5.1) wurde die Seitenverschiebung weitgehend durch eine entsprechende Verwerfung im Hinterland aufgenommen: Das Ostalpin bewegte sich an den Südalpen vorbei, womit die spätere Insubrische Linie bereits angelegt war.

Im frühen Tertiär erreichte die Briançonnais-Schwelle die Subduktionszone (Abb. 8.13). Der Zug der schweren ozeanischen Platte zwang deren kontinentale Kruste in die Subduktionszone. Dabei wurden große Späne abgeschürft und in den unteren Teil des Anwachskeils eingebaut, sozusagen Decken aus spanischem Grundgebirge (z. B. Tambo- und Suretta-Decke in der Ostschweiz, Bernhard-Decke im Wallis). Die Sedimente des Briançonnais blieben zum großen Teil an der Oberfläche und schoben sich als Decken weiter nach Norden über die

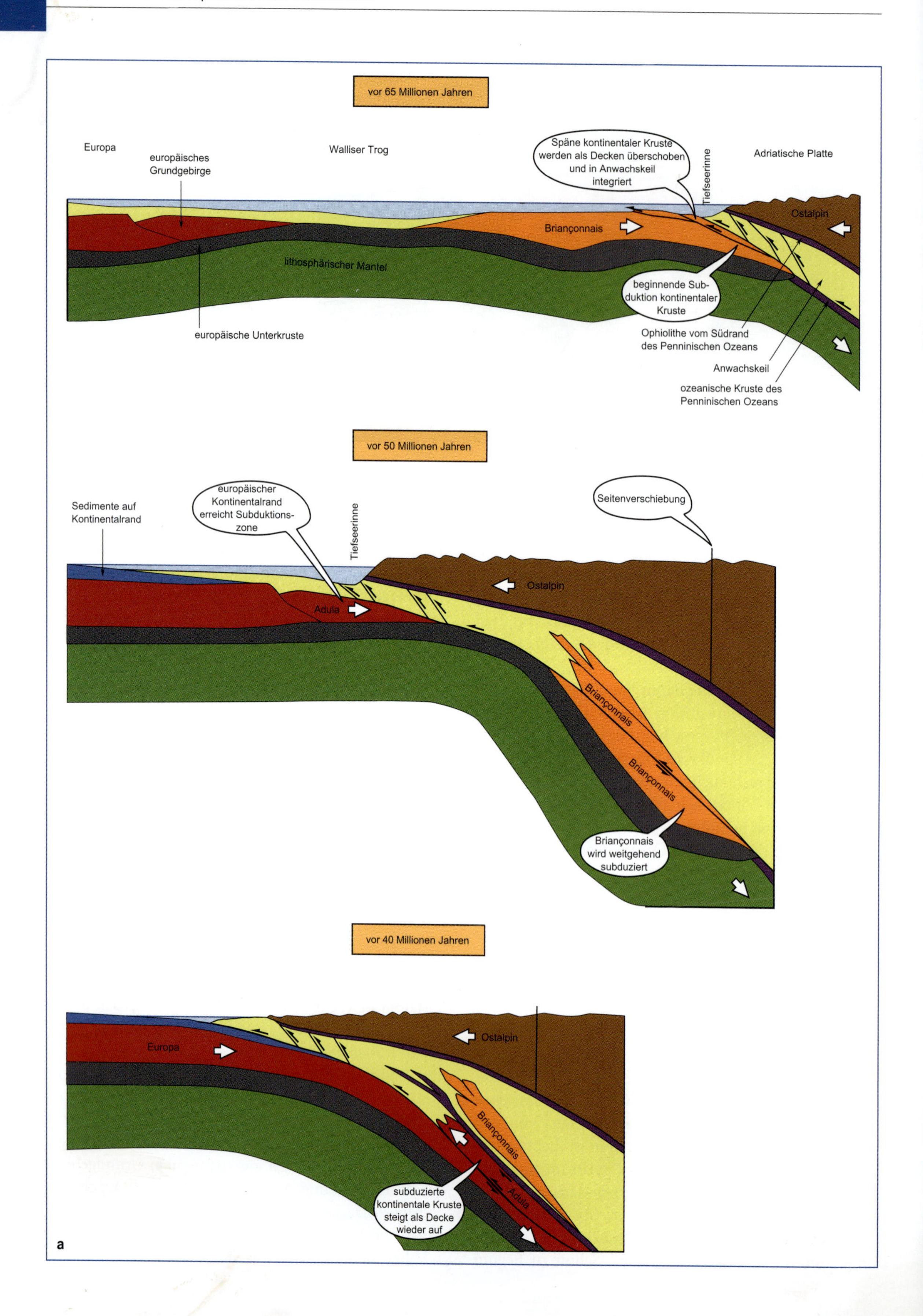
vor 65 Millionen Jahren
Europa
europäisches Grundgebirge
Walliser Trog
Späne kontinentaler Kruste werden als Decken überschoben und in Anwachskeil integriert
Tiefseerinne
Adriatische Platte
Ostalpin
Briançonnais
lithosphärischer Mantel
beginnende Subduktion kontinentaler Kruste
europäische Unterkruste
Ophiolithe vom Südrand des Penninischen Ozeans
Anwachskeil
ozeanische Kruste des Penninischen Ozeans
vor 50 Millionen Jahren
Sedimente auf Kontinentalrand
europäischer Kontinentalrand erreicht Subduktionszone
Tiefseerinne
Seitenverschiebung
Ostalpin
Adula
Briançonnais
Briançonnais
Briançonnais wird weitgehend subduziert
vor 40 Millionen Jahren
Ostalpin
Europa
Briançonnais
Adula
subduzierte kontinentale Kruste steigt als Decke wieder auf
a

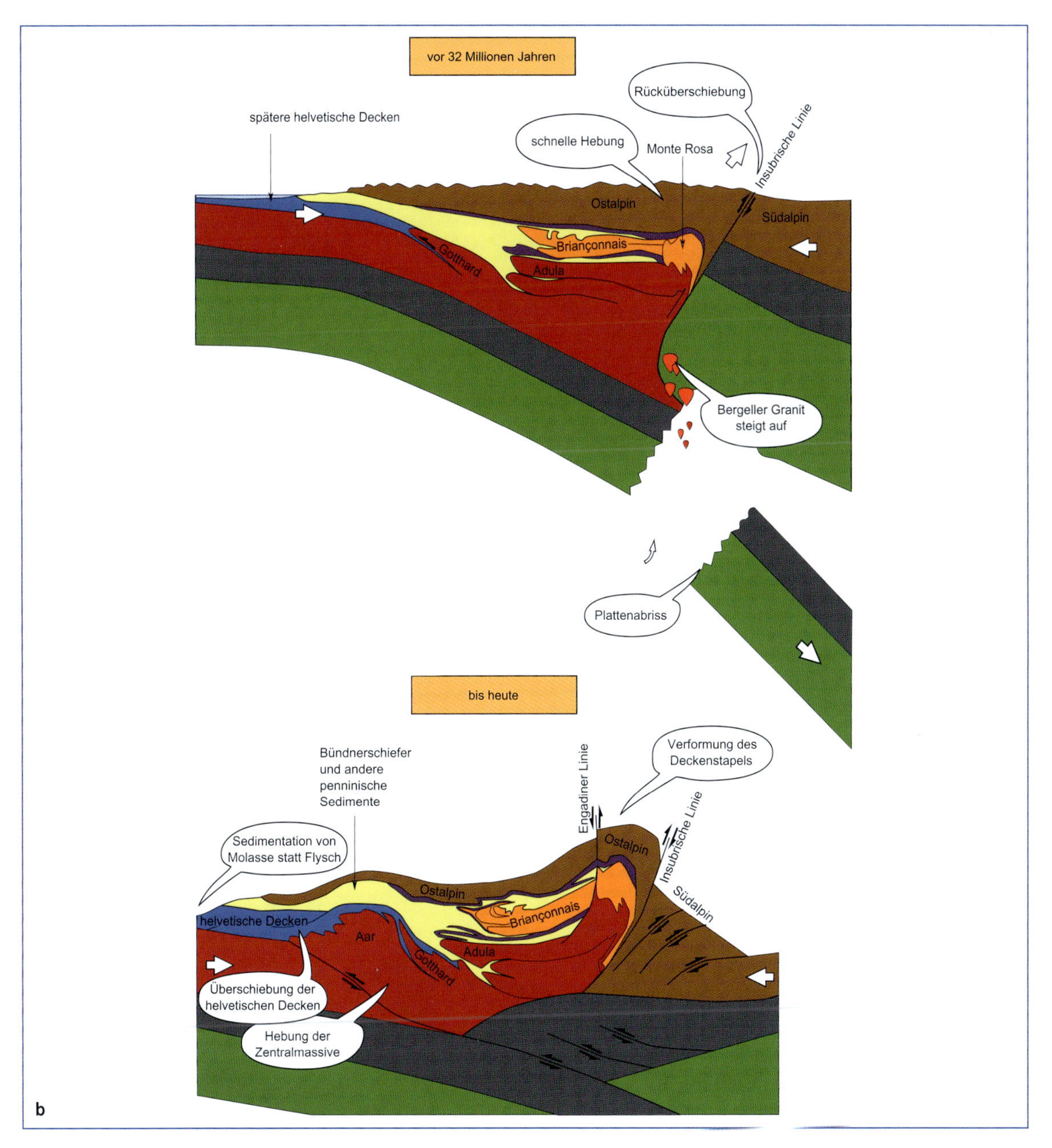

Abb. 8.13 a) Entwicklung der Zentralalpen im Profil. Vor 65 Millionen Jahren: Die Subduktionszone am Rand der Adriatischen Platte (Ostalpin und Südalpin) kollidiert mit der Briançonnais-Schwelle, von der große Späne abgehobelt und in den Anwachskeil einverleibt werden. Vor 50 Millionen Jahren: Der Walliser Trog ist verschwunden, der äußerste Rand Europas taucht bereits unter das Ostalpin ab. Bis auf die in den Anwachskeil einverleibten Decken wird das Briançonnais in die Tiefe subduziert. Vor 40 Millionen Jahren: Einzelne bis in große Tiefe subduzierte Krustenteile lösen sich von der abtauchenden Platte ab und steigen als Decken im Anwachskeil wieder auf. Manche stammen vom Briançonnais (Monte-Rosa-Decke, Gran-Paradiso-Decke), andere vom äußersten Rand Europas (Adula-Decke). Als Teil des Anwachskeils gehören sie nun zu den Penninischen Decken. b) Vor 32 Millionen Jahren: Der Abriss der abtauchenden Platte löst einen schnellen Aufstieg und leichten Magmatismus (Bergeller Granit) aus. Die Insubrische Linie, bisher eine Seitenverschiebung, wird zu einer Rücküberschiebung, an welcher der Deckenstapel nach Süden über das Südalpin geschoben wird. Im schmalen Meer wird noch immer Flysch abgelagert. Etwas später setzen sich die helvetischen Decken in Bewegung und aus dem letzten Rest des Meeres wird das Molassebecken am Nordrand der Alpen. Heute: Durch fortgesetzte Einengung wurde der Deckenstapel weiter verformt. Das Aarmassiv hob sich und wölbte die darüber liegenden Decken nach oben. Die obersten Einheiten sind weitgehend abgetragen. Nach Schmid et al. (1996).

Abb. 8.14 Penninikum bei Zermatt: Monte Rosa (4634 m), Lyskamm (4527 m) und Breithorn (4164 m). Die Monte-Rosa-Decke (mit Lyskamm) ist ein Teil des Grundgebirges des Briançonnais, das jedoch zunächst subduziert wurde und anschließend durch die geringe Dichte wieder aufstieg. Das Breithorn besteht aus Serpentinit und ist ein großer Klumpen des Erdmantels. Es ist Teil des Zermatt-Saas-Fee-Ophioliths, der über der Monte-Rosa-Decke liegt. Der Ophiolith setzt sich über Zermatt (im Tal) links des Monte Rosa zu Allalinhorn, Rimpfischhorn und Strahlhorn hin fort (Abb. 8.15). Der Mittelgrund des Bildes („Combin-Schuppenzone") besteht aus „Bündnerschiefer" (dem Anwachskeil der Subduktionszone) mit kleineren eingeschuppten Ophiolith-Stücken wie dem Grünschiefer im Vordergrund (am Zustieg zur Hörnlihütte). Der Basalt des Ozeanbodens wurde subduziert und zu Eklogit umgewandelt, die Umwandlung zu Grünschiefer erfolgte auf dem Rückweg.

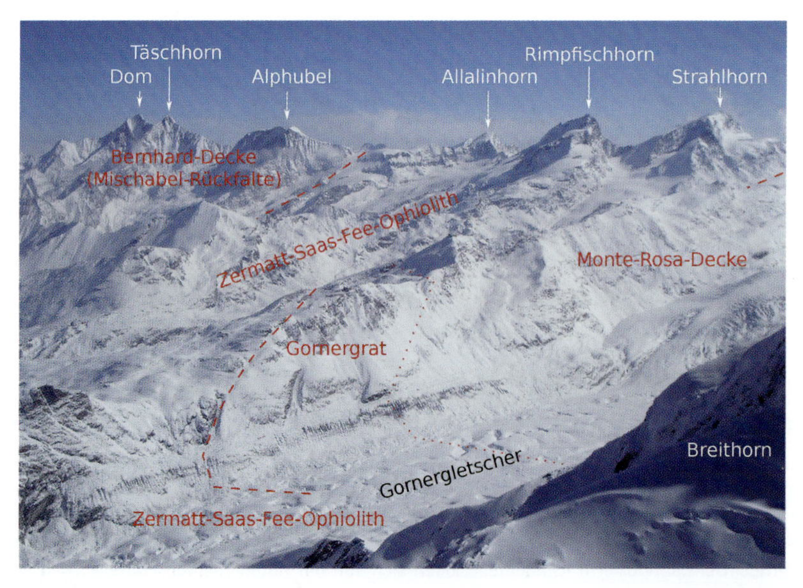

Abb. 8.15 Von der Aussichtsterrasse auf dem Kleinen Matterhorn überblickt man weitgehend den Zermatt-Saas-Fee-Ophiolith: ein großes Stück ozeanischer Lithosphäre, das 100 km tief subduziert wurde, bevor es wieder an die Oberfläche kam. Basalt und Gabbro („Allalingabbro") wurden dabei zu Eklogit umgewandelt, teilweise wurde dieser beim Aufstieg wiederum zu Blauschiefer oder Grünschiefer. Der lithosphärische Mantel kommt als Serpentinit vor (z. B. Breithorn). Die Monte-Rosa-Decke östlich unter den Ophiolithen ist Grundgebirge des Briançonnais (mit Sedimentbedeckung am Gornergrat), das ebenfalls zunächst subduziert wurde. Die Bernhard-Decke ist auch Grundgebirge des Briançonnais, wurde aber in den Anwachskeil eingegliedert, ohne tief subduziert zu werden. Normalerweise liegt auch sie unter den Ophiolithen (im Norden und im Westen), an Dom und Täschhorn wurde sie durch die späte Verformung des Deckenstapels ein Stück darüber gefaltet. Das generelle Einfallen der Schichten nach Westen kommt durch die spätere Aufwölbung des Tessins.

Bündnerschiefer des Walliser Troges hinweg. Sie sind später noch weiter gewandert und bilden jetzt die penninischen Klippen am Nordrand der Alpen.

Nachdem die Briançonnais-Schwelle bis auf die einverleibten Decken in der Subduktionszone verschwunden war, folgte ihr der schmale Nordpenninische Ozean und schließlich der europäische Kontinentalrand. Die Gneis-Decken im Tessiner Haupttal wurden von letzterem abgeschürft, sie könnten teilweise die Unterlage der Bündnerschiefer im Walliser Trog gewesen sein.

Einige tief versenkte Stücke des Briançonnais lösten sich von der abtauchenden Platte und stiegen dank ihrer geringen Dichte wieder in den Anwachskeil auf. Heute bilden sie einige hohe Berge. Dazu gehört die Monte-Rosa-Decke, die ursprünglich einmal aus variszischen Gneisen und Graniten des Briançonnais bestand, aber hochmetamorph überprägt worden ist. Ganz ähnlich erging es der Gran-Paradiso-Decke. Die Adula-Decke im Osttessin, die vor ihrem Aufstieg bis zur Eklogitfazies abgetaucht ist, stammt vermutlich vom europäischen Kontinentalrand. Andere Stücke, die aus noch größerer Tiefe entkommen konnten und ebenfalls in den Anwachskeil aufstiegen, haben wir bereits in Abschnitt 6.4 kennengelernt: die Cima-Lunga-Decke und das Dora-Maira-Massiv, in denen sogar das Ultrahochdruckmineral Coesit gefunden wurde.

Auch Stücke der subduzierten ozeanischen Lithosphäre kamen aus großer Tiefe wieder hoch, wie die Ophiolithe von Zermatt (Abb. 8.14, 8.15, siehe auch Abschnitt 6.4). Diese hochdruckmetamorphen und stark zerscherten Ophiolithe vom nördlichen Ozeanrand des Südpenninischen Ozeans stiegen ebenfalls in den Anwachskeil auf und landeten so im Deckenstapel in einer ähnlichen Position wie die niedrigmetamorphen Ophiolite, die dort schon länger steckten und vom südlichen Ozeanrand stammen. Die einen wie die anderen befinden sich innerhalb der „Bündnerschiefer" des Anwachskeils und reihen sich wie Perlen auf einer Kette aneinander. Als Sutur zweier kollidierter Kontinente ziehen sie sich durch den Alpenbogen.

Der Anwachskeil der Subduktionszone, nun zwischen dem Ostalpin und Europa eingeklemmt, war zum Penninischen Deckenstapel angeschwollen: mit den „Bündnerschiefern" des Walliser Troges, mit Grundgebirgsdecken vom Briançonnais und vom Rand Europas, mit Ophiolithen und den „Bündnerschiefern" des älteren Anwachskeils. Europa liegt im Norden beziehungsweise unter den penninischen Decken. Im Süden beziehungsweise über dem Anwachskeil liegen das Ostalpin und die Südalpen.

Zu diesem Zeitpunkt waren die Alpen noch ein relativ gerader Gebirgszug. Korsika lag damals noch südlich der Provence und bildete das westliche Ende des Gebirges: Der Westrand der Insel besteht aus europäischem Grundgebirge, während der Rest aus penninischen Decken mit Schiefer und Ophioliten besteht.

Während der Subduktion des Briançonnais unter die Adriatische Platte gab es über dem Anwachskeil noch immer ein Meer samt Tiefseerinne, in die vom Ostalpin aus Flysch geschüttet wurde. Da sich die Decken immer weiter nach Norden schoben, wanderten die Flyschbecken ebenfalls nach Norden.

Als die abtauchende ozeanische Platte abriss, passierte dies so tief, dass nur wenige Schmelzen gebildet wurden (Davies & von Blanckenburg 1995). Einzelne Basaltgänge sowie der Bergeller Granit (Abb. 8.16) und einige kleinere Granitplutone stiegen mit etwas Verzögerung entlang der Insubrischen Linie auf (die Plutone des Adamello waren schon etwas früher aufgestiegen). Wie in anderen Gebirgen (vgl. Abschnitt 6.1) wurde durch den Plattenabriss auch ein schneller Aufstieg ausgelöst. Die Insubrische Linie entwickelte sich zu einer Rücküberschiebung, der gesamte Deckenstapel schob sich steil nach Süden über die Südalpen, die sich wie ein Keil darunterschoben. Die Hebung an dieser Verwerfung dürfte bis zu 20 km betragen haben, der Deckenstapel wurde dadurch verkippt. Auch intern kam es zu Verformungen, die zentrale Achse etwas nördlich der Verwerfung wölbte sich als große Falte plastisch nach oben. Die Alpen stiegen endlich als breiter Rücken aus dem Meer auf und wurden sofort von der Erosion angegriffen. Die Flyschsedimentation hörte daher auf, stattdessen lagerte sich am Nordrand des aufsteigenden Gebirges der Erosionsschutt der Alpen ab: die Molasse, bestehend aus Konglomerat und Sandstein, Tonstein und Mergel. Zeitweise war das langsam unter seiner Sedimentlast absinkende Molassebecken ein Flachmeer wie der Persische Golf, zu anderen Zeiten fiel es trocken, wie die Gangesebene. Durch die Rücküberschiebungen nach Süden entstand auch südlich der Alpen ein Molassebecken, die Poebene.

Die verschiedenen Abschnitte der Alpen reagierten unterschiedlich auf die fortgesetzte Kollision. Die Insubrische beziehungsweise Periadriatische Linie, damals noch eine gerade Linie entlang der gesamten Alpen, war durch die leichte Drehung der Adriatischen Platte eine rechtssinnige Seitenverschiebung, die nach dem Plattenabriss noch um 100 km bewegt wurde. Im äußersten Westen schoben sich dadurch penninische Einheiten über den europäischen Rand nach Westen und formten den westlichen Alpenbogen zwischen Frankreich und Italien.

In der Schweiz setzten sich in der Spätphase der Gebirgsbildung die Sedimente des europäischen Kontinentalrandes in Bewegung und schoben sich als helvetische Decken in mehreren Phasen um 30 bis 95 km nach

Abb. 8.16 Piz Cengalo (3369 m) und Piz Badile (3308 m) mit seiner mehr als 700 m hohen, nahezu strukturlosen Nordostwand. Neben dem Adamello ist der Bergeller Granit der einzige größere Granitpluton, der während der alpinen Gebirgsbildung entstand.

Nordwesten. Die unter dem Penninikum eingeklemmten Sedimente wurden durch die anhaltende Bewegung von ihrem Untergrund abgeschert. Die uns bereits gut bekannte Glarner Hauptüberschiebung (Abschnitt 1.1) ist die Basis der helvetischen Decken. Der Sedimentstapel wurde aber auch intern in Decken zerlegt, die sich wie ein Stapel von Bierdeckeln gegeneinander verschoben. Die harten Kalksteine bewegten sich als starre Decke, während Tonsteine und Mergel als Schmiermittel dienten. Die höheren Decken haben sich deutlich weiter bewegt als die darunter liegenden, weshalb die jüngeren Sedimente (aus der Kreidezeit) jetzt am weitesten im Norden liegen (Abb. 8.17). Während ihrer Bewegung waren die einzelnen Decken inneren Spannungen ausgesetzt, durch die sie in Falten gelegt wurden. Die stärksten Spannungen herrschten an der Überschiebungsfront, weshalb wir an der Stirn der Decken, zum Beispiel am Säntis, auch die eindrucksvollsten Falten finden.

Auf ihrem Weg nach Norden schoben sich die helvetischen Decken über den Flysch, der kurz vor dem schnellen Aufstieg noch in der Tiefseerinne abgelagert worden war. Später schoben sie sich noch weiter nach Norden und überfuhren um bis zu 25 km das Molassebecken. Zu guter Letzt wurden sogar kleine Schuppen aus dem Molassebecken abgeschert, die sich an der Stirn

Abb. 8.17 Der Säntis (2502 m) am Alpennordrand ist die stark verfaltete Stirn der obersten, am weitesten nach Norden bewegten Decke des Helvetikums, die aus den jüngsten Sedimenten des europäischen Kontinentalrandes, aus Kalkstein der Kreidezeit, besteht. Die Decke schob sich über die Molasse, von der kleine Schuppen abgeschert wurden, die sich ebenfalls über das übrige Molassebecken schoben (Berg im Vordergrund). Foto: Erik Wilde.

der helvetischen Decken über das Molassebecken schoben. Berge wie Napf und Rigi bestehen aus solcher überschobenen Molasse.

Das Aarmassiv lag ursprünglich tief unter den helvetischen Decken. Nachdem die helvetischen Decken ihre letzten Überschiebungen unternahmen, begannen die Zentralmassive, sich als riesige Krustenspäne ein wenig nach Nordwesten zu bewegen und aufzusteigen, während die darüberliegenden Gesteine abgetragen wurden. Über der östlichen Fortsetzung des Aarmassivs im Glarnerland sind die helvetischen Decken noch erhalten, aber derart angehoben, dass die Glarner Hauptüberschiebung zu einem liegenden S deformiert ist.

In den Ostalpen wirkte sich die Spätphase der Gebirgsbildung nicht durch weitere Überschiebungen aus, sondern als ein seitliches Auseinanderfließen: Wie in Tibet und dem Himalaja war dies eine Kombination aus Orogenkollaps und einer gleichzeitigen Ausweichbewegung von Krustenblöcken (Frisch et al. 2000). Die Ostalpen wurden dabei schmaler, aber in östliche Richtung auf fast die doppelte Länge auseinandergezogen (Abb. 8.18). Diese Bewegung war möglich, weil sich im Osten noch ein Seitenbecken des Ozeans befand, dessen Kruste in den Karpaten subduziert wurde.

Die ostalpinen Decken verhielten sich dabei starr. Rautenförmige Blöcke wurden entlang von unzähligen Seitenverschiebungen gegeneinander versetzt, die heute oft durch Flusstäler nachgezeichnet sind. Drei Verwerfungen wurden besonders weit versetzt, im Süden fand die Hauptbewegung an der uns bereits bekannten rechtssinnigen Periadriatischen Linie statt, im Norden entlang von zwei linkssinnigen Verwerfungen, der Inntal- und der Salzach-Ennstal-Linie. Das Penninikum unter dem Ostalpin floss hingegen plastisch auseinander.

Wesentlich weiter als der Rest der Südalpen schoben sich die Dolomiten wie ein Stempel nordwärts in den Deckenstapel hinein. Die ursprünglich gerade Insubrische beziehungsweise Periadriatische Linie bekam dadurch den doppelten Knick, der sich um die Dolomiten herum zieht.

Direkt vor diesem Stempel, im Gebiet des Brenners, war die Ausweichbewegung besonders stark. Die Ötztaler Alpen und die Silvretta blieben dabei etwa an derselben Stelle, sie wurden nur leicht gestaucht, was die Ötztaler Alpen sogar etwas dicker machte. Auf der anderen Seite des Brenners wurde das Ostalpin hingegen einfach entlang einer flachen Scherzone nach Osten weggezo-

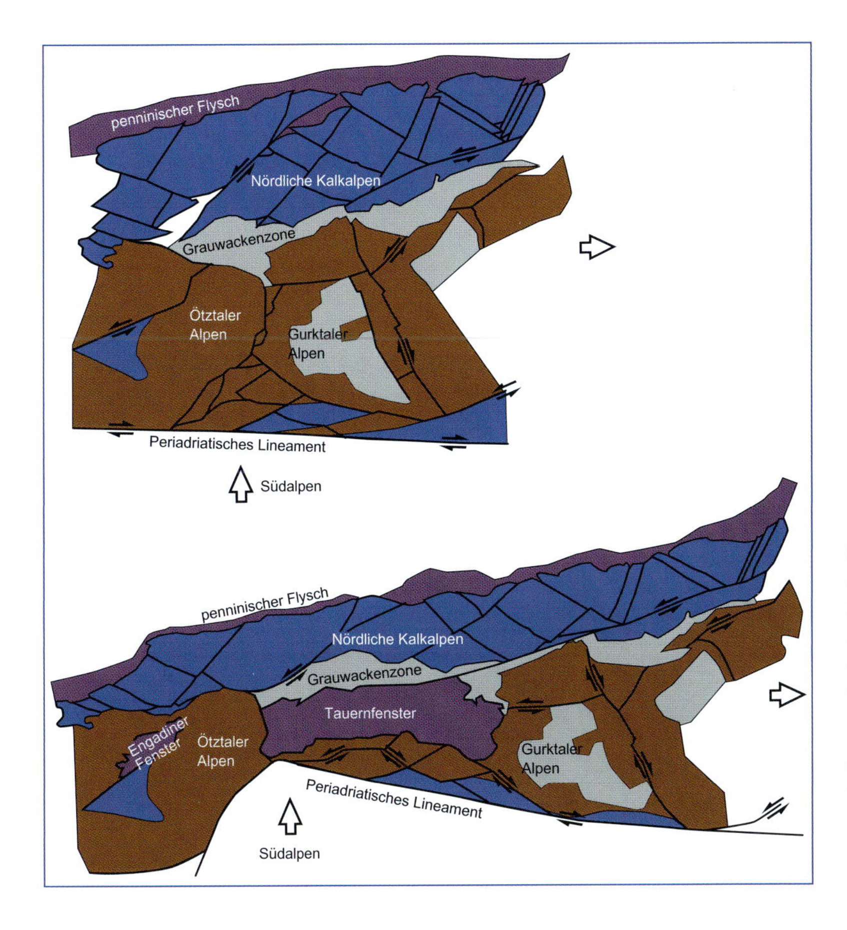

Abb. 8.18 In der Spätphase der Gebirgsbildung flossen die Ostalpen seitlich auseinander. Wie ein Keil schoben sich die Dolomiten (Südalpin) in den Deckenstapel hinein. In rautenförmige Blöcke zerlegt, wichen die ostalpinen Decken nach Osten hin aus, die penninischen Decken darunter wurden plastisch verformt. Im Tauernfenster wölbten sich die penninischen Decken als metamorpher Kernkomplex nach oben. Nach Frisch et al. (2000).

Abb. 8.19 Im Tauerfenster wölbten sich die unter dem Ostalpin gelegenen Einheiten auf, da die ostalpinen Decken darüber weggezogen wurden. Die tiefsten Einheiten mit Gesteinen aus der variszischen Gebirgsbildung gehören zum europäischen Grundgebirge: Der Zentralgneis im Kern des Tauernfensters, hier am Großvenediger (3662 m), besteht aus Granitplutonen eines variszischen Batholithen, die in die Gesteine der „unteren Schieferhülle“ eindrangen und später umgewandelt wurden. Foto: Piet Jay.

gen, mit einer Geschwindigkeit von 16 mm pro Jahr, und zwar um 160 km. Was ursprünglich neben dem Brenner lag, befindet sich jetzt in den Gurktaler Alpen. Dazwischen, in den Hohen Tauern und den Zillertaler Alpen, wölbte sich das plastisch verformte Penninikum so stark nach oben, dass es heute die höchsten Berge Österreichs bildet. Zuvor lagen die Gesteine noch in 15 bis 20 km Tiefe. Das Tauernfenster ist demnach ein metamorpher Kernkomplex, vergleichbar mit jenen in der Basin-and-Range-Provinz der Vereinigten Staaten (Abschnitt 7.7).

Die Gesteine im Tauernfenster wurden dabei stark verformt. Die sogenannten Zentralgneise der Tauern (z. B. Zillertaler Alpen und Großvenediger) waren ursprünglich ein variszischer Batholith des europäischen Kontinentalrandes, der beim Auseinanderfließen so sehr in die Länge gezogen wurde, dass die Granite zu Gneis umgewandelt wurden (Abb. 8.19). Die darüber liegende Glocknerdecke (Abb. 8.20) besteht hingegen aus Bündnerschiefern und Ophiolithen. Die Briançonnais-Schwelle gibt es hier im Osten nicht, sie reichte nur bis ins Engadin. Dadurch ist das Penninikum im Tauernfenster dünner und einfacher aufgebaut als in den Westalpen.

Das kleinere Engadiner Fenster entstand durch tektonische Bewegung und Erosion. Die penninischen Einheiten, die hier aus leicht verformbarem Schiefer bestehen, wurden darin nach oben gepresst. Ganz im Osten der Alpen entstanden durch die Dehnung einige Gräben.

Durch das extreme Auseinanderfließen der Ostalpen ist die Mächtigkeit der dicken Krustenwurzel stark redu-

Abb. 8.20 Die Glocknerdecke („obere Schieferhülle“ des Tauernfensters), mit Grünschiefer, Serpentiniten und Bündnerschiefer, ist ein Stück ozeanischer Lithosphäre des Penninischen Ozeans und damit Teil der Naht zwischen Europa und der Adriatischen Platte. Der Großglockner (3798 m) besteht aus Grünschiefer, also metamorph umgewandeltem Basalt. Foto: Magnuss.

ziert. Im Gegensatz zu den Westalpen waren daher Hebung und Abtragung relativ gering, nur wenige Kilometer Gestein wurden in den Ostalpen durch Erosion entfernt. In den Westalpen gab es ebenfalls eine späte Dehnung in östlich-westliche Richtung, wenn auch in wesentlich geringerem Maß. Die starke Hebung im Tessin wird damit in Verbindung gebracht, demnach ist auch hier das Ostalpin nach Osten weggezogen worden.

In den Westalpen wurde der Deckenstapel durch die späten Bewegungen verfaltet, manche Regionen wie am Simplon hoben sich domförmig. Bedeutende Seitenverschiebungen fanden in den Westalpen nicht nur an der Insubrischen Linie, sondern auch entlang der Engadiner Linie (dem Oberlauf des Inns), der Simplon-Linie und der Rhone-Linie statt. Die extreme Hebung des Mont-Blanc-Massivs wird durch transpressive Bewegung (also Seitenverschiebung mit gleichzeitiger Einengung) entlang der Rhone-Linie erklärt (Bistacchi & Massironi 2000, Maxelon & Mancktelow 2005).

Im späten Tertiär waren die Alpen mehr oder weniger fertig, die seither anhaltende Hebung erfolgt im Gleichgewicht mit der Erosion. Das nördliche Molassebecken wurde ebenfalls leicht angehoben, was die Flüsse an den Nordrand verlagerte und die Sedimentation beendete. Dann kamen die Eiszeiten, während derer nur die höchsten Gipfel aus dem dicken Eispanzer herausschauten. Die Berge und Täler wurden vom Eis heftig umgeformt, zu scharfen Graten, Hörnern und Pyramiden, mit großen Karen und breiten Trogtälern. Wo das Eis als Talgletscher aus dem Gebirge ins Vorland floss, schnitt es sich besonders tief ein und ließ nach dem Abschmelzen große Seen zurück. Diese Seen wirken seither als Sedimentfallen, in denen der von Flüssen transportierte Abtragungsschutt abgelagert wird.

Die Alpen heben sich noch immer, was vor allem als Ausgleich der Abtragung verstanden werden kann. Das zeigt sich daran, dass die Hebung dort am stärksten ist (etwa 1 mm pro Jahr), wo sich Flüsse in die leicht erodierbaren Bündnerschiefer schneiden: im Vorderrheintal und im Rhonetal (Champagnac et al. 2009).

8.4 Pyrenäen und Karpaten, Apenninen und das Mittelmeer

Im östlichen Mittelmeer zwischen Süditalien und Zypern gibt es noch richtige ozeanische Kruste der Tethys, die südlich von Kreta und dem Peleponnes unter Europa subduziert wird. Der bekannteste Vulkan über der Subduktionszone ist Santorin, aber auch eine Halbinsel im Nordosten des Peleponnes und die Inseln Milos und Kos gehören dazu. Das restliche Mittelmeer besteht weitgehend aus mehr oder weniger ausgedünnter kontinentaler Kruste. Zwischen Afrika, Mallorca und Korsika ist die alte ozeanische Kruste der Tethys sogar durch neue ozeanische Kruste ersetzt worden: Die Subduktionszone, die das westliche Mittelmeer durchpflügte und in Süditalien noch immer aktiv ist, spielt in diesem Abschnitt eine wichtige Rolle.

Außer der Adriatischen Platte gab es weitere kleine Kontinentbruchstücke, die durch ebenso viele kleine Seitenarme der Tethys und des Zentralatlantiks getrennt waren. Sie kollidierten wieder mit Eurasien und haben so neben den Alpen weitere Gebirge entstehen lassen. Die Karpaten (Linzer et al. 1998) sind eines davon. Anstelle von Ungarn und Transsylvanien gab es einmal ein Seitenbecken der Tethys, das etwa die Größe des Schwarzen Meeres hatte, von dem es durch eine Halbinsel (Ostrumänien) getrennt war. Ungarn selbst war damals noch weiter im Süden, eine kleine Kontinentplatte, die östlich der Ostalpen an der Adriatischen Platte hing. Im Norden dieser Platte setzte sich bereits das ostalpine Deckengebirge aus der Kreidezeit fort.

Der kleine Kontinent rotierte in das genannte Meeresbecken hinein, das unter diesen subduziert wurde. Im Norden überfuhr er dabei den Nordrand des Meeresbeckens, wo die Westkarpaten entstanden. Die kontinentale Kruste Ungarns wurde im Backarc der Subduktion stark gedehnt und ausgedünnt. Gleichzeitig entstand durch die Subduktion des Meeresbeckens genug Platz, dass die Ostalpen auf ihre doppelte Länge auseinanderfließen konnten (Abschnitt 8.4). Schließlich überfuhren ungarische Decken auch am Ostrand des ehemaligen Meeres den europäischen Kontinent und schufen das Deckengebirge der Ostkarpaten. Die Südkarpaten entstanden während dem Hineindrehen des kleinen Kontinents durch Seitenverschiebungen mit gleichzeitiger Kompression. Gleichzeitig näherte sich im Südwesten die Adriatische Platte dem aus kleinen Terranen zusammengestückelten Südosteuropa und schuf am Ostrand der Adria ein weiteres Deckengebirge, die Dinariden.

In den Pyrenäen ist die Situation übersichtlicher (Desegaulx et al. 1990, Munoz 1992, Teixell 1998). Sie sind relativ einfach aufgebaut, mit nach Norden gerichteten Deckenüberschiebungen im Norden und nach Süden gerichteten Deckenüberschiebungen im Süden (Abb. 8.21). Das Gebirge hat nur eine relativ geringe Krustenverkürzung erlebt: ganz im Osten weniger als 150 km, was nur ein Bruchteil der Verkürzung in den Alpen ist. In den westlichen Pyrenäen wurde die Kruste nur um 85 km verkürzt. In der Fortsetzung in den Ber-

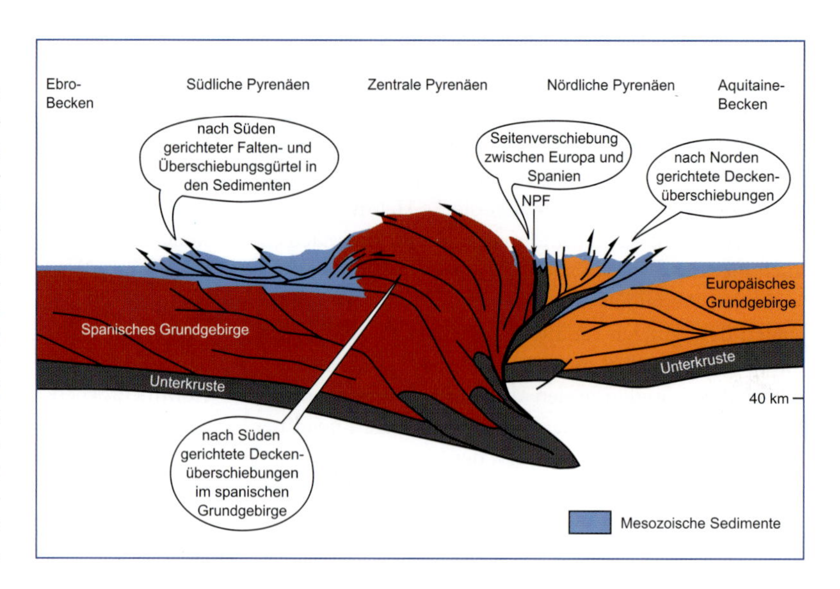

Abb. 8.21 Die Pyrenäen entstanden an einer Seitenverschiebung (Nördliche Pyrenäen-Verwerfung, NPF) zwischen Europa und Spanien. Während der Öffnung des Zentralatlantiks drehte Spanien sich etwas, die Biskaya entstand. An der NPF wurde dabei durch die Dehnung der europäische Kontinentalrand in Halbgräben zerbrochen und ausgedünnt. Ab der späten Kreidezeit näherten sich Spanien und Europa wieder. Zunächst entstanden auf europäischer Seite nach Norden gerichtete Überschiebungen, später kamen auf spanischer Seite in die entgegengesetzte Richtung bewegte Überschiebungen hinzu. Nach Desegaulx et al. (1990).

gen Kantabriens ist es noch weniger. Die Dynamik reichte nicht zur Metamophose der Sedimente oder zur Bildung von Graniten aus. Da die Kruste Spaniens wesentlich dicker ist als die französische (50 km statt 30 km), hat die Moho unter den Pyrenäen die Form einer großen Stufe.

Das Gebirge entwickelte sich aus der Seitenverschiebung, an der sich Spanien nach dem Zerbrechen des Großkontinents Pangäa relativ zu Europa nach Osten bewegte. Diese ehemalige Seitenverschiebung verläuft heute am Nordrand der zentralen Pyrenäen und trennt diese von den deutlich niedrigeren nördlichen Pyrenäen.

Diese Seitenverschiebung entstand während der gleichzeitigen Öffnung des Zentralatlantiks auf der einen und des Penninischen Ozeans auf der anderen Seite. Wir erinnern uns, dass sich am Rand des Penninischen Ozeans in der östlichen Fortsetzung dieser Seitenverschiebung der Walliser Trog als Aufreißbecken öffnete und dadurch die Briançonnais-Schwelle vom Südrand Europas löste (Abschnitt 8.2).

Der Atlantik riss mit der Zeit weiter nach Norden ein, womit Spanien sich von Neufundland trennte. Spanien drehte sich nun langsam gegen den Uhrzeigersinn, was zur Öffnung der Biskaya führte. Die Seitenverschiebung der späteren Pyrenäen war nun mit einer gleichzeitigen Dehnung verbunden: Vor allem der Südrand Europas wurde stark auseinandergezogen, es entstanden zahlreiche hintereinander gestaffelte Halbgräben, an denen die Kruste nur noch 5 km dick war. Das Ergebnis war eine Meeresstraße, die den Atlantik mit dem Penninischen Ozean verband. Dennoch hat die Dehnung offensichtlich nicht zur Bildung ozeanischer Kruste ausgereicht.

Seit der späten Kreidezeit näherten sich Spanien und Europa wieder. Die Abschiebungen der Halbgräben wurden zu Überschiebungen invertiert, aus denen sich nach Norden gerichtete Deckenüberschiebungen entwickelten. Die Decken der nördlichen Pyrenäen bestehen überwiegend aus mesozoischen Sedimenten, zum Teil kamen auch Teile des alten variszischen Grundgebirges an die Oberfläche. Darunter gibt es Granulite, die bereits während der vorausgehenden Ausdünnung der Kruste nahe an die Oberfläche gekommen waren.

Mit der Zeit wurde auch der Rand Spaniens in die Gebirgsbildung einbezogen: Durch die fortgesetzte Einengung entstanden Überschiebungen, die sich an dessen alten variszischen Strukturen orientierten. Die dicken Gesteinsdecken der heutigen zentralen Pyrenäen gehören zum alten Grundgebirge, ihre Gesteine entstanden bereits während der variszischen Gebirgsbildung. Sie schoben sich nach Süden, also in die entgegengesetzte Richtung als die dünnen Decken der nördlichen Pyrenäen.

Während der Hauptphase der Gebirgsbildung waren sowohl die nach Norden als auch die nach Süden gerichteten Überschiebungen gleichzeitig aktiv. Europa wurde wie ein Keil in die dicke spanische Kruste geschoben: Die Unterkruste Spaniens und der lithosphärische Mantel schoben sich darunter, während die zunehmend in Decken zerlegte obere und mittlere Kruste entlang der bisherigen Seitenverschiebung ein wenig über den Rand Europas geschoben wurde. Nahe der Mittelmeerküste sind die Überschiebungen auf spanischer Seite weniger ausgeprägt, weil ein größerer Teil der spanischen Kruste steil unter Europa abtaucht: Obwohl hier die größte Krustenverkürzung stattfand, sind dadurch die Berge nahe der Küste weniger hoch.

Diese Hauptphase fand zur selben Zeit statt wie die der Alpen. Dabei wurden die Pyrenäen eine Schwelle in

Abb. 8.22 Der Pico de Aneto (3404 m) ist der höchste Berg der Pyrenäen. Die zentralen Pyrenäen bestehen aus großen Decken aus spanischem Grundgebirge, die nach Süden überschoben wurden. Foto: Jean-Denis Vauguet.

der Meeresstraße. Sowohl im Norden als auch im Süden dieser Schwelle wurde vor den vorrückenden Decken Flysch abgelagert.

Im späten Tertiär waren nur noch die nach Süden gerichteten Überschiebungen aktiv. Die vorrückenden Decken schoben nun auch den Sedimentstapel südlich der zentralen Pyrenäen zusammen, die südlichen Pyrenäen sind ein dünnhäutiger Falten- und Überschiebungsgürtel. Gleichzeitig begann eine schnelle Hebung, die noch immer anhält und kaum von der Erosion ausgeglichen werden konnte.

Eine weitere Kollision fand im Süden Spaniens, in der Betischen Kordillere und dem marokkanischen Rifgebirge statt. Ganz Spanien war zwischen beiden Kollisionszonen eingeklemmt und dadurch Spannungen ausgesetzt, die auch innerhalb der Platte zur Hebung einzelner Blöcke führte.

Die Betische Kordillere und das Rif sind ein merkwürdiges Paar, das sich bei Gibraltar beinahe berührt und wie ein Hufeisen um das östlichste Mittelmeer schlingt. In der Sierra Nevada werden fast 3500 m Höhe erreicht. Die Decken der Betischen Kordillere sind nach Norden ins Landesinnere bewegt, während die Decken des Rif nach Süden, ebenfalls ins Landesinnere bewegt sind. Das Meer dazwischen ist das Merkwürdigste: Es handelt sich um gedehnte kontinentale Kruste, wobei die Dehnung zur selben Zeit stattfand wie die davon weggerichteten Überschiebungen an seinen Rändern.

Es gibt mehrere Erklärungsversuche für diese Anordnung, die alle ihre Stärken und Schwächen haben. Laut einer Version fuhr eine hufeisenförmige Subduktionszone von Ost nach West in die Region hinein. Die folgende Version scheint die meisten Anhänger zu haben (Calvert et al. 2000). Während der Penninische Ozean im Alpenraum nach Süden unter die Adriatische Platte subduziert wurde, tauchte er westlich davon auf der anderen Seite, also unter Spanien und die Briançonnais-Schwelle ab. Schon bald (im frühen Tertiär) stießen Spanien und Afrika aneinander. Es entstand ein erstes Gebirge mit einer dicken Krustenwurzel, unter der ein noch dickerer lithosphärischer Mantel hing. Unter der Zentralachse des Gebirges begann vor etwa 22 Millionen Jahren der lithosphärische Mantel damit, sich von Ost nach West abzupellen (Delamination). Ähnlich wie in der Basin-and-Range-Provinz kam es darüber zu einer starken Dehnung der Kruste, die nach einiger Zeit sogar unter den Meeresspiegel absank. Gleichzeitig herrschten an den Rändern noch immer einengende Kräfte. Die Decken, die sich nun nach

Abb. 8.23 Verfaltete Kalksteine im Cañón de Añisclo, einer Schlucht in den südlichen Pyrenäen. Foto: Carlos Buetas.

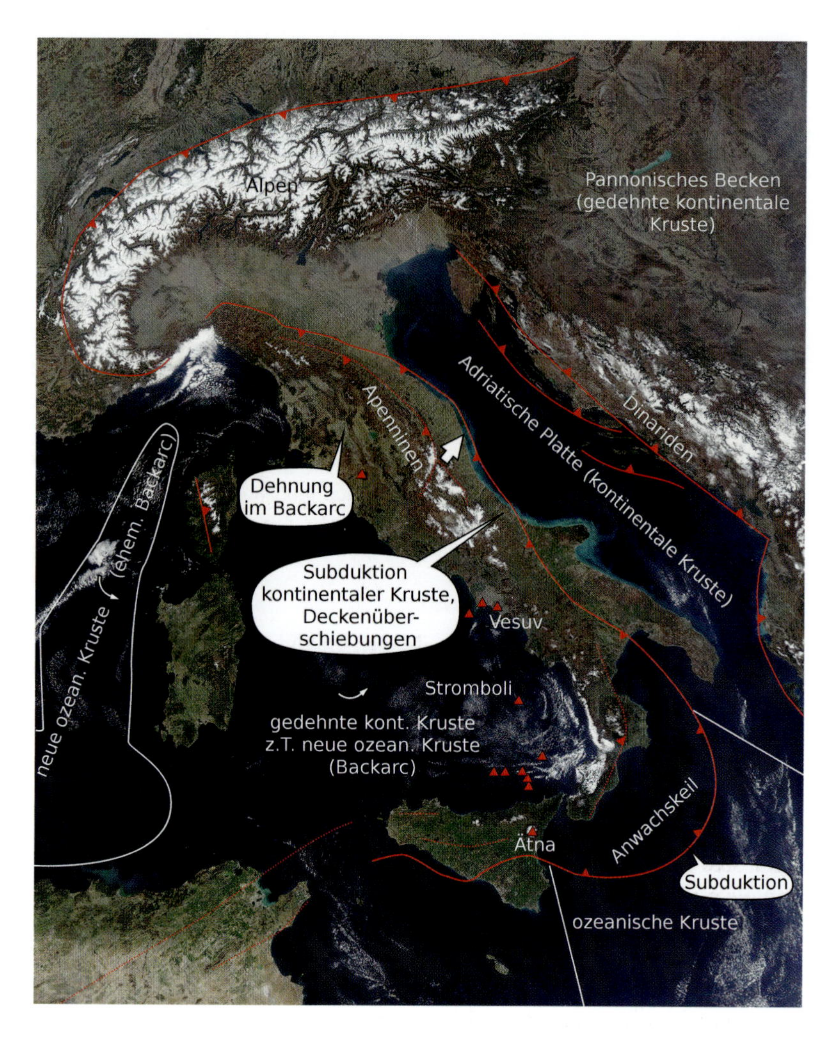

Abb. 8.24 Während im Alpenraum der Penninische Ozean unter die Adriatische Platte subduziert wurde, tauchte er unter Frankreich und Spanien unter Europa ab. Durch die starke Dehnung im Backarc rotierte diese Subduktionszone zusammen mit Korsika und Sardinien gegen den Uhrzeigersinn. Seit einiger Zeit wird unter den Apenninen die kontinentale Kruste der Adriatischen Platte subduziert, dabei werden deren Sedimente abgeschert und Decke für Decke übereinandergestapelt. Gleichzeitig wird vor der Gebirgsfront in der Adria Flysch abgelagert. Durch die Dehnung im Backarc wird der Deckenstapel im Westen durch Abschiebungen zerbrochen, was erst die Topografie des Gebirges schuf. Ganz im Süden wird noch immer ozeanische Kruste der Tethys subduziert. Satellitenbild: Nasa.

Norden beziehungsweise Süden schoben, bestehen überwiegend aus metamorphen Gesteinen der Grünschieferfazies, die während der bisherigen Gebirgsbildung aus Sedimenten entstanden waren. Es gibt aber auch Späne von Ophioliten und solche aus höher metamorphen Gesteinen wie Amphibolit, Granulit und Eklogit. Der während der Gebirgsbildung abgelagerte Flysch wurde teilweise überfahren und ebenfalls in Decken zerlegt. Die Überschiebungen griffen im späten Tertiär auch auf die bisher unverformten Sedimente im jeweiligen Vorland über.

Dieselbe Subduktionszone ließ später die Apenninen entstehen (Faccenna et al. 2001, Lucente & Speranza 2001), in Süditalien ist sie noch immer aktiv (Abb. 8.24). Zunächst müssen wir uns Sardinien und Korsika als um 30° gedrehten Block vor der heutigen Küste von Südfrankreich und Katalonien vorstellen. Wann genau die Subduktion des Penninischen Ozeans unter diesen Block einsetzte, ist umstritten. Vermutlich wurde die ozeanische Kruste erst nur sehr langsam unter Sardinien und Korsika geschoben. Zu einer Zeit, in der die Alpen schon mehr oder weniger fertig waren, nahm die Geschwindigkeit zu, weil die abtauchende Platte bereits in eine Tiefe reichte, in der sie in schwere Hochdruckgesteine umgewandelt wurde und kräftig nach unten zog. Im Backarc hinter dem Vulkanbogen kam es nun zu einer starken Dehnung, es entstand ein Grabensystem, an dem die kontinentale Kruste zwischen Europa und dem Sardinien-Korsika-Block stark ausgedünnt wurde. Nach einiger Zeit wurde die Dehnung so stark, dass im Grabensystem neue ozeanische Kruste gebildet wurde. Sardinien und Korsika drifteten nun durch die Kraft der Subduktionszone von Europa weg: Auf der einen Seite verschwand die alte ozeanische Kruste in der Tiefe, auf der anderen entstand neue ozeanische Kruste. Da die Bewegung auf der östlichen Seite etwas gebremst wurde, drehten Sardinien und Korsika langsam in ihre heutige Position.

Abb. 8.25 Der Gran Sasso (2192 m) vom Campo Imperatore. Der Apennin ist ein Deckengebirge, unter dem noch immer kontinentale Kruste in den Mantel abtaucht. Im Backarc wird der Deckenstapel bereits wieder stark gedehnt: Durch Abschiebungen entstanden schroffe Berge, zwischen denen Hochebenen liegen. Foto: RaBoe/Wikipedia.

Schon zu Beginn der Wanderung der beiden Inseln erschien der Rand der Adriatischen Platte vor Korsika in der Subduktionszone und begann, darin abzutauchen. Die genaue Form der ursprünglichen Adriatischen Platte ist ziemlich unklar, aber sie muss wesentlich weiter nach Westen gereicht haben als bis zur heutigen Position von Sardinien. Auf dem Grundgebirge dieser Platte lagen Sedimente aus dem Mesozoikum und dem Tertiär, vor allem mächtige Ablagerungen mehrerer Generationen großer Karbonatplattformen, zu denen ja auch die nördlichen Kalkalpen und die Dolomiten zu zählen sind (Abschnitt 8.2). Während die Subduktionszone samt Korsika und Sardinien gegen den Uhrzeigersinn rotierte, nahm die Subduktion von kontinentaler Kruste zu und reichte immer weiter nach Süden. Dabei wurden von der abtauchenden Adriatischen Platte große Sedimentdecken abgeschert und in den Anwachskeil eingebaut. Im späten Tertiär befand sich dieser Anwachskeil noch immer unmittelbar östlich von Korsika und Sardinien.

Während die Subduktion kontinentaler Kruste im Norden weiterhin langsam, aber kontinuierlich ablief, wurde die schnellere Subduktion im Süden zeitweise unterbrochen, weil die abtauchende Platte an die Grenze zum unteren Mantel stieß und gestaucht wurde. Als die Bewegung wieder einsetzte, blieben Korsika und Sardinien zurück und ein neues Backarc-Becken entstand, das Tyrrhenische Meer.

Die heutigen Apenninen sind der aufgeblähte Anwachskeil dieser Subduktionszone. Die meisten Decken dieses Gebirges bestehen aus Kalkstein und Dolomit der verschiedenen Karbonatplattformen, die von der abtauchenden Adriatischen Platte abgeschürft und übereinandergeschoben wurden. Die höchste Decke entspricht dem ursprünglichen Anwachskeil, mit Schiefern und Ophioliten. Allerdings ist sie in den Apenninen nur als kleine Klippen erhalten, zum Teil bildet sie den Grund des Tyrrhenischen Meeres. Die kontinentale Kruste der Adriatischen Platte taucht noch immer steil unter dem Deckenstapel ab und versinkt langsam im Erdmantel: Die aktive Überschiebung bildet den steilen Rand der Apenninen, der sich von der Poebene an der adriatischen Küste entlangschwingt. Vor der Gebirgsfront wird in der Adria noch immer Flysch abgelagert.

Abseits der aktiven Überschiebung wird der fertige Deckenstapel als Backarc schon wieder gedehnt. Die

Abb. 8.26 Die römische Stadt Pompeji wurde 79 vor Christus bei einer plinianischen Eruption des Vesuvs zerstört. Zunächst regneten aus der Aschewolke 20 cm Bims pro Stunde ab, nach einigen Stunden stürzten die Dächer ein. Erst am nächsten Tag, als die Eruption nachließ, kamen die tödlichen Glutwolken. Das Dach der entleerten Magmakammer stürzte bei der Eruption ein, sodass sich die bereits vorhandene Caldera noch vergrößerte. Seither wuchs innerhalb der Caldera ein neuer Kegel, rechts davon ist der Rand der Caldera zu sehen.

Decken wurden dadurch von unzähligen Abschiebungen zerschnitten, Gräben und Halbgräben brachen ein und Horste wurden angehoben (Abb. 8.25). Tatsächlich geht die Form der Berge auf diese jungen Dehungsstrukturen zurück, die erst im Lauf des Quartärs aus dem Apennin ein Gebirge machten.

Südlich von Italien biegt die Subduktionszone vom Golf von Tarent aus um Kalabrien herum nach Sizilien. An diesem Abschnitt wird noch immer ozeanische Kruste der Tethys subduziert, das Ionische Meer taucht nach Nordwesten unter Kalabrien ab. Skurrilerweise befinden sich die Vulkane dieser Subduktionszone auf der anderen Seite Kalabriens in einem anderen Meeresbecken: die Liparischen Inseln mit Stromboli, Lipari und Vulcano.

Epilog

Wir können uns ausmalen, was mit dem Apennin in der Zukunft passiert. Irgendwann wird die abtauchende Platte abreißen und einen schnellen Aufstieg auslösen. Dabei könnten Teile der subduzierten kontinentalen Kruste wieder aufsteigen. Setzt sich die Kollision weiter fort, werden vielleicht die Sedimente in der verbliebenen Adria abgeschert und vor dem bisherigen Gebirge hergeschoben. Falls diese Decken sogar den Rand der Dinariden überfahren, hätten Geologen der fernen Zukunft einiges zu rätseln, um die verschiedenen übereinandergestapelten Gebirge auseinanderzuhalten. Das gilt auch für uns, wenn wir die Strukturen mancher alter Gebirge untersuchen. Bei unseren Rekonstruktionen müssen wir damit rechnen, dass es im verschwundenen Ozean möglicherweise mehrere Subduktionszonen gab, viele kleine Terrane, und dass letztlich zwei oder mehr Deckengebirge aneinander- oder sogar übereinandergeschoben wurden.

In jedem einzelnen Gebirge blicken wir auf eine lange dynamische Geschichte zurück, in der ganz unterschiedliche Prozesse neben- und nacheinander abliefen. In vielen Deckengebirgen spielen neben den Überschiebungen, die eine verdickte Kruste schaffen, auch Seitenverschiebungen eine Rolle, die uns an Neuseeland denken lassen. Vor der Kollision zweier Kontinente wurde der dazwischen liegende Ozean subduziert: Auch dabei entstehen bereits Berge, wie das klassische Beispiel der Anden zeigt. Noch ältere Spuren zeugen davon, wie dieser Ozean überhaupt erst entstand, indem ein großer Kontinent zerbrach. Das erinnert uns wiederum an den Ostafrikanischen Graben und das Rote Meer. Die Sedimente, die in diesem Ozean abgelagert werden, finden wir im Gebirge wieder, sie erzählen von ihrem Ablagerungsraum und von längst ausgestorbenen Lebensformen. An den Rändern dieses Ozeans können Inselbögen kollidieren, dabei kann wie in Papua-Neuguinea ozeanische Lithosphäre auf den Rand eines Kontinents geschoben werden. Schließt sich der Ozean, wird dieser Kontinentalrand wiederum in die Gebirgsbildung einbezogen.

Der Auftrieb hebt die stark verdickte Kruste an. Sobald das Gebirge über den Meeresspiegel steigt, beginnt die Erosion mit ihren unterschiedlichen Werkzeugen, die Berge zu formen. Schließlich kann die bis auf das Doppelte verdickte Kruste so instabil werden, dass sie wieder auseinanderfließt.

Zu Beginn einer Kollision kann der Rand eines Kontinents weit über hundert Kilometer in den Erdmantel versenkt werden. Mehr als 1000 km kann sich ein Kontinent in einen anderen hineinschieben. Ganze Kontinente können gestaucht, verbogen oder gedehnt werden.

Soviel Bewegung traut man der Erde kaum zu. Geologische Prozesse laufen mit ganz unterschiedlichen Geschwindigkeiten ab. Bei Erdbeben oder einem Bergsturz geht es um Sekunden. Ein heftiger Vulkanausbruch kann innerhalb von Tagen die Umgebung umgestalten. Typischer sind Bewegungen um Millimeter oder im Extremfall wenige Zentimeter pro Jahr. Für unser Auge kaum wahrnehmbar, summieren sie sich aber in entsprechenden Zeiträumen zu massiven Veränderungen. Auch wenn ein Gebirge unbeweglich wirkt, laufen unter unseren Füßen noch immer Bewegungen ab, die es weiter verformen.

Wie wir gesehen haben, wurde durch die Gebirgsbildung scheinbar das Unterste zuoberst gekehrt. Durch Überschiebungen kamen ältere Sedimente über jüngeren zu liegen. Manche Gesteine wurden sogar bis in den Mantel versenkt, bevor sie wieder an die Oberfläche kamen. Und letztlich wurde der Meeresgrund zu Berggipfeln.

Glossar

Abschiebung: Verwerfung, an welcher durch Dehnung der obere Block abgesenkt wird.

Ader: Mit Quarz oder anderen Mineralien gefüllte Kluft.

Alpidische Gebirgsbildung: Junge Gebirgsbildung durch die Kollision mehrerer Bruchstücke Gondwanas mit Eurasien, was zum Verschwinden des Tethys-Ozeans führte. Das Ergebnis ist ein Gebirgsgürtel, der sich von Marokko über die Alpen, den Kaukasus, Himalaja usw. bis Ostasien zieht.

Amphibol: Gruppe von Silikatmineralen (Kettensilikate), darunter Hornblende (schwarz), Glaukophan (blau) und Tremolit (weiß). Oft stängelförmig.

Amphibolit: Schwarzes metamorphes Gestein aus Amphibol und Plagioklas. Entsteht bei der Umwandlung von Basalt bei einem hohen Metamorphosegrad (Amphibolit-Fazies).

Andesit: Vulkangestein mit mittlerer Zusammensetzung zwischen Basalt und Rhyolith. Typisch für Subduktionszonen.

Asche: Bei einer gasreichen Vulkaneruption fein fragmentiertes Magma. Ascheablagerungen werden Tuff genannt.

Asthenosphäre: Weicher Teil des Oberen Erdmantels, unterhalb der Lithosphäre, kann kleine Mengen an Schmelze (Basaltmagma) enthalten.

Aufschiebung: Verwerfung, an welcher der obere Block gehoben wird. Auch Überschiebung.

Backarc: Im Hinterland einer Subduktionszone kommt es durch den Zug der abtauchenden Platte zu einer Dehnung, dabei kann neue ozeanische Kruste entstehen.

Basalt: „Basisches" Vulkangestein, entsteht durch Anschmelzen des Erdmantels.

Batholith: Aus unzähligen Plutonen zusammengesetzter Körper aus Graniten, Gabbros und so weiter. Bilden sich unter den Vulkanen der Subduktionszonen.

Bergrutsch: Als mehr oder weniger geschlossene Einheit abrutschende Felsblöcke.

Bergsturz: Als Massenbewegung an Felswand oder Steilhang abstürzende Gesteinsblöcke.

Bimsstein: „Gefrorener Magmaschaum", regnet in größeren Mengen bei einer plinianischen Eruption aus der Aschewolke ab.

Blauschiefer: Metamorphes Gestein, entsteht bei der Umwandlung von Basalt unter hohem Druck.

Brekzie: Aus kantigen Gesteinsbruchstücken zusammengesetztes Sedimentgestein.

Caldera: Kraterförmige Einbruchstruktur an einem Vulkan, durch Einsturz der darunterliegenden Magmakammer.

Chemische Verwitterung: Verwitterung durch Lösungsprozesse. Sehr intensiv in feucht-warmem Klima unter Bodenbedeckung.

Decke: Tektonische Einheit, die um Dutzende oder Hunderte Kilometer über eine andere Einheit geschoben wurde.

Delamination: Abpellen des schweren lithosphärischen Mantels und dessen Absinken in die Asthenosphäre. Kann Magmatismus und einen schnellen Aufstieg auslösen.

Diagenese: Verfestigung von Lockermaterial zu einem Sedimentgestein. Dabei wird bei leichter Überlagerung aus dem zirkulierenden Wasser ein Zement aus z. B. Quarz, Kalzit oder Hämatit ausgefällt, der Sandkörner oder Geröll verkittet.

Diapir: Aufsteigender tropfenförmiger Gesteinskörper, etwa im Erdmantel oder als Salzstock.

Diopsid: Mineral der Pyroxengruppe. $CaMg(Si_2O_6)$

Dolomit: Karbonatmineral $CaMg(CO_3)_2$ oder aus diesem Mineral aufgebautes Sedimentgestein.

Dom: Kuppelförmige Aufwölbung der Erdkruste (z. B. durch einen Salzdiapir oder an einem metamorphen Kernkomplex) oder Staukuppe (siehe dort).

Einsprenglinge: Größere Kristalle in einem feinkörnigen Vulkangestein.

Eklogit: Metamorphes Hochdruckgestein, entsteht bei der Umwandlung von Basalt, insbesondere in den Subduktionszonen.

Erdbeben: Heftige Erschütterung durch seismische Wellen, durch plötzliche Bewegungen hervorgerufen.

Evaporit: Durch Eindampfen von Wasser zurückgebliebenes Sediment, wie Salz oder Gips.

Enstatit: Mineral der Pyroxengruppe. $Mg_2(Si_2O_6)$

Erosion: Prozesse der Verwitterung und Abtragung.

Falte: Durch Einengung verbogene Schichtfolge, häufig innerhalb einer Decke oder als Falten- und Überschiebungsgürtel.

Falten- und Überschiebungsgürtel: Gebirge aus parallel verlaufenden Faltenzügen, die durch ein Abscheren und Zusammenschieben eines Sedimentstapels entstanden. In der Regel als Vorgebirge eines großen Deckengebirges. Z. B. Faltenjura, Zagros.

Fazies: Auf den Ablagerungsraum zurückzuführende Eigenschaften eines Sediments. Metamorphe Fazies: Metamorphosegrad, wird auf die Umwandlungsprodukte von Basalt bezogen (Grünschieferfazies, Amphibolitfazies, Granulitfazies, Blauschieferfazies, Eklogitfazies).

Feldspat: Gruppe von Silikatmineralen, Plagioklas und Kalifeldspat sind wichtige gesteinsbildende Minerale.

Feldspatverteter: Gruppe von Silikatmineralen mit ähnlicher Struktur wie Feldspat, enthalten aber weniger SiO_2. In siliziumarmen magmatischen Gesteinen. Auch Foid genannt.

Fenster: Durch Erosion geschaffenes Loch in einer Gesteinsdecke, in dem die tiefer gelegene Decke an der Oberfläche liegt.

Fjord: Von Gletschern als übertieftes Trogtal geschaffener Meeresarm mit steilen Seitenwänden.

Flysch: Wechsellagerung aus Sand- und Tonsteinen, abgelagert von wiederholten Trübeströmen (Turbiditen), die durch Hangrutschungen unter dem Meeresspiegel ausgelöst wurden.

Foliation: Systematische Einreglung von Mineralen durch tektonische Bewegung in einem metamorphen Gestein, z. B. einem Gneis.

Fraktionierung: An- bzw. Abreicherung verschiedener Elemente. Bei Magmen: Veränderung der Zusammensetzung eines Magmas während der Kristallisation. Führt von Basalt („basisch") über Andesit zu Rhyolith („sauer").

Gabbro: Plutonit mit derselben Zusammensetzung wie Basalt.

Gang: Spalte, in der Magma aufsteigt, bzw. erstarrt ist.

Geotherm: Die mit der Tiefe zunehmende Temperatur beschreibende Kurve.

Gestein: Ein natürliches Gemenge von Mineralen.

Glas: „Gefrorene Gesteinsschmelze", im Gegensatz zu einem Kristall gibt es im Glas keine systematische Anordnung der Ionen.

Glaukophan: Blaues Amphibol, typisch in Blauschiefer.

Glimmer: Silikatmineral, häufig in Granit, Gneis und Glimmerschiefer.

Glimmerschiefer: Metamorphes Gestein durch Umwandlung von Tonstein. Besteht zu einem großen Teil aus Glimmer.

Glutwolke: Auch Pyroklastischer Strom genannt. Heiße Wolke aus Asche und Bims oder Asche und Blöcken, die sich mit hoher Geschwindigkeit abwärts oder horizontal bewegt. Wird bei großen Spalteneruptionen, durch Kollaps einer Eruptionswolke oder Zerbrechen einer Staukuppe ausgelöst. Die Ablagerungen von Bims- und Aschheströmen heißen Ignimbrit.

Gneis: Metamorphes Gestein mit parallel angeordneten Mineralen (oft Glimmer). Durch Umwandlung von Granit, Grauwacken oder Tonsteinen bei einem hohen Metamorphosegrad.

Gondwana: Großkontinent aus Afrika, Südamerika, Antarktis, Arabien, Australien und Indien, der über einen sehr langen Zeitraum der Erdgeschichte bestand (Präkambrium bis Jura).

Graben: Durch Dehnung entstandene langgestreckte Senke, die sich auf beiden Seiten von Abschiebungen begrenzt absenkt.

Granat: Gruppe von Silikatmineralen, darunter Almadin und Pyrop.

Granit: Grobkörniges magmatisches Gestein aus Feldspat, Quarz und Glimmer, das in der Tiefe zu einem Pluton abgekühlt ist. Das Äquivalent zum „sauren" Vulkangestein Rhyolith. Entsteht durch Fraktionierung aus einem Basaltmagma oder durch Aufschmelzen kontinentaler Kruste.

Granulit: Unter extremen Bedingungen entstandenes metamorphes Gestein. Besteht nur aus wasserfreien Mineralen.

Grat: Scharfer Bergkamm, der auf beiden Seiten steil zu einem Gletscherkar abfällt. Entsteht durch rückschreitende Erosion der das Kar umgebenden Felswände.

Grauwacke: Sedimentgestein aus kleinen Gesteinsbruchstücken, Sand und Tonmineralen. Ablagerung im Meer vor küstennahen Gebirgen.

Grundgebirge: Ältere magmatische und metamorphe Gesteine, also kontinentale Kruste ohne Sedimente.

Grünschiefer: Grünes metamorphes Gestein, durch Umwandlung von Basalt bei einem mittleren Metamorphosegrad.

Hornblende: Schwarzes Amphibol.

Horst: Gehobene Scholle zwischen zwei Abschiebungen. In der Regel als kleinere Struktur innerhalb eines Grabens.

Hotspot: Durch einen Manteldiapir ausgelöster Vulkanismus (z. B. Hawaii), unabhängig von Plattengrenzen.

Ignimbrit: Von einer Glutwolke (Bims- und Aschenstrom) abgelagertes Gestein, entweder Lockermaterial oder unter Hitze zu einem festen Gestein verschweißt. Siehe auch: Tuff.

Inselberg: Ein felsiger, frei aus einer Ebene ragender Berg, der bei einer selektiven Flächentieferlegung durch chemische Verwitterung stehen blieb. An einem Fels ohne Bodenbedeckung kann die chemische Verwitterung kaum angreifen. Kann in feuchtheißem Klima entstehen.

Inselbogen: Eine Kette von Vulkaninseln über einer Subduktionszone.

Kaledonisches Gebirge: Im Silur durch Schließung des „Ur-Atlantiks" Iapetus gebildetes Gebirge, dessen

Deckenstrukturen noch immer in Skandinavien, Schottland, Grönland und den Appalachen zu sehen sind. Führte zusammen mit der späteren variszischen Gebirgsbildung zur Formierung des Superkontinents Pangäa.

Kalifeldspat: Wichtiges gesteinsbildendes Silikatmineral der Feldspatgruppe, $(Na, K)(AlSi_3O_8)$.

Kalkstein: Sedimentgestein, das überwiegend aus Kalzit besteht. Wird entweder von Lebewesen wie Korallen, Algen, Bakterien usw. abgelagert oder durch chemische Fällung.

Kalzit: Häufiges Karbonatmineral $CaCO_3$. Kalkstein besteht überwiegend aus Kalzit.

Kar: Nischenförmige Hohlform mit steiler Rückwand am oberen Ende eines Gletschers. Nach Abschmelzen des Gletschers oft mit einem Karsee gefüllt.

Karbonat: Mineral mit $(CO_3)^{2-}$ als Anionenkomplex, z. B. Kalzit und Dolomit.

Karbonatit: Magmatisches Karbonatgestein.

Karbonatplattform: Flacher Meeresbereich mit sehr schneller Karbonatsedimentation, die mit dem langsamen Absinken durch das Eigengewicht mithalten kann. Z. B. Bahamas, Großes Barriereriff.

Karst: Durch Lösung geschaffene Landschaftsformen wie Höhlen, Dolinen oder Kegelkarst. In der Regel in Kalkstein, aber auch anderen leicht löslichen Gesteinen. Der Begriff leitet sich vom Karstgebirge ab.

Kegelkarst: Tropische Karstform. Durch die in den Tropen extrem schnelle Lösung von Kalkstein unter Bodenbedeckung entstehen kegelförmige Kalksteinberge. Sonderform von Inselbergen.

Kissenlava: Kissenförmige Basaltlava, entsteht unter Wasser durch Abschrecken der Oberfläche.

Klippe: Freistehender Rest einer weitgehend durch Erosion entfernten Gesteinsdecke, von Gesteinen einer tieferen Decke umgeben.

Kluft: Riss im Gestein, häufig durch Druckentlastung während des Aufstiegs entstanden.

Kompetenz: Festigkeit eines Gesteins bei plastischer Verformung. Abhängig von der Zusammensetzung und der Temperatur.

Konglomerat: Sedimentgestein aus verfestigtem Schotter.

Konjugierte Verwerfungen: Ein Paar von unterschiedlich orientierten Verwerfungen, die unter derselben Spannung entstanden. Schließen üblicherweise einen Winkel von etwa 60° ein.

Kontaktmetamorphose: Durch Magma hervorgerufene Metamorphose unter hoher Temperatur, z. B. durch Eindringen eines Granitplutons in Sedimentgesteine.

Kraton: Präkambrischer Kern eines Kontinents.

Kristall: Fester, homogener, anisotroper Körper. In einem Kristall sind die Atome regelmäßig auf festen Gitterplätzen angeordnet. Ideal geformt hat er Kristallflächen, deren Symmetrie sich vom Kristallgitter herleitet. Er kann aber auch unregelmässig geformt Teil eines Gesteins sein. Fast alle Minerale bilden Kristalle.

Kruste: Oberste Schale der Erde, ozeanische (ca. 5 km dick) und kontinentale Kruste (ca. 35 km dick, unter Gebirgen bis zum Doppelten) haben eine unterschiedliche Zusammensetzung.

Lahar: Schlammstrom aus Wasser und vulkanischem Lockermaterial, ausgelöst durch starke Regenfälle oder einen bei einer Eruption schmelzenden Gletscher.

Laurasia: Großkontinent, bestehend aus Nordamerika und Eurasien. Im Jura durch das Zerbrechen von Pangäa entstanden, existierte er bis zum Aufreißen des Nordatlantiks im Tertiär.

Laurussia: Großkontinent im Erdaltertum, bestehend aus Nordamerika, Nordeuropa und Russland bis zum Ural. Er war ein Vorläufer des späteren Laurasia. Entstanden durch die kaledonische Gebirgsbildung (Silur); wurde durch die variszische Gebirgsbildung (Devon, Karbon) mit Gondwana zum Superkontinent Pangäa verschmolzen.

Lava: An der Erdoberfläche ausgeflossenes Magma.

Lithosphäre: Erdkruste und der oberste, starre Teil des Mantels. Darunter befindet sich die Asthenosphäre.

Magma: Gesteinsschmelze, einschließlich der darin schwimmenden Kristalle und gelösten Gase.

Magmakammer: Körper aus geschmolzenem Gestein, kann zu einem Pluton abkühlen oder weiter aufsteigen.

Magmatit: Durch Abkühlen einer Gesteinsschmelze entstandenes Gestein. Entweder Plutonit oder Vulkanit.

Mantel: Mittlere Schale der Erde, zwischen Erdkruste und Erdkern. Besteht aus Peridotit. Der oberste Mantel verhält sich starr (lithosphärischer Mantel), während der Bereich darunter plastisch verformbar ist (asthenosphärischer Mantel). Im unteren Mantel sind die Minerale des Peridotits in andere Minerale umgewandelt, die nur unter extrem hohem Druck stabil sind.

Manteldiapir: Im Erdmantel finger- oder pilzförmig aufsteigendes heißes Mantelmaterial. Auslöser von Hotspots.

Marmor: Metamorphes Karbonatgestein.

Metamorpher Kernkomplex: Domförmige Aufwölbung metamorpher Gesteine, ausgelöst durch ein Wegziehen der oberen Kruste entlang einer flachen Verwerfung.

Metamorphit: Durch Umwandlung (im festen Zustand) aus anderen Gesteinen entstandenes Gestein.

Migmatit: Teilweise aufgeschmolzenes Gestein (Übergang metamorph/magmatisch). Sieht oft aus wie Gneis mit hellen Schlieren (wieder abgekühlte Schmelze).

Mineral: Homogener, natürlicher Festkörper der Erde (oder anderer Himmelskörper). Bis auf wenige Ausnahmen sind Minerale anorganisch und bilden Kristalle.

Mittelozeanischer Rücken: Gebirge im Ozean, an dessen zentralem Graben neue ozeanische Kruste entsteht. Also eine konstruktive Plattengrenze.

Moho: Grenze zwischen Erdkruste und Erdmantel. Eigentlich Mohorovičić-Diskontinuität.

Mylonit: An einer Verwerfung bzw. Scherzone durch starke Bewegung plastisch verformtes Gestein.

Nunatakker: Aus dem Eis eines großen Gletschers ragender Berg.

Obsidian: Vulkanisches Gesteinsglas („gefrorene Gesteinsschmelze“) mit saurer Zusammensetzung (in der Regel Rhyolith).

Olivin: Silikatmineral, $MgSiO_4$. Wichtig in Mantelgesteinen und in Basalt. Schmuckstein unter dem Namen „Peridot“.

Ophiolith: In ein Gebirge verirrte ozeanische Lithosphäre, bestehend aus Mantelgestein (Peridotit oder Serpentinit), Gabbro, Basaltgängen, Kissenlaven und Sedimenten.

Pangäa: Superkontinent, der vom Karbon bis zum frühen Jura fast alle Landmassen umfasste.

Penninischer Ozean: Ein Ozean, der einst Zentralatlantik und Tethys miteinander verband und der durch die Kollision in den Alpen verschwunden ist.

Peridotit: Gestein des Erdmantels, besteht aus Olivin, Pyroxenen (Diopsid und Enstatit) und Granat oder Spinell. Wird von Wasser zu Serpentinit umgewandelt.

Permafrost: Dauerhaft gefrorenes Aggregat aus Boden, Gesteinsschutt und Eis.

Physikalische Verwitterung: Mechanische Gesteinszertrümmerung, z. B. durch Frostsprengung.

Plagioklas: Wichtiges gesteinsbildendes Silikatmineral der Feldspatgruppe, Mischung aus $Na(AlSi_3O_8)$ und $Ca(Al_2Si_2O_8)$.

Plastische Deformation: Bruchlose Verformung eines festen Körpers (wie z. B. bei Knetmasse).

Platte: Umfassen kontinentale und ozeanische Kruste und den starren Teil des Erdmantels (also die Lithosphäre). Die Platten „schwimmen“ beweglich auf der leicht verformbaren Asthenosphäre.

Plattentektonik: Theorie von der Beweglichkeit der Lithosphärenplatten.

Pluton: Größerer, in der Tiefe abgekühlter Körper aus magmatischem Gestein (z. B. Granitpluton, Gabbropluton).

Plutonit: Magmatisches Gestein, das in der Tiefe langsam abkühlte und daher grobkörnig ist.

Porphyr: Vulkangestein mit großen Einsprenglingskristallen in einer feinkörnigen Grundmasse.

Pyroxen: Gruppe von Silikatmineralen (Kettensilikate), darunter Diopsid, Augit und Enstatit.

Quarz: Wichtiges Silikatmineral, SiO_2. Perfekte Kristalle werden Bergkristall genannt.

Quarzit: Metamorphes Gestein aus Quarz, entstanden durch Umwandlung von Sandstein.

Radiolarie: In den Ozeanen lebender Einzeller mit Silikatskelett. Nach dem Absterben sinken die Skelette auf den Meeresboden ab, wichtig bei der Sedimentation in der Tiefsee.

Rhyolith: Vulkanit mit hohem Gehalt an SiO_2 („sauer“). Entsteht durch Fraktionierung aus einem Basalt oder durch Aufschmelzen kontinentaler Kruste. Oft als Gesteinsglas (Obsidian) oder fein fragmentiert als Asche.

Rumpffläche: Durch intensive chemische Tiefenverwitterung entstandene Ebene. Alte angehobene Rumpfflächen bilden Hochplateaus oder eine Gipfelflur.

Schelf: Der von einem Flachmeer überflutete Rand eines Kontinents. Erst das Tiefseebecken besteht aus ozeanischer Kruste.

Scherzone: Verwerfung mit plastischer Verformung.

Schichtrippe: Höhenzug aus einer erosionsresistenten Schicht bei stark verkippten Sedimentschichten. Siehe auch Schichtstufe.

Schichtstufe: Stufenförmiger Höhenrücken, wo bei flach einfallenden Sedimentschichten eine erosionsresistente Schicht weichere Schichten überlagert.

Schiefer: Tonschiefer oder Glimmerschiefer: Metamorphe Gesteine, die zu Platten zerbrechen, da sie aus eingeregelten blättchenförmigen Mineralen (Tonminerale oder Glimmer) bestehen.

Schildvulkan: Großer, flacher Vulkankegel, aus dünnflüssigen Lavaströmen (insbesondere Basalt) zusammengesetzt.

Sediment: An der Erdoberfläche abgelagertes Gestein (ausgenommen Vulkanite). Es gibt klastische Sedimente (Sandstein, Tonstein, Konglomerat), biogene Sedimente (fast alle Kalksteine) und durch chemische Fällung (Salz, Gips, manche Kalksteine) entstandene Sedimente.

Seitenverschiebung: Verwerfung, an der zwei Platten seitlich aneinander vorbeigleiten.

Serpentinit: Gestein, das überwiegend aus dem Mineral Serpentin besteht. Bildet sich aus Peridotit (das Gestein des Erdmantels) durch Aufnahme von Wasser.

Silikate: Minerale mit (SiO_4)-Tetraedern als Anionenkomplex. Dazu gehören fast alle gesteinsbildenden Minerale.

Spannung: Zum Umgebungsdruck hinzukommende gerichtete Komponente, die eine Verformung auslöst.

Staukuppe: An einem Vulkan wie Zahnpasta ausgepresste Schmelze, die sauer aber gasarm (d. h. hochviskos, nicht explosiv) ist.

Stratovulkan: Großer, steiler Vulkankegel, der aus Lavaströmen und Asche zusammengesetzt ist. (Vgl. Schildvulkan).

Subduktionszone: Plattengrenze, an der ozeanische Kruste unter einen Kontinent (z. B. Anden) oder eine andere ozeanische Platte (z. B. Marianen) abtaucht.

Sutur: Naht zwischen zwei Kontinenten nach einer Kollision. Enthält oft Ophiolithe.

Tektonik: Durch Spannungen verursachte Beanspruchung von Gesteinen und die resultierende spröde oder plastische Verformung.

Terran: Krustenscholle wie Bruchstücke von Kontinenten verschiedener Größe (z. B. Madagaskar, Seychellen), aber auch Tiefseeberge, Inselbögen, Unterwasserplateaus. Können an Subduktionszonen an den Rand eines Kontinents angeschweißt werden.

Tethys: Durch die alpidischen Gebirgsbildungen (in den Alpen, dem Taurus und Zagros und dem Himalaja) verschwundener Ozean. Lag wie ein C nach Osten geöffnet zwischen Gondwana und Eurasien.

Trogtal: Von einem großen Gletscher umgeformtes Tal mit steilen Seitenwänden und flachem Talboden.

Tuff: Lockere oder nachträglich verfestigte Ablagerungen vulkanischer Asche. Das Material kam entweder als Glutwolke den Vulkankegel herunter oder regnete bei einer Ascheeruption aus der Eruptionswolke ab.

Überschiebung: Flache Aufschiebung, der Begriff wird vor allem im Zusammenhang mit Deckenüberschiebungen verwandt.

Variszisches Gebirge: Im Devon und Karbon durch die Kollision von Laurussia (Nordamerika, Europa, Asien) mit Gondwana und kleineren Terranen geschaffenes Gebirge, das von Marokko bis Böhmen reichte. Dadurch entstand der Superkontinent Pangäa.

Vulkanit: An der Erdoberfläche abgelagertes magmatisches Gestein (Vulkangestein) wie Basalt, Andesit oder Rhyolith. Kann ein festes Gestein (z. B. durch einen Lavastrom) sein, Gesteinsglas (Obsidian) oder auch lockere Ascheablagerungen (Tuff), die sich wiederum mit der Zeit verfestigen.

Überblick über die Erdgeschichte

Präkambrium

Hadaikum (vor 4,6 bis 4,0 Milliarden Jahren)
Entstehung der Erde, Ausbildung des Schalenbaus

Archaikum (vor 4,0 bis 2,5 Milliarden Jahren)
Bildung der als Kratone erhaltenen Kontinente, erste Cyanobakterien

Proterozoikum (vor 2,5 Milliarden bis 542 Millionen Jahren)
Sauerstoffhaltige Atmosphäre, erste Weichtiere, erster Superkontinent (Rodinia), Rodinia zerbricht zu kleineren Kontinenten, darunter Gondwana

Paläozoikum (Erdaltertum)

Kambrium (vor 542 bis 488 Millionen Jahren)
Plötzlich massenhaftes Auftreten von Tieren mit Skelett oder Schalen, am Ende Massensterben

Ordovizium (vor 488 bis 444 Millionen Jahren)
Erneute Vielfalt, erste Korallenriffe, erste Landpflanzen, erneutes Massensterben

Silur (vor 444 bis 416 Millionen Jahren)
Kiefertragende Wirbeltiere, weitere Landpflanzen, kaledonische Gebirgsbildung

Devon (vor 416 bis 359 Millionen Jahren)
„Zeitalter der Fische", erste Amphibien, Farnwälder, variszische Gebirgsbildung, schließlich Massensterben

Karbon (vor 359 bis 299 Millionen Jahren)
„Zeitalter der Pflanzen", große Wälder, erste Reptilien, variszische Gebirgsbildung bildet den Superkontinent Pangäa

Perm (vor 299 bis 251 Millionen Jahren)
Reptilien dominieren das Land, große Wüsten, schließlich großes Artensterben

Mesozoikum (Erdmittelalter)

Trias (vor 251 bis 200 Millionen Jahren)
Dinosaurier, schließlich Massensterben

Jura (vor 200 bis 145 Millionen Jahren)
Dinosaurier, erste Vögel und Säugetiere, Pangäa zerbricht

Kreide (vor 145 bis 65 Millionen Jahren)
Dinosaurier, schließlich Massensterben, bei dem die Dinosaurier verschwinden

Känozoikum (Erdneuzeit)

Tertiär (vor 65 bis 2,6 Millionen Jahren)
Aufstieg der Säugetiere, alpidische Gebirgsbildung

Quartär (vor 2,6 Millionen Jahren bis heute)
Eis- und Warmzeiten wechseln sich ab, der Mensch erscheint

Bildnachweis

Abkürzungen:
cc-by: Creative Commons, Namensnennung. (http://creativecommons.org/licenses/by/3.0/legalcode).
cc-by-sa: Creative Commons, Namensnennung, Weitergabe unter gleichen Bedingungen. (http://creativecommons.org/licenses/by-sa/3.0/legalcode).
cc-by-nd: Creative Commons, Namensnennung, keine Bearbeitung. (http://creativecommons.org/licenses/by-nd/3.0/legalcode).
FN-VA: Florian Neukirchen, Vulkanarchiv.
FN-BW: Florian Neukirchen, Blickwinkel.

Alle nicht erwähnten Abbildungen stammen vom Autor.

Kapitel 1
1.4: FN-BW.
1.6: einsiedlerin°aecreative, cc-by, http://www.flickr.com/photos/15600031@N07/2120049394/. 1.7: Verändert nach einer Zeichnung von Prof. A. Pfiffner. 1.8: gemeinfrei, Wikimedia. Porträts: Wikimedia. 1.9: Heim, A, 1921. Geologie der Schweiz. Tauchnitz, Leipzig. 1.20: FN-BW. 1.22: Umgezeichnet nach Sommaruga (1999). 1.24: Nasa Visible Earth.
1.25: Martin Abegglen, Twicepix, cc-by-sa, verringerte Farbsättigung, http://www.flickr.com/photos/twicepix/3909076139/.

Kapitel 2
2.5: FN-BW. 2.13: Umgezeichnet nach Busche et al. (2005). 2.15: Huntster, http://de.wikipedia.org/w/index.php?title=Datei:Uluru_%28Helicopter_view%29-crop.jpg. 2.16: © Daniela Ziegler, www.zwergli33.com. 2.19: FN-BW. 2.23b: FN-VA. 2.24: Kent Wang, cc-by-sa, beschnitten, http://www.flickr.com/photos/kentwang/145627126/. 2.27: Pick83, cc-by-sa, http://de.wikipedia.org/w/index.php?title=Datei:Aletschgl.jpg. 2.28: FN-VA. 2.29: FN-BW. 2.32: © Gunther Wegner, www.gwegner.de. 2.33: FN-BW. 2.34: Moritz Zimmermann, cc-by-sa, http://en.wikipedia.org/wiki/File:Monumentvalley.jpg. 2.35: Palacemusic, cc-by-sa, http://en.wikipedia.org/wiki/File:Delicate_arch_sunset.jpg.

Kapitel 3
3.1: Alfred-Wegener-Institut für Polar- und Meeresforschung. 3.5: Geschwindigkeiten nach Frisch und Meschede (2005). 3.7: Umgezeichnet nach Frisch und Meschede (2005). 3.8: Umgezeichnet nach Frisch und Meschede (2005). 3.13: D.W. Peterson, USGS. 3.14: D.W. Peterson, USGS. 3.15 Lipman, USGS. 3.16: J. B. Judd, USGS. 3.17: Rolf Cosar, cc-by-sa, http://de.wikipedia.org/w/index.php?title=Datei:Pacaya-12.JPEG. 3.18: Mike Doukas, USGS Cascades Volcano Observatory. 3.19: Nasa, http://eol.jsc.nasa.gov/, ISS018E005643. 3.21: Lipman, USGS. 3.24: FN-VA. 3.27: FN-VA. 3.29: US National Oceanic and Atmospheric Administration, http://de.wikipedia.org/wiki/Datei:Nur04506.jpg. 3.30: Hannes Grobe, Alfred-Wegener-Institut, cc-by-sa, beschnitten, http://de.wikipedia.org/w/index.php?title=Datei:Polarstern_rothera_hg.jpg. 3.31c: Nach Manatschal & Müntener (2009).

Kapitel 4
Kapitelbild: FN-VA. 4.2a: Kazuhiko Teramoto, cc-by, http://www.flickr.com/photos/skyseeker/458830451/. 4.2b: International Rice Research Institute, cc-by, http://www.flickr.com/photos/ricephotos/4287386140. 4.2 c: Queulat00, cc-by, verringerte Vignettierung, http://www.flickr.com/photos/queulat00/4306162209/. 4.3: Topografie: Nasa. 4.4: Sarah und Iain (Flickr), cc-by, http://www.flickr.com/photos/sarahandiain/363470232/. 4.8: Foto: Nasa, http://eol.jsc.nasa.gov/, STS078-737-14. 4.17: Umgezeichnet nach McNulty & Farber (2002). 4.18: Foto: Nasa, http://eol.jsc.nasa.gov/, ISS014-E-5467. 4.19: Mario Roberto Duran Ortiz, cc-by, http://de.wikipedia.org/w/index.php?title=Datei:Aconcagua_13.JPG. 4.21: Roberto Fiadone, cc-by-sa, beschnitten, http://de.wikipedia.org/w/index.php?title=Datei:Sierras_de_Famatina_Chilecito.jpg. 4.22: Umgezeichnet nach Scalabrino et al. (2009). 4.23: Geoff Livingston, cc-by-sa, http://www.flickr.com/photos/geoliv/4281797930/, http://www.flickr.com/photos/geoliv/4272995222/, http://www.flickr.com/photos/geoliv/4317316574/. 4.27: Umgezeichnet nach Glen & Meffre (2009). 4.28: Umgezeichnet nach Whattam (2009). 4.29: Umgezeichnet nach Glen & Meffre (2009). 4.31: Kailing3, cc-by-sa, http://en.wikipedia.org/wiki/File:Mount_Yu_Shan_-_Taiwan.jpg.

Kapitel 5

Kapitelbild: Nasa Visible Earth. 5.1: Doc Searls, cc-by-sa, http://www.flickr.com/photos/docsearls/15392616/. 5.3: Declan Prendiville Photography, by-nd, http://www.flickr.com/photos/petzeninc/3589947297/. 5.5: Foto: Nasa, http://eol.jsc.nasa.gov/, ISS017-E-10499. 5.6: © Arved Schwendel. 5.7: Satellitenbild: Nasa Visible Earth. 5.8: Nic McPhee, cc-by-sa, http://en.wikipedia.org/wiki/File:Mt._McKinley,_Denali_National_Park.jpg. 5.9: Jack French, cc-by, http://de.wikipedia.org/w/index.php?title=Datei:Alaska_Range_%283%29.jpg. 5.10: Gerald Holdsworth, National Oceanic and Atmospheric Administration, http://de.wikipedia.org/w/index.php?title=Datei:Mount_Logan.jpg.

Kapitel 6

6.1: Foto: Nasa Visible Earth. 6.3: Umgezeichnet nach Yin (2006). 6.9: Foto: Nasa, http://eol.jsc.nasa.gov/, ISS008-E-6150. 6.10: Steve Hicks, cc-by, http://www.flickr.com/photos/shicks/845234830/. 6.11: Uwe Gille, cc-by-sa, beschnitten, http://de.wikipedia.org/w/index.php?title=Datei:Nuptse-from-Lobuche.jpg. 6.13: Foto: Nasa, http://eol.jsc.nasa.gov/, STS055-152A-104. 6.16: Satellitenbild Nasa Visible Earth. 6.17: Topografie: NASA. 6.24: Satellitenbild: Nasa Visible Earth. 6.25: Mariachily, cc-by, http://www.flickr.com/photos/mariachily/3330696046/. 6.26: © Christian Lorenz, www. aconcagua.de. 6.27a: Chenyingphoto, cc-by, http://www.flickr.com/photos/40713859@N00/2991934604/. 6.27b: Dperstin, cc-by, http://www.flickr.com/photos/dperstin/3971371891/. 6.28: © Janne Corax, stormcorp.se. 6.29: Chen Zhao, cc-by, http://de.wikipedia.org/w/index.php?title=Datei:West_Tian_Shan_mountains.jpg, http://de.wikipedia.org/w/index.php?title=Datei:Jengish_Chokusu_from_BC.jpg. 6.30: Foto: Nasa Visible Earth. 6.33: Foto: Nasa, http://eol.jsc.nasa.gov/, ISS012-E-18774. 6.34: Satellitenbild: Nasa Visible Earth. 6.35: FN-BW. 6.37a: FN-BW. 6.39a: FN-BW. 6.41a: Nasa, http://eol.jsc.nasa.gov/, ISS015-E-6154.

Kapitel 7

7.2: Nagerw, cc-by-nd, http://www.flickr.com/photos/naglerw/3684392144. 7.3: D.A. Swanson, USGS. 7.4: J. Judd, USGS. 7.5: Jens Steckert, by-sa, http://de.wikipedia.org/w/index.php?title=Datei:Teide_and_Caldera_2006.jpg. 7.8a: FN-VA. 7.12: Hulivili, cc-by, http://www.flickr.com/photos/hulivili/3962440126/. 7.13: Topografie: Nasa. 7.14: Chris 73, cc-by-sa, http://en.wikipedia.org/wiki/File:Batian_Nelion_and_pt_Slade_in_the_foreground_Mt_Kenya.JPG. 7.15: Foto: Nasa, http://eol.jsc.nasa.gov/, ISS004-E-12497. 7.16: © Michael Neubauer. 7.19: © Manfred Strych. 7.20: Topografie: Nasa. 7.21: Satellitenbild: Nasa Visible Earth. 7.23: Amerune, cc-by, http://www.flickr.com/photos/amerune/551827552. 7.26: Topografie: Nasa. 7.28: FN-BW. 7.30: FN-BW. 7.31: FN-BW. 7.32: FN-BW. 7.33: Foto: Nasa, http://eol.jsc.nasa.gov/, STS41G-121-184. 7.34: Michael Gäbler, cc-by, http://de.wikipedia.org/w/index.php?title=Datei:Willow_Flats_area_and_Teton_Range_in_Grand_Teton_National_Park.jpg. 7.35: Ewen Denney, cc-by-sa, http://de.wikipedia.org/w/index.php?title=Datei:MtShasta_aerial.JPG. 7.36: Satellitenbild: Nasa Visible Earth. 7.37: Frank Kovalchek, cc-by, http://www.flickr.com/photos/72213316@N00/4472458138/. 7.39a: public domain, http://en.wikipedia.org/wiki/File:SierraEscarpmentCA.jpg. 7.39b: Sanjay Acharya, cc-by-sa, http://en.wikipedia.org/wiki/File:Glacierpoint-view.jpg. 7.40: Frank Kovalchek, cc-by, http://www.flickr.com/photos/72213316@N00/4078805307/, http://www.flickr.com/photos/72213316@N00/4110933448/.

Kapitel 8

8.2: Ryan Gsell, cc-by, http://www.flickr.com/photos/ryangsell/2838810496/. 8.3: Flyout, cc-by-sa, http://de.wikipedia.org/w/index.php?title=Datei:Mythen_(ganz).JPG. 8.6: Foto: Nasa, http://eol.jsc.nasa.gov/, SS013-E-77377. 8.7: Dirk Beyer, cc-by-sa, http://de.wikipedia.org/w/index.php?title=Datei:Eiger_2415.jpg. 8.8: Simo Räsänen, cc-by-sa, http://fr.wikipedia.org/wiki/Fichier:Aiguille_Verte_-_July.JPG. 8.9: Umgezeichnet nach Schmid et al. (2004). 8.10a: Creator-bz, cc-by-sa, http://de.wikipedia.org/w/index.php?title=Datei:Sellastock.JPG. 8.10b: Domenico Salvagnin, cc-by, http://www.flickr.com/photos/dominiqs/2881327353. 8.11a: Kauk0r, cc-by-sa, http://de.wikipedia.org/w/index.php?title=Datei:Zugspitze_Westansicht.JPG. 8.11b: Nachtgiger, cc-by-sa, http://de.wikipedia.org/w/index.php?title=Datei:Watzmann3.jpg. 8.12: FN-BW. 8.13: Umgezeichnet nach Schmid et al. (1996). 8.16: FN-BW. 8.17: Erik Wilde, cc-by-sa, http://www.flickr.com/photos/dret/3761140610/. 8.18: Nach Frisch et al (2000). 8.19: Piet-Jay, cc-by-sa, http://de.wikipedia.org/w/index.php?title=Datei:Großvenediger.JPG. 8.20: Magnuss, cc-by-sa, http://de.wikipedia.org/w/index.php?title=Datei:Großglockner_vom_Fuscherkarkopf.JPG. 8.21: Nach Desegaulx et al. (1990). 8.22: Jean-Denis Vauguet, cc-by-sa, http://www.flickr.com/photos/jdvauguet/4381124279/. 8.23: Carlos Buetas, cc-by, http://fr.wikipedia.org/wiki/Fichier:Cañon_de_Añisclo.jpg. 8.24: Satellitenbild: Nasa Visible Earth. 8.25: RaBoe, cc-by-sa, http://en.wikipedia.org/wiki/File:Gran_Sasso_02.jpg.

Literatur

Lehrbücher

Best, M. G., Christiansen, E. H., 2001. Igneous Petrology. Blackwell Science, Malden, Massachusetts.

Busche, D., Kempf, J., Stengel, I., 2005. Landschaftsformen der Erde. Wissenschaftliche Buchgesellschaft, Darmstadt.

Frisch, W., Meschede, M., 2005. Plattentektonik. Wissenschaftliche Buchgesellschaft, Darmstadt.

Gebhardt, H., Glaser, R., Radtke, U., Reuber, P., 2006. Geographie. Spektrum Akademischer Verlag, Heidelberg.

Markl, G., 2008. Minerale und Gesteine: Mineralogie - Petrologie - Geochemie. Spektrum Akademischer Verlag, Heidelberg.

Pfiffner, O. A., 2010. Geologie der Alpen. UTB, Stuttgart.

Press, F., Siever, R., 2008. Allgemeine Geologie. Spektrum Akademischer Verlag, Heidelberg.

Schmincke, H. U., 2000. Vulkanismus. Wissenschaftliche Buchgesellschaft, Darmstadt.

Stanley, S. M., Schweizer, V., 2001. Historische Geologie. Spektrum Akademischer Verlag, Heidelberg.

Twiss, R. J., Moores, E. M., 2007. Structural Geology. W. H. Freeman, New York.

Winter, J. D., 2001. Igneous and metamorphic petrology. Prentice Hall, New Jersey.

Quellen

Acocella, V., Vezzoli, L., Omarini, R., Matteini, M., Mazzuoli, R., 2007. Kinematic variations across Eastern Cordillera at 24°S (Central Andes): Tectonic and magmatic implications. Tectonophysics 434, 81-92.

Adam, J., Reuther, C. D., 2000. Crustal dynamics and active fault mechanics during subduction erosion. Application of frictional wedge analysis on to the North Chilean Forearc. Tectonophysics 321, 297-325.

Agard, P., Omrani, J., Jolivet, L., Mouthereau, F., 2005. Convergence history across Zagros (Iran): constraints from collisional and earlier deformation. International Journal of Earth Science (Geologische Rundschau) 94, 409-419.

Agard, P., Yamato, P., Jolivet, L., Burov, E. 2009. Exhumation of oceanic blueshists and eclogites in subduction zones; Timing and mechanisms. Earth-Science Reviews 92, 53-79.

Allen, M. B., Vincent, S. J., Alsop, G. I., Ismail-zadeh, A., Flecker, R., 2003. Late Cenozoic deformation in the South Caspian region: effects of a rigid basement block within a collision zone. Tectonophysics 366, 223-239.

Allmendinger, R. W., Jordan, T. E., Kay, S. M., Isacks, B. L., 1997. The evolution of the Altiplano-Puna Plateau of the Central Andes. Annual Review of Earth and Planetary Sciences 25, 139-174.

Altenberger, U., Oberhänsli, R., Putlitz, B., Wemmer, K., 2003. Tectonic controls and cenozoic magmatism at the Torres del Paine, southern Andes (Chile, 51°10'S). Revista geológica de Chile 30, 65-81.

Anell, I., Thybo, H., Artemieva, I. M., 2009. Cenozoic uplift and subsidence in the North Atlantic region: Geological evidence revisited. Tectonophysics 474, 78-105.

Axen, G. J., Lam, P. S., Grove, M., Stockli, D. F., Hassanzadeh, J. 2001. Exhumation of the west-central Alborz Mountains, Iran, Caspidian subsidence, and collision-related tectonics. Geology 29, 559-562.

Baker, B. H., 1967. Geology of the Mt. Kenya Area. Ministry of Natural Resources Geological Survey of Kenya, 78pp.

Beauchamp, W., Barazangi, M., Demnati, A., El Alji, M., 1996. Intracontinental Rifting and Inversion: Missour Basin and Atlas Mountains, Morocco. AAPG Bulletin 80, 1459-1482.

Beaumont, C., Jamieson, R. A., Nguyen, M. H., Lee, B., 2001. Himalayan tectonics explained by extrusion of a low-viscosity crustal channel coupled to focused surface denudation. Nature 414, 738-742.

Bell, K., Keller, J., 1995. Carbonatite volcanism: Oldoinyo Lengai and the Petrogenesis of Natrocarbonatites. IAVCEI Proceedings in Volcanology 4, Springer Verlag Berlin.

Bird, P., 1988. Formation of the Rocky Mountains, Western United States: A Continuum Computer Model. Science 239, 1501-1507.

Bistacchi, A., Massironi, M., 2000. Post-nappe brittle tectonics and kinematic evolution of the north-western Alps: an integrated approach. Tectonophysics 327, 267-292.

Bosellini, A., Gianolla, P., Stefani, M., 2003. Geology of the Dolomites. Episodes 26, 181-185.

Bourdon, E., Eissen, J. P., Gutscher, M. A., Monzier, M., Hall, M. L., Cotten, J., 2003. Magmatic response to early aseismic ridge subduction: the Ecuadorian margin case (South America). Earth and Planetary Science Letters 205, 123-138.

Bucher-Nurminen, K., 1991. Mantle fragments in the Scandinavian Caledonides. Tectonophysics 190, 173-192.

Bucher, K., Fazis, Y., De Capitani, C., Grapes, R., 2005. Blueshists, eclogites, and decompression assemblages of the Zermatt-Saas ophiolite: high-pressure metamorphism of subducted Tethys lithosphere. American Mineralogist 90, 821-835.

Burbank, D. W., Blythe, A. E., Putkonen, J., Pratt-Sitaula, B., Gabet, E., Oskin, M., Barros, A., Ojha, T. P., 2003. Decoupling of erosion and precipitacion in the Himalayas. Nature 426, 652-655.

Burbank, D. W., Leland, J., Fielding, E., Anderson, R. S., Brozovic, N., Reid, M. R., Duncan, C., 1996. Bedrock incision, rock uplift and threshold hillslopes in the northwestern Himalayas. Nature 379, 505-510.

Braile, L. W., Keller, G. R., Wendlandt, R. F., Morgan, P., Khan, M. A., 1995. The East African rift system. In: Olsen, K. H. (Ed.) Continental Rifts: Evolution, Structure, Tectonics, Development in Geotectonics 23. Elsevier, Amsterdam, 213-231.

Briceño, H., Schubert, C., 1990. Geomorphology of the Gran Sabana, Guayana Shield, southeastern Venezuela. Geomorphology 3, 125-141.

Calvert, A., Sandoval, E., Seber, D., Baranzangi, M., Roecker, S., Mourabit, T., Vidal, F., Alguacil, G., Jabour, N., 2000. Geodynamic evolution of the lithosphere and the upper mantle beneath the Alboran region of the western Mediterranean; Constraints from travel time tomography. Journal of Geophysical Research 105, 10871-10898.

Champagnac, J. D., Schlunegger, F., Norton, K., von Blanckenburg, F., Abbühl, L. M., Schwab, M., 2009. Erosion-driven uplift of the modern Central Alps. Tectonophysics 474, 236-249.

Chiaradia, M., Müntener, O., Beate, B., Fontignie, D., 2009. Adakite-like volcanism of Equador: lower crust magmatic evolution and recycling. Contributions to Mineralogy and Petrology 158, 563-588.

Cox, S. C., Findlay, R. H., 1995. The Main Divide Fault Zone and its role in formation of the Southern Alps, New Zealand. New Zealand Journal of Geology and Geophysics 38, 489-499.

Cunningham, D., 2005. Active intracontinental transpressional mountain building in the Mongolian Altai: Defining a new class of orogen. Earth and Planetary Science Letters 240, 436-444.

Cuthbert, S. J., Carswell, D. A., Krogh-Ravna, E. J., Wain, A. 2000. Eclogites and eclogites in the Western Gneiss Region, Norwegian Caledonides. Lithos 52, 165-195.

Cristallini, E. O., Ramos, V. A., 2000. Thick-skinned and thin-skinned thrusting in the La Ramada fold and thrust belt: crustal evolution of the High Andes of San Juan, Argentina (32°SL). Tectonophysics 317, 205-235.

Darwin, C., 1845. The voyage of the beagle, (Second edn.) London.

Davidson, J., Hassanzadeh, J., Berzins, R., Stockli, D. F., Bashukooh, B., Turrin, B., Pandamouz, A., 2004. The geology of Damavand volcano, Alborz Mountains, northern Iran. GSA Bulletin 116, 16-29.

Davies, J. H., von Blanckenburg, F., 1995. Slab breakoff: a model of lithosphere detachment and its test in the magmatism and deformation of collisional orogens. Earth and Planetary Science Letters 129, 85-102.

Dawson, J. B., 1992. Neogene tectonics and volcanicity in the North Tanzania sector of the Gregory Rift Valley: contrasts with the Kenya sector. Tectonophysics 204, 81-92.

Desegaulx, P., Roure, F., Villein, A., 1990. Structural evolution of the Pyrenees: tectonic inheritance and flexural behaviour in the continental crust. Tectonophysics 182, 211-225.

Ebert, A., Herwegh, M., Pfiffner, A., 2007. Cooling induced strain localization in carbonate mylonites within a large-scale shear zone (Glarus thrust, Switzerland). Journal of Structural Geology 29, 1164-1184.

Enkelmann, E., Zeitler, P. K., Pavlis, T. L., Garver, J. I., Ridgway, K. D., 2009. Intense localized rock uplift and erosion in the St Elias orogen of Alaska. Nature Geoscience 2, 360-363.

Exner, C. H., 2003. Bald 100 Jahre Tauernfenster. Mitt. Österr. Geol. Ges. 93, 175-179.

Faccenna, C., Becker, T. W., Lucente, F. P., Jolivet, L., Rosetti, F., 2001. History of subduction and back-arc extension in the Central Mediterranean. Geophysical Journal International 145, 809-820.

Franzke, H. J., 2006. Das mesozoische Spannungsfeld im Harzgebiet, abgeleitet aus kinematischen Störungsanalysen. Clausthaler Geowissenschaften 5, 89-100.

Frisch, W., Dunkl, I., Kuhlemann, J., 2000. Post-collisional orogen-parallel large-scale extension in the Eastern Alps. Tectonophysics 327, 239-265.

Fryer, P., 2002. Recent studies of Serpentinite occurrences in the Oceans: Mantle-Ocean interactions in the Plate Tectonic Cycle. Chemie der Erde - Geochemistry 62, 257-302.

Gabet, E. J., Pratt-Sitaula, B. A., Burbank, D. W., 2004. Climatic controls on hillslope angle and relief in the Himalayas. Geology 32, 629-632.

Garzione, C. N., Hoke, G. D., Libarkin, J. C., Withers, S., MacFadden, B., Eiler, J., Gosh, P., Mulch, A. 2008. Rise of the Andes. Science 320, 1304-1307.

Gerbault, M., Martinod, J., Hérail, G., 2005. Possible orogeny-parallel lower crustal flow and thickening in the Central Andes. Tectonophysics 399, 59-72.

Giambiagi, L. B., Alvarez, P. P., Godoy, E., Ramos, V. A., 2003. The control of pre-existing extensional structures on the evolution of the southern sector of the Aconcagua fold and thrust belt, southern Andes. Tectonophysics 369, 1-19.

Giese, P., Scheuber, E., Schilling, F., Schmitz, M., Wigger, P., 1999. Crustal thickening processes in the Central Andes and the different natures of the Moho-discontinuity. Journal of South American Earth Sciences 12, 201-220.

Glen, R. A., Meffre, S., 2009. Styles of Cenozoic collisions in the western and southwestern Pacific and their applications to Palaeozoic collisions in the Tasmanides of eastern Australia. Tectonophysics 479, 130-149.

Godin, L., 2003. Structural evolution of the Tethyan sedimentary sequence in the Annapurna area, central Nepal Himalaya. Journal of Asian Earth Sciences 22, 307-328.

Godoy, E., Yanez, G., Vera, E., 1999. Inversion of an Oligocene volcano-tectonic basin and uplifting of its superimposed Miocene magmatic arc in the Chilean Central Andes: first seismic and gravity evidences. Tectonophysics 306, 217-236.

Grapes, R. H., 1995. Uplift and exhumation of Alpine Shist, Southern Alps, New Zealand: thermobarometric constraints. New Zealand Journal of Geology and Geophysics 38, 525-533.

Grujic, D., Casey, M., Davidson, C., Hollister, L. S., Kündig, R., Pavlis, T., Schmid, S., 1996. Ductile extrusion of the Higher Himalayan Crystalline in Bhutan: evidence from quartz microfabrics. Tectonophysics 260, 21-43.

Guest, B., Axen, G. J., Lam, P. S., Hassanzadeh, J., 2006. Late Cenozoic shortening in the west-central Alborz Mountains, northern Iran, by conjugate stike-slip and thin-skinned deformation. Geosphere 2, 35-52.

Gutscher, M. A., 2002. Andean subduction styles and their effect on thermal structure and interplate coupling. Journal of South American Earth Sciences 15, 3-10.

Hanel, M., Montenari, M., Kalt, A., 1999. Determining sedimentation ages of high-grade metamorphic gneisses by their palynological record: a case study in the northern Schwarzwald (Variscan Belt, Germany). International Journal of Earth Sciences 88, 49-59.

Harris, N., 2007. Channel flow and the Himalayan-Tibetan orogen: a critical review. Journal of the Geological Society, London, 164, 511-523.

Harris, N., Inger, S., Massey, J., 1993. The role of fluids in the formation of the High Himalayan leucogranites. In: Treloar P. J., Searle M. P. (Eds.), Himalayan Tectonics. Geological Society London Special Publication, 391-400.

Harrison, T. M., Grove, M., Lovera, O. M., Catlos, E. J., D'Andrea, J., 1999. The origin of Himalayan anatexis and inverted metamorphism: Models and constraints. Journal of Asian Earth Sciences 17, 755-772.

Heim, A, 1921. Geologie der Schweiz. Tauchnitz, Leipzig. 2 Bände.

Hervé, F., Pankhurst, R. J., Fanning, C. M., Calderón, M., Yaxley, G. M., 2007. The South Patagonian batholith: 150 my of granite magmatism on a plate margin. Lithos 97, 373-394.

Hoepffner, C., Soulaimani, A., Piqué, A., 2005. The Moroccan Hercynides. Journal of African Earth Sciences 43, 144-165.

Huang, C. Y., Wu, W. Y., Chang, C. P., Tsao, S., Yuan, P. B., Lin, C. W., Kuan-Yuan, X., 1997. Tectonic evolution of accretionary prism in the arc-continent collision terrane of Taiwan. Tectonophysics 281, 31-51.

Humboldt, A., 1810. Voyage de Humboldt et Bonpland. Première partie, Relation historique. Atlas pittoresque. Vues des Cordillères, et monumens des peuples de l'Amérique. Paris: chez F. Schoell. Übersetzung nach HiN Online, Uni Potsdam.

Huntington, K. W., Blythe, A. E., Hodges, K. V., 2006. Climate change and Late Pliocene acceleration of erosion in the Himalaya. Earth and Planetary Science Letters 252, 107-118.

Huseynov, D. A., Guliyev, I. S., 2004. Mud volcanic natural phenomena in the South Caspian Basin: geology, fluid dynamics and environmental impact. Environmental Geology 46, 1012-1023.

Jacobshagen, V., Müller, J., Wemmer, K., Ahrendt, H., Manutsoglu, E., 2002. Hercynian deformation and metamorphism in the Cordillera Oriental of Southern Bolivia, Central Andes. Tectonophysics 345, 119-130.

Jiménez-Munt, I., Fernàndez, M., Vergés, J., Platt, J. P., 2008. Lithosphere structure underneath the Tibetan Plateau inferred from elevation, gravity and geoid anomalies. Earth and Planetary Science Letters 267, 276-289.

Jones, C. H., Wernicke, B. P., Farmer, G. L., Walker, J. D., Coleman, D. S., McKenna, L. W., Perry, F. V., 1992. Variations across and along a major continental rift: an interdisciplinary study of the Basin and Range Province, western USA. Tectonophysics 213, 57-96.

Kay, R. W., Kay, S. M., 1993. Delamination and delamination magmatism. Tectonophysics 219, 177-189.

Keskin, M., 2003. Magma generation by slab steepening and breakoff beneath a subduction-accretion complex: An alternative model for collision-related volcanism in Eastern Anatolia, Turkey. Geophysical Research Letters 30(24), 8046, doi:10.1029/2003GL018019.

Kley, J., Monaldi, C. R., Salfity, J. A., 1999. Along-strike segmentation of the Andean foreland: causes and consequences. Tectonophysics 301, 75-94.

Koehn, D., Aanyu, K., Haines, S., Sachau, T., 2008. Rift nucleation, rift propagation and the creation of basement microplates within active rifts. Tectonophysics 458, 105-116.

Labrousse, L., Jolivet, L., Agard, P., Hébert, R., Andersen, T. B., 2002. Crustal-scale boudinage and migmatization of gneiss during their exhumation in the UHP Province of Western Norway. Terra Nova 14, 263-270.

Lagabrielle, Y., Lernoirie, M., 1997. Alpine, Corsican and Apennine ophiolites: the slow-spreading ridge model. C. R. Acad. Sci Paris, Earth and Planetary Sciences 325, 909-920.

Le Gall, B., Nonnotte, P., Rolet, J., Benoit, M., Guillou, H., Mousseau-Nonnotte, M., Albaric, J., Deverchère, J., 2008. Rift propagation at craton margin. Distribution of faulting and volcanism in the North Tanzanian Divergence (East Africa) during Neogene times. Tectonophysics 448, 1-19.

Leech, M. L., Singh, S., Jain, A. K., Klemperer, S. L., Manickavasagam, R. M., 2005. The onset of India-Asia collision: Early, steep subduction required by the timing of UHP metamorphism in the western Himalaya. Earth and Planetary Science Letters 234, 83-97.

Lidmar-Bergström, K., Bonow, J.M., 2009. Hypotheses and observations on the origin of the landscape of southern Norway - A comment regarding the isostasy-climate-erosion hypothesis by Nielsen et al. 2008. Journal of Geodynamics 48, 95-100.

Lin, C. H., 2000. Thermal modeling of continental subduction and exhumation constrained by heat flow and seismicity in Taiwan. Tectonophysics 324, 189-201.

Lin, C. H., 2009. Compelling evidence of an aseismic slab beneath central Taiwan from a dense linear seismic array. Tectonophysics 466, 205-212.

Linzer, H. G., Frisch, W., Zweigel, P., Girbacea, R., Hann, H. P., Moser, F., 1998. Kinematic evolution of the Romanian Carpathians. Tectonophysics 297, 133-156.

Liu, C. E., Snow, J. E., Hellebrand, E., Brügmann, G., Handt, A., Büchl, A., Hofmann, A. W., 2008. Ancient, highly heterogeneous mantle beneath Gakkle Ridge, Arctic Ocean. Nature 452, 311-316.

Lucassen, F., Becchio, R., Harmon, R., Kasemann, S., Franz, G., Trumbull, R., Wilke, H. G., Romer, R. L., Dulski, R., 2001. Composition and density model of the continental crust at an active continental margin - the Central Andes between 21° and 27° S. Tectonophysics 341, 195-223.

Lucchitta, I., 1990. Role of heat and detachment in continental extension as viewed from the eastern Basin and Range Province in Arizona. Tectonophysics 174, 77-114.

Lucente, F. P., Speranza, F., 2001. Belt bending driven by lateral bending of subducting lithospheric slab: geophysical evidences from the northern Apennines (Italy). Tectonophysics 337, 53-64.

Macdonald, R., Rogers, N. W., Fitton, J. G., Black, S., Smith, M., 2001. Plume-lithosphere interactions in the generation of the basalts of the Kenya Rift, East Africa. Jounal of Petrology 42, 877-900.

Manatschal, G., Müntener, O., 2009. A type sequence across an ancient magma-poor ocean-continent transition: the example of the western Alpine Tethys ophiolites. Tectonophysics 473, 4-19.

Marshak, S., Karlstrom, K., Timmons, J. M., 2000. Inversion of Proterozoic extensional faults: An explanation for the pattern of Laramide and Ancestral Rockies intracratonic defromation, United States. Geology 28, 735-738.

Maxelon, M., Mancktelow, N. S., 2005. Three-dimensional geometry and tectonostratigraphy of the Pennine zone, Central Alps, Switzerland and Northern Italy. Earth-Science Reviews 71, 171-227.

Mulch, A., Chamberlain, C. P., 2006. The rise and growth of Tibet. Nature 439, 670-671.

McKenzie, J. A., Vasconcelos, C., 2009. Dolomite Mountains and the orogin of dolomite rock of which they mainly consist: historical developments and new perspectives. Sedimentology 56, 205–219.

McNulty, B., Farber, D., 2002. Active detachment faulting above the Peruvian slab. Geology 30, 567–570.

McQuarrie, N., 2004. Crustal scale geometry of the Zagros fold-thrust belt, Iran. Journal of Structural Geology 26, 519–535.

Molinaro, M., Zeyen, H., Laurencin, X., 2005. Lithospheric structure beneath the south-eastern Zagros Mountains, Iran: recent slab break-off? Terra Nova 17, 1–6.

Morley, C. K., 1999. Tectonic evolution of the East African Rift System and the modifying influence of magmatism: a review. Acta Vulcanologica 11, 1–19.

Morley, C. K., Ngenoh, D. K., Ego, E. K., 1999. Introduction to the East African Rift System. In: Morley, C. K. (Ed.), Geoscience of rift systems - Evolution of East Africa: AAPG Studies in Geology 44, 1–18.

Munoz, J. A., 1992. Evolution of a continental collision belt; ECORS-Pyrennees crustal balanced cross-section. In: McClay (Ed.), Thrust Tectonics. Chapman and Hall, New York. 235–246.

Negredo, A. M., Replumaz, A., Villaseñor, A., Guillot, S., 2007. Modeling the evolution of continental subduction processes in the Pamir-Hindu Kush region. Earth and Planetary Science Letters 259, 212–225.

Nesje, A., Whilliams, I. M., 1994. Erosion of Sognefjord, Norway. Geomorphology 9, 33–45.

Neubauer, F., Genser, J., Handler, R., 2000. The Eastern Alps: Result of a two-stage collision process. Mitteilungen der Österreichischen Geologischen Gesellschaft 92, 117–134.

Nonnotte, P., Guillou, H., Le Gall, B., Benoit, M., Cotten, J., Scaillet, S., 2008. New K-Ar age determinations of Kilimanjaro volcano in the North Tanzanian diverging rift, East Africa. Journal of Volcanology and Geothermal Research 173, 99–112.

O'Brien, P. J., Rötzler, J., 2003. High-pressure granulites: formation, recovery of peak conditions and implications for tectonics. Journal of Metamorphic Geology 21, 3–20.

Omrani, J., Agard, P., Whitechurch, H., Benoit, M., Prouteau, G., Jolivet, L., 2008. Arc-magmatism and subduction history beneath the Zagros Mountains, Iran: A new report of adikites and geodynamic consequences. Lithos 106, 380–398.

Paslick, C., Halliday, A., James, D., Dawson, J.B., 1995. Enrichment of the continental lithosphere by OIB melts: isotopic evidence from the volcanic province of northern Tanzania. Earth and Planetary Science Letters 130, 109–126.

Piccini, L., Mecchia, M., 2009. Solution weathering rate and origin of karst landforms and caves in the quartzite of Auyan-tepui (Gran Sabana, Venezuela). Geomorphology 106, 15–25.

Plafker, G., Berg, H. C., 1994. The Geology of Alaska. Boulder, Colorado, Geological Society of America. The Geology of North America, v. G-1.

Poulsen, C. J., Ehlers, T. A., Insel, N., 2010. Onset of convective rainfall during gradual late Miocence rise of the Central Andes. Science, doi: 10.1126/science.1185078.

Ramos, V. A., 1999. Plate tectonic setting of the Andean Cordillera. Episodes 22, 183–190.

Ramos, V. A., Cristallini, E. O., Pérez, D. J., 2002. The Pampean flat-slab of the Central Andes. Journal of South American Earth Sciences 15, 59–78.

Robinson, A. C., 2009. Geologic offsets across the northern Karakorum fault: Implications for its role and terrane correlations in the western Himalayan-Tibetan orogen. Earth and Planetary Science Letters 279, 123–130.

Rey, P., Vanderhaeghe, O., Teyssier, C., 2001. Gravitational collapse of the continental crust: definition, regimes and modes. Tectonophysics 342, 435–449.

Ring. U., 2008. Extreme uplift of the Rwenzori Mountains in the East African Rift, Uganda: Structural framework and possible role of glaciations. Tectonics 27, TC4018, doi:10.1029/2007TC002176.

Roberts, D., 2003. The Scandinavian Caledonides: event chronology, palaeogeographic settings and likely modern analogues. Tectonophysics 365, 283–299.

Robertson, A. H. F., 2007. Evidence of continental breakup from the Newfoundland rifted margin (Ocean Drilling Program leg 210): Lower createaceous seafloor formed by exhumation of subcontinental mantle lithosphere and the transition to seafloor spreading. In: Tucholke, B. E., Sibuet, J. C., Klaus, A. (Eds.), Proceedings of the Ocean Drilling Program, Scientific Results. Volume 210.

Rogers, N., Macdonald, R., Fitton, J. G., George, R., Smith, M., Barreiro, B., 2000. Two mantle plumes beneath the East African rift system: Sr, Nd and Pb isotope evidence from Kenya Rift basalts. Earth and Planetary Science Letters 176, 387–400.

Rolland, Y., Galoyan, G., Bosch, D., Sosson, M., Corsini, M., Fornari, M., Verati, C., 2009. Jurassic back-arc and Cretaceous hot-spot series in the Armenian Ophiolites - Implications for the obduction process. Lithos 112, 163–187.

Saintot, A., Angelier, J., 2002. Tectonic paleostress fields and structural evolution of the NW-Caucasus fold-and-thrust belt from Late Cretaceous to Quaternary. Tectonophysics 357, 1–31.

Saleeby, J., Foster, Z., 2004. Topographic response to mantle lithosphere removal in the southern Sierra Nevada region, California. Geology 32, 245–248.

Scalabrino, B., Lagabrielle, Y., de la Rupelle, A., Malavieille, J., Polvé, M., Espinoza, F., Morata, D., Suarez, M., 2009. Subduction of an active spreading ridge beneath southern South America: A review of the Cenozoic Geological Records from the Andean Foreland, Central Patagonia (46–47°S). In: Lallemand, S., Funiciello, F. (Eds.), Subduction Zone Geodynamics. Springer, Berlin.

Schmalholz, M., 2004. The amalgamation of the Pamirs and their subsequent evolution in the far field of the India-Asia collision. Tübinger Geowissenschaftliche Arbeiten Reihe A 71, 1–103.

Schmid, S.M., Fügenschuh, B., Kissling, E., Schuster, R., 2004. Tectonic map and overall achitecture of the Alpine orogen. Eclogae Geologicae Helvetiae, 93–117.

Schmid, S. M., Pfiffner, O. A., Froitzheim, N., Schönborn, G., Kissling, E., 1996. Geophysical-geological transect and tectonic evolution of the Swiss-Italian Alps. Tectonics 15, 1036–1064.

Searle, M. P., Simpson, R. L., Law, R. D., Parrish, R. R., Waters, D .J., 2003. The structural geometry, metamorphic and magmatic evolution of the Everest massif, High Himalaya of

Nepal-South Tibet. Journal of the Geological Society London 160, 345-366.

Sibuet, J. C., Srivastava, S., Manatschal, G., 2007. Exhumed mantle-forming transitional crust in the Newfoundland-Iberia rift and associated magnetic anomalies. Journal of Geophysical Research 112, 6105.

Smith, M., Morley, P., 1993. Crustal heterogeneity and Basement influence on the development of the Kenya Rift, East Africa. Tectonics 12, 591-606.

Sommaruga, A., 1999. Décollement tectonics in the Jura foreland fold-and-thrust belt. Marine and Petroleum Geology 16, 111-134.

Stampfli, G. M., Mosar, J., Marquer, D., Baudin, T., Borel, G., 1998. Subduction and obduction processes in the Swiss Alps. Tectonophysics 296, 159-204.

Tapponnier, P., Peltzer, G., Le Dain, A. Y., Armijo, R., Cobbold, P., 1982. Propagating extrusion tectonics in Asia: new insight from simple experiments with pasticine. Geology 10, 611-616.

Tapponnier, P., Lacassin, R., Leloup, P. H., Schärer, U., Dalai, Z., Haiwei, W., Xiaoshan, L., Shaocheng, J., Lianshang, Z., Jiayou, Z., 1990. The Ailao Shan/Red River metamorphic belt: Tertiary left-lateral shear between Indochina and South China. Nature 343, 431-437.

Tapponnier, P., Zhiqin, X., Roger, F., Meyer, B., Arnaud, N., Wittlinger, G., Jingsui, Y., 2001. Oblique stepwise rise and growth of the Tibetan plateau. Science 294, 1671-1677.

Teixell, A., 1998. Crustal structure and orogenic material budget in the west central Pyrenees, Tectonics 17, 395-406.

Teixell, A., Ayarza, P., Zeyen, H., Fernàndez, M., Arboleya, M., 2005. Effects of mantle upwelling in a compressional setting: the Atlas Mountains of Morocco. Terra Nova 17, 456-461.

Tucholke, B. E., Behn, M. D., Buck, W. R., Lin, J., 2008. Role of melt supply in oceanic detachment faulting and formation of megamullions. Geology 36, 455-458.

Velasco, M. S., Bennett R. A., Johnson R. A., Hreinsdottir S., 2010. Subsurface fault geometries and crustal extension in the eastern Basin and Range Province, western U.S. Tectonophysics 488, 131-142.

Wagner Trey, F. H., Johnson, R. A., 2006. Coupled basin evolution and late-stage metamorphic core complex exhumation in the southern Basin and Range Province, southeastern Arizona. Tectonophysics 420, 141-160.

Walcott, R. I., 1998. Modes of oblique compression: late cenozoic tectonics of the South Island of New Zealand. Reviews of Geophysics 36, 1-26.

Wallner, H., Schmeling, H., Sebazungu, E., 2008. Hypothesis: Cause of Rwenzori Mountain's extreme elevation is rift induced delamination of mantle lithosphere. RiftLink Workshop 2008, Presentations and Abstracts.

Whattam, S. A., 2009. Arc-continent collisional orogenesis in the SW Pacific and the nature, source and correlation of emplaced ophiolitic nappe components. Lithos 113, 88-114.

Whitmarsh, R. B., Manatschal, G., Minshull, T. A., 2001. Evolution of magma-poor continental margins from rifting to seafloor spreading. Nature 413, 150-154.

Xi, Y., Lan, J., Yang, Q., Huang, X., Qiu, H., 2008. Eocene breakoff of the Neo-Tethyan slab as inferred from intraplate-type mafic dykes in the Gaoligong orogenic belt, eastern Tibet. Chemical Geology, 439-435.

Yin, A., Harrison, T. M., 2000. Geologic evolution of the Himalayan-Tibetan orogen. Annual Revue in Earth and Planetary Science 28, 211-280.

Yuan, X., Sobolev, S. V., Kind, R., Oncken, O., Bock, G., Asch, G., Schurr, B., Graeber, F., Rudloff, A., Hanka, W., Wylegalla, K., Tibe, R., Haberland, C., Rietbrock, A., Giese, P., Wigger, P., Röwer, P., Zandt, G., Beck, S., Wallace, T., Pardo, M., Comte, D., 2000. Subduction and collision processes in the Central Andes constrained by converted seismic phases. Nature 408, 958-961.

Zandt, G., Gilbert, H., Owens, T. J., Ducea, M., Saleeby, J., Jones, C. H., 2004. Active foundering of a continental arc root beneath the southern Sierra Nevada in California. Nature 431, 41-46.

Zhang, P., Shen, Z., Wang, M., Gan, W., Bürgmann, R., Molnar, P., Wang, Q., Zhijun, N., Sun, J., Wu, J., Hanrong, S., Xinzhao, Y., 2004. Continous deformation of the Tibetan Plateau from global positioning system data. Geology 32, 809-812.

Sachwortverzeichnis

E

F

G

H

I

J

K

L

M

N

O

P

Q

R

S

T

U

V

W

Y

Z

Weitere Sachbücher der Geowissenschaften

www.spektrum-verlag.de

2. Aufl. 2010
192 S., 190 farb. Abb., geb.
€ [D] 39,95 / € [A] 41,07 / CHF 54,-
ISBN 978-3-8274-2594-2

J. Eberle, B. Eitel, W. D. Blümel, P. Wittmann

Deutschlands Süden

Süddeutschland gehört zu den abwechslungsreichsten Landschaften der Erde. Kaum eine andere Region bietet auf so engem Gebiet eine vergleichbare Vielfalt an Naturräumen. Sie erlebte in den letzten 140 Millionen Jahren tropische, subtropische und arktische Klimaphasen, deren Spuren bis heute in Teilen der Landschaft zu erkennen sind. Begeben Sie sich auf eine faszinierende Zeitreise durch Süddeutschland.

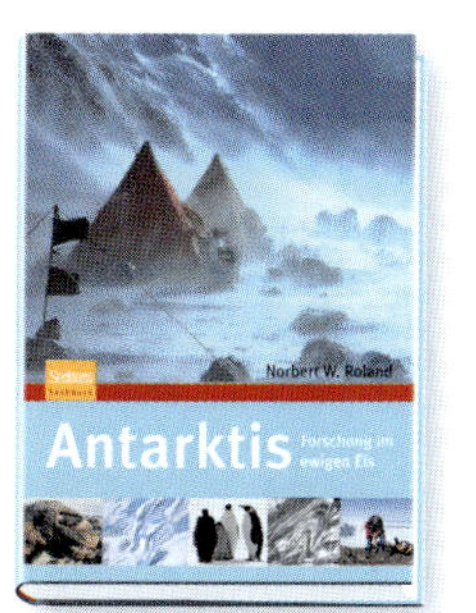

1. Aufl. 2009
334 S., 236 farb. Abb., geb.
€ [D] 39,95 / € [A] 41,07 / CHF 54,-
ISBN 978-3-8274-1875-3

Norbert W. Roland

Antarktis

Antarktika ist ein Kontinent der Extreme und der Superlative, lebensfeindlich und doch von faszinierender Schönheit. Rohstoffe aus der Antarktis galten als große Hoffnung. Heute ist Antarktika die am besten geschützte Region der Erde. Dieses Buch ist nicht nur eine Einführung in die Geologie der Antarktis, es erläutert fachübergreifende Zusammenhänge – und es möchte dem Leser die Antarktis in all ihrer Faszination und mit all ihren Besonderheiten näher bringen.

1. Aufl. 2011
340 S., 480 farb. Abb., geb.
€ [D] 39,95 / € [A] 41,07 / CHF 54,-
ISBN 978-3-8274-2326-9

Jürgen Ehlers

Das Eiszeitalter

Was sich im Eiszeitalter abgespielt hat, kann nur aus Spuren rekonstruiert werden, die im Boden zurückgeblieben sind. Die Eiszeit hat andere Schichten hinterlassen als andere Erdzeitalter. Das Buch beschreibt die Prozesse, unter denen sie gebildet worden sind, und die Methoden, mit denen man sie untersuchen kann. Die Arbeit des Geowissenschaftlers gleicht dabei der eines Detektivs, der aus Indizien den Ablauf des Geschehens rekonstruieren muss. Von den in diesem Buch vorgestellten Untersuchungsergebnissen werden einige zum ersten Mal veröffentlicht.

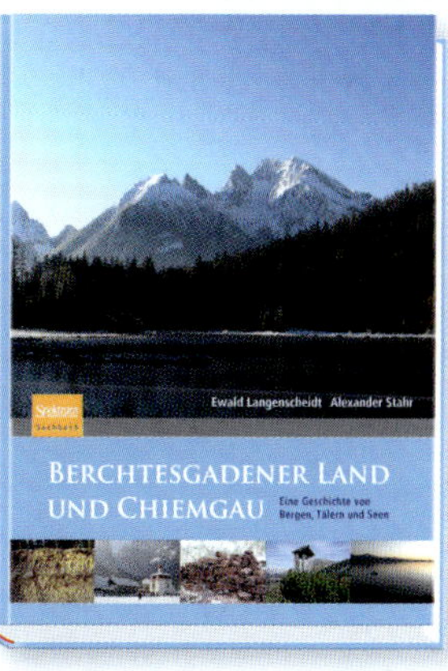

1. Aufl. 2011
189 S., 283 farb. Abb., geb.
€ [D] 39,95 / € [A] 41,07 / CHF 54,-
ISBN 978-3-8274-2757-1

Ewald Langenscheidt, Alexander Stahr

Berchtesgadener Land und Chiemgau

Im Mittelpunkt dieses Buches steht die Landschaftsgeschichte zweier Regionen in Deutschland, die Jahr für Jahr Millionen Menschen aus aller Welt in ihren Bann ziehen und begeistern: das Berchtesgadener Land und der Chiemgau. Jeder kennt den Watzmann, aber welche Kräfte haben dieses gewaltige Bergmassiv emporgehoben und geformt? Welche Prozesse haben so bekannte Gewässer wie den Königssee oder das bayerische Meer – den Chiemsee – geschaffen?
Die Autoren liefern in anschaulicher Weise Antworten auf diese Fragen und erläutern allgemein verständlich erdgeschichtliche Zusammenhänge über Jahrmillionen von zwei unmittelbar verbundenen Landschaften. Auch das Wirken des Menschen in der Landschaft sowie deren Nutzung und Umgestaltung machen die beiden Autoren fassbar und verdeutlichen die enge Beziehung zwischen Mensch und Landschaft.

▸ Ausführliche Informationen unter www.spektrum-verlag.de

Weitere Bücher der Geowissenschaften

www.spektrum-verlag.de

Klaus Zehner, Gerald Wood (Hrsg.)

Großbritannien

Großbritannien ist zunehmend das Beispielland, wenn in der Ausbildung etwa der Geographen ein europäisches Land behandelt wird. Das Buch ist keine umfassende Länderkunde, sondern greift exemplarisch interessante und spannende Aspekte des Landes auf. Es ist ein Lese-Lehrbuch, d.h. es bietet Fakten und Lernstoff für die Ausbildung, lädt aber aufgrund seiner Themenauswahl auch den interessierten Laien und England-Reisenden zum Schmökern ein.

1. Aufl. 2010
276 S., 180 Abb., geb.
€ [D] 39,95 / € [A] 41,07 / CHF 54,-
ISBN 978-3-8274-2006-0

Hans Murawski, Wilhelm Meyer

Geologisches Wörterbuch

Durch kurze Erläuterungen von über 4000 Begriffen aus der Geologie und ihren Nachbarwissenschaften will das Geologische Wörterbuch sowohl Fachleuten als auch Liebhabern beim Verstehen von geologischer Literatur helfen. Es ist zugleich ein wichtiger Studienbegleiter für angehende Geowissenschaftler. Die 12. Auflage wurde um viele neue Stichwörter erweitert, dabei wurden auch in starkem Maße englischsprachige Fachbegriffe berücksichtigt.

12. Aufl. 2010
220 S., 82 Abb., geb.
€ [D] 24,95 / € [A] 25,65 / CHF 33,50
ISBN 978-3-8274-1810-4

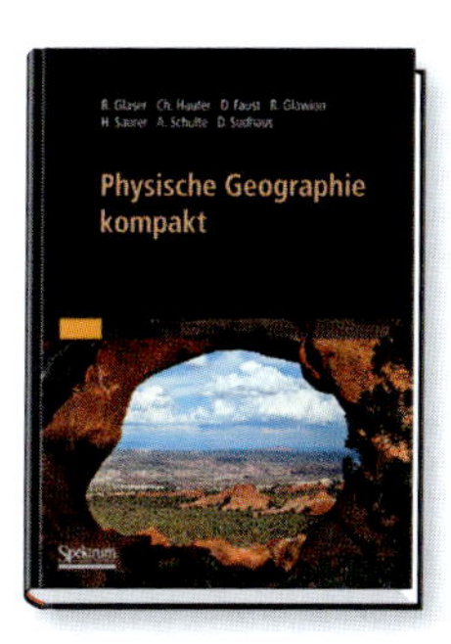

R. Glaser, D. Faust, R. Glawion, Ch. Hauter, H. Saurer, A. Schulte, D. Sudhaus

Physische Geographie kompakt

Das Buch ermöglicht einen raschen Einstieg in die Materie. Die Abbildungen visualisieren die wichtigen geographischen Prozesse und erleichtern das Verständnis für die Konzepte und Theorien der Physischen Geographie. Veranschaulicht werden die Fakten an vorwiegend mitteleuropäischen Beispielen. Der Bogen spannt sich dabei von den endogenen und exogenen Kräften über die Dynamik der Atmosphäre und die Böden der Erde bis zur Vegetation und zur naturräumlichen Gliederung Deutschlands.

1. Aufl. 2010
217 S., 200 farb. Abb., geb.
€ [D] 22,95 / € [A] 23,60 / CHF 31,-
ISBN 978-3-8274-2059-6

1. Aufl. 2009
160 S., 185 farb. Abb., geb.
€ [D] 29,95 / € [A] 30,79 / CHF 40,50
ISBN 978-3-8274-2366-5

Hans-Ulrich Schmincke

Vulkane der Eifel

Der jüngste Vulkan Deutschlands, das Ulmener Maar, ist gerade mal 11 000 Jahren alt. Auch der Laacher-See-Vulkan brach erst vor 12 900 Jahren aus – geologisch gesprochen also vor wenigen Sekunden. Ist der Eifelvulkanismus erloschen wie lange behauptet wurde? Der Autor gibt in diesem Buch die Antwort: Neue Vulkane können in der Eifel jederzeit entstehen. Doch wann und wo kann niemand vorhersagen.
Anschaulich, klar verständlich und unterhaltsam erläutert das Buch die vielfältigen Facetten der Eifelvulkane. Das opulent ausgestattete Buch lädt ein zu einem Spaziergang durch eine Region, in der man vulkanische Phänomene so direkt bestaunen und begreifen kann wie nirgendwo sonst in Mitteleuropa. Das jüngste Vulkangebiet Mitteleuropas ist gleichzeitig Anziehungspunkt für Forscher aus aller Welt und eines der am besten untersuchten Vulkangebiete überhaupt.

▸ Ausführliche Informationen unter www.spektrum-verlag.de

Spektrum AKADEMISCHER VERLAG

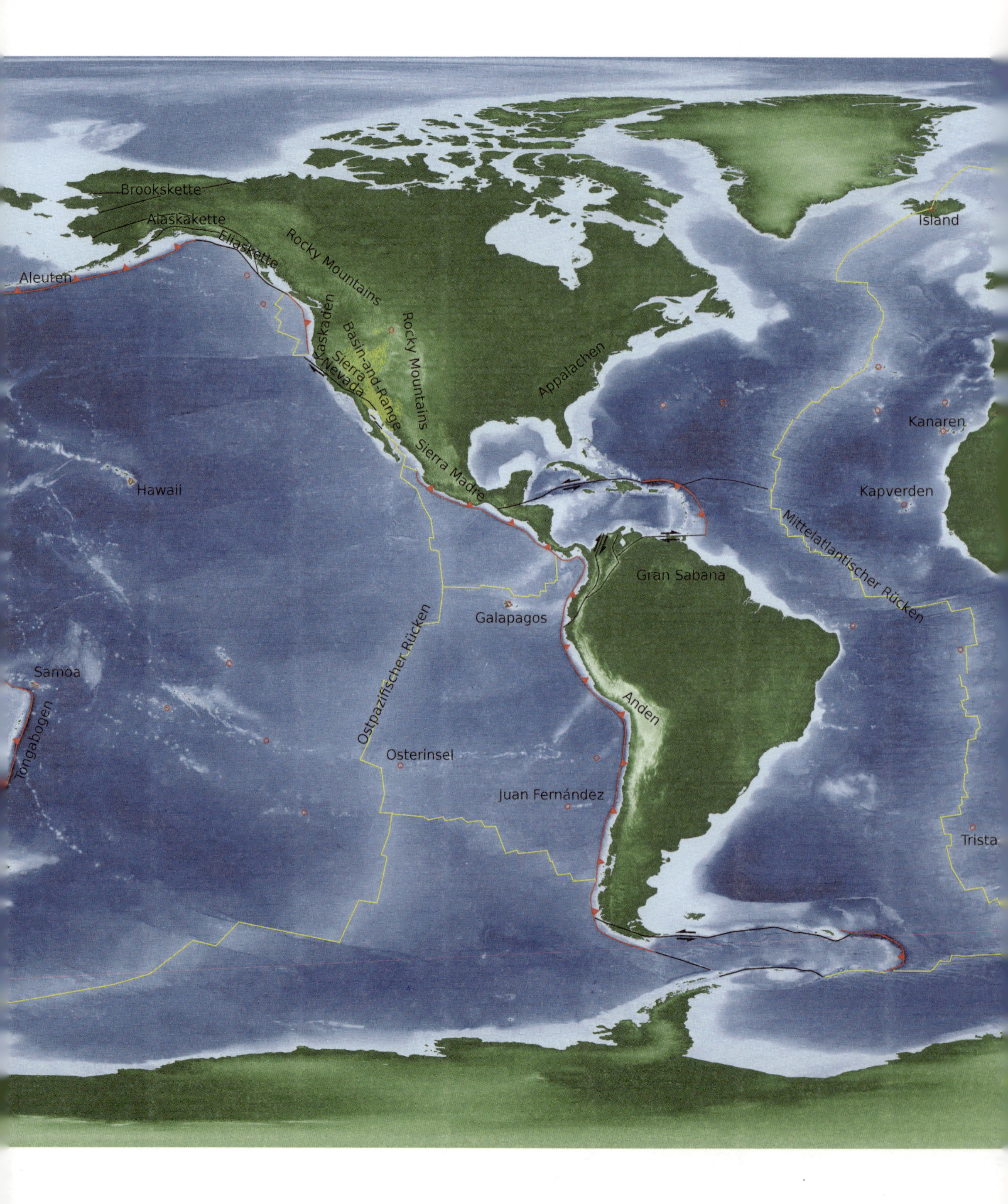

Subduktionszonen und Kollisionen

Seitenverschiebungen